基礎からの
ブレイン・コンピュータ・インターフェース

Brain-Computer Interfacing
An Introduction

Rajesh P. N. Rao

ラジェッシュ・P・N・ラオ 著

西藤聖二 訳

九夏社

BRAIN-COMPUTER INTERFACING
An Introduction

by Rajesh P. N. Rao

Copyright © by Rajesh P. N. Rao 2013

Japanese translation published by arrangement with Cambridge University Press
through The English Agency (Japan) Ltd.

ブレイン・コンピュータ・インターフェース

心と機械をつなげるという発想は，長らく人々の興味をかき立ててきた。近年の神経科学と工学における進歩はこれを現実のものとしつつあり，人間の身体的および精神的な能力を回復し，拡張する可能性をもたらすための扉を開いている。例えば聴覚障碍者のための人工内耳や，パーキンソン病患者のための脳深部刺激療法は，ますます一般的な治療法となりつつある。ブレイン・コンピュータ・インターフェース（BCI）——ブレイン・マシン・インターフェース（BMI）としても知られる——は，今やセキュリティ，嘘発見，注意力監視，テレプレゼンス，ゲーム，教育，芸術，人間拡張などの多種多様な応用が検討されている。

　本書は，この分野への入門のために，幅広い専門分野の学生が学部高年次や大学院初年次で学ぶ神経工学またはブレイン・コンピュータ・インターフェースの授業科目に用いる教科書として著されたものである。また本書は，神経科学者，コンピュータ科学者，工学者，および医療関係者の自学書や参考書としてもご利用いただける。

　本書の主な特徴は以下のとおりである：
・神経科学，脳活動の記録および刺激の技術，信号処理，機械学習の基盤となる背景知識
・侵襲型，半侵襲型，非侵襲型，刺激使用型，および双方向型などの，動物と人間の主な BCI の詳述
・BCI の応用と倫理に関する詳細な考察
・各章での演習問題
・本書に関連するリンクの注釈付きリストを備えたサポート Web サイト

ラジェッシュ・P・N・ラオ（Rajesh P. N. Rao）

シアトル市ワシントン大学コンピュータ理工学科准教授（情報は出版時点）。NSF（国立科学財団）キャリア賞，ONR（海軍研究室）若手研究者賞，スローン・ファカルティ・フェローシップ，デビッド・アンド・ルシール・パッカード理工学フェローシップを受賞している。*Science, Nature, PNAS*（米国科学アカデミー紀要）などの主要な科学雑誌および国際会議で 150 以上の論文を発表しており，*Probabilistic Models of the Brain, Bayesian Brain* の共同編集者である。計算神経科学，人工知能，ブレイン・コンピュータ・インターフェースが交差する諸問題を研究対象としている。少ない余暇の時間をインド美術史とインダス文明の未解読の古代文字の理解に注ぎ込んでおり，このトピックに関して TED トークも行っている。

アヌ，アニカ，そしてカヴィへ捧ぐ

目　　次

序　文　*1*

第1章　イントロダクション ——————————————————— **5**

第I部　背景　9

第2章　基礎神経科学 ———————————————————— **11**

2.1　ニューロン　*11*

2.2　活動電位またはスパイク　*12*

2.3　樹状突起と軸索　*13*

2.4　シナプス　*14*

2.5　スパイク発生　*15*

2.6　神経結合の適応：シナプス可塑性　*15*

  2.6.1　LTP　*16*

  2.6.2　LTD　*16*

  2.6.3　STDP　*16*

  2.6.4　短期促通と短期抑圧　*16*

2.7　脳の組織，解剖学的構造，機能　*18*

2.8　要約　*20*

2.9　演習問題　*21*

第3章　脳の記録と刺激 ———————————————————— **23**

3.1　脳からの信号の記録方法　*23*

  3.1.1　侵襲的手法　*23*

3.1.2 非侵襲的手法 *31*

3.2 脳を刺激する方法 *38*

3.2.1 侵襲的手法 *38*

3.2.2 非侵襲的手法 *40*

3.3 記録と刺激を同時に行う方法 *41*

3.3.1 マルチ電極アレイ *41*

3.3.2 ニューロチップ *41*

3.4 要約 *43*

3.5 演習問題 *43*

第4章 信号処理 —————————————————————————— **45**

4.1 スパイクソーティング *45*

4.2 周波数領域の解析手法 *46*

4.2.1 フーリエ解析 *47*

4.2.2 離散フーリエ変換（DFT） *51*

4.2.3 高速フーリエ変換（FFT） *52*

4.2.4 スペクトル特徴量 *52*

4.3 ウェーブレット解析 *52*

4.4 時間領域の解析手法 *54*

4.4.1 ヨルトパラメータ *54*

4.4.2 フラクタル次元 *55*

4.4.3 自己回帰（AR）モデル *56*

4.4.4 ベイジアンフィルタ *57*

4.4.5 カルマンフィルタ *59*

4.4.6 粒子フィルタ *61*

4.5 空間フィルタ *63*

4.5.1 バイポーラ，ラプラシアン，共通平均基準法 *64*

4.5.2 主成分分析（PCA） *64*

4.5.3 独立成分分析（ICA） *68*

4.5.4 共通空間パターン（CSP） *70*

4.6 アーチファクトの低減技術 *72*

4.6.1 閾値処理 *74*

4.6.2 バンドストップフィルタとノッチフィルタ *74*

4.6.3 線形モデル *75*

viii   目　次

　　4.6.4　主成分分析（PCA）　75

　　4.6.5　独立成分分析（ICA）　76

　4.7　要約　78

　4.8　演習問題　78

第5章　機械学習 ———————————————————————— 81

　5.1　分類手法　82

　　5.1.1　二項分類　82

　　5.1.2　アンサンブル分類法　89

　　5.1.3　多クラス分類　91

　　5.1.4　分類性能の評価法　95

　5.2　回帰　99

　　5.2.1　線形回帰　100

　　5.2.2　ニューラルネットワークと誤差逆伝播法　101

　　5.2.3　放射基底関数（RBF）ネットワーク　105

　　5.2.4　ガウス過程　105

　5.3　要約　109

　5.4　演習問題　109

第Ⅱ部　すべてを統合して　　113

第6章　BCI の構築 ———————————————————————— 115

　6.1　主要なタイプの BCI　115

　6.2　BCI の構築に役立つ脳の応答　115

　　6.2.1　条件反応　115

　　6.2.2　ニューロンの集団的活動　116

　　6.2.3　運動イメージおよび認知活動　117

　　6.2.4　刺激によって誘発される活動　117

　6.3　要約　118

　6.4　演習問題　119

第 III 部　主要なタイプの BCI　　121

第 7 章　侵襲型 BCI ──────────────── 123

7.1　侵襲型 BCI における 2 つの主要なパラダイム　*123*

　7.1.1　オペラント条件づけに基づく BCI　*123*

　7.1.2　ポピュレーションデコーディングに基づく BCI　*125*

7.2　動物の侵襲型 BCI　*127*

　7.2.1　義手制御用の BCI　*127*

　7.2.2　下肢制御用の BCI　*142*

　7.2.3　カーソル制御用の BCI　*144*

　7.2.4　認知的 BCI　*150*

7.3　人間の侵襲型 BCI　*155*

　7.3.1　埋め込み型マルチ電極アレイを用いたカーソルとロボットの制御　*156*

　7.3.2　人間の認知的 BCI　*160*

7.4　侵襲型 BCI の長期使用　*160*

　7.4.1　長期にわたる BCI の使用と，安定した皮質表現の形成　*161*

　7.4.2　人間用の BCI 埋め込み装置の長期使用　*161*

7.5　要約　*164*

7.6　演習問題　*164*

第 8 章　半侵襲型 BCI ──────────────── 167

8.1　皮質脳波（ECoG）BCI　*167*

　8.1.1　動物の ECoG BCI　*168*

　8.1.2　人間の ECoG BCI　*169*

8.2　末梢神経信号に基づく BCI　*189*

　8.2.1　神経線維に基づいた BCI　*190*

　8.2.2　標的化筋肉再神経分布（TMR）　*191*

8.3　要約　*194*

8.4　演習問題　*194*

第 9 章　非侵襲型 BCI ──────────────── 197

9.1　脳波（EEG）BCI　*197*

　9.1.1　振動電位（リズム）と ERD　*198*

x   目 次

9.1.2 緩徐皮質電位 *208*

9.1.3 運動関連電位 *212*

9.1.4 刺激誘発電位 *214*

9.1.5 認知課題に基づく BCI *221*

9.1.6 BCI における誤り関連電位 *223*

9.1.7 共適応的 BCI *224*

9.1.8 階層的 BCI *225*

9.2 その他の非侵襲型 BCI：fMRI，MEG，fNIR *226*

9.2.1 機能的磁気共鳴画像法に基づく BCI *226*

9.2.2 脳磁図に基づく BCI *228*

9.2.3 機能的近赤外光（fNIR）を用いた BCI *229*

9.3 要約 *229*

9.4 演習問題 *230*

第10章 刺激する BCI ———————————————— 233

10.1 感覚の回復 *233*

10.1.1 聴力の回復：人工内耳 *233*

10.1.2 視力の回復：皮質埋め込み装置と網膜埋め込み装置（脳刺激型人工眼と網膜刺激型人工眼） *236*

10.2 運動の回復 *239*

10.2.1 脳深部刺激療法（DBS） *239*

10.3 感覚の拡張 *240*

10.4 要約 *242*

10.5 演習問題 *242*

第11章 双方向型および再帰型 BCI ———————————— 245

11.1 刺激による大脳皮質への直接指示によるカーソル制御 *245*

11.2 BCI と体性感覚刺激を用いた能動的触覚探索 *249*

11.3 ミニロボットの双方向型 BCI による制御 *252*

11.4 機能的電気刺激を用いた大脳皮質による筋肉の制御 *252*

11.5 脳領域間の新しい結合の確立 *255*

11.6 要約 *259*

11.7 演習問題 *259*

第 IV 部　応用と倫理　261

第12章　BCIの応用 —————————————————————— 263

12.1　医療応用　263

12.1.1　感覚の回復　263

12.1.2　運動の回復　264

12.1.3　認知の回復　264

12.1.4　リハビリテーション　264

12.1.5　メニュー，カーソル，およびスペラーを用いたコミュニケーションの回復　265

12.1.6　脳で制御する車椅子　265

12.2　非医療目的の応用　266

12.2.1　ウェブブラウジングと仮想世界のナビゲーション　267

12.2.2　ロボットアバター　270

12.2.3　高速画像検索　273

12.2.4　嘘発見と司法における応用　275

12.2.5　注意力の監視　279

12.2.6　認知負荷の推定　283

12.2.7　教育と学習　286

12.2.8　セキュリティ，本人確認，認証　287

12.2.9　パワードスーツを用いた身体の増幅　288

12.2.10　記憶と認知の増幅　289

12.2.11　宇宙空間における応用　292

12.2.12　ゲームとエンターテインメント　293

12.2.13　脳で制御する芸術　295

12.3　要約　297

12.4　演習問題　297

第13章　BCIの倫理 —————————————————————— 301

13.1　医療，健康，および安全上の問題　301

13.1.1　リスクとベネフィットのバランス　301

13.1.2　インフォームドコンセント　302

13.2　BCIテクノロジーの悪用　303

xii　目次

13.3　BCI のセキュリティとプライバシー　*304*

13.4　法的問題　*304*

13.5　道徳と社会正義の問題　*305*

13.6　要約　*306*

13.7　演習問題　*307*

カラー図版 ——————————————————— 309

第14章　終章 ——————————————————— 325

付録　数学的背景　327

A.1　基本的な数学表記と測定単位　*327*

A.2　ベクトル，行列，および線形代数　*328*

A.2.1　ベクトル　*328*

A.2.2　行列　*331*

A.2.3　固有ベクトルと固有値　*334*

A.2.4　直線，平面，および超平面　*335*

A.3　確率論　*336*

A.3.1　確率変数と確率の公理　*336*

A.3.2　同時確率と条件付き確率　*337*

A.3.3　平均，分散，および共分散　*337*

A.3.4　確率密度関数　*339*

A.3.5　一様分布　*339*

A.3.6　ベルヌーイ分布　*339*

A.3.7　二項分布　*340*

A.3.8　ポアソン分布　*340*

A.3.9　ガウス分布　*341*

A.3.10　多変量ガウス分布　*341*

訳者あとがき　*343*

参考文献　*348*

欧文索引　*361*

和文索引　*370*

序 文

思考で制御するロボットを科学者がデモ（『PC マガジン』，2012 年 7 月 9 日）

バイオニック・ビジョン：驚異的な新人工視覚チップにより，2 人の視覚障碍の英国人が再び視力を取り戻す（『ミラー』，2012 年 5 月 3 日）

麻痺患者が心でロボットを動かす（『ニューヨークタイムズ』，2012 年 5 月 16 日）

スティーヴン・ホーキングが心を読み取る装置を試す（『ニューサイエンティスト』，2012 年 7 月 12 日）

　これらの見出しは，2012 年のわずか 2 ～ 3 週間のニュース記事から抜粋したものであり，心と機械をつなぐというアイデアにメディアや一般の人々がますます惹きつけられていることを示す良い例である。ただし，これらの大げさなあおり記事のなかでは，下記のようなことが明らかになっていない：

(a) 現在のブレイン・コンピュータ・インターフェース(brain-computer interface：BCI)（ブレイン・マシン・インターフェース〔brain-machine interface：BMI〕と呼ばれることもある）には，正確には何ができて何ができないのか？

(b) 神経科学とコンピュータのどんな技術と進歩が BCI を実現しているのか？

(c) どのようなタイプの BCI が利用できるのか？

(d) BCI の応用と倫理はどうなっているのか？

　本書の目的は，これらの質問に答え，BCI と BCI 技術の実用的な知識を読者に提供することにある。

本書の概要

本書は読者を，ブレイン・コンピュータ・インターフェース（この分野には，ブレイン・マシン・

インターフェース，神経インターフェース〔neural interfacing〕，神経補綴〔neural prosthetics〕，神経工学〔neural engineering〕といった呼び名もある）という分野へ誘う。このテーマに関しては，ここ数年で非常に有用な編著がいくつか出版されている（Dornhege et al., 2007, Tan and Nijholt, 2010, Graimann et al., 2011, Wolpaw & Wolpaw, 2012 など）。一方で，特に工学や神経科学に関する詳細な背景知識をもたない人を対象とした，入門的な教科書へのニーズが高まっている。本書の狙いはこのニーズに応えることである。本書は，学部高年次や大学院初年次におけるブレイン・コンピュータ・インターフェースや神経工学に関する授業科目の教科書として利用できる。また本書は，研究者，医師，およびこの分野へ参入することに興味のある人々の自学のための参考書としての利用にも堪え得るものである。

　本書ではまず，神経科学，脳活動の記録と脳の刺激に関する技術，信号処理法，および機械学習に関する必須の知識／概念／手法を紹介する。続いて，主要なタイプの BCI とその応用に進む。その章で取り上げたトピックの知識を復習し，理解度をテストしてもらえるように，各章の最後には演習問題を設けた。アイコンを付けた一部の演習問題は，本書に記述されている内容を超えた知識と理解を獲得するために，論文や書籍を調べ，Web 上で新しい情報を検索してもらうためのものである。

　本書の構成は次のとおりである。第 1 章から第 5 章では，BCI を構築するうえで使用される専門用語と方法を理解するために必要な，神経科学の背景知識と定量的手法を提供している。第 6 章では，BCI の構築に必要な基本的な構成要素を学ぶことによって，いよいよ BCI の世界への旅を開始する。引き続く 3 つの章では，侵襲性の程度に応じて分類された 3 種の主要なタイプの BCI に読者を誘う。第 7 章では侵襲型 BCI について述べる。侵襲型 BCI では，脳内に埋め込まれたデバイスを利用する。第 8 章では半侵襲型 BCI を記述する。半侵襲型 BCI は，脳外の神経信号または脳の表面に埋め込まれたデバイスで取得した脳活動の信号に基づいている。第 9 章で述べる非侵襲型 BCI には，頭皮からの電気信号（脳波〔EEG〕）を記録して用いる BCI などが含まれる。第 10 章では，失われた感覚や運動機能の回復などを目的として脳に刺激を与える BCI について概説する。第 11 章では，最も一般的な BCI である，脳からの信号の記録と脳への刺激の両方を行う BCI を紹介する。いずれの場合にも，古典的な実験例と 2013 年当時の最新技術の例の両方を紹介している。第 12 章では，BCI の主な応用をいくつか概説する。第 13 章では，BCI 技術の開発と利用に関する倫理的問題について考察する。第 14 章において現在（訳注：2013 年）の BCI の限界を要約して本書の結びとし，この分野の未来を考える。なお，BCI の理解と実装に役立つ線形代数と確率論の基本的な数学的背景も付録として収録した。

Web サイト

本書の Web サイトは bci.cs.washington.edu である。BCI は急速に成長している分野であるため，この Web サイトでは BCI 研究に関連する有用なリンクのリストを定期的に更新している。

さらに，本書には101,000語以上が含まれているため，著者の気づかないうちに間違いや誤植が残っている可能性がある。したがって，見識をもった読者によって著者に報告された誤りや誤植についてはWebサイトの最新の正誤表に記載する。

謝 辞

本書の執筆にあたって，何度も締め切りに遅れたにもかかわらず，ケンブリッジ大学出版局のLauren Cowles 氏には激励と継続的なサポートをいただき，感謝申し上げたい。また，ワシントン大学の感覚運動神経工学センター（Center for Sensorimotor Neural Engineering：CSNE）とBCI グループ，特に共同研究者である Jeffrey Ojemann，Reinhold Scherer（現グラーツ工科大学），Felix Darvas，Eb Fetz，Chet Moritz には，数多の導きと見識を深める議論をいただいた。神経システム研究室（Neural Systems Laboratory）の学生諸君は，BCI 研究において常にインスピレーションと新しいアイデアの源であった——Christian Bell，Tim Blakely，Matt Bryan，Rawichote Chalodhorn，Willy Cheung，Mike Chung，Beau Crawford，Abe Friesen，David Grimes，Yanping Huang，Kendall Lowrey，Stefan Martin，Kai Miller，Dev Sarma，Pradeep Shenoy，Aaron Shon，Melissa Smith，Sam Sudar，Deepak Verma，Jeremiah Wander の皆さんへ：私の気持を常に引き締めてくれたことに感謝する。Pradeep は私が授業を担当した初期の BCI 授業科目のティーチング・アシスタントであり，授業の構成内容の体系化を手伝ってくれたが，これが本書の基礎となった。Sam はその後にティーチング・アシスタントを務めてくれ，授業の教材に関する貴重な意見を与えてくれた。Kai は BCI 研究における医学部との初期の共同研究の確立に尽力してくれ，皮質脳波に基づく BCI 研究の立ち上げで重要な役割を果たしてくれた。

数多くの研究助成機関と組織に，本書の執筆および私の研究を支援していただいた。国立科学財団（National Science Foundation：NSF），パッカード財団（Packard Foundation），国立衛生研究所（National Institutes of Health：NIH），海軍研究室認知科学プログラム（Office of Naval Reaearch(ONR) Cognitive Science Program），NSF 感覚運動神経工学研究センター（NSF ERC for Sensorimotor Neural Engineering：CSNE），および陸軍研究室（Army Research Office：ARO）——彼らのサポートに感謝申し上げる。本書の一部は風光明媚なワシントン大学フライデーハーバー臨海実験所ホワイトリー・ライティング・センター（Whiteley Writing Center at Friday Harbor Laboratories）で執筆したが，ここは至急の対応が必要になったときに即座に執筆を始めるのに最適な環境であった。

研究および教育における将来のキャリアのための確かな数学的・科学的基盤を提供していただいたインドのケンドリヤ・ビディアラヤ・カンチャンバック（Kendriya Vidyalaya Kanchanbagh：KVK）の学校の先生方，テキサス州アンジェロ州立大学（Angelo State University in Texas）の学部時代にお世話になった教授陣，ロチェスター大学（University of

Rochester）博士課程で私のアドバイザーだった Dana Ballard，ソーク研究所（Salk Institute）で私のポスドクアドバイザーだった Terry Sejnowski の皆様に感謝申し上げる。両親には，長年にわたる支援と，家いっぱいの本で幼い頃から科学への好奇心をそそってくれた恩に深く感謝している。私の子供たち，アニカとカヴィには，本書を執筆する間，二人からの無条件の愛に値するほどの心遣いができなかったことをお詫びしなければならない。最後になったが，私の妻アヌはインスピレーションと確固たるサポートを提供してくれた。おかげで長年の執筆活動を続けることができた。彼女がいなければ本書は上梓できなかっただろう。

第1章　イントロダクション

　我々の脳は，複雑な生物学的装置である我々の体を制御するために進化した。今日知られているように，何千年にもわたる不断の進化により，脳は驚くほど万能で適応的なシステムとなり，我々の体とはまったく異なる装置を制御する術を学習できるまでになった。本書の主題であるブレイン・コンピュータ・インターフェースは，神経科学，信号処理，機械学習，情報科学の近年の進歩を活用することによってこのアイデアを探究する新しい学際的な分野である。

　脳が自らの体以外の装置を制御するというアイデアは，長い間 SF 小説やハリウッド映画の鉄板ネタであった。しかし，このアイデアは急速に現実のものとなりつつある。過去 10 年間で，ラットはロボットアームを制御して報酬の餌を自分の口へ運ぶことができるように訓練され，サルはロボットアームを動かし，人間はコンピュータのカーソルとロボットを制御するようになった。これらはすべて脳活動によって直接行われたのだ。

　神経科学研究のどんな技術や知識がこのような進展を可能にしたのだろうか？　コンピュータと機械学習のどんな技術によって脳が機械を制御できるようになったのか？　ブレイン・コンピュータ・インターフェース（brain-computer interface：BCI）の最先端はどのようなものか？BCI を日常的に，より当たり前で役立つものにするために，今なお克服すべき限界とは？　BCI の倫理的，道徳的，社会的影響は？　本書ではこれらの疑問について取り上げる。

　BCI の起源は，Delgado（1969 年）と Fetz（1969 年）による 1960 年代の仕事にまで遡ることができる。Delgado は，無線によって脳を刺激すると共に，テレメトリー（遠隔で信号の伝送と測定を行う技術）により脳活動の電気信号を送信するために利用できる埋め込み型チップ（彼はこれを「スティモシーバー（stimoceiver）」と呼んだ）を開発し，実験対象が自由に動き回れるようにした。今や有名となったデモンストレーションで，Delgado はスティモシーバーのリモコンボタンを押して，雄牛の脳の大脳基底核領域にある尾状核に電気刺激を送り込み，突撃してくる雄牛を止めた。ほぼ同時期に Fetz は，サルが単一の脳細胞の活動を制御してメータの針を制御し，報酬の餌を得ることができることを示した（7.1.1 項参照）。その後まもなくして Vidal（1973 年）は，人間の頭皮上から記録された脳信号（脳波）を利用した「視覚誘発電位」（6.2.4 項参照）に基づく簡単な非侵襲型 BCI を実装する研究を行った。最近の BCI への関心の高まりは，

より高速で安価なコンピュータや，脳が感覚情報を処理して運動出力を生み出す過程に関する知識の進歩，脳信号を記録する装置の可用性の向上，より強力な信号処理と機械学習アルゴリズム，といった諸要因が重なったことによるものであるといえる。

今日における BCI 構築の主な動機は，BCI の利用により，失われた感覚や運動機能が回復する可能性があることである。例えば，聴覚障碍者用の人工内耳（10.1.1 項）や，視覚障碍者用の網膜インプラント（10.1.2 項）などの感覚補綴装置が代表的である。他にも，パーキンソン病などの衰弱性疾患の症状を改善するために，脳深部刺激療法（deep brain stimulation：DBS）用の埋め込み装置が開発されている（10.2.1 項）。これらと並行して，脳からの信号を使用して人工装具を制御する研究も行われている。例えば，手足を切断した人や脊髄損傷患者の義手や義足などの義肢（7.2.1 項参照），ALS（筋萎縮性側索硬化症）や脳卒中などの疾患による閉じ込め症候群（四肢麻痺などにより身体のほとんどまたはすべての運動機能を喪失した状態）患者のコミュニケーションのためのコンピュータのカーソル移動やスペラー（単語綴り機）（7.2.3 項および 9.1.4 項），麻痺者のための車椅子（12.1.6 項）などが制御対象として挙げられる。より最近では健常者を対象として，ゲームやエンターテインメントからロボットアバター，生体認証や教育に及ぶ多数の応用のための BCI の開発に研究者は乗り出している（第 12 章）。BCI が最終的に現在の人間の感覚および運動の拡張のためのアクセサリー，例えば携帯電話や自動車と同じくらい普及するかどうかは，現時点では不明である。技術的なハードルに加えて，我々が社会として取り組む必要のある道徳的および倫理的な課題も多く存在する（第 13 章）。

本書の目的は，ブレイン・コンピュータ・インターフェース分野への入門書として読者の役に立つことである。**図 1.1** は一般的な BCI の構成要素を示す。BCI の目的は，脳活動を機器の制御コマンドに変換したり，脳を刺激して感覚をフィードバックしたり，神経機能を回復したりすることである。通常，BCI には次の処理ステージが 1 つ以上含まれる：

1. **脳活動の記録**：脳からの信号を，侵襲的または非侵襲的な記録技術を用いて記録する。
2. **信号処理**：未処理の生の信号を取得後に前処理し（例えばバンドパスフィルタなどで），アーチファクト低減と特徴抽出のための手法を適用する。
3. **パターン認識と機械学習**：このステージでは，入力のパターンに基づいて，通常は機械学習を用いて制御信号を生成する。
4. **感覚フィードバック**：BCI からの制御信号は，環境の変化を引き起こす（例えば義手や車椅子の移動，義手の握りの変化）。これらの変化の一部は，ユーザが眼で見たり，耳で聞いたり，体感したりすることができる。しかし一般的には，その環境に触覚センサ，力覚センサ，カメラ，マイクなどのセンサを適用し，これらのセンサからの情報を用いて刺激によって直接脳へとフィードバックすることができる。
5. **刺激のための信号処理**：特定の脳領域を刺激する前に，その脳領域で通常観測される脳活動

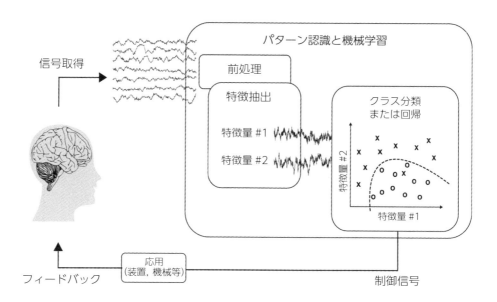

図 1.1　ブレイン・コンピュータ・インターフェース（BCI）の基本構成要素　(Rao and Scherer, 2010 より改変)

のタイプを模倣して，所望の効果を得られるような刺激パターンを合成することが重要である。そのためには，刺激対象の脳領域の十分な理解と，信号処理（機械学習を含む可能性もある）を利用して適切な刺激パターンを突き止める必要がある。
6. **脳刺激**：信号処理（5）から得た刺激パターンで侵襲的または非侵襲的な刺激技術を用いて脳を刺激する。

　上述の処理段階から，BCI の構築を始めるためには少なくとも 4 つの必須分野（基礎的な神経科学，脳活動の記録と刺激の技術，基本的な信号処理法，基本的な機械学習）の背景知識が必要であることがわかる。たいてい，BCI の初心者は必須 4 分野のうち 1 つの背景知識は有しているものの，通常はすべてを備えているわけではない。したがって，本書は BCI の世界への旅を，これら 4 分野の基本概念と方法を読者に紹介する第 I 部（背景）から始めることにする。

第I部　背　景

第2章　基礎神経科学

重さわずか約3ポンド（約1.36 kg）の人間の脳は，進化工学の驚異である。脳は，全身に配置された何百万ものセンサからの信号を，適切な筋肉へのコマンドに変換し，目の前にある仕事に適した行動を可能にしている。この閉ループのリアルタイム制御システムは，コンピュータ科学者や工学者による何十年にもわたる挑戦ももなしく，いまだにいかなる人工システムにも超えられていない。

　脳の比類なき情報処理能力は，脳が大規模な並列分散コンピューティングを採用していることに起因する。脳の主力は，**ニューロン（neuron）** として知られる細胞の一種である。ニューロンは複雑な電気化学素子であり，何百もの他のニューロンからの情報を受け取り，その情報を処理し，出力を数百に上る他のニューロンへと伝える働きをする。さらに，ニューロン間の結合は可塑的であるため，脳のネットワークは新たな入力や変化する環境に適応することができる。この適応的で分散的な計算手法により，脳は，分離した中央処理装置，記憶装置，構成要素間の固定的接続，そして逐次計算方式を有する**フォン・ノイマン・アーキテクチャ（von Neumann architecture）** に基づく伝統的なコンピュータとは一線を画した存在になっている。

　本章では，神経科学の入門的な知識を紹介する。ニューロンの生物物理学的な性質から始めて，ニューロンがどのような方法で互いに情報をやり取りしているのか，ニューロンがシナプスと呼ばれる結合部を介してどのような方法で他のニューロンに情報を伝達するのか，シナプスがどのような方法で入力と出力に応答して適応するのか，といったことを検討する。引き続いて，脳のネットワークレベルのアーキテクチャと解剖学的構造を調べ，脳の異なる領域がどのようにしてそれぞれ異なる機能に特化しているのかについて学ぶ。

2.1　ニューロン

ニューロンは細胞の一種であり，一般に神経系の基本的な計算単位とされている。ニューロンを大まかに近似すれば，帯電した液体が入っている漏れやすいバッグとみなすことができる。ニューロンの膜は，特定の種類のイオンのみを選択的に通す**イオンチャネル（ionic channel）** と呼ば

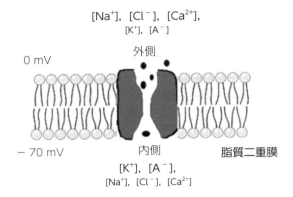

図 2.1　ニューロンにおけるイオンの電気化学的挙動　図はニューロンの外側でナトリウム，塩化物，カルシウムのイオンの濃度が高く，ニューロンの内側でカリウムイオンと陰イオンの濃度が高いことを示している（能動ポンプ〔イオンを能動的に輸送するポンプ〕によって維持されている）。結果として，脂質二重膜を境に（ニューロンの外側を基準として）およそ－70 mV の「静止電位」と呼ばれる電位差が生じている。膜に埋め込まれているタンパク質はイオンチャネルとして知られており，イオンのニューロンへの出入りを調節するゲートとしての機能を担っている。

れる開口部を除くと，非透過性の脂質二重膜（図 2.1）でできている。

　ニューロンは，細胞の外側でナトリウム（Na^+），塩化物（Cl^-）およびカルシウム（Ca^{2+}）イオンの濃度が高く，細胞の内側でカリウム（K^+）および有機陰イオン（A^-）の濃度が高い状態で水溶液中に在る（図 2.1）。このようなイオンの不均衡の結果，ニューロンが静止状態（興奮していないという意味）にあるとき，ニューロンの膜を境に約－65 から－70 mV の電位差が生じている。この電位差を維持するために能動的なポンプが存在し，エネルギーを消費することで機能を果たしている。

2.2　活動電位またはスパイク

ニューロンが他のニューロンから十分に強い入力を受けると（下記 2.4 節参照），次の一連のイベントが次々と引き起こされる。すなわち，Na^+ イオンが細胞内に急速に流入して膜電位の急速な上昇を引き起こし，引き続いて K^+ チャネルが開き細胞外への K^+ イオンの流出を招いて膜電位の低下を引き起こす。このような膜電位の急速な上昇と下降は，**活動電位**（action potential）または**スパイク**（spike；図 2.2）と呼ばれ，1 つのニューロンと別のニューロンの間のコミュニケーションの基本様式である。スパイクは，その形状自体が意味する情報はほとんどあるいはまったくない，全か無かの定型的なイベントである。その代わり，**発火率**（firing

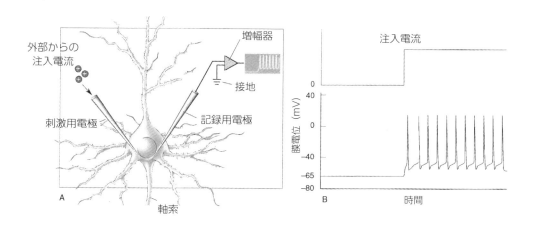

図 2.2 スパイクまたは活動電位の発生 (**A**) は，刺激用電極によりニューロンの細胞体に電流（陽イオン）を注入し，記録用電極を用いて細胞の膜電位変化を記録する実験手順を示す。(**B**) は，十分に大きな量の外部電流を注入すると，一連のスパイクまたは活動電位の発生をもたらすことを示している。各スパイクは，0 mV を超えて急速に上昇し，再び下降するステレオタイプの形状を示している。各スパイクの電位が低下した後，（このニューロンに関しては）−40 mV をわずかに下回る「閾値」に達するまで一定の電流を注入すると，膜電位が再上昇し，細胞の再発火が起こる。(Bear et al., 2007 より)

rate)（1 秒間あたりのスパイク数）やスパイクのタイミングが情報を伝達すると考えられている。したがって，ニューロンは 0 または 1 のデジタル出力を放つものとしてモデル化されることが多い。同様に，通常は覚醒状態の動物（3.1.1 項）を対象として得られる細胞外記録では，スパイクはそれが発生した時刻に短い垂直バーとして表されることが多い。

2.3 樹状突起と軸索

脳の異なる領域のニューロンは異なる形態構造をもっているが，代表的な構造としては**樹状突起（dendrite）**と呼ばれる枝をもつ樹状構造と接続した細胞本体（**細胞体〔soma〕**と呼ばれる）と，細胞体から伸びて出力スパイクを他のニューロンに伝達する**軸索（axon）**と呼ばれる単一の枝が挙げられる（**図 2.3** 参照）。通常，スパイクは細胞体と軸索の接続部付近で発生し，軸索の端まで伝搬する。多くの軸索は，**髄鞘（ミエリン）（myelin）**で覆われている。ミエリンは白色の鞘であり，長距離にわたるスパイクの伝搬速度を大幅に上げる働きをする。**白質（white matter）**と**灰白質（grey matter）**という用語は，異なる脳領域を接続する有髄軸索が集中している領域と，細胞体を含む領域とにそれぞれ対応している。

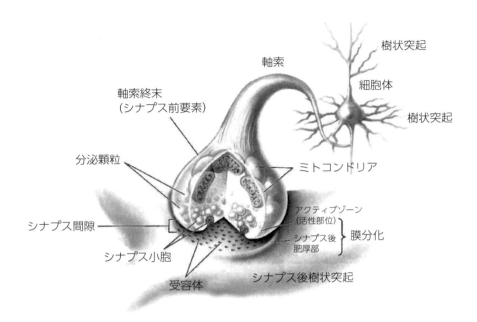

図 2.3 樹状突起，細胞体，軸索およびシナプス 図は 1 つのニューロンから別のニューロンへの結合を示す。最初の（右の）ニューロンの樹状突起，細胞体，および軸索と，この軸索が別のニューロンの樹状突起と作るシナプス（下）が示されている。最初のニューロンからのスパイクは，「シナプス前」軸索終末のシナプス小胞に蓄えられた神経伝達物質の放出を引き起こす。これらの神経伝達物質は，「シナプス後」樹状突起の受容体に結合し，イオンチャネルを開く。この結果，シナプス後ニューロンへのイオンの流入またはシナプス後ニューロンからのイオンの流出が起こり，シナプス後ニューロンの局所的な膜電位が変化する。(Bear et al., 2007 より改変)

2.4 シナプス

ニューロンは，**シナプス（synapse）** と呼ばれる結合部を通して相互に情報伝達を行っている。シナプスは電気的な伝達を行う場合もあるが，より一般的には化学的な伝達を行う。シナプスは基本的には，情報を送る側の 1 つのニューロン（シナプス前ニューロンと呼ばれる）の軸索と，情報を受け取る側の別のニューロン（シナプス後ニューロンと呼ばれる）の樹状突起（または細胞体）の間のすき間または**間隙（cleft）** である（図 2.3 参照）。活動電位がシナプス前ニューロンからシナプスに到達すると，神経伝達物質として知られる化学物質のシナプス間隙への放出が起こる。次にこれらの神経伝達物質がシナプス後ニューロンのイオンチャネル（または受容体）に結合してイオンチャネルを開き，それによってシナプス後細胞の局所的な膜電位に影響を与える。

（化学）シナプスは興奮性または抑制性に分けられる。名前が示すように，興奮性シナプス

は，シナプス後細胞の局所膜電位を瞬間的に上昇させる。この電位上昇は，興奮性シナプス後電位（excitatory postsynaptic potential：EPSP）と呼ばれている。EPSP は，シナプス後細胞によるスパイクの発火確率を高める働きをする。抑制性シナプスにはこれと反対の作用がある。つまり，シナプス後細胞の局所膜電位を一時的に低下させる抑制性シナプス後電位（inhibitory postsynaptic potential：IPSP）を引き起こす。ニューロンはシナプス後ニューロンと形成するシナプスの種類に基づいて，興奮性ニューロンまたは抑制性ニューロンと呼ばれる。各ニューロンは（興奮性または抑制性のうち）1 種類のシナプスのみを形成する。したがって，興奮性ニューロンが別のニューロンを抑制しようとする場合には，まず抑制性の「介在ニューロン」を興奮させることが必須になり，それにより興奮した介在ニューロンが所望のニューロンを抑制する。

2.5　スパイク発生

ニューロンによるスパイクの発生には，上述のようにナトリウムチャネルとカリウムチャネルに関する複雑な事象の積み重ねが必要である。しかしながら多くの場合，この過程はスパイク発生のシンプルな閾値モデルに単純化することができる。ニューロンがシナプスから，膜電位がニューロン固有の閾値を超えるのに十分に強い入力を受けたとき，スパイクが出力される（図 2.2B）。このことからニューロンは，ハイブリッドなアナログ - デジタルコンピューティングデバイスとなっている。すなわち，デジタルな 0/1 入力は局所膜電位のアナログな（連続的な）変化に変換された後，細胞体でこれらの変化が合計されて，それが閾値を超える場合にスパイクが発生する。このような単純化したモデルは当然のことながら，樹状突起に関わる複雑で重要な可能性のある，ある種の信号処理を無視している。しかし，このニューロンの閾値モデルは，神経モデリングと人工ニューラルネットワークにおいて有益な抽象化であることが証明されている。

2.6　神経結合の適応：シナプス可塑性

脳の適応能力の重要な要素は，ニューロンがシナプス可塑性を用いてニューロン間の結合強度を変化させる能力を有するということである。多くのタイプのシナプス可塑性が実験的に観測されているが，最も研究されているのは**長期増強**（long-term potentiation：LTP）と**長期抑圧**（long-term depression：LTD）である。両方とも数時間あるいは数日間も続くシナプスの変化を引き起こす。最近では，他のタイプのシナプス可塑性も明らかにされている。入力と出力スパイクの相対的なタイミングがシナプス変化の極性を決定する**スパイクタイミング依存可塑性**（spike timing dependent plasticity：STDP）や，可塑性が迅速に作用するものの長期間は持続しない**短期促通 / 短期抑圧**（short-term facilitation/depression）などである。

2.6.1 LTP

シナプス可塑性の最も重要な型の1つは，長期増強（LTP）である（**図 2.4**）。LTP の最も単純な形式は，シナプス結合した2つのニューロンの相関をもった発火によって，それらのニューロン間のシナプス結合の強度が上昇することである。LTP は，ニューロン A が一貫して別のニューロン B の発火にかかわるのであれば，A から B への結合強度が上昇するという Donald Hebb の有名な仮説——「ヘッブの学習則（Hebbian learning）」または「ヘッブの可塑性（Hebbian plasticity）」とも呼ばれる——を生物学的に実装しているものとみなされている。LTP は，海馬や大脳新皮質をはじめとする多くの脳領域で発見されている。

2.6.2 LTD

長期抑圧（LTD）は，例えばシナプス結合した2つのニューロン間での相関関係のない発火によって，それらニューロン間のシナプス結合の強度が低下することである（図 2.4）。LTD は小脳で最も顕著に観測されているが，海馬，大脳新皮質および他の脳領域でも LTP と共存している。

2.6.3 STDP

LTP/LTD を検証する従来の実験プロトコルは，シナプス前ニューロンとシナプス後ニューロンを同時刺激する手順を含んでいた。これらのプロトコルはシナプス前ニューロンとシナプス後ニューロンの発火率を操作するものの，両者のスパイク間のタイミングを操作するものではない。最近の研究では，シナプス前ニューロンとシナプス後ニューロンのスパイクの正確なタイミングによって，シナプス強度の変化方向が正になるか負になるかが決定される可能性があることが明らかになっている。この形式のシナプス可塑性は，スパイクタイミング依存可塑性（STDP）と呼ばれている。ヘッブ型 STDP（Hebbian STDP）として知られる STDP の一形態では，シナプス前スパイクがシナプス後スパイクよりわずかに先（例えば 1 〜 40 ms 前）に発生する場合にはシナプスは強化されるが，シナプス前スパイクがわずかに後（例えば 1 〜 40 ms 後）に発生する場合はシナプス強度が低下する。ヘッブ型 STDP は，哺乳類の大脳皮質と海馬で観測されている。反ヘッブ型 STDP という反対の現象，すなわちシナプス後スパイクの後にシナプス前スパイクが発生するとシナプスが強化され，その逆もまた同様であるような現象もいくつかの組織で観測されており，特に弱電気魚の小脳様の組織などにおける抑制性シナプスで見出されている。

2.6.4 短期促通と短期抑圧

上述した型のシナプス可塑性は，それによって起こる変化が数時間，数日，あるいはそれ以上の長期間にわたって持続する可能性があるため，長期可塑性と呼ばれている。効果がもっと短く一時的である2つ目の型の可塑性も見出されている。このタイプの可塑性は短期可塑性として

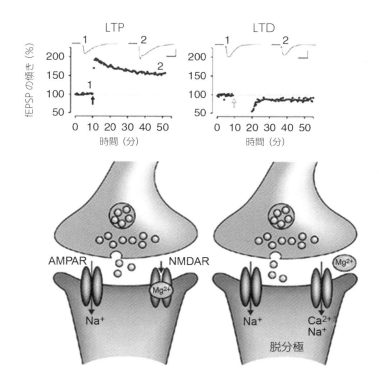

図 2.4 シナプス可塑性 （上図）海馬における長期増強（LTP）および長期抑圧（LTD）を示す実験データ。シナプス強度は，興奮性シナプス後電位（fEPSP〔フィールド興奮性シナプス後電位〕と表記）の傾きとして定義した。左のパネルは，高周波刺激（100 Hz 刺激 1 秒間；黒矢印）によって引き起こされた LTP，すなわちシナプス強度の長期的な上昇現象を示す。右のパネルは，低周波刺激（5 Hz 刺激 3 分間を，3 分の間隔を空けて 2 回；白矢印）によって引き起こされた LTD を示している。スケールバー（目盛棒）：0.5 mV および 10 ms。**（下図）**提案されたシナプス可塑性のモデル。AMPAR（AMPA 型グルタミン酸受容体）と NMDAR（NMDA 型グルタミン酸受容体）は，イオンチャネルの 2 つのタイプである。弱い刺激を与えている間（左パネル），Na^+ は AMPAR チャネルを流れるが，Mg^{2+} によるブロックのため NMDAR チャネルを流れることはできない。シナプス後細胞が脱分極する場合は（右パネル），NMDAR チャネルの Mg^{2+} ブロックが除去されるため，Na^+ と Ca^{2+} の両方が流れ込むことができる。このような Ca^{2+} 濃度の増加はシナプス可塑性に必要と考えられている。（Citri & Malenka, 2008 より改変）

知られており，該当するシナプスが入力のスパイクパターンに対して時間的なフィルタとして働くように作用する。例えば，大脳新皮質のシナプスで観測されている**短期抑圧（short-term depression：STD）**の場合では，**入力スパイク列（spike train；一連のスパイク）**における連続した各スパイクの影響は，それより前のスパイクと比較して弱められる。したがって，ニュー

18 第I部　背景

ロンが入力としてスパイクのバーストを受けた場合，バーストの最初のスパイクが膜電位の変化に最も大きな効果を与える。引き続くスパイクが膜電位に与える変化はスパイクのたびにどんどん小さくなり，平衡点に達すると後続のすべての入力スパイクのシナプス後ニューロンに対する効果は同程度に減弱したものになる。**短期促通**（short-term facilitation：STF）は反対の効果を示し，飽和点に達するまで後続のスパイクはその前のスパイクよりも大きな効果を与える。STD と STF はどちらも，シナプス後ニューロンに対する入力スパイク列の効果に関するゲート（関所）の役割を果たすことにより，大脳皮質ネットワークのダイナミクス調節に重要な役割を果たす。

2.7　脳の組織，解剖学的構造，機能

BCI の設計にあたっては通常，脳のどの領域から脳活動を記録するか，場合によっては脳のどの領域を刺激するかについての選択が必要となる。本節では脳の組織と解剖学的構造の概要を記す。より詳細な内容については，Bear et al., 2007 や Kandel et al., 2012 による神経科学の教科書を参照されたい。

　人間の神経系は，**中枢神経系**（central nervous system：CNS）と**末梢神経系**（peripheral nervous system：PNS）に大別できる。PNS は，体性神経系（骨格筋，皮膚，感覚器官につながるニューロン）と，自律神経系（心臓のポンピングや呼吸などの内臓機能を制御するニューロン）で構成されている。

　CNS は脳と脊髄から成っている。**脊髄**（spinal cord）は，脳から全身の筋肉へ下行性の運動制御信号を伝えるとともに，筋肉と皮膚から脳へ戻る上行性の感覚フィードバック情報を運ぶ主な経路である。脊髄のニューロンは脳と情報をやり取りするだけでなく，例えば熱い物をうっかり触ったときに手をすぐ引っ込めるなどの反射を制御する局所的なフィードバックループにも関与している。

　脳は，多くの様々な神経核（ニューロン集団）と領域から成っている（図 2.5）。脳の基部では**延髄**（medulla），**橋**（pons），および**中脳**（midbrain）が相まって**脳幹**（brain stem）を構成している。脳幹は脳からのすべての情報を身体の他の部分に伝える。延髄と橋は，呼吸，筋緊張，血圧，睡眠，覚醒などの基本的な調節機能に関与している。中脳の主要な構成要素である**蓋**（tectum）は**下丘**（inferior colliculus）と**上丘**（superior colliculus）で構成され，眼球運動の制御と，視覚および聴覚の反射の制御に関与している。中脳には**網様体**（reticular formation）と他の神経核から構成される**被蓋**（tegmentum）もあるが，被蓋は他の機能のなかでも筋肉の反射，痛みの知覚，呼吸を調節している。

　脳の基部（図 2.5 参照）に位置する**小脳**（cerebellum；「小さな脳」）はニューロンが高度に組織化されたネットワークであり，運動の協調に関与している。

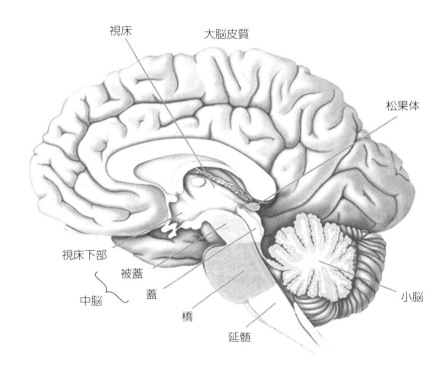

図 2.5　主要な脳領域　人間の脳の主要な領域を示す。延髄，橋，および中脳が脳幹を構成し，脳から身体へのほとんどの情報の伝達に関与している。視床と視床下部は間脳を構成する。前者は感覚情報を脳に中継することに関与し，後者は基本的な欲求を調節している。脳の基部に位置する小脳は，運動の協調において積極的な役割を担っている。最上位に位置する大脳皮質は大脳新皮質と海馬を含み，知覚から認知までの様々な機能に関与している（図 2.6 参照）。(Bear et al., 2007 より改変)

　脳の基部より上部にある **間脳（diencephalon）** は，**視床（thalamus）** と **視床下部（hypothalamus）** を含んでいる。従来，視床は感覚器官から大脳新皮質にすべての情報を伝達する主な「中継局」とみなされてきた（1つの例外は，すべての感覚中，最も古い感覚である嗅覚または匂いの感覚であり，これは視床を迂回して嗅皮質に直接伝わる）。視床に関する最近の研究から，視床が単なる中継局としての役割だけでなく，大脳皮質と視床の2つの領域間に存在することが知られている多くの皮質-視床間フィードバック結合を介して，大脳新皮質との能動的なフィードバックループにもかかわっている可能性が明らかになっている。間脳のもう1つの主要組織である視床下部は，摂食行動，攻撃行動，逃走行動，および生殖行動などの生物の基本的な欲求を調節している。

20　第 I 部　背景

　脳の基部から最も遠い位置に，**大脳新皮質**（neocortex），**大脳基底核**（basal ganglia），**扁桃体**（amygdala），および**海馬**（hippocampus）から成る 2 つの**大脳半球**（cerebral hemisphere）がある。大脳基底核は運動制御と行動選択に重要な役割を果たし，扁桃体は情動の調節に関与している。海馬は空間認識のほかに，記憶と学習に重要であることが知られている。

　大脳新皮質は，脳の最上部に存在する，表面が巻き込み構造（しわ）になった組織であり（図 2.5 参照），厚さは約 1/8 インチ（約 3 mm）である。新皮質は 6 層に配列された約 300 億個のニューロンから成り，各ニューロンは他のニューロンと約 10,000 個のシナプスをもつため，合計で約 300 兆個の結合が生じている。大脳皮質における最も一般的なタイプのニューロンは**錐体ニューロン**（pyramidal neuron）であり，その集団は皮質表面に対して垂直方向に柱状に配向されている。大脳皮質の表面は，**溝**（sulcus）として知られる裂け目と**脳回**（gyrus）として知られる隆起した部分をもつ，入り組んだ巻き込み構造になっている。

　大脳新皮質は機能分化を示している（**図 2.6**）。すなわち，大脳皮質の各領域は個別の機能に特化している。例えば，後頭部付近の後頭領域は基本的な視覚処理に特化しており，頭頂部に近い頭頂領域は空間認識と運動処理に特化している。視覚と聴覚の認識は側頭領域（側頭部方向）で生じ，前頭領域は行動計画と高次認知機能に関与している。

　皮質領域への入力の大部分は中間層に入り，皮質領域からの出力は上層や下層から出力される。これらの入出力パターンに基づき，大脳皮質は感覚野と運動野が階層的に組織化されたネットワークであると大雑把にみなすことが可能である。例えば視覚処理の場合，網膜からの情報は視床の視覚領域（外側膝状体〔LGN〕）を経由して皮質に達する。この視覚情報は，まず一次視覚野（V1 あるいは 17 野とも呼ばれる）の中間層に到達する。V1 は，動くバーやエッジなどの原始的な特徴に選択的に応答するニューロンを含んでいる。さらなる処理は段階的でより複雑な処理を含んでおり，1 つの視覚経路（「腹側皮質視覚路」）に沿った視覚領域 V2，V4，IT（下部側頭葉皮質）および，もう 1 つの経路（「背側皮質視覚路」）に沿った領域 MT，MST，頭頂皮質が関与する。腹側皮質視覚路は物体の形状と色の処理に特化しており，物体と顔の認識にかかわっている。背側皮質視覚路は運動や空間的関係の認識に関与している。これらの機能の違いにもかかわらず，大脳皮質の様々な領域の解剖学的組織は意外なほど似ていることから，大脳皮質は情報を処理するために原型的な（プロトタイプ的な）アルゴリズムを採用しており，各皮質領域で受け取る入力のタイプの違いによって機能特化が発現することを示唆している。

2.8　要約

本章では，脳の基本的な計算単位であるニューロンを紹介した。ニューロンがどのように電気的および化学的プロセスを用いてお互いにコミュニケーションをとり，スパイクあるいは活動電位を用いて情報を「デジタル的に」伝達しているのかを学んだ。このようなコミュニケーションが

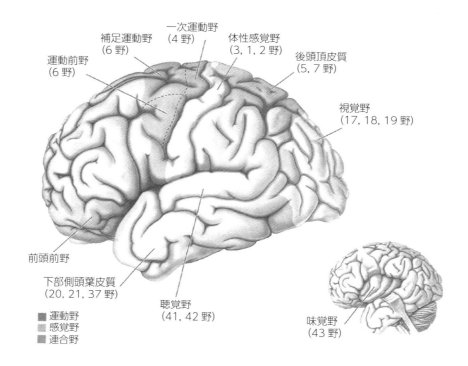

図 2.6 大脳新皮質の主要な領域と機能分化 図は大脳新皮質の様々な領域が，感覚，運動，およびより高次の機能（「連合」）にどのように特化しているのかを示している。主な感覚野は，視覚野，体性感覚野，聴覚野，および味覚野である。主な運動野は，一次運動野，運動前野，および補足運動野である。下部側頭葉皮質や前頭前野などの連合野は，顔認識，言語や行動計画などの認知機能に関与している。括弧内の領域番号は，1909 年に神経解剖学者 Korbinian Brodmann によって提案された大脳皮質の番号体系に相当する。(Bear et al., 2007 より改変)

シナプスと呼ばれるニューロン間の結合を介してどのように行われるのかについても学習した。シナプスは入力と出力に応じて様々な時間スケールで適応することができる。シナプス強度の長期的な変化は，脳における記憶と学習の基礎であると考えられている。

　以降の章で見ていくように，脳内の情報伝達が基本的に本来は電気的であるという事実が，脳から記録したり脳を刺激したりすることが可能な様々な BCI を構築することへの扉を開いている。加えて，シナプス強度の変化によってもたらされる脳の可塑性は，BCI の初心者が初めての装置を制御するために自らの脳活動を調節する方法を学習する際に重要な役割を果たす。

2.9　演習問題

1. 大脳皮質ニューロンの膜内外間の静止膜電位差の代表値はいくつか？　ニューロンがこの電

位差を維持することを可能たらしめる生化学的メカニズムを説明せよ。

2. 活動電位を生み出す一連の事象を記述せよ。いっせいに発せられた活動電位が入力ニューロンの軸索に沿って出力側のニューロンに到達する様子から始め，出力の活動電位に至る生化学的および電気的な因果関係を明らかにせよ。

3. 脳で観測されるシナプス可塑性の4つの顕著なタイプとは何か？　それらがどのように働いてシナプス後ニューロンに対するシナプス前スパイクの効果を変更するのかを説明せよ。

4. CNS と PNS の主要な構成要素は何か？

5. 脳幹と小脳によるものとされている機能を説明せよ。

6. 間脳の主な構成要素と機能は何か？

7. 大脳基底核と海馬によってなされると考えられている機能にはどのようなものがあるか？

8. 大脳新皮質に含まれる細胞の概数は？　大脳皮質のニューロンは他のニューロンと平均でいくつのシナプスを形成しているか？

9. 大脳新皮質の主な領域とそれぞれの領域の機能にはどのようなものがあるか？

10. （🚶）大脳皮質は階層的に組織化されているか？　この仮説についての賛否両論の証拠を議論せよ。

第 3 章　脳の記録と刺激

前章で記述したとおり，脳はスパイクを用いてコミュニケーションを行う。このスパイクは，ニューロンが他のニューロンからシナプス結合を介して十分な量の入力電流を受けたときに生成される，全か無かの悉無律に従う電気的なパルスである。したがって，脳活動を記録するための最初のいくつかの技術が，ニューロン（電極を用いた侵襲的手法）やニューロンの大集団（脳波〔EEG〕などの非侵襲的手法）における電位変化の検出に基づいていたのは当然のことである。より最近の技術は神経活動を間接的に検出する手法に基づいており，これらの手法としては，ある領域における神経活動の増加に由来する血流変化を測定する方法（fMRI）や，神経活動に起因する頭蓋骨周りの磁場の微小な変化を測定する方法（MEG）が挙げられる。

　本章では，BCI に用いる入力信号の源としての役割を果たす，これらの測定技術のいくつかを概説する。ニューロンまたは脳領域を刺激するために利用できる技術についても簡潔に述べる。これらの刺激技術を用いることにより，BCI が外界との相互作用に基づいて脳に直接フィードバックを送る可能性がもたらされる。

3.1　脳からの信号の記録方法

3.1.1　侵襲的手法

脳の個々のニューロンからの記録を可能にする技術は，通常は侵襲的である。つまり，外科手術によって頭蓋骨の一部を取り外して電極または埋め込み装置を留置し，頭蓋骨の除去部分と置き換える。侵襲的記録は，通常はサルやラットなどの動物から取得する。脳内部には痛みの受容体がないため，記録自体は痛みをもたらさないが，外科手術や回復の過程で痛みが引き起こされ，感染などのリスクも伴う。動物の脳活動の記録は麻酔状態と覚醒状態のどちらでも実施可能だが，覚醒状態で記録する場合，通常は大きな体動によるアーチファクトを最小限に抑えるために動物を拘束する。人間の場合，侵襲的記録は，脳の外科手術中，または外科手術前に患者の異常な脳活動（例えばてんかん発作）を検査するときなどの臨床現場においてのみ行われる。記録可能な期間は，動物（サルなど）の場合は数週間や数か月から数年までの幅があり，人間の場合は臨床

現場で数日または数分までといったところである．侵襲的記録の主な利点は，ミリ秒の時間スケールで活動電位（ニューロンの出力として広く認知されている信号）を記録できることである．これは非侵襲的手法と対照的である．非侵襲的手法では，より粗い時間スケール（数百ミリ秒）で発生する，血流などの，神経活動と間接的に相関する量を測定する．人間と動物の両方で，侵襲的記録は電極の技術に基づいて行われる．

微小電極

微小電極（microelectrode）は，脳組織に接触するために用いられる非常に細い金属線または他の導電体である．典型的な電極はタングステンまたは白金 - イリジウム合金でできており，直径が約 1 μm の先端を除いて絶縁されている（ニューロンの細胞体の直径は数十 μm の範囲であることを思い起こされたい）．場合によっては（特に細胞内記録；次項参照），神経科学者は細胞内液と同様の組成の弱電解質溶液で満たされたガラス微小ピペット電極を用いる．

細胞内記録

ニューロンの活動を最も直接的に測定する方法は，**細胞内記録**（intracellular recording）によるものである．この方法は，ニューロンの膜内外の電位差または膜を通過する電流を測定する．最も一般的な技術は**パッチクランプ法**（patch clamp recording）として知られており（図 3.1），細胞内でみられる細胞内液と似たイオン組成をもつ弱電解質溶液で満たされた，先端の直径が 1 μm 以下のガラス微小ピペット電極を用いる．この電極のピペットの中に銀線が挿入されて電

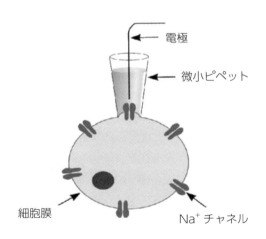

図 3.1 パッチクランプ法を用いた細胞内記録法 この技術により，細胞膜の小片または細胞全体のイオン電流を測定できるようになる．（画像：T. Knott, Creative Commons）

解質と増幅器を接続している。細胞外に存在する細胞外液に接触するように設置した参照電極を基準とした電圧が測定される。細胞から記録を得るためには，ガラス微小電極を細胞に隣接して配置し，軽く吸引して細胞膜の一部（「パッチ」）を電極チップに引き込んで，細胞膜との間に高抵抗のシールを形成する。この手順は繊細で慎重を要するため，細胞内記録は通常，脳組織のスライス（「in vitro〔試験管内〕」）でのみ実施され，生きている動物の無傷の脳（「in vivo〔生体内〕」）で実施されることはほとんどない。したがって，この技術は細胞外記録と比較すると BCI にはあまり適用されていない。

細胞外記録

特に動物の無傷の脳で行われる侵襲的記録の最も一般的な型の1つは，単一ニューロン（または単一「ユニット」）の**細胞外記録**（extracellular recording）である。先端のサイズが10ミクロン（10μ m）未満のタングステンまたは白金‐イリジウム微小電極を対象の脳領域に挿入する。微小電極の深さを調節して，細胞の活動電位によって生じる電気的変動をとらえるために細胞体に十分近づける（**図** 3.2）。これらの電圧変動は，しばしば頭蓋骨のネジに取り付けられる「アース（接地電位）」または参照ワイヤを基準として測定される。記録された信号の振幅は通常1ミリボルトより小さいため，信号を検出するためには増幅器を使用する必要がある。検出される電圧変動が細胞の活動電位に直接関係しているため，電極が細胞に刺入されていないにもかかわらず，記録された信号は活動電位のように見える。つまり，活動電位が発生する際，正に帯電したナトリウムイオンが細胞に急速に流入するため，細胞の周りの領域に参照電極電位に対して負の電圧変動を生む（図3.2における下のオシロスコープの表示部を参照）。この変動が記録用電極によって検出される。増幅器からの信号はコンピュータに送られて，コンピュータでノイズ除去やスパイク（活動電位）分離などの追加処理が行われる。

テトロード（四極管）とマルチユニット（マルチニューロン）記録

複数の電極を用いることにより，複数のニューロンからの同時記録が可能である。そのための一般的な構成の1つが**テトロード**（tetrode；四極管）と呼ばれるものであり，4本の導線が1つに束ねられて堅く巻かれている。テトロードの利点は，テトロードワイヤの近くにある各ニューロンが4つの記録部位で（記録部位までのニューロンの距離によって決まる）固有の特徴を有している（各記録部位から得られた記録中に，それぞれのニューロンに固有の痕跡を残している）ことから，多数のニューロンを分離して記録できる可能性がもたらされることである。例えば，各ニューロンの特徴（記録におけるニューロンに固有な痕跡）を識別することにより，単一のテトロードで最大20個のニューロンからの記録が可能である。

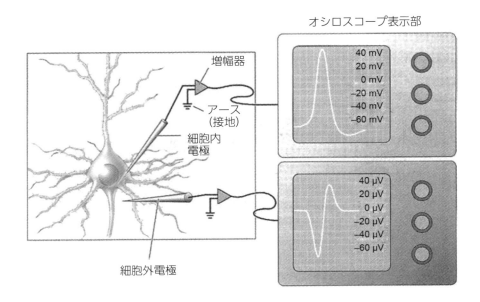

図 3.2 スパイクの細胞内記録と細胞外記録 右側の 2 つのオシロスコープの表示部が，細胞内記録（上）および細胞外記録（下）を用いて記録された活動電位（スパイク）を比較している．細胞内記録は，細胞内部（細胞内電極の先端）とニューロンを浸す溶液中に置かれた外部電極（「アース (接地)」）との間の電位差を測定する．細胞外記録は，細胞外電極の先端（ニューロンの近くだが外側に設置されている）とアース電極との間の電位差を測定する．ニューロンがスパイクを生成すると，正イオンが細胞外電極からニューロンに流れ込み，オシロスコープの表示部における最初の負の偏位を引き起こす．その後，活動電位が減少し，正電荷がニューロンから細胞外電極のほうへ流出するため，正の偏位が続く．細胞内記録の信号と細胞外記録の信号のスケールの違いに注意されたい．細胞外スパイクは通常，各スパイクが発生した時刻における短い縦のハッシュマークによって簡単に表示される（例：図 7.5A）（訳注：図 7.5 では短い縦の線分でスパイク発生時刻が示されている）．(Bear et al., 2007 より)

マルチ電極アレイ

より多数のニューロンから記録するために，微小電極を格子状構造に配列して $m \times n$ 電極の**マルチ電極アレイ**（multielectrode array）を形成することができる．ここで，m と n の値は通常 1 ～ 10 の範囲にある（**図 3.3**）．このようなアレイは in vitro および in vivo での記録用に開発された．ここではブレイン・コンピュータ・インターフェースに最適な in vivo 記録用の埋め込み型アレイに焦点を当てる．埋め込み型アレイの最も一般的な型としては，マイクロワイヤアレイ，シリコンベースアレイ，フレキシブル微小電極アレイがある．マイクロワイヤアレイは，タングステン，白金合金，または鋼の電極を使用し，前項で説明したテトロードに類似する．シリコンベースアレイとしては，いわゆるミシガン（Michigan）アレイやユタ（Utah）アレイが

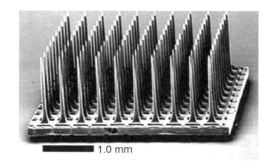

図 3.3　マルチ電極アレイの例　画像は 10 × 10 ユタ電極アレイの走査型電子顕微鏡写真を示す。(Hochberg et al., 2006 より改変)

挙げられる。前者では，電極の先端部だけでなく電極全体の長さ方向に沿って信号を記録することができる。どちらのアレイも，マイクロワイヤアレイよりも高密度で高空間分解能の測定が可能である。フレキシブルアレイは，記録のためにシリコンではなくポリイミド，パリレン，またはベンゾシクロブテンを用いているため，脳組織の力学的特性によりよく調和し，シリコンベースアレイによって起こり得る，せん断によって誘起される炎症の可能性を低減する。

　マルチ電極アレイは，活動電位を検出するために単一電極記録と同じ現象に依拠している。すなわち，活動電位が生じている間にナトリウムイオンが細胞へ急速に流入することにより，細胞外空間における電圧の急激な変化が引き起こされ，アレイの近くの電極がこの変化を検出する。多くの場合，アレイの一定程度の数の電極からは利用可能な信号が得られないため，同時に記録できるニューロンの数はアレイの実際の電極数よりも 10 〜 50％ ほど少ない。

　従来の単一電極システムに対するマルチ電極アレイの大きな利点は，空間分解能が上がることである。数十のニューロンから同時に記録できる能力は，人工装具の制御に有用な位置や速度に関する信号などの複雑なタイプの情報を抽出することへの扉を開く。

　埋め込み型アレイには欠点もあり，埋め込み型のデバイスを脳組織内に長時間留置する場合（人工装具の長期制御に必要とされる場合）は特に問題となる。とりわけ，グリア細胞として知られる非ニューロン細胞が埋め込み型デバイスを取り囲むと，最初に**瘢痕組織（scar tissue）**（かさぶた）ができ，引き続いてアレイの周りに絶縁被覆となって電極のインピーダンスを増加させる。このような埋め込み型デバイスに対する生体反応は，時間が経過すると記録信号の著しい品質低下をもたらし，ブレイン・コンピュータ・インターフェースの有用性を損なう可能性がある。埋め込み装置の生体適合性に関する進行中の研究では，デバイスをポリマーや他の物質でコーティングすることにより，これらの問題に対処しようとしている。

皮質脳波（ECoG）

皮質脳波（electrocorticography：ECoG）は，脳信号を記録するための技術であり，脳の表面に電極を留置する作業を要する。記録のための医療行為として，脳の表面に電極を埋め込むために頭蓋骨を外科的に切開することが必要になる（**図 3.4**）。ECoG は通常，てんかん患者の発作活動を病院でモニタリングするなどの臨床現場でのみ，測定が実行される。通常は $m \times n$ のグリッド電極またはストリップ電極が埋め込まれ，m と n の値は 1 ～ 8 の間で場合に応じて変わる。ECoG 電極の先端はカーボン，白金，または金の合金でできており，直径は通常 2 ～ 5 mm である。グリッド電極の間隔は，通常 1 mm ～ 1 cm である。電極は脳の通常の動きに適応するのに十分な柔軟性がある。

単一細胞用の電極やマルチ電極アレイとは異なり，ECoG 電極は多数のニューロンの集団（数万）のコヒーレントな活動によって引き起こされる電気的変動を記録することができる。ECoG 電極はスパイクを直接測定するわけではないが，記録された信号は大脳皮質，特に上層の皮質ニューロンの樹状突起が受け取る入力電流に直接関係していると考えられている。

ECoG は最近，侵襲的なマルチ電極アレイを用いた脳活動記録と非侵襲的な脳波の間の，部分的な侵襲のある妥協案として，BCI コミュニティから注目されている（3.1.2 項参照）。マルチ電極アレイとは異なり，ECoG 電極のいくつかの種類は血液脳関門を貫通しないため，脳内に埋め込まれたアレイよりも安全性が高い。また ECoG 電極は，時間経過に伴うグリア細胞の蓄積や瘢痕組織の形成によって悪影響を受ける脳刺入型電極と比較して，信号の品質が低下しにくい可能性がある（上述「マルチ電極アレイ」の項参照）。ECoG は 3.1.2 項で述べる EEG（脳波）よりも神経活動により近い位置の情報であるため，より高い空間分解能（10 分の 1 ミリスケール対，センチメートルスケール），より広いスペクトル帯域幅（0 ～ 200 Hz 対，0 ～ 40 Hz），より高振幅（50 ～ 100 μ V 対，数十 μ V）をもたらし，筋活動や環境ノイズなどのアーチファクトに対する脆弱性がかなり低い。

ECoG の制約としては次のようなものが挙げられる：（1）現在は外科手術の現場でのみ利用可能，（2）外科手術に関連する脳の部分のみ記録可能，（3）薬物またはてんかん発作などの患者の状態による干渉の可能性がある。

マイクロ皮質脳波（マイクロ ECoG）

皮質脳波の 1 つの欠点，すなわち ECoG 電極のサイズが比較的大きいこと（直径数 mm）に対しては，研究者は**マイクロ ECoG（microECoG）**電極を使用することで対処している。マイクロ ECoG 電極は，直径がわずか数分の 1 ミリメートルで，グリッド内でわずか 2 ～ 3 mm の間隔で設置されることから，従来の ECoG よりもはるかに高い空間分解能で神経活動を検出することが可能である。マイクロ ECoG 電極は，実際に脳に刺入せずに，個々の指の運動や発話などの微細な運動でさえ解読できる可能性を広げている。

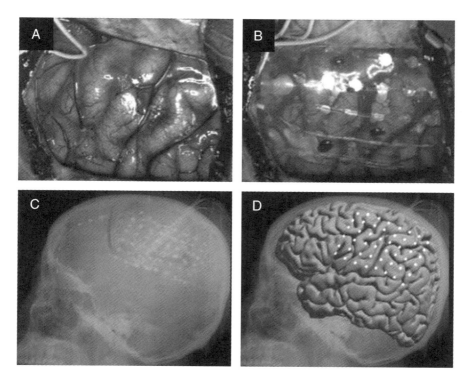

図3.4 人間の皮質脳波（ECoG） **(A), (B)** ECoG 電極アレイの埋設。脳を外科的手術により露出し（A），電極アレイ（B）を硬膜下の脳表面に留置する。電極は直径 2 mm で，互いに 1 cm ずつ離れている。**(C)** 電極アレイの位置を示す頭部 X 線画像。**(D)** 標準化された脳テンプレート上に表示された電極位置。(Miller et al., 2007 より)

光学式記録：膜電位感受性色素と 2 光子カルシウムイメージング

過去 20 年間，in vivo での神経活動イメージングを目的に様々な侵襲的光学技術が研究されてきた。なかでも最も有名な技術は，**膜電位感受性色素**（voltage-sensitive dye）に基づくイメージング技術と，**2 光子蛍光顕微鏡**（two-photon fluorescence microscopy）に基づくイメージング技術である。膜電位感受性色素に基づくイメージング技術は，ニューロンを膜電位感受性色素で染色すると，色素が膜電位の変化に対して吸光度や蛍光強度が変化する形で応答するため，ニューロンの電気活動を可視化できるという原理に基づいている。例えば，スチリル色素またはオキソノール色素がラットの感覚野の上層を染色するために用いられており，顕微鏡対物レンズがフォトダイオードアレイを用いて染色された皮質領域をイメージングするために使用されている。アレイ内の各検出器は多くのニューロンから光を受け取るため，記録された光学信号は，同

時に活動電位を生じている複数のニューロンからの積算応答に相当する。この技術を用いることにより，視覚，嗅覚，および体性感覚刺激に応答する無傷のラット脳のニューロン集団をイメージングすることが可能になった（図 3.5）。

膜電位感受性色素に基づいた光学イメージングは脳の巨視的特徴のイメージング（大脳皮質における特徴マップなど）に特に有用であるが，より対象領域を絞ったニューロンのイメージングに関しては，2 光子顕微鏡（two-photon microscopy）の技術が注目を集めている。特に有意義な技術として，2 光子カルシウムイメージング（two-photon calcium imaging）が挙げられる（図 3.6）。この技術は，通常，ニューロンの電気的活動がカルシウム濃度の変化と関連しているという事実に基づいている。例えば，ニューロンの脱分極は，ニューロンの細胞膜の様々な電位依存性カルシウムチャネルの開口によるカルシウムイオンの流入を伴う。そのうえ，カルシウムは細胞内カルシウムストア（カルシウムイオン貯蔵庫としての細胞内小器官）からも放出される場合がある。したがって，これらの電気的変化によって起こるカルシウム活動をイメージ

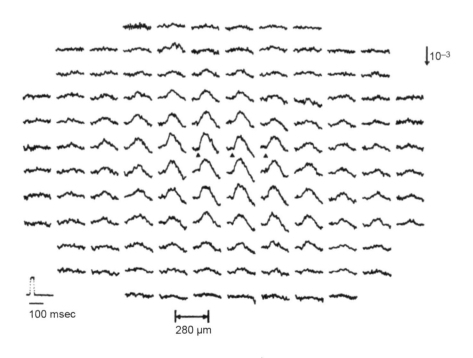

図 3.5　ラットの体性感覚野の光学イメージング　光学信号は，スチリル色素で染色した麻酔下ラットの体性感覚野の蛍光強度変化を測定することによって検出した。ひげの運動が体性感覚野の中心領域に見られる光信号を引き起こしている。（画像：Scholarpedia http://www.scholarpedia.org/article/Voltage- sensitive_dye）

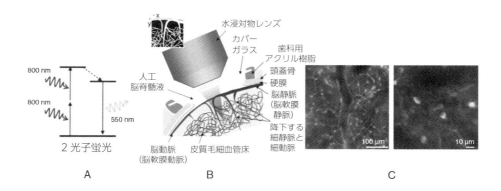

図 3.6　2 光子顕微鏡を使用した光学記録　(A) 2 光子顕微鏡の基本概念である，2 つの光子が吸収されて蛍光を発生する様子を示す図。**(B)** 実験装置の略図。露出した大脳皮質にシールガラス窓と顕微鏡対物レンズを配置している。影付きの三角形の先端（頭蓋骨と硬膜を横切って表記）が 2 光子蛍光の位置を示す。**(C)** ニューロンおよび血管の信号の 2 光子イメージング：**(左)** オレゴングリーン BAPTA-1 AM（Oregon Green BAPTA-1 AM：OGB-1 AM）カルシウム感受性色素で染色されたニューロン；**(右)** 緑色蛍光タンパク質（GFP）を発現している遺伝子組み換えマウスのニューロン。(Kherlopian et al., 2008 より改変)

ングすることにより，個々のニューロンの電気活動への窓を得ることができる。2 光子カルシウムイメージング法では，（1）圧力放出を用いて蛍光カルシウムインジケータ色素（例：OGB-1 AM）をニューロンに染み込ませ，（2）2 光子顕微鏡を用いて神経活動中のカルシウム蛍光強度の変化をモニタリングする。2 光子顕微鏡は，対物レンズを通して赤外線レーザ光線を神経組織に集中させる。赤外線レーザスキャニングシステムにより，カルシウム蛍光の変化を検出することが可能になる（詳細は Denk et al., 1990 を参照）。

3.1.2　非侵襲的手法
脳波（EEG）
脳波（electroencephalography：EEG） は，頭皮上に置かれた電極を用いて脳からの信号を記録する，よく知られた非侵襲的手法である。ニューロンからのスパイクまたは活動電位がシナプスにおける神経伝達物質の放出を引き起こし，次に入力を受け取るニューロンの樹状突起内にシナプス後電位を生み出すことを思い起こされたい（第 2 章参照）。脳波信号は，頭皮に対して放射状に配向した何千ものニューロンからのシナプス後電位の総和を反映している。頭皮と接線方向に流れる電流は，脳波では検出されない。さらに，脳の深部で生じる電流も，電場がその源（電荷）からの距離の 2 乗に比例して減少するため，脳波では検出されない。したがって脳波は

32   第I部　背景

主に大脳皮質の電気活動をとらえており，大脳皮質のニューロンが柱状に配列して頭蓋骨へ近いことが脳波による記録に適している。脳波の空間分解能は通常低いが（平方センチメートルの範囲），時間分解能は高い（ミリ秒の範囲）。

　脳波の空間分解能の低さは主に，信号源（大脳皮質の神経活動）と頭皮上に置かれたセンサとの間に様々な組織の層（髄膜，脳脊髄液，頭蓋骨，頭皮）が介在していることが原因である。これらの層は，原信号の質を低下させる容積導体およびローパス（低域通過）フィルタとして作用する。測定された信号は数十マイクロボルトの範囲内にあるため，信号を増幅してノイズを除去するために強力な増幅器と信号処理を用いる必要がある。基本的な脳信号が低振幅であるということは，脳波信号が筋活動によって容易に歪んだり，近くにある電気機器によって質が低下したりする（例：60 Hz の電力線による干渉など）ことも意味する。例えば眼球運動，まばたき（瞬目），眉の動き，会話，咀嚼，頭の動きなどはすべて，脳波信号に大きなアーチファクトを引き起こす可能性がある。したがって被験者は通常，いかなる動きも避けるように指示され，筋活動によるアーチファクトによって歪んだ脳波信号の部分は，強力なアーチファクト除去アルゴリズムを用いて取り除かれる。その他のノイズ源としては，電極インピーダンスの変化や，被験者が退屈になったり，注意散漫になったり，ストレスまたはフラストレーションを感じること（例：BCI の誤訳により引き起こされたもの）によるユーザの心理状態の変化が挙げられる。

　脳波の記録には，被験者に記録電極が設置されているキャップまたはネットを装着してもらうことが必要になる（図 3.7A）。場合によっては，死んだ皮膚細胞によって生じるインピーダンスを低減するために，頭皮の電極位置を軽くこすって記録のための準備をすることがある。電極を装着する前に，導電性ゲルまたはペーストをキャップの穴に注入する。国際 10–20 電極法（international 10–20 system）は，頭皮上の標準化された電極の位置を指定するために用いられる慣習である（図 3.7B）。耳の後ろの**乳様突起（mastoid）**に基準電極を設置する（A1 およびA2）訳注1。他の参照電極の位置としては，鼻の最上部で目と同じ高さにある**鼻根（nasion）**，後頭部の正中線上の頭蓋骨の付け根にある**後頭結節（inion）**がある。これらの点から横断面と正中面における頭蓋骨の外周（頭囲）で測定を行う。電極の位置は，これらの外周を 10% と 20% の間隔に分割して定める。国際 10–20 電極法により，電極位置の名称が研究機関等で一貫することが保証される。応用において実際に使用される電極の数は，数個（対象を絞った BCI 応用の場合）から高密度配列の場合の 256 までの範囲である。

　脳波の測定には双極電極または単極電極を使用する。前者の方法は，一対の電極間の電位差を測定する。後者の方法は，各電極の電位を，中性電極の電位またはすべての電極の平均電位（**共通平均基準法〔common average referencing：CAR〕**）と比較する。典型的な設定では，各

訳注 1：“A” は耳介 “auricular” を表し，耳垂（耳朶）に基準電極を設置する。乳様突起（mastoid）に基準電極を置く場合は “A” ではなく “M” を用いる場合がある。

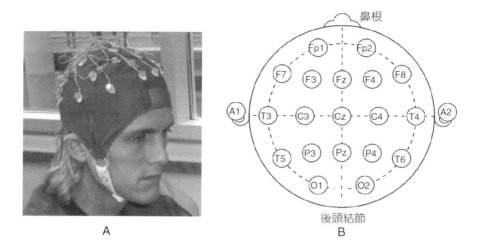

図 3.7 脳波（EEG）（A） 32 個の電極がついた脳波キャップを着用している被験者。**(B)** 頭部の標準的な脳波電極位置を定める国際 10-20 電極法（C：中心部，P：頭頂部，T：側頭部，F：前頭部，Fp：前頭極，O：後頭部，A：乳様突起。（写真 A：K. Miller の厚意による；画像 B：Wikimedia Commons）

脳波電極を差動増幅器の 1 つの入力に接続し，もう 1 つの入力に基準電極，例えば鼻根または連結乳様突起（2 つの乳様突起の平均電位を基準電位とするため）を接続する。活性電極と基準電極の間の電圧の増幅度は通常 1,000 〜 100,000 倍である。増幅した信号をアンチエイリアシングフィルタに通した後に，A/D（アナログからデジタル）変換器により応用に応じて最大 20 kHz サンプリングレートでデジタル化する（BCI 応用の場合の典型的なサンプリングレートは 256 Hz 〜 1 kHz である）。デジタル化後，脳波信号をさらに 1 〜 50 Hz のバンドパス（帯域通過）フィルタで処理することがある。このフィルタ処理によって，非常に低い周波数範囲と非常に高い周波数範囲のノイズおよび体動によるアーチファクトを除外する。通常，ノッチフィルタを追加使用して電源（米国では 60 Hz）によって発生する「電力線ノイズ」を除去する。

脳波記録は，様々な周波数の振動的な脳活動すなわち「脳の波」をとらえるのに適している（いくつかの例は図 3.8 を参照）。これらの波は，例えばニューロンの大集団の同期により発生し，特徴的な周波数範囲と空間分布を有し，しばしば脳の様々な機能の状態と相関がある。**アルファ波（alpha wave）**または**アルファリズム（alpha rhythm）**は 8 〜 13 Hz の周波数帯域の電気的な変動であり，覚醒状態の人がリラックスしているか目を閉じているときに，後頭部の脳波で測定することができる。BCI 応用においてよく利用される特定の種類のアルファ波は**ミューリズム（mu rhythm：8 〜 12 Hz）**として知られている。ミューリズムは被験者が運動しない場合に感覚運動野に見られ，運動したり運動することをイメージしたりすると，減少または消失する。

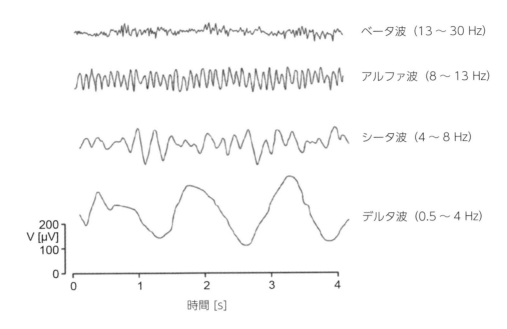

図 3.8　脳波リズムとその周波数範囲の例（http://www.bem.fi/book/13/13.htm より改変）

　ベータ波（beta wave；13〜30 Hz）は，人が物事に注意を払って積極的に意識集中しているときに頭頂葉と前頭葉で検出できる。**デルタ波（delta wave）**は周波数帯域が 0.5〜4 Hz で，赤ちゃんや成人の徐波睡眠中に検出できる。**シータ波（theta wave）**は周波数帯域が 4〜8 Hz で，子供や成人の眠気または「アイドリング」と関係がある。**ガンマ波（gamma wave）**は 30〜100 Hz あるいはそれ以上の周波数帯域で，短期記憶や多感覚統合を要する課題で報告されている。**高域ガンマ（high gamma）**活動（70 Hz 以上）も最近，運動課題で報告され，ECoG に基づく BCI に用いられている（第 8 章参照）。

脳磁図（MEG）

脳磁図（magnetoencephalography：MEG）は，**超伝導量子干渉デバイス（superconducting quantum interference device：SQUID）**を用いて脳の電気活動により生成される磁場を測定する。図 3.9 は典型的な脳磁図計測装置の設定で，被験者が椅子に座り，画面上の刺激に対して，携帯端末上のボタンを押して応答する様子を示している。

　脳磁図信号と脳波信号のどちらも，ニューロンの樹状突起に他のニューロンからのシナプス入力によって流れ込むイオン電流の正味の効果を起源としている。図 3.9A に示すように，これら

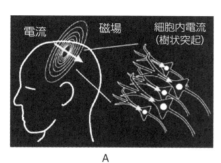
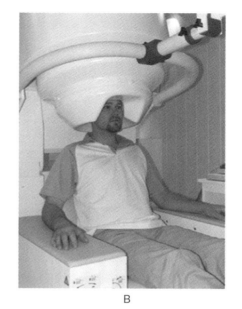

図 3.9　脳磁図（MEG）　(A) 同様の方向を向いた大脳皮質ニューロンの樹状突起の電流によって生成される直交磁場を示す概略図。**(B)** MEG システムの例。（画像 A：Wikimedia Commons；画像 B：http://dateline.ucdavis.edu/photos_images/dateline_images/040309/DondersMEGOle_W2.jpg）

の電流は（マクスウェルの方程式に従って）直交方向の磁場をつくる。脳磁図で検出可能であるためには電流源が同様の方向を向いている必要があることから（そうでなければ電流による磁場は互いに打ち消し合う），脳磁図によって検出された磁気活動は，大脳皮質表面に垂直な方向を向いている新皮質中の数万の錐体ニューロン（2.7 節）の同時発生的な（同期した）活動の結果であると考えられている。脳磁図は直交方向の磁場を検出するので，頭皮の接線方向に流れる電流のみを感知する。したがって，皮質溝（皮質表面の溝）と脳回（皮質表面の隆起部）の両方の活動を感知する脳波と比べて，脳磁図は脳回よりも皮質溝からの活動を選択的に測定する。

　脳波と同様に，脳磁図は次項以降で述べる fMRI，fNIR，PET などの技術のように代謝活動ではなく神経活動を直接反映するため，時間分解能が高い。脳波に対する脳磁図の 1 つの利点は，脳波によって測定される電場と異なり，神経活動によって生成される磁場は介在する有機物（頭蓋骨や頭皮など）によって歪まないことが挙げられる。ゆえに脳磁図は脳波よりも空間分解能に優れ，頭部の形状にも依存しない。一方で脳磁図システムは脳波システムよりもはるかに高価であり，大型で持ち運びできず，地球自身の磁場を含む外部の磁気信号からの干渉を防ぐために磁気シールドされた部屋が必要である。

36　第Ⅰ部　背景

機能的磁気共鳴画像法（fMRI）

機能的磁気共鳴画像法（functional magnetic resonance imaging：fMRI） は，特定の課題を実行中に，脳の特定領域におけるニューロン活性の増加による血流変化を検出することによって，間接的に脳内の神経活動を測定する手法である。

　ニューロンが活性化すると，血液によって脳に運ばれる酸素をより多く消費する。神経活動が局所的な領域の毛細血管を拡張する引き金となり，結果として酸素を豊富に含む血液の流入が増加して，酸素を使い果たした血液にとって代わる。この血行動態反応は比較的遅い反応である。すなわち，神経活動の数百ミリ秒後に現れて 3 ～ 6 秒でピークに達し，それから 20 秒経って基準値に戻る。酸素は赤血球中のヘモグロビン分子によって運ばれる。fMRI では還元ヘモグロビンが酸素化ヘモグロビンよりも強い磁性をもっている（酸素化ヘモグロビンは反磁性で還元ヘモグロビンは常磁性）という事実を利用して，特定の課題の実行中に固有の脳領域で活性が増加したことを示す脳の様々な断面の画像を生成する。fMRI が血液中の酸素化レベルを測定することから，fMRI によって記録された信号は**血中酸素化濃度依存（blood oxygenation level dependent：BOLD）** 応答と呼ばれる。

　典型的な実験環境では，被験者に横になってもらい，頭を fMRI スキャナ内に入れる（**図3.10A**）。被験者に画像，音，触覚などの刺激が提示され，被験者はボタンを押したりジョイスティックを動かしたりする簡単な動作を実行する。

　fMRI の主な利点は空間分解能の高さで，通常 1 ～ 3 mm の範囲であり，脳波や脳磁図などの他の非侵襲的手法よりもはるかに優れている。一方でその時間分解能は劣っている。

機能的近赤外（fNIR）画像法[訳注2]

機能的近赤外（functional near infrared：fNIR） 画像法は，脳内の神経活動の増加によって生じる血中酸素化濃度の変化を測定するための光学技術である（図3.10B）。この画像法は，血液中の酸素化ヘモグロビンと還元ヘモグロビンの近赤外光の吸収度の検出に基づいている。したがって，fNIR 画像法は fMRI（前項参照）と同様の方法で，現在起こっている脳活動を間接的に観測する方法を提供する。本手法は fMRI ほど面倒な方法ではないものの，ノイズが入りやすく，空間分解能は低い。

　機能的近赤外画像法は，赤外光が頭蓋骨を通って大脳皮質に深さ数センチほど入射することができるという事実に依っている。頭皮上に配置された赤外線エミッタが，頭蓋骨を通って赤外光を送り込む。赤外光の一部は吸収され，一部は反射して頭蓋骨を通過し，赤外線検出器によって検出される。赤外光は血液の酸素含有量に基づいて異なって吸収されるため[訳注3]，その基礎とな

訳注2：機能的近赤外分光分析法〔fNIRS：functional near infrared spectroscopy〕が用いられることも多い。

第3章 脳の記録と刺激　37

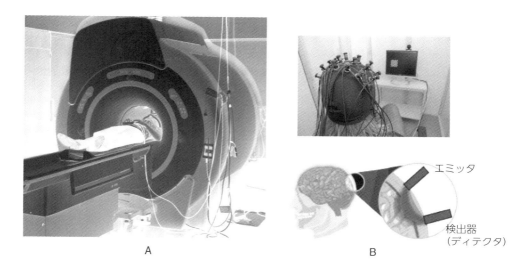

図3.10　脳活動の fMRI および fNIR 記録　(**A**) fMRI 装置で実験実行中の被験者の脳をスキャンしているところ。被験者は，選択または出力を示すための押しボタンのついた機器を持っている。(**B**) 上：fNIR キャップを被った被験者。下：fNIR システムがどのようにエミッタと検出器を用いて，神経活動の増加によって生じる血中酸素化濃度の変化を測定するのかを示す図。(画像 A：Creative Commons；画像 B：http://neuropsychology.uni-graz.at/methods_nirs.htm)

る神経活動の測度を与える。脳波と同様に，頭部にわたって等間隔に配置された多数の「**オプトード (optode)**」(エミッタと検出器) を用いることにより，脳表面における神経活動の 2 次元マップを構築することができる。

　ただし機能的近赤外画像法は脳の深部領域を画像化できる fMRI と異なり，設計仕様上，頭蓋骨に近い神経活動の測定に限定されている。一方，fMRI と異なり被験者は MR スキャナ内で横になっている必要がないので，動きが制限されない。機能的近赤外画像法は電気的測定ではなく光学的測定に依るため，(脳波と比較して) 筋肉アーチファクトの影響を受けない。また，このシステムは脳波と同様に fMRI よりもはるかに廉価であり，持ち運びが可能である。

陽電子放出断層撮影法（ポジトロン断層法，ポジトロン断層撮影法）(PET)

陽電子放出断層撮影法 (positron emission tomography：PET) は，代謝活動を検出することによって脳活動を間接的に測定する方法としては，より古くからある手法である。PET では，放射性同位元素で標識された代謝的に活性な化学物質を，脳へ輸送するために血流に注入 (静

訳注 3：酸素化ヘモグロビンと還元ヘモグロビンの吸収スペクトルが異なるという意味。

38　第I部　背景

脈注射）し，この化合物からの放射線の放出を測定する。標識された化合物は**放射性トレーサ**
(radiotracer) と呼ばれる。PET スキャナ内のセンサは，脳活動による代謝活動の結果として
放射性化合物が脳の様々な領域に向かって進んだときにこの化合物を検出する。この情報を用い
て脳活動の量を示す 2 次元または 3 次元の画像が生成される。最もよく使われる放射性トレー
サはブドウ糖の標識化物である。

　PET の空間分解能は fMRI に匹敵するものの，その時間分解能は通常，かなり低い（数十秒
のオーダー）。その他の欠点としては，放射性化学物質を体内に注射する必要があることや放射
能が急速に減衰することが挙げられ，そのために実験に使用できる時間が制限される。

3.2　脳を刺激する方法

3.2.1　侵襲的手法

微小電極

1780 年代，Luigi Galvani によって神経系の電気刺激に関する最初の実験が行われた。今や古典
となっている彼の実験では，ライデン瓶または回転する静電気発生装置（起電機）によって脊髄
神経に電流を流すと，解剖されたカエルの脚の筋肉が収縮した。

　今日のニューロンの主な電気刺激技術は，ニューロンからの記録に用いられる電極と同じタイ
プの電極を使用する。例えば，細胞内記録に用いられるガラス微小電極は，細胞に電流を注入し
て細胞を脱分極または過分極させるため（スパイク発生の確率を増加または減少させるため）に
も利用できる。

　細胞外記録用の白金 - イリジウム微小電極は刺激にも利用することができるが，通常の細胞外
刺激は単一のニューロンではなく，電極近くの局所的なニューロン集団を活性化する。これらの
電極は，例えばサルを対象とした意思決定課題において，ある皮質野のニューロンを刺激するこ
とによってサルの決定を変更する実験で用いられている（Hanks et al., 2006）。より有名な例は
脳深部刺激療法（deep brain stimulation：DBS）である。この治療においては，上述の電極
より若干大きな，厚さ約 1 mm の電極をパーキンソン病患者の脳に外科的に埋め込む。患者に合
わせて条件設定された電気パルスが，振戦や歩行障害などの症状を緩和するために継続的に送ら
れる（DBS は 10.2.1 項でより詳細に考察する）。微小電極アレイは人工内耳でも聴覚神経を刺激
するために用いられる（詳細は 10.1.1 項参照）。BCI における刺激用微小電極の使用は，特にサ
ルを対象にして 1 セットの電極を記録用に，もう 1 セットを刺激用に用いる研究で拡大し始め
ている。このような双方向型の BCI については第 11 章で説明する。

直接皮質電気刺激（DCES）

脳のニューロンを刺激する半侵襲的な方法は，皮質脳波（ECoG）について上述した大脳皮質表

面の電極を利用して行われる。電流（通常 15 mA 未満）が脳表面の双極電極に送られるが，通常は極性が交互に入れ替わる短いパルス形状である。その効果は電極対付近の局所皮質組織における数千のニューロンに限定される。刺激効果はその開始と終了が迅速に起こり，その刺激の持続時間と一致する。

直接皮質電気刺激（direct cortical electrical stimulation：DCES）は，運動を生成したり特定の感覚を引き起こしたりするなどの「ポジティブな」効果，あるいは動作や行動の乱れなどの「ネガティブな」効果を生み出す。DCES は通常，脳神経外科の患者の脳における感覚，運動，記憶，言語機能の部位をマッピングするために臨床現場で使用される。BCI 稼働中に直接フィードバックを供給する可能性についてはいまだ調査されていない。

光刺激

Fork (1971) の研究以来，**レーザ照射**（laser illumination）がニューロンの興奮を生み出すことが知られている。その後の研究は，**2 光子レーザ照射**（two-photon laser illumination）を用いて，例えばマウス視覚野切片内の単一ニューロンを興奮させるなど，以前の技術よりもはるかに正確にレーザ光を集束できることを示した。レーザ光は，細胞膜の接線方向に照射される。ニューロンの興奮は短潜時で起こり，照射光の強度と波長の両方によって調節される。正確なメカニズムは不明だが，細胞膜が一時的に穿孔することにより興奮が生じ，照射が中断されると速やかに再封されることが示唆されている。

別の取り組みとして**光遺伝学的刺激**（optogenetic stimulation）が知られており，遺伝子操作を用いて特定のニューロンのみが照射に応答するようにする。例えば，無脊椎動物の網膜に特異的な因子をコードする遺伝子を，海馬のニューロンで発現させることができる。この網膜の因子はその後，実際の網膜にある場合と同様に，遺伝子操作を受けたニューロンに光で制御できる興奮性電流源を作り出す。光にさらされると，網膜の因子を遺伝子導入されたニューロンは脱分極し，1 秒〜数秒の潜時で活動電位を発生させる。さらに，光強度の増加によってニューロンの発火率が増加する傾向がある。

要約すると，2 光子レーザ照射は選択的に単一のニューロンを興奮させる方法をもたらし，光遺伝学的刺激は細胞特異的な方法を用いて遺伝子改変された特定の 1 クラスあるいは数クラスのニューロンのみを選択的に興奮させる方法を提供する。**光遺伝学**（optogenetics）は有望な新技術であるが，これまでこの手法を実証する研究の大部分が，行動下にある動物の無傷の脳ではなく脳切片または培養細胞で行われていることから，BCI との関連ではさほど検討されていない。Diester，Shenoy 他による研究（2011 年）が，この制限に対処するために役立つ[訳注4]。

訳注 4：引用元は国際会議の発表であるが，その論文は会議録には収録されていない。

3.2.2 非侵襲的手法

経頭蓋磁気刺激（TMS）

経頭蓋磁気刺激（transcranial magnetic stimulation：TMS） は，電気と磁気の密接な関係と**電磁誘導（electromagnetic induction）** 作用に依っている（図 3.11）。すなわち，電流が導線コイルに流れると，コイルの電流の流れに対して垂直に磁場が作られる。ここで，2 つ目のコイルが磁場内に置かれた場合，1 つ目のコイルの電流と反対方向に電流が発生する。TMS はこの現象を利用し，頭蓋骨の隣にプラスチックで囲まれたコイルを置いて，コイル面に直交する方向に迅速に変化する磁場を作り出す。磁場は皮膚と頭蓋骨をスムーズに通過し，電磁誘導の原理によって脳内に電流を生み出し，この電流がニューロン集団を活性化する。

TMS によって作られた磁場は，コイルのすぐ隣にある脳領域の最大約 3〜5 cm の深さまで到達すると考えられている。したがってこの手法は，脳表層のニューロンを活性化するためにのみ適している。TMS の主な利点は非侵襲的であることと，したがって適用対象が患者に限定されないことである。欠点としては，比較的高い電力が必要であることや，微小電極や DCES などの侵襲的手法と比較して刺激領域の局在化能力（特定の部分のみを刺激できること）が劣っていることが挙げられる。

経頭蓋超音波

さらに最近の神経回路の非侵襲刺激技術に，経頭蓋パルス超音波がある。超音波とは，人間の可聴帯域よりも高い周波数（> 20 kHz）の力学的な圧力波（音波）である。超音波には，骨や軟組織などの固体構造を透過できるという有用な特性があり，非侵襲的な医療応用に好適である。高出力の超音波（> 1 W/cm^2）は熱的効果によって神経活動に影響を与えることが知られてい

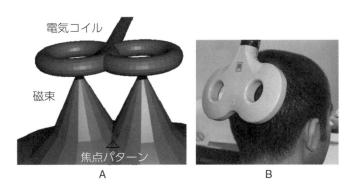

図 3.11　経頭蓋磁気刺激（TMS）　(A)「バタフライ（8 の字形）」コイルを用いた電磁誘導により生成される電気刺激の概略図。(B) 8 の字コイルを用いた被験者の視覚野の TMS。（画像：Creative Commons, http://www.princeton.edu/~napl/）

るが，そのような刺激は生体組織に損傷を与える可能性がある。幸い，低出力（< 500 mW/cm²）の**パルス（pulse）**超音波は高出力超音波と同様に神経活性化に影響を与えるものの，熱的効果や組織の損傷を伴わないことが研究から明らかになった。例えば Tufail et al., 2010 は，マウスの無傷の運動皮質を低出力超音波パルス（周波数 0.35 MHz，80 周期 / パルス，パルス繰り返し周波数 1.5 kHz）で刺激すると，運動野ニューロンのスパイク頻度が増加し，試験対象のマウスの 92% で筋肉の収縮と運動が誘発されたことを報告した。

　超音波がニューロンを活性化する基礎となる正確なメカニズムは不明だが，超音波が力学的に感受性のあるゲート機構を有するニューロンのイオンチャネルに影響を与える可能性，あるいはニューロンの細胞環境に流体力学的効果を生み，それによってニューロンの静止膜電位に影響を与える可能性が示唆されている。超音波パルスは空間分解能の点で直径 1 〜 2 mm の脳領域を刺激可能であり，直径 1 cm あるいはそれを超える TMS よりも優れていると言えよう。超音波パルスを非侵襲型 BCI システムの一部として，閉ループ BCI 課題において特定の脳領域を標的にしたフィードバックを供給するために利用できるか否かは，今後の検討課題である。

3.3　記録と刺激を同時に行う方法

現在のほとんどの BCI は，機器を制御するために進行中の神経活動を記録し，視覚的または触覚的なフィードバックのみを提供している。しかし一部の研究者は，神経信号の記録と，神経刺激を用いた直接フィードバックの提供を同時に行う可能性を研究している。研究中の 2 つの見込みのある取り組みとしては，微小電極アレイを用いる方法と，ニューロチップなどのより高機能な埋め込み型チップを用いる方法が挙げられる。後者は信号処理やその他のアルゴリズムを実装しており，コンピュータに接続せずにチップ自身の内部で神経活動の処理および刺激の伝達を行う。

3.3.1　マルチ電極アレイ

上述したように，微小電極はスパイク活動を記録するために用いられるが，のみならずニューロンを興奮させたり抑制したりすることを目的とした，脱分極電流または過分極電流を流すためにも利用可能である。したがってマルチ電極アレイでは，いくつかの電極を記録用に確保し，他の電極を刺激に用いることができる。そのようなマルチ電極アレイの利用法については第 11 章で詳しく見ていく。

3.3.2　ニューロチップ

ニューロチップ（Neurochip：図 3.12）は集積チップの一例である。1 つあるいは複数のニューロンから記録を行い，オンボード・チップで有用な信号処理や他の計算を実行し，計算結果に基づいて適切な刺激を 1 つあるいは複数のニューロンに供給する機能をもっている（Mavoori et

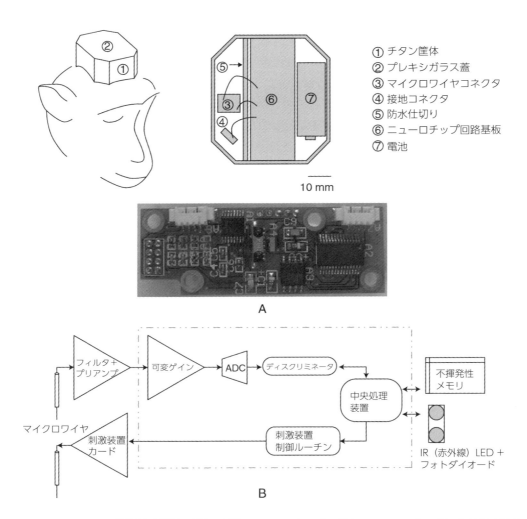

図3.12 ニューロンの記録と刺激を同時に行うニューロチップ (**A**) ニューロチップを含む埋め込み装置の構成部品。(**B**) ニューロチップのアーキテクチャ。アナログおよびデジタル回路部品，オンチップメモリ，距離1mまでのワイヤレス通信用のIR（赤外線）LEDとフォトダイオード。(Mavoori et al., 2005 より改変)

al., 2005)．したがって，チップは自給自足型のユニットであり，チップを埋め込まれた被験者は自由に歩き回り，自然な行動をとることができる．電池式のチップは，12個の可動式のタングステンマイクロワイヤ電極（直径50μm，インピーダンス0.5MΩ，電極間隔500μm）の配列を備えている．チップにはマイクロプロセッサが搭載されており，このプロセッサで1組の電極から得た信号に対してスパイクソーティング（4.1節）を実行し，別の1組の電極を用いて

電気パルスを供給するように刺激回路に指示することができる。記録した信号の短いセグメント（短時間区間のデータ）と所望の刺激パターンを，オンチップメモリに保存することが可能である。

　ニューロチップはサルに使用され，1つのニューロン集団が別のニューロン集団と相関をもちながら一貫して活性化すると，2つのニューロン集団間の結合強度が高まる可能性が示されている。ニューロチップのBCIへの応用については第11章で検討する。

3.4　要約

本章では，現時点で脳からの記録および脳の刺激に利用できるいくつかの主要な方法を紹介した。侵襲的方法は通常，脳内に埋め込まれた1つまたは複数の微小電極を用いて，スパイク状の電気的活動を記録する。新たに開発された手法は遺伝子操作と光学イメージングを組み合わせて利用し，ニューロンの大集団の活動を記録する。

　皮質脳波（ECoG）などの半侵襲的手法は，脳表面のニューロンの大集団から発生する複合的な電気的活動を記録する。非侵襲的な手法としては，頭皮からの電気活動（脳波〔EEG〕），脳の電気活動によって生じる磁場変動（脳磁図〔MEG〕），神経活動の結果として生じる血中酸素化濃度の変化（機能的磁気共鳴画像法〔fMRI〕および機能的近赤外画像法〔fNIR〕）を記録する技術が開発されている。以降の章では，これらの手法がBCIに役立つ信号を供給する能力について，より詳細に検討する。

3.5　演習問題

1. 現在，脳信号の侵襲的記録に利用できる手法にはどのようなものがあるか？　各手法について，個々のニューロンからのスパイクが記録可能か否かを明記せよ。
2. 細胞内記録と細胞外記録の違いを説明せよ。これらの手法のうちで，覚醒して行動している動物の記録に使用されるものはどれか？
3. 次の記述の正誤を述べよ：
   a. 細胞内記録によって個々のニューロンの膜電位を記録することができる。
   b. パッチクランプ法は細胞外記録技術の一例である。
   c. 微小電極の先端は通常，直径約 10^{-6}m 以下である。
   d. テトロードは高々4つのニューロンからしか同時記録に使用できない。
   e. マルチ電極アレイは何十ものニューロンのスパイク活動を同時記録するために使用できる。
   f. 皮質脳波（ECoG）は脳表面からの電位の記録に関する手法である。
4. ECoG 電極によって記録された信号と，その電極下の神経活動との関係について説明せよ。
5. 脳活動を記録するためのマルチ電極アレイと ECoG 電極アレイの長所と短所を比較対照せよ。

44   第 I 部   背景

6. 微小電極を用いて測定した神経信号と ECoG 電極を用いて測定した信号のそれぞれのおおよその電圧範囲を答えよ。

7. 膜電位感受性色素を用いてニューロン集団の活動を可視化する方法について説明せよ。

8. 蛍光カルシウムインジケータ色素に基づいた神経活動の 2 光子イメージングの背景にある原理を記述せよ。

9. 脳波は神経活動のどのような成分を測定しているのか？ 脳波信号に最も寄与しているのは脳のどの領域か。

10. 脳波で用いられる国際 10-20 電極法とはどのようなものか。

11. 次の脳波に関する周波数範囲と脳の現象を記述せよ：

a. アルファ波

b. ベータ波

c. ガンマ波

d. ミューリズム

e. シータ波

12. 非侵襲的な脳記録手法としての脳磁図の長所と短所を，脳波と比較して列挙せよ。

13. fMRI によって測定された信号とその基礎となる神経活動の関係を記述せよ。

14. fMRI の長所と短所を，脳波と比較して挙げよ。特に，これら 2 つの方法の空間分解能と時間的分解能について言及せよ。

15. 脳活動を記録するための fNIR 画像法と fMRI を比較対照せよ。

16. 無傷の脳のニューロンを刺激するための 2 つの侵襲的手法と 2 つの非侵襲的手法を記せ。刺激の特異性（特定の脳領域やニューロンだけを刺激できる能力）と侵襲性のトレードオフを説明せよ。

17. 記録と刺激を同時に行うことに関し，標準的な微小電極アレイを使用する場合と比較して，ニューロチップなどの埋め込み型チップによりもたらされる利益はどのようなものか？

第4章 信号処理

本章では，BCI において記録された脳信号に対して適用される信号処理法を解説する。これらの信号処理法が担う仕事は，侵襲型電極により記録された生の信号からのスパイク抽出から意思分類のための特徴抽出に至っている。多くの手法については，非侵襲的記録方法として脳波（EEG）を用いてそれらの概念を説明するが，皮質脳波（ECoG）や脳磁図（MEG）等の他の信号源からの信号にも適用可能である。

4.1 スパイクソーティング

侵襲的な方法でブレイン・コンピュータ・インターフェースを構築する場合，通常は微小電極アレイからのスパイクの記録に依ることになる。このような入力信号に対する信号処理の目的は，記録電極ごとに単一のニューロンによって発せられるスパイクを確実に分離して抽出することである。この処理は通常，**スパイクソーティング**（spike sorting）と呼ばれている。

脳内に埋め込まれた細胞外電極によって記録される信号は通常，電極付近の数個のニューロンからの信号が混じり合っており，より近いニューロンからのスパイクが記録信号のなかでより大きな振幅偏位をもたらしている。この信号は，**マルチユニット・ハッシュ**（multiunit hash）または**ニューラル・ハッシュ**(neural hash) と呼ばれることが多い（図4.1A）。ハッシュはブレイン・コンピュータ・インターフェースへの入力としても利用できる可能性はあるが，従来の BCI への入力の形態は個々のニューロンからのスパイクである。スパイクソーティングの手法を用いることにより，ハッシュから単一ニューロンからのスパイクを抽出することができる。

最も単純なスパイクソーティングの方法は，**ピーク振幅**（peak amplitude）によってスパイクを分類することである。この方法は，細胞外電極が電極からわずかに異なる距離にある複数のニューロンからの強い信号を検出し，これらが異なる振幅をもたらすような場合は有効に機能する。しかし，多くの場合においてピーク振幅は異なるニューロン間で同じになることがあり得るため，この方法は適切ではない。よりよい方法は，多くの商用システムで使用されているように，実験者がデータを目視で検査して，同じ形状のスパイクが並んだ記録上にウィンドウを設定する

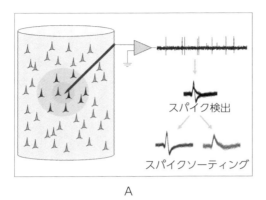 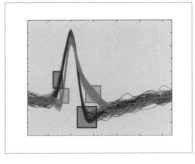

図 4.1 スパイクソーティング (**A**) 細胞外記録が，どのように複数のニューロンからのスパイクを含む信号（マルチユニット・ハッシュと呼ばれている）になるのかを示す図。これらのスパイクは，様々な振幅と波形を示す可能性がある。(**B**) スパイクソーティングのために一般的に使用されるウィンドウ識別法では，実験者が，コンピュータがスパイクの例（この場合では 2 つ）を，それらが通過したウィンドウに従って分離できるように，様々なウィンドウを設定する必要がある。(http://www.scholarpedia.org/article/Spike_sorting より改変)

ウィンドウ識別（window discriminator）法である（図 4.1B）。この方法では，設定したウィンドウの 1 つ以上を通るすべての将来のスパイクを同じニューロンのスパイクとして割り当てる。ウィンドウ識別法は，スパイクが 1 つのニューロンに由来するものか，他のニューロンに由来するものかを実験者が手動でラベル付けする必要があるという欠点を抱えている。最近のトレンドは，スパイクを形状に基づいて複数のグループに自動的にクラスタリングする方法に向かっており，ここで各グループは 1 つのニューロンから生じたスパイクに対応する。スパイクの形状は，ウェーブレット解析または主成分分析（PCA）を用いて抽出された特性によって特徴付けられる（4.3 節および 4.5 節を参照）。

4.2 周波数領域の解析手法

脳波などの非侵襲的手法は，数千のニューロンの活動を反映する信号に基づいている（第 3 章参照）。したがって記録された信号は，振動活動などの，大規模なニューロン集団の相関活動のみをとらえることができる。例えば，実際に運動したり運動をイメージしたりすると，通常，運動前野および一次感覚運動野が活性化されて，脳波や皮質脳波のミュー（8〜12 Hz），ベータ（13

〜 30 Hz），ガンマ（> 30 Hz）リズムの振幅やパワーの変化をもたらす。このような振動活動が存在することから，フーリエ解析などの周波数領域における信号解析が特に有用となる。

4.2.1 フーリエ解析

フーリエ解析（Fourier analysis） の背景にある基本的な考え方は，信号を様々な周波数の正弦波と余弦波の重み付き和に分解することである。図 4.2 の例について考えてみよう。ある時間帯は一定の正の値であり，その後一定の負の値になり，引き続いて再び元の正の値に戻るステップ関数が与えられたと仮定する（図 4.2A）。図 4.2B 〜 F に示されているように，それぞれ異なる係数（振幅）で重み付けされた様々な周波数の正弦波を足し合わせることによって，このステップ関数を近似することができる。したがってステップ関数は，固有の周波数と振幅をもつ一連の正弦関数（これらの数は無限になる可能性がある）に分解できる。

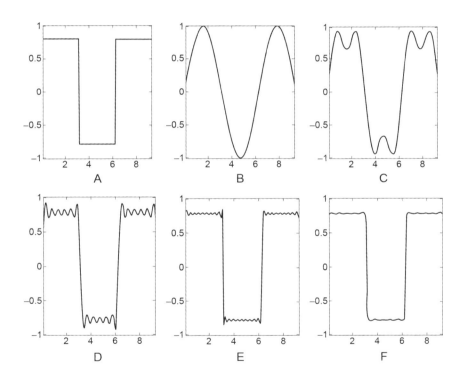

図 4.2 正弦波を用いたステップ関数の近似 図は，ステップ関数を様々な周波数と振幅をもつ正弦関数の重み付き和として近似する方法を示す。**(A)** 一定の正の値（＋ 0.8）と一定の負の値（− 0.8）が交代するステップ関数。**(B)** $\sin(x)$。**(C)** $\sin(x) + (1/3)\sin(3x)$。**(D)** $\sin(x) + (1/3)\sin(3x) + (1/5)\sin(5x) + \ldots + (1/11)\sin(11x)$。**(E)** $\sin(x) + (1/3)\sin(3x) + \ldots + (1/51)\sin(51x)$。**(F)** $\sin(x) + (1/3)\sin(3x) + \ldots + (1/151)\sin(151x)$。

フーリエ解析は，$t = -T/2$ から $t = T/2$ の区間で定義された時変信号 $s(t)$ を，様々な周波数の正弦波と余弦波の重み付き和に分解する：

$$s(t) = \frac{a_0}{2} + a_1 \cos(\omega t) + a_2 \cos(2\omega t) + ... + b_1 \sin(\omega t) + b_2 \sin(2\omega t) + ...$$

$$= \frac{a_0}{2} + \sum_{n=1}^{\infty} a_n \cos(n\omega t) + \sum_{n=1}^{\infty} b_n \sin(n\omega t) \tag{4.1}$$

$$= \frac{a_0}{2} + \sum_{n=1}^{\infty} a_n \cos(2\pi n f t) + \sum_{n=1}^{\infty} b_n \sin(2\pi n f t)$$

ここで ω は角周波数であり，$\omega = 2\pi/T$ として定義され，f は通常の周波数（ヘルツまたは 1 秒当たりの周期で測られる）であって，$f = 1/T$ として定義される。時間区間 T は周期信号 $s(t)$ の周期とみなすことができる。上記の $s(t)$ の無限項の和への展開は，**フーリエ級数（Fourier series）** または **フーリエ（級数）展開（Fourier expansion）** と呼ばれている。ここでは細部には立ち入らないが，信号 $s(t)$ は級数展開が存在するための適切な条件（有界のままであることなど）を満たす必要があることに注意されたい。

(4.1) 式の余弦波と正弦波は，「基底関数（basis function）」とみなすことができる。これらの基底関数は，様々な重み a_n および b_n を掛けて足し合わせることによって種々の信号を作り出すことが可能であり，これは信号の「合成（synthesis）」に相当する過程である。逆に，入力信号 $s(t)$ が与えられると，入力信号から重み a_n および b_n（**係数〔coefficient〕** とも **振幅〔amplitude〕** とも呼ばれる）を計算により求めることができる（下記を参照）。この過程は，与えられた信号の「解析（analysis）」とみなすことができる。計算により求められた振幅により，信号の主要な周波数成分が何かがわかるため，このような解析は有用である。周波数成分への分解により，周波数に基づいて様々なタイプのフィルタを適用することが可能になる。例えば脳波信号は，60 Hz の交流電源が原因の 60 Hz 付近（米国では）の電力線ノイズ（ライン・ノイズ）によって波形が歪むことが多い。このノイズは，信号の 60 Hz の周波数成分を除去する「ノッチ」フィルタを用いることによって，脳波信号から効率的に取り除くことが可能である。その結果，ライン・ノイズのない信号を再構成したり，分析したりすることが可能になる。

(4.1) 式の係数（またはフーリエ振幅）a_n および b_n を推定するためには，原信号に対応する（角周波数 $n\omega$ の）余弦波または正弦波を乗じ，時間にわたって加算（連続系の場合は積分）する必要がある：

$$a_n = \frac{2}{T} \int_{-T/2}^{T/2} s(t) \cos(n\omega t)dt$$

$$b_n = \frac{2}{T} \int_{-T/2}^{T/2} s(t) \sin(n\omega t)dt \tag{4.2}$$

これらの方程式は，基本的には入力信号と特定周波数の余弦波または正弦波との間の相互相関を計算しているとみなすことができ，相関の強さ（「類似性」）は対応する係数である a_n または b_n によって表される。

$n = 0$ の場合，$\cos(0 \cdot \omega t) = 1$ である。したがって，フーリエ分解（(4.1) 式）の最初の項 $a_0/2$ は，区間 $-T/2$ から $T/2$ までにわたる入力信号（「DC（直流）」またはゼロ周波数の成分）の単純平均である：

$$\frac{a_0}{2} = \frac{1}{T} \int_{-T/2}^{T/2} s(t)dt \tag{4.3}$$

同様に，項 $\cos(2\pi ft)$ と関連付けられた係数 a_1 は周波数 f の余弦成分の振幅をとらえており，係数 a_2 は周波数 $2f$ の余弦成分の振幅をとらえている，等である。

したがって，信号を各周波数の振幅にフーリエ分解することにより，時間ではなく周波数を用いた信号の有用な表現が得られる。**図 4.3** は，いくつかの時変信号とそれらのフーリエ分解の例を示す。時間的広がりが短い範囲に留まる信号（「ボックスカー」や「インパルス」など）が，周波数領域においてどの程度大きな，または無限の範囲を占めているのかに注目されたい。

フーリエ係数を複素数にすることによって，より簡単なフーリエ級数の形式が得られる。複素数は $a + jb$ の形式で，$j = \sqrt{-1}$ であることを思い起こされたい。また，等式 $e^{j\theta} = \cos\theta + j\sin\theta$ も思い出されたい。これらを用いて，1 組の係数 c_n を次のように定義することができる：

$$\begin{aligned} c_n &= \frac{a_n - jb_n}{2} \quad n > 0 \\ &= \frac{a_0}{2} \quad n = 0 \\ &= \frac{a_n + jb_n}{2} \quad n < 0 \end{aligned} \tag{4.4}$$

次に信号 $s(t)$ のフーリエ級数は次式のようになる：

$$s(t) = \sum_{n=-\infty}^{\infty} c_n e^{jn\omega t} \tag{4.5}$$

ここで，

$$c_n = \frac{1}{T} \int_{-T/2}^{T/2} s(t)e^{-jn\omega t}dt \tag{4.6}$$

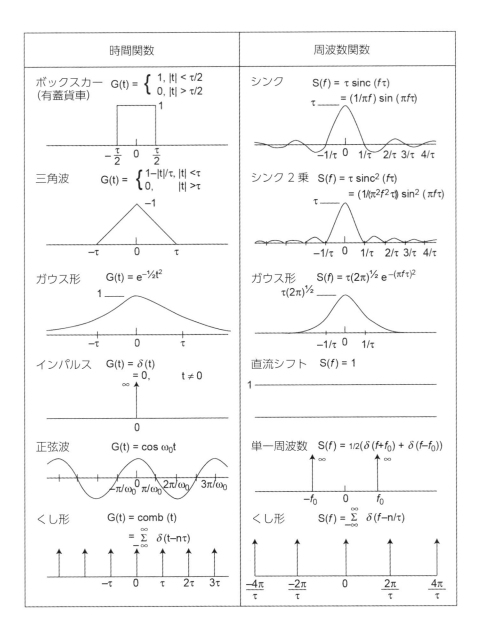

図 4.3　時変信号とそのフーリエ変換の例　(画像：Creative Commons, http://wiki.seg.org/index.php/File:Segf19.jpg)

である。(4.6) 式で与えられる一連の係数 c_n への変換は，信号 $s(t)$ の**フーリエ変換** (Fourier transform：FT) とも呼ばれる。この変換は可逆的である。つまり，係数 c_n が与えられれば，(4.5) 式を用いて原信号を復元可能である。この操作は**逆フーリエ変換** (inverse Fourier transform：IFT) と呼ばれている。

4.2.2 離散フーリエ変換 (DFT)

BCI 応用では，脳信号は通常，離散的な時間間隔でサンプリング（離散値化）される。上述のフーリエ級数は，離散的にサンプリングされた信号にも同じく適用できるように修正が可能である。**離散フーリエ変換** (discrete Fourier transform：DFT) は，時刻 $t = 0, ..., T-1$^{訳注1} でサンプリングされた時系列 $S(t)$ を入力として取り込み，対応する複素フーリエ係数に変換する：

$$C(n) = \frac{1}{T} \sum_{t=0}^{T-1} S(t)e^{-jn\omega t} \qquad n = 0, ..., T-1 \tag{4.7}$$

ここで，以前と同様に $\omega = 2\pi/T$ である。

逆離散フーリエ変換 (inverse discrete Fourier transform：IDFT) も同様に次のように定義される：

$$S(t) = \sum_{n=0}^{T-1} C(n)e^{jn\omega t} \qquad t = 0, ..., T-1 \tag{4.8}$$

前節と同様に，複素フーリエ係数 $C(n)$ は，n 番目の正弦波成分の振幅と位相の両方をとらえている。これらは複素数の極形式を用いて次のように復元できる：

$$\text{振幅 } A(n) = \sqrt{\text{Re}(C(n))^2 + \text{Im}(C(n))^2} \tag{4.9}$$

$$\text{位相 } \varphi(n) = \arctan(\text{Im}(C(n)), \text{Re}(C(n))) \tag{4.10}$$

ここで，$\text{Re}(x)$ と $\text{Im}(x)$ は x の実部と虚部を示す。振幅値 $A(n)$ ($n = 0, ..., T-1$) は信号の**振幅スペクトル** (amplitude spectrum) を定義し，$\varphi(n)$ の値は**位相スペクトル** (phase spectrum) を定義する。通常，BCI 応用においては，課題実行中の様々な周波数成分の変化の大きさに興味がもたれる。この目的のために振幅スペクトルを用いることはできるが，振幅値を2乗した信号の**パワースペクトル** (power spectrum) を用いることがより一般的である：

$$\text{パワー } P(n) = A(n)^2 = \text{Re}(C(n))^2 + \text{Im}(C(n))^2 \tag{4.11}$$

訳注1：この記述ならば，T は整数になる。

52　第 I 部　背景

4.2.3　高速フーリエ変換（FFT）

上記の定義に基づいて DFT を計算できるが，これは T 点の信号に対しておおよそ T^2 の算術演算を要する。したがってアルゴリズムの実行時間は，信号サイズ T の 2 次形式になる。T が非常に大きい場合（例えば数百万に上る場合），実行時間が非常に長くなる可能性がある。

　高速フーリエ変換（fast Fourier transform：FFT）は，より効率的に DFT を計算する方法である。FFT の実行時間はおおよそ $T \log T$ であり，T が大きなサイズの場合に計算時間を大幅に節約できる。最も一般的な FFT アルゴリズムであるクーリー - テューキー・アルゴリズム（Cooley-Tukey algorithm）は，「分割統治」戦略を用い，DFT を多くのより小さなサイズの DFT に再帰的に分割する。ほとんどの信号処理パッケージソフトは FFT を実装しているため，FFT は時変信号を周波数領域に変換するための最も一般的な方法になっている。

4.2.4　スペクトル特徴量

多くの BCI システムは，ある時間区間で脳波や皮質脳波（ECoG）などの脳信号のパワースペクトルから抽出された特徴量に依っている。最初に FFT を使用してパワースペクトルが計算され，特定の周波数帯域におけるパワーが，スペクトル特徴量（spectral feature）としてさらに分析される（例：分類）。例えば，実際に運動したり運動をイメージしたりするとミューリズムの周波数帯域（8 〜 12 Hz）のパワーを減少させることが知られているため，ミュー帯域のパワーを BCI における特徴量として用いることにより，被験者が運動イメージを使ってカーソルを動かすことができるようになることがある。別のよく用いられている取り組みに，運動スクリーニング（検査）を使用して，被験者に固有な周波数帯域を見出すことがある。被験者は様々な運動をするように指示され，運動中でも安定して（ロバストな）パワーの変化を示す周波数帯域を，引き続く運動イメージについての BCI 実験で用いる。より洗練された取り組みは，一連のスペクトル特徴量を利用して，機械学習アルゴリズムがテスト（実際に意思を分類する）データの分類精度[訳注1]を高めるスペクトル特徴量を自動的に選択できるようにすることである。

4.3　ウェーブレット解析

フーリエ変換は，原信号を一連の「基底」関数，すなわち様々な周波数の正弦関数と余弦関数で表現する。しかし，正弦関数と余弦関数は無限の時間範囲を占めるため，フーリエ変換は有限で非周期的な信号や，鋭いピークや不連続点を有する信号の表現は苦手である。さらに，脳波などの脳信号は通常，非定常的（すなわち，統計的性質が経時的に変化する）であり，フーリエ解析

訳注 2：原書は accuracy を用いている。accuracy の訳語に関しては分野ごとに違いがみられ，例えば統計分野では accuracy を正確度，precision を精度と訳すが，本書では物理計測分野の慣例に従って精度は accuracy を指すものとする。

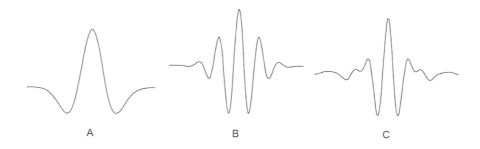

図 4.4　様々なタイプのマザーウェーブレット　(A) メキシカンハット, **(B)** モレ (Molet), **(C)** マイヤー (Meyer)。マザーウェーブレットを拡大・縮小および時間シフトしたコピーの線形結合を用いて，任意の信号を表現することができる。

における定常信号の仮定を破っている。この問題に対処する 1 つの方策として，短時間ウィンドウに対してフーリエ変換を実行する，**短時間（短期間）フーリエ変換** (short-time/short-term Fourier transform：STFT) として知られる方法がある。しかしながら，STFT ではウィンドウのサイズの問題が未解決のままになっており，小さなウィンドウでは時間分解能が良好な一方で周波数分解能が劣り，大きなウィンドウでは周波数分解能が高くなる一方で時間分解能が劣化する。この問題認識が，時間分解能と周波数分解能の間で最適なトレードオフを得ようとするウェーブレット変換の開発につながった。

　ウェーブレット変換 (wavelet transform：WT) は，サインとコサインではなく，**ウェーブレット（wavelet）** と呼ばれる有限長の基底関数を用いる。ウェーブレットは，**マザーウェーブレット（mother wavelet；図 4.4）** として知られる単一の有限長の波形を拡大・縮小（スケーリング）および時間シフトしたコピーである。ウェーブレット変換では基底関数を様々なスケールで用いることにより，信号を多重解像度で解析することが可能になっており，より大きなスケールのウェーブレット成分は入力信号の粗い特徴を明らかにし，より小さなスケールのウェーブレット成分はより細かい構造を明らかにする。さらに，ウェーブレットの時間範囲が有限であることにより，ウェーブレットは（フーリエ解析で使用される正弦関数や余弦関数と異なり）非周期的あるいは急な不連続点をもつ信号を表現することが可能になっている。

　フーリエ変換の場合と同様に，ウェーブレット変換は原信号を基底関数，この場合にはウェーブレットの線形結合として表す（図 4.5 参照）。信号の解析は対応するウェーブレット係数を用いて行われる。現在のほとんどの信号処理パッケージソフトには利用できるオプションの 1 つとしてウェーブレット変換が含まれており，様々なマザーウェーブレットの選択肢が提供されている。

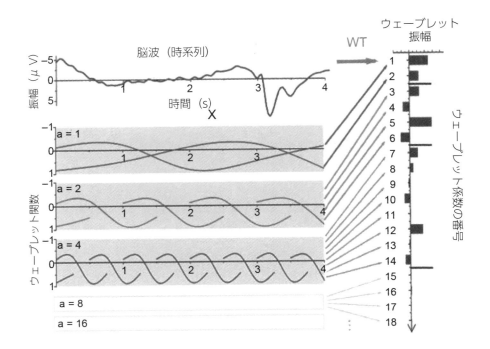

図 4.5　ウェーブレット変換の例　最上段の脳波信号は数回の試行の加算平均である。この信号は，その下に示されているウェーブレットの重み付き線形結合に分解することができる（a = 1 から 4 までのウェーブレットが示されている；a = 8 から 16 までのウェーブレットは示されていない）。各ウェーブレットは，マザーウェーブレットを拡大・縮小および時間シフトしたものである（2 つのマザーウェーブレットを時間シフトしたコピーがスケール a = 1 で示されている）。スケールファクタ（拡大率）は指標 a に従って減少し，a は a = 16 までステップごとに 2 倍になる。このため，ウェーブレットの数は a = 1 で 2 つ，a = 2 で 4 つ，a = 4 で 8 つ，などとなる。ウェーブレット係数または重みがこの信号のウェーブレット変換を表し，右側にバーとして示されている。これらの係数が信号の様々な特性をとらえていることに注意されたい。例えば，3 秒と 4 秒の間の負の変動は「事象関連電位」(ERP) であり，ウェーブレット番号 5 とウェーブレット番号 12 の大きな係数によってとらえられている。(Hinterberger et al., 2003 より)

4.4　時間領域の解析手法

4.4.1　ヨルトパラメータ

1970 年に B. Hjorth によって導入された**ヨルトパラメータ**（Hjorth parameter）は，時変信号の 3 つの重要な特性，すなわち平均パワー，二乗平均平方根周波数，二乗平均平方根周波数の広がり（変化），を高速に計算する方法を与える。これらのパラメータは，信号の 1 次導関数と 2

次導関数から計算できるため，**正規化勾配記述子** (normalized slope descriptor) とも呼ばれる。

数学的には，「活動度（activity）」，「可動度（mobility）」，「複雑度（complexity）」と呼ばれる3つのヨルトパラメータが，次のように定義される：

$$A = a_0$$

$$M = \sqrt{\frac{a_2}{a_0}} \qquad\qquad (4.12)$$

$$C = \frac{\sqrt{a_0 a_4}}{a_2}$$

ここで，a_0 は測定の解析対象区間における信号の分散（言い換えれば平均パワー），a_2 は信号の1次導関数の分散，a_4 は信号の2次導関数の分散である。これらの測度は，信号のパワースペクトルの0次，2次，および4次のモーメントとそれぞれ等価であることがわかる（(4.11)式参照）。

ヨルトパラメータは分散に基づいているために他の方法よりもはるかに高速に計算できることから，脳波の解析においてよく使われる。したがって，時変信号の特性を高速で継続的に評価することが必要な応用に役立つ。

4.4.2 フラクタル次元

一般に，自己相似性を示す信号はフラクタルと言われる：信号の一部が信号全体と似た傾向があり，この相似性は再帰的に繰り返される。**フラクタル次元** (fractal dimension) は，この自己相似性の定量的な測度である。フラクタル次元には様々に異なる定義が存在するが，脳信号（特に脳波）によく用いられるものは，樋口によって提案された方法に基づいている。

この方法は直感的には，データの部分数列を考慮することによって，入力データ数列における自己相似性を測るものである。時変信号の N 個の離散サンプルデータの数列 $X(1)$, $X(2)$, ..., $X(N)$ が与えられたとき，樋口法はデータサンプル間の時間間隔 k を変えることによって部分数列を構成する。開始時刻 $m = 1, ..., k$ について，

$$X_k^m: X(m), X(m + k), X(m + 2k), ...$$

とする。目的は，様々な時間間隔 k で入力信号の「長さ」 $L(k)$ を計算し，次の関係式から**フラクタル次元** (fractal dimension) D を推定することである：

$$L(k) \propto k^{-D} \qquad\qquad (4.13)$$

個別の X_k^m の長さは次のように推定される：

$$L_m(k) = \frac{1}{k} \left(\sum_{i=1}^{M} | X(m + ik) - X(m + (i-1)k) | \right) \left(\frac{N-1}{Mk} \right) \tag{4.14}$$

ここで，M は $(N-m)/k$ 以下の最大の整数である．各々の間隔 k について平均長 $\langle L(k) \rangle$ を計算し，両対数グラフ上に k の関数としてプロットする．入力データに関して $\langle L(k) \rangle \approx k^{-D}$ の関係があるとき，その両対数グラフは傾き $-D$ の直線に近づくはずである．したがって，標準的な最小二乗法を用いて最適な直線の勾配からフラクタル次元 D を復元することができる．この方法では $1 \sim 2$ のフラクタル次元が得られ，単純な曲線（例えば平坦な線）では $D \approx 1$，そして 2 次元平面全体を満たす非常に不規則な曲線の場合は D が 2 に近い値をとる．

　脳波などの脳信号のフラクタル次元 D は $1.4 \sim 1.7$ の範囲の値をとり，値が高いほど，てんかん発作などの非常にスパイクの多い活動を示す．代表的な BCI 応用においては，D 値は時間的にスライドするデータウィンドウ（例：100 ms）を用いて計算され，時変脳信号の「複雑さ」を特徴づけるための局所的な特徴量として用いられる．

4.4.3　自己回帰（AR）モデル

自己回帰（autoregressive：AR）モデルは，自然界の信号が時間的に（または空間などの他の次元でさえも）相関をもつ傾向があるという事実に基づいている．したがって，過去数個の測定値に基づいて，次の測定値を予測できることが多い．従来の AR モデルは，過去の測定値に基づいて現在の信号の測定値 x_t を予測するために一連の係数 a_i を使用する：

$$x_t = \sum_{i=1}^{p} a_i x_{t-i} + \varepsilon \tag{4.15}$$

ここで，ε は信号とその線形重み付き和による近似値との差の原因となる平均値ゼロのホワイトノイズと仮定する．パラメータ p は AR モデルの**次数**（order）と呼ばれ，現在の入力を予測するために用いられる過去の入力のウィンドウのサイズを決定する．この p の値は，交差検証（5.1.4項）などの最適化処理によって選択するか，あるいは先験的に小さな任意の数に固定する．

　従来の AR モデルは，単一の係数列 a_i が使用できるように，信号の統計的性質が定常的であると仮定している．しかし，脳信号は非定常的な傾向があるため，結果として時変の係数列 $a_{i,t}$ が必要になる．これは次の**適応型自己回帰**（adaptive autoregressive：AAR）モデルにつながる：

$$x_t = \sum_{i=1}^{p} a_{i,t} x_{t-i} + \varepsilon_t \tag{4.16}$$

時変係数 $a_{i,t}$ は，カルマンフィルタ（下記参照）などの再帰的な最小二乗最適化手法を用いてオ

ンラインで逐次更新される。この係数 $a_{i,t}$ は経時的に変化する信号の局所的な統計構造をとらえ，BCI におけるさらなる処理（例えば分類）において特徴量として使用可能である。

4.4.4　ベイジアンフィルタ

上述の時間領域の解析方法は，経時的に計算される信号特性の不確かさの推定値を明示的に保持しない（信号特性の経時的な不確かさを推定しない）。不確かさの表現を保持することが，BCI においては重要になる可能性がある。これは，分類などを行うときに，推定値に関する不確かさの量を考慮して決定を下すことで，信頼性の低い推定値に基づいた致命的な結果になる可能性のある行動を避けることができるためである。**ベイジアンフィルタ**（Bayesian filter）手法は，信号特性とその不確かさを推定するための統計的に合理的な方法論を提供する。

確率変数 x について，他の確率変数 y が与えられた条件の下での x の条件付き確率の定義を考えることから始める（付録の（A.10）式参照）：

$$P(x \mid y) = \frac{P(x, y)}{P(y)} \tag{4.17}$$

ここで $P(x, y)$ は x と y の同時確率，$P(y)$ は y の確率である。同じ定義より，次の関係式が得られる：

$$P(y \mid x) = \frac{P(y, x)}{P(x)} = \frac{P(x, y)}{P(x)}$$

したがって，

$$P(x, y) = P(x \mid y)P(y) = P(y \mid x)P(x)$$

この単純な気づきから確率統計におけるもっとも重要な定理である，いわゆる**ベイズの定理**（Bayes' theorem）または**ベイズの法則**（Bayes' rule）が生まれる：

$$P(x \mid y) = \frac{P(y \mid x)P(x)}{P(y)} \tag{4.18}$$

ここで，$P(x \mid y)$ は y が与えられたうえでの x の**事後確率**（posterior probability），$P(y \mid x)$ は**尤度**（likelihood）とそれぞれ呼ばれており，$P(x)$ は x の**事前確率**（prior probability）である。確率 $P(y)$ は，x に関して次式の和を求めることにより計算できる：

$$P(y) = \sum_x P(x, y) = \sum_x P(y \mid x) P(x)$$

したがって，ベイズの法則は次のように表される：

$$P(x \mid y) = \frac{P(y \mid x) P(x)}{\sum_x P(y \mid x) P(x)} \tag{4.19}$$

ベイズの法則は，$P(y \mid x)$ で表される測定からの証拠を，$P(x)$ で表される事前の知識および信念（主観確率，ビリーフ）とどのように組み合わせることができるのかを規定しているため，信号特性の統計的推定に重大な結果をもたらす。例えば y が脳波の測定（および測定値）を表し，x が脳の反応を引き起こした刺激を表すと仮定する。BCI 応用では，測定された脳波信号の原因を見出すことに興味がもたれるが，これは事後確率 $P($ 刺激 $\mid$ 脳波 $)$ を推定することに対応する。この確率は直接推定することは難しいが，確率 $P($ 脳波 $\mid$ 刺激 $)$ は被験者を刺激に曝露し，多数の試行から刺激応答のデータを収集することによって推定することが可能である。刺激の事前確率 $P(x)$ は，実験者が先験的に決定するか，データから推定することができるだろう。

　ベイズの法則は，経時的に行われる一連の測定から事後確率を推定するように拡張することができる。時間ステップ i で測定 y_i を行うとする。**これまでに行ったすべての測定**が与えられたときの，未知の状態または事象 x の事後確率，すなわち $P(x \mid y_1, ..., y_t)$ を知りたいところである。そのためにベイズの法則を再び用いて次の関係式を得る：

$$P(x \mid y_1, ..., y_t) = \frac{P(y_t \mid x, y_1, ..., y_{t-1}) P(x \mid y_1, ..., y_{t-1})}{P(y_t \mid y_1, ..., y_{t-1})} \tag{4.20}$$

上式は，状態 x が与えられたとき，測定 y_t がすべての過去の測定と条件付き独立であるという合理的な仮定を行うと簡略化できる。この仮定により，下記の**ベイジアンフィルタ**（Bayesian filter）または更新則に至る：

$$P(x \mid y_1, ..., y_t) = \alpha P(y_t \mid x) P(x \mid y_1, ..., y_{t-1}) \tag{4.21}$$

ここで，$\alpha = 1 / P(y_t \mid y_1, ..., y_{t-1})$ は正規化定数である。ベイジアンフィルタの方程式は再帰的であることに注意されたい。時刻 t における事後確率の推定値は，時刻 $t-1$ における過去の事後確率の推定値と，現在の測定値 y_t の尤度を結合することによって計算される。

　最後に，上記のベイジアンモデルに状態 x が時間と共に変化できるような追加を行う。これは，例えば刺激または脳信号の他の信号源が動的であるような一般的な状況に対応する。最も単純かつ一般的なケースでは，これらのダイナミクスはマルコフ過程に従うと仮定することである。つまり，次の状態の確率は現在の状態のみに依存し，過去の状態には依存しないということであ

り，この確率は $P(x_t | x_{t-1})$ で与えられる。x_t についての一般的なベイジアンフィルタの方程式を導出するために，上で登場した（4.21）式に考察を加えることから始める：

$$P(x_t | y_1, ..., y_t) = \alpha P(y_t | x_t) P(x_t | y_1, ..., y_{t-1})$$

この方程式は単にベイズの法則を適用した結果であるが，フィルタのアルゴリズムに共通する「予測と補正」の特性を示している。まず予測の確率 $P(x_t | y_1, ..., y_{t-1})$ が過去の測定値を用いて作られ，次にこの予測確率は尤度 $P(y_t | x_t)$ によって与えられる新しい測定値を用いて修正される。予測確率自体は，前の時間ステップにおけるフィルタの推定値から再帰的に計算できる：

$$\begin{aligned} P(x_t | y_1, ..., y_t) &= \alpha P(y_t | x_t) P(x_t | y_1, ..., y_{t-1}) \\ &= \alpha P(y_t | x_t) \sum_{x_{t-1}} P(x_t, x_{t-1} | y_1, ..., y_{t-1}) \end{aligned} \tag{4.22}$$

マルコフ過程の仮定を用い，**一般的なベイジアンフィルタ**（general Bayesian filtering）の方程式を得る：

$$P(x_t | y_1, ..., y_t) = \alpha P(y_t | x_t) \sum_{x_{t-1}} P(x_t | x_{t-1}) P(x_{t-1} | y_1, ..., y_{t-1}) \tag{4.23}$$

この方程式は，時刻 t における新しい事後分布を得るために，新しい測定値 y_t からの情報をどのように前時刻の事後分布 $P(x_{t-1} | y_1, ..., y_{t-1})$ と組み合わせるべきなのかを規定している。これから見ていくように，カルマンフィルタや粒子フィルタなどのよく知られている統計的フィルタリング手法は，（4.23）式の具体的なインスタンス（具現化した実例）と見ることができる。

　より一般的には，ベイジアンフィルタは**動的ベイジアンネットワーク**（dynamic Bayesian network：DBN）における確率的推論を実行しているとみなすことができる。DBN は，ノードが確率変数（ここでは状態 x_t と観測値 y_t）を表し，ノードから別のノードへの矢印が条件付き確率（ここでは $P(x_t | x_{t-1})$ と $P(y_t | x_t)$）を表す，グラフ構造をもつモデル（**グラフィカルモデル**〔graphical model〕）の一種である。興味のある読者は，ベイジアンネットワークとグラフィカルモデルのさらなる詳細について Koller と Friedman による教科書（2009 年）を参照されたい。

4.4.5　カルマンフィルタ

カルマンフィルタはおそらく最もよく知られているベイジアンフィルタのアルゴリズムであろう。このフィルタは，ダイナミクスと測定（観測）の両方の確率に線形ガウスモデルを仮定することによって導出される：

$$x_t = Ax_{t-1} + n_t$$
$$y_t = Bx_t + m_t \tag{4.24}$$

ここで，n_t と m_t は平均値 0 のガウス形ノイズ過程であり，それぞれの共分散行列は Q と R である（ベクトル，行列，共分散，および多変量ガウス分布の説明については付録を参照）。これらの方程式から次の方程式を得る：

$$P(x_t | x_{t-1}) = N(Ax_{t-1}, Q)$$

$$P(y_t | x_t) = N(Bx_t, R) \tag{4.25}$$

ここで N は，括弧内で示された平均と共分散をもつ正規（またはガウス）分布を示す。それでは，ガウス分布 $P(x_{t-1} | y_1, ..., y_{t-1})$ から始めよう。連続系においては，予測分布は x_{t-1} についての和を積分で置き換えることにより得られる：

$$P(x_t | y_1, ..., y_{t-1}) = \int_{x_{t-1}} P(x_t | x_{t-1}) P(x_{t-1} | y_1, ..., y_{t-1}) dx_{t-1} \tag{4.26}$$

$P(x_t | x_{t-1})$ と $P(x_{t-1} | y_1, ..., y_{t-1})$ のいずれもガウス分布のため，上の方程式は $P(x_t | y_1, ..., y_{t-1})$ もガウス分布であることを意味している。ベイジアンフィルタの方程式は次のようになる：

$$\begin{aligned} P(x_t | y_1, ..., y_t) &= \alpha P(y_t | x_t) P(x_t | y_1, ..., y_{t-1}) \\ &= \alpha P(y_t | x_t) \int_{x_{t-1}} P(x_t | x_{t-1}) P(x_{t-1} | y_1, ..., y_{t-1}) dx_{t-1} \end{aligned} \tag{4.27}$$

$P(y_t | x_t)$ は（$P(x_t | y_1, ..., y_{t-1})$ がそうであるように）ガウス形分布であるため，事後分布 $P(x_t | y_1, ..., y_t)$ もガウス分布であり，平均と共分散によって完全に記述される：

$$P(x_t | y_1, ..., y_t) = N(\hat{x}_t, S_t)$$

この場合のベイジアンフィルタは**カルマンフィルタ**（Kalman filter）としても知られており，時間ステップ t ごとに平均値 $\hat{x}_t$ と共分散 S_t を再帰的に更新する次の方程式に帰着する（導出については，例えば Bryson & Ho, 1975 を参照）。

$$\hat{x}_t = \bar{x}_t + K_t(y_t - B\bar{x}_t)$$
$$S_t = (B^T R^{-1} B + M_t^{-1})^{-1}$$

$$\bar{x}_t = A\hat{x}_{t-1}$$
$$M_t = AS_{t-1}A^T + Q \tag{4.28}$$

ここで，$K_t = S_t B^T R^{-1}$ は**カルマンゲイン**（Kalman gain）と呼ばれている。

いささか複雑な見かけによらず，カルマンフィルタの方程式群（4.28）式は実際にはとても理解しやすい。測定によって測定値 y_t を得る前に，時間ステップ $t-1$ における平均値と共分散に基づくカルマンフィルタの推定値から計算された，平均値の予測値 $\bar{x}_t$ と共分散の予測値 M_t が得られている。次に，予測誤差 $(y_t - B\bar{x}_t)$ を計算する。引き続いて，新しい推定値 $\hat{x}_t$ が，予測した平均値 $\bar{x}_t$ に補正項 $K_t(y_t - B\bar{x}_t)$ を加えることによって得られる。**図 4.6** にカルマンフィルタの予測と補正のサイクルを示す。

カルマンゲイン K_t は新しい証拠である測定値 y_t に与える重みの量を決定し，ダイナミクスおよび測定過程に関するノイズの共分散 Q および R の関数である。例えば，測定ノイズ R が大きければ K_t は小さくなり，測定値に関連する項である $(y_t - B\bar{x}_t)$ に小さな重みを与える。カルマンフィルタを移動平均の観点から説明する簡単な例については Rao, 1999 を参照されたい。第 7 章ではカルマンフィルタの BCI 問題への応用を取り上げる。

4.4.6　粒子フィルタ

カルマンフィルタは，ダイナミクスと測定過程が線形でガウス分布に則っていることを仮定している。このように仮定を単純化することによって，更新式を解析的に導出することができるようになる。しかし，この仮定は多くの実例では当てはまらない可能性がある。非線形非ガウス過程の隠れ状態の事後分布を推定するための比較的最近の方法が，**粒子フィルタ**（particle filtering）である。

粒子フィルタは，上記においてカルマンフィルタに対して用いられたのと同じ一般的なベイジアンフィルタの方程式（4.27）式に基づいている：

$$P(x_t \mid y_1, ..., y_t) = \alpha P(y_t \mid x_t) \int_{x_{t-1}} P(x_t \mid x_{t-1}) P(x_{t-1} \mid y_1, ..., y_{t-1}) \, dx_{t-1}$$

しかし，粒子フィルタではカルマンフィルタのように正確な更新式を得るために線形ガウス分布を仮定する代わりに，サンプル（または「粒子」）の集団を用いて事後分布 $P(x_t \mid y_1, ..., y_t)$ を近似する。

粒子フィルタは，事前分布 $P(x_0)$ から取り出された N 個のサンプルの集団から始めて，時間ステップ t ごとに次の予測 - リサンプリングのステップを繰り返す（**図 4.7**）：

1. $P(x_t \mid \hat{x}_{t-1}^i)$ からサンプリングすることにより，現在の各サンプル $\hat{x}_{t-1}^i$ を次の時刻に伝搬させる。この結果，予測分布 $P(x_t \mid y_1, ..., y_{t-1})$ を近似するサンプル $\bar{x}_t^i$ の集団が生み出される。

62　第Ⅰ部　背景

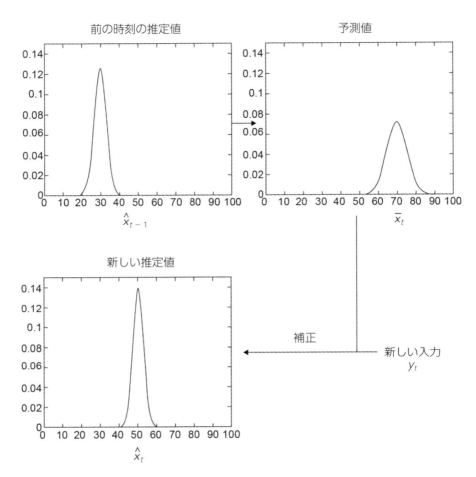

図 4.6　カルマンフィルタ　カルマンフィルタは，環境の隠れた状態の推定値を，平均値と（共）分散によって特定されるガウス分布として維持する．1 つ前の時間ステップの推定値（図においては平均値 30 をとる）は，ダイナミクスについての既知の線形方程式を用いて次の時間ステップにおける予測を行うために使用され，その結果，新しいガウス分布（上図においては平均値 70 およびより大きな分散をもつ）が生まれる．予測された平均値と分散は時刻 t の新しい入力を用いて補正され，補正された平均値と分散によって定義された新しい推定値が得られる．(Rao, 1999 より改変)

2. 新しい観測値 y_t を得て，各サンプル $\bar{x}_t^i$ をその尤度 $P(y_t|\bar{x}_t^i)$ によって重み付けする．
3. 集団をリサンプリングして，サンプル $\bar{x}_t^i$ が選択される確率がその重みに比例するような N サンプルの $\hat{x}_t^i$ の新しい集団を生成する．ここで新しいサンプル $\hat{x}_t^i$ は重み付けされていないことに注意されたい．

　上記の粒子フィルタのアルゴリズムによって計算されたサンプルは，サンプルの数 N が無限

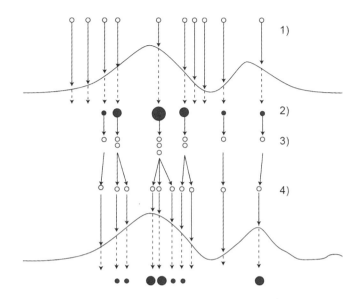

図 4.7 粒子フィルタ ステップ 1 から 4 は，ある時間ステップから次の時間ステップへの粒子フィルタの繰り返し 1 回分を示す。予測分布からのサンプルを表す一連の粒子群（ステップ 1 における同じ大きさの小さな 10 個の円）から始める。ステップ 2 では，新しい観測値を得て，各サンプルをその尤度により重み付けする（2 における異なるサイズの円）；上の 2 つのピークをもつ曲線は，尤度密度を示す。ステップ 3 において，重みに比例する確率で粒子をリサンプリングする。ステップ 4 では，各粒子が遷移確率分布（ダイナミクス）に従って次の時刻に伝搬される。この操作により，予測分布を表す一連の新しい粒子群（ステップ 4 における同じ大きさの小さな 10 個の円）が得られ，全体のサイクル（観測 - 重み付け - リサンプリング - 予測）が再び繰り返される。(Bellavista et al., 2006 より)

大に近づくにつれて，事後確率 $P(x_t|y_1, ..., y_t)$ を正しく表すことがわかる。実際に使用するサンプルの数は個別の応用対象と利用可能な計算機の能力に依存するが，典型的なサンプル数は 1,000 〜 5,000 の範囲である。

4.5　空間フィルタ

空間フィルタ（spatial filtering） 手法は，いくつかの異なる位置（あるいは「チャネル」）から記録された脳信号を入力にして，いくつかある方法の 1 つを用いて変換を行う。達成可能な目的として，局所的な活動の強調，複数のチャネルに共通して混入したノイズの削減，データの次元削減，隠れた信号源の特定や，異なるクラス間の識別を最大化する射影の発見などが挙げられる。以下では，よく用いられるいくつかの空間フィルタ法について説明する。

4.5.1 バイポーラ，ラプラシアン，共通平均基準法

脳波などの連続値の電気的な脳信号の場合，記録の再参照（電位基準を取り直すこと）に基づく単純な形式の空間フィルタを用いることが一般的である。チャネル i からの信号を $\mathbf{s}_i$ と示す。次に関心のある 2 つの電極（i と j）について，**バイポーラ（双極〔bipolar〕）**信号 $\tilde{\mathbf{s}}_{i,j} = \mathbf{s}_i - \mathbf{s}_j$ を抽出すると，電位差を強調することができる。

2 つ目の空間フィルタ法である**ラプラシアンフィルタ（Laplacian filter）**は，4 つの直交する最近接電極 Θ の中に存在する平均活動を引くことにより，電極 i の局所活動を抽出する。

$$\tilde{\mathbf{s}}_i = \mathbf{s}_i - \frac{1}{4}\sum_{i \in \Theta}\mathbf{s}_i \tag{4.29}$$

この結果，筋肉に関連する活動など電極に共通して入る活動が，関心のある電極に入っている活動から差し引かれる。これと密接に関連するタイプの空間フィルタである**共通平均基準法（common average reference：CAR）**では，すべての電極の平均値を引くことにより，電極 i における局所的な活動を強調する。

$$\tilde{\mathbf{s}}_i = \mathbf{s}_i - \frac{1}{N}\sum_{i=1}^{N}\mathbf{s}_i \tag{4.30}$$

図 4.8 にこれら 3 つの基本的な空間フィルタ手法をまとめて示す。

4.5.2 主成分分析（PCA）

L 次元のデータ点が N 個あるとする。例えば，データ点はある特定の時刻 t における L 個の電極からの電気的な脳信号（例：脳波）のベクトルで，データセットは実験セッション中に収集した N 個の L 次元ベクトルのようなものが考えられるだろう。**主成分分析（principal component analysis：PCA）**（**カルーネン・レーベ変換**〔Karhunen-Loève transform〕または**ホテリング変換**〔Hotelling transform〕とも呼ばれる）の目的は，データの根底にある統計的変動性を見出し，データの次元を L からそれよりはるかに小さな数である M（$M << L$）に削減することである。PCA はこの目的を，L 次元データにおいて分散が最大になる方向を見出し，元の座標系を回転させてこれらの最大分散の方向に平行にすることによって達成する（**図 4.9** 参照）。元のデータが冗長で，大きな分散をもつ方向をわずか数方向しか含んでいない場合，分散の小さい方向に対応する座標を切り捨てることにより，次元を大幅に削減することができる。

複数の位置から記録された脳信号などの自然界のほとんどの信号は冗長になる傾向があるため，次元削減に向いている。例えば，頭部に置かれた N 個の電極からの脳波測定値の場合，近くの電極からの測定値が互いに相関している場合や，複数の電極にわたって現れる基礎となるリ

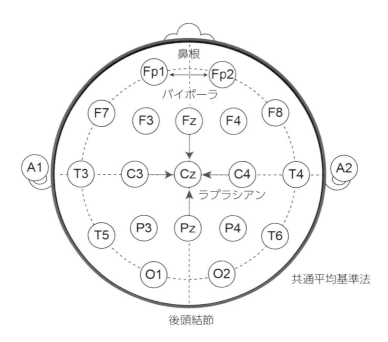

図 4.8 基本的な空間フィルタ　3 つの基本的な空間フィルタ手法を示す概略図。バイポーラフィルタは，2 つの電極間の電位差を求める。ラプラシアンフィルタは，各電極電位から 4 つの最近接電極の平均電位を引く。共通平均基準法（CAR；外側の円）は，すべての電極の平均電位を差し引く方法である。

ズムが存在する場合がある。このような冗長性は，データの変動性の支配的な方向を見つけようとする PCA によって利用することができる。元の L 次元空間の低次元な「部分空間」に対応する，これらの支配的な方向が見つかると，新しいデータ点をこれらの「主」方向に沿って射影することができる。各射影は「主成分（principal component）[1]」と呼ばれ，結果として得られた M 次元ベクトルは，BCI 応用における分類やその他の目的のための特徴ベクトルとして用いることができる。

　データの最大分散方向に対応する低次元部分空間をどのようにして見つけるのか？　ベクトル $\mathbf{x}_i$ を用いて i 番目のデータ点を示し，$\bar{\mathbf{x}}$ をベクトル $\mathbf{x}_i$ の平均とする。平均を引いたデータ点の，単位ベクトル $\mathbf{v}$ によって与えられる方向に沿った分散を考える（ベクトルおよびその他の線形代数の概念の説明については付録を参照）：

---

[1] 時に誤って "principle component" と呼ばれることがある。

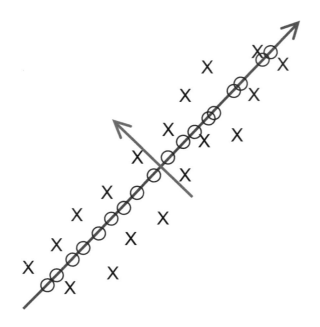

図 4.9 主成分分析（PCA） 図はPCAの背景にある考え方である．データの最大分散方向を見出すことを表している．表示されている2次元データ（Xで印された点）の場合，最大分散方向は斜め方向のベクトル（長い矢印）に沿っている．PCAによって見出された2番目の方向ベクトルは，最初の長い矢印に沿った方向ベクトルに直交し，短い矢印で示されている．分散の大部分は最初のベクトルに沿っているため，すべてのデータ点をこのベクトル上に射影し，このベクトルに沿った1次元座標（図中の円）を用いてデータを表すことができる．この結果，2次元から1次元への次元削減を達成できる（短い矢印で与えられたベクトルに沿ったデータについて少量の情報が失われるが）．同様の（ただしはるかに大きな）次元削減を，画像や複数チャネルの脳信号などの高次元データについても達成することが可能である．

$$\mathrm{var}(\mathbf{v}) = \frac{1}{N}\sum_{i=1}^{N}\|(\mathbf{x}_i - \bar{\mathbf{x}})^T\mathbf{v}\|^2 \tag{4.31}$$

ここで，$\|\mathbf{z}\|$ はベクトル $\mathbf{z}$ の長さ（L_2 ノルム）を示す．

この分散を最大にするベクトル $\mathbf{v}_1 = \arg\max_{\mathbf{v}} \mathrm{var}(\mathbf{v})$ を見つけたい．これはいくつかの数学的操作を行うことにより実現できる：

$$\begin{aligned}\mathrm{var}(\mathbf{v}) &= \frac{1}{N}\sum_{i=1}^{N}\|(\mathbf{x}_i - \bar{\mathbf{x}})^T\mathbf{v}\|^2 \\ &= \frac{1}{N}\sum_{i=1}^{N}\mathbf{v}^T(\mathbf{x}_i - \bar{\mathbf{x}})(\mathbf{x}_i - \bar{\mathbf{x}})^T\mathbf{v}\end{aligned}$$

$$= \mathbf{v}^T \left(\frac{1}{N} \sum_{i=1}^{N} (\mathbf{x}_i - \bar{\mathbf{x}})(\mathbf{x}_i - \bar{\mathbf{x}})^T \right) \mathbf{v} \tag{4.32}$$

$$= \mathbf{v}^T A \mathbf{v}$$

ここで，A は入力データの $L \times L$ サンプルの共分散行列である。したがって，$\mathbf{v}$ が単位ベクトル，すなわち $\mathbf{v}^T\mathbf{v} = 1$ という制約の下で $\mathbf{v}^T A \mathbf{v}$ を最大化することにより，$\mathrm{var}(\mathbf{v})$ を最大化することができる。そのために**ラグランジュの未定乗数法**（Lagrange multiplier method）を用いることができる。すなわち，$\mathbf{v}^T A \mathbf{v} - \lambda(\mathbf{v}^T\mathbf{v} - 1)$ を最大化するベクトル $\mathbf{v}_1$ を見つける。ここで λ はラグランジュ乗数であり，その値は最適化処理によって決定される。この式の $\mathbf{v}$ に関する導関数を 0 に設定すると，次の式を得る：

$$A\mathbf{v} = \lambda\mathbf{v} \tag{4.33}$$

この式は，線形代数における行列 A に関する古典的な固有ベクトル - 固有値方程式である（固有ベクトルと固有値の説明については付録を参照）。

　したがって，データにおける最大分散方向を見つけるためには，データの共分散行列 A の固有ベクトルを計算する必要がある。固有ベクトルと固有値は，標準的な線形代数の手法を用いて（4.33）式を解くか，行列の固有値分解のための多数の効率的なアルゴリズムのいずれかを用いて直接得ることができる。結果として得られる固有ベクトルは，正規直交——すなわち単位長でかつ互いに直交——している。

　L 次元入力データセットは，最大 L 個の異なる固有ベクトルをもつ可能性がある。これらの固有ベクトルは，固有値の大きさに従って並べ替えることができる。最大の固有値 λ_1 に属する固有ベクトル $\mathbf{v}_1$ はデータのなかでの最大変動をとらえ，一方で最小の固有値に属する固有ベクトルは最小変動をとらえる。自然界から得られるデータセットの場合，規則性と冗長性を含んでいるため，通常は少数の固有値 $\lambda_1, ..., \lambda_M$ が大きな値をとり，残りは 0 に近い値をとる。対応する固有ベクトル $\mathbf{v}_1, ..., ,\mathbf{v}_M$ は**主成分ベクトル**（principal component vector）と呼ばれ，入力空間の低次元部分空間を定義する。したがって，入力 $\mathbf{x}$ が与えられると，L 次元入力の M 次元表現を計算することによって，次元削減を実行できる。これは，M 個の支配的な主成分ベクトルに沿って入力を射影することによって実行できる：

$$\mathbf{a} = \begin{bmatrix} (\mathbf{x} - \bar{\mathbf{x}})^T \mathbf{v}_1 \\ \vdots \\ (\mathbf{x} - \bar{\mathbf{x}})^T \mathbf{v}_M \end{bmatrix} \tag{4.34}$$

興味深いことに，この変換は可逆であり，元の入力 $\mathbf{x}$ を固有ベクトルの線形結合として復元することができる：

$$\hat{\mathbf{x}} = \sum_{i=1}^{M} a_i \mathbf{v}_i \tag{4.35}$$

ここで，a_i はベクトル $\mathbf{a}$ の成分である。L 個の固有ベクトルをすべて使わなければ復元したベクトルは $\mathbf{x}$ の完全なコピーにはならないが，大きな固有値に属する固有ベクトルをすべて用いると良好な復元結果が得られる。

　PCA では次元削減に加えて入力の**無相関化（decorrelate）**も行う。つまり，変換されたベクトル $\mathbf{a}$ には，ベクトル $\mathbf{x}$ の成分間の相関はもはや存在しない。これを確認するために，$\mathbf{a}$ についての方程式が行列 - ベクトル形式で次のように記述できることに注意されたい：

$$\mathbf{a} = V^T(\mathbf{x} - \bar{\mathbf{x}}) \tag{4.36}$$

ここで，V はその列が固有ベクトル $\mathbf{v}_1, ..., \mathbf{v}_M$ であるような行列である。次に，$\mathbf{a}$ の共分散行列は次式により与えられる：

$$\begin{aligned} C = \mathrm{cov}(\mathbf{a}) &= E(\mathbf{a}\mathbf{a}^T) = E\big(V^T(\mathbf{x} - \bar{\mathbf{x}})(\mathbf{x} - \bar{\mathbf{x}})^T V\big) \\ &= V^T A V \\ &= D \end{aligned}$$

ここで D は，その対角成分が固有値 $\lambda_1, ..., \lambda_M$ の対角行列（対角成分以外のすべての成分がゼロ）である。最後の等式は，V における $\mathbf{v}_i$ のそれぞれについて $A\mathbf{v}_i = \lambda_i \mathbf{v}_i$（(4.33) 式）であり，かつ固有ベクトル $\mathbf{v}_i$ のすべてが互いに正規直交であることに留意すれば理解できる。したがって，$\mathbf{a}$ の共分散行列が対角行列であることから，$i \neq j$ のとき a_i と a_j の間に相関はない。このように，PCA は入力信号 $\mathbf{x}$ を無相関化する。

　要約すると，PCA は低次元かつ無相関化されたベクトル $\mathbf{a}$ を生み出す。このような表現は，BCI 応用における分類やその他の分析に有用な「特徴ベクトル」になり得る。図 4.10 は，脳波を用いて収集したデータに PCA を適用した結果を示している。

4.5.3　独立成分分析（ICA）

PCA は入力を無相関化する行列 V を見つけるが，結果として得られる特徴ベクトル $\mathbf{a}$ はまだ（相関を超えた）高次の統計的依存関係を保っている可能性がある。特に，任意の異なる 2 つの確率変数 a_1 と a_2 について，PCA はそれらの共分散がゼロ，すなわち $E(a_1 a_2) - E(a_1)E(a_2) = 0$ を保

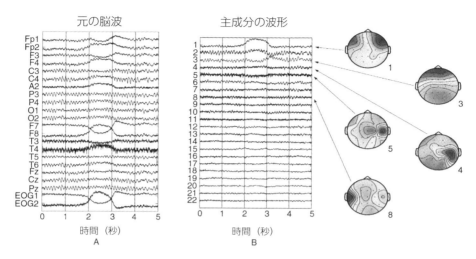

図 4.10 脳波データへの PCA の適用（同じ図のカラー版については，309 頁のカラー図版を参照）**(A)** 国際 10-20 電極法（図 3.7 参照）に従ってラベル付けされた 20 個の頭皮上部位と，眼球運動を検出するための 2 つの眼電図用（EOG）電極から記録された，5 秒間の脳波データ。2 秒から 4 秒までの間の眼球運動のアーチファクトによってデータがどの程度変形しているか，注目されたい。**(B)** (A) の脳波データに PCA を適用したときの PCA の出力。主成分の「波形」は，各時刻の脳波入力を 22 個の主成分ベクトル $v_1, ..., v_{22}$ に沿って射影して得られる各時刻のベクトル **a** の成分 $a_1, ..., a_{22}$ である。5 つの主成分ベクトル（v_1, v_3, v_4, v_5, v_8）が，2 次元の頭皮上マップ（2 次元脳電図；各 v_i の 22 個の成分を補間することによって得られる）として右側に示されている。赤は正の値を，青は負の値をそれぞれ表す。最初の 3 つの PCA 成分（チャネル 1 〜 3）が眼球運動をどの程度とらえているか，注目されたい；これは，額と目の付近での対応する主成分ベクトルの大きな正の重みと負の重みによって得られる（頭皮上マップ 1 と 3 を参照）。(Jung et al., 1998 より改変)

証するものの，これは，より高次でも独立であるという意味ではない。すなわち，$E(a_1^2 a_2^2) - E(a_1^2)E(a_2^2) \neq 0$ ということがあり得る（確率論における独立性の説明については付録参照）。

　独立性を獲得することがなぜ重要なのだろうか？　脳波のような脳信号の場合，出発点を単純なモデルとすることが合理的であり，そのモデルでは頭皮上で測定された入力ベクトル **x** が脳内で一連の「統計的に独立した信号源（statistically independent sources）」を線形混合した結果であるとみなしている。すなわち，

$$\mathbf{x} = M\mathbf{y} \tag{4.37}$$

ここで M は未知の**混合行列**（mixing matrix）で，**y** は隠れた独立信号源のベクトルを表す。

70 第I部 背景

独立成分分析 (independent component analysis：ICA) は，次のような行列 W を見つけることによって隠れた信号源を復元しようと試みる：

$$\mathbf{a} = W\mathbf{x} \tag{4.38}$$

および特徴ベクトル $\mathbf{a}$ の成分が最大限，統計的に独立であること，すなわち，

$$P(\mathbf{a}) \approx \prod_{i=1}^{M} P(a_i) \tag{4.39}$$

行列 W は，信号源の混合を反転する行列なので，**分離行列 (unmixing matrix)** と呼ばれることがある。実際，$\mathbf{a}$ と $\mathbf{x}$ が同じサイズの場合，最適な行列 W は $W = M^{-1}$ である。

行列 W を計算するアルゴリズムは多いが，最もよく使用されているのは**ベル - セノフスキーの「インフォマックス」アルゴリズム** (Bell-Sejnowski "infomax" algorithm；Bell & Sejnowski, 1995) と，**FastICA** (Hyvärinen, 1999) である。ベル - セノフスキーのアルゴリズムは，a_i 間の相互情報量を最小化することによって行列 W を推定する。一方，独立した信号源による信号を線形混合した信号がほとんどの場合，（中心極限定理により）ガウス分布に従うという事実を利用することができる。これにより，信号源の分布が非ガウス分布，例えばゼロ点でスパイクをもち，長い尾をもつ尖度の大きな分布，という合理的な仮定がもたらされる。このようにして，所望の $P(a_i)$ として適切な非ガウス分布を利用し，結果として得られる最適化関数から W の推定則を導出する ICA のアルゴリズムが提案された。これらのアルゴリズムの導出と詳細については，Hyvärinen & Oja, 2000 を参照されたい。

PCA ではベクトル $\mathbf{a}$ の次元が入力 $\mathbf{x}$ の次元よりも小さい（または高々等しい）が，ICA ではこれと異なり，特徴ベクトルの次元が入力の数より小さい場合，等しい場合，または大きい場合があり得ることに注意されたい。さらに，行列 W の行を形成するベクトルは，もはや直交の制約を受けない。したがって，ICA は BCI 応用における様々な局面で有用であることが示されており，その範囲は，分類における特徴ベクトルとして出力ベクトル $\mathbf{a}$ を用いることから，脳波において関心のある脳リズムの分離および筋活動によるアーチファクトの除去にまで及んでいる。

図 4.11 は，ICA を脳波に適用して眼電図（EOG；眼に関連），筋電図（EMG；筋肉に関連）および心電図（ECG；心臓に関連）によるアーチファクトを分離し，脳内の推定信号源の信号を分離する様子を示している。

4.5.4　共通空間パターン（CSP）

共通空間パターン (common spatial pattern：CSP) の方法は，教師付きの手法である点で

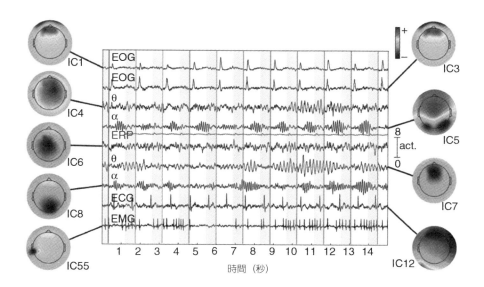

図 4.11　ICA を脳波データに適用した例（同じ図のカラー版については，309 頁のカラー図版を参照）図は，各時刻で入力の脳波データベクトルを 9 個の異なる ICA ベクトル（分離行列 W の行）に沿って射影することによって得られる，9 個の異なる成分（ICA の出力）a_i を示す。これら 9 個の ICA ベクトルは，グラフの左右に頭皮上マップとして描かれている。頭皮上マップは，図 4.10 における表現方法に準じる。いくつかの独立成分はアーチファクト（例：眼球運動—EOG）であるが，それ以外の成分は α 波や θ 波等の脳のリズム，または事象関連電位 (ERP) であるように見えることに注意されたい。(Onton and Makeig, 2006 より改変)

PCA や ICA と異なっている。すなわち，訓練用データセットがラベル付けされ，各データベクトルが属するクラスが与えられる。例えば，被験者が 2 つの異なる課題（例：手の運動イメージと足の運動イメージ）を実行しているときの脳データを収集したとする。CSP は，1 つのクラスからのフィルタ処理されたデータの分散を最大化し，もう 1 つのクラスからのフィルタ処理されたデータの分散を最小化する空間フィルタを見つける。したがって，結果として得られた特徴ベクトルは 2 つのクラス間の識別性を高める。CSP は，脳波を用いた BCI に対してよく使われるフィルタ手法として浮上した（9.1 節参照）が，この理由はこれらの BCI が制御のために，ある周波数帯域におけるパワーに依るところが大きいためである。所定の周波数帯域にフィルタ処理された脳波信号の分散がこの帯域のパワーに相当するため，CSP は本質的に BCI で用いられる特徴量の識別能力を最大化する（Ramoser et al., 2000）。

クラス $c \in \{1, 2\}$ で試行 i の入力データ $\{X_c^i\}_{i=1}^K$ が与えられたとする。各々の X_c^i は $N \times T$ 行列であり，N はチャネル数，T はチャネルあたりの時間領域のデータサンプル数である。X_c^i は

標準化（各チャネルのデータが平均値ゼロ，標準偏差 1 を持つ）されていると仮定する。

　CSP の目的は M 個の空間フィルタを見つけることであり，その空間フィルタは $N \times M$ の行列 W（各列が空間フィルタ）によって与えられ，入力信号を次のように線形変換する：

$$\mathbf{x}_{\mathrm{CSP}}(t) = W^T \mathbf{x}(t) \tag{4.40}$$

ここで $\mathbf{x}(t)$ は，全チャネルからの時刻 t における入力信号のベクトルである。フィルタを見つけるために，最初に 2 つのクラス条件付き共分散行列を次のように推定する：

$$R_c = \frac{1}{K}\sum_i X_c^i (X_c^i)^T \tag{4.41}$$

ここで，$c \in \{1,2\}$ である。CSP 法は下記のような行列 W の決定を伴う：

$$\begin{aligned} W^T R_1 W &= \Lambda_1 \\ W^T R_2 W &= \Lambda_2 \end{aligned} \tag{4.42}$$

ここで Λ_i は対角行列で，$\Lambda_1 + \Lambda_2 = I$ であり，I は単位行列である（対角行列と単位行列の説明については付録参照）。この行列は，次式で与えられる一般化固有値問題を解くことによって求められる：

$$R_1 \mathbf{w} = \lambda R_2 \mathbf{w} \tag{4.43}$$

上の式を満たす一般化（広義）固有ベクトル $\mathbf{w} = \mathbf{w}_j$ が W の列を形成し，CSP 空間フィルタを表す。一般化固有値である $\lambda_1^j = \mathbf{w}_j^T R_1 \mathbf{w}_j$ と $\lambda_2^j = \mathbf{w}_j^T R_2 \mathbf{w}_j$ はそれぞれ，Λ_1 と Λ_2 の対角成分を成す。$\lambda_1^j + \lambda_2^j = 1$ のため，λ_1^j が高い値をもつということは，フィルタ $\mathbf{w}_j$ に基づくフィルタ出力がクラス 1 の入力信号に対して高い分散を生み出し，クラス 2 の信号に対して低い分散を生み出すことを意味する（逆もまた同様）。**図 4.12** は，脳波データについて CSP フィルタのこの特性を示す。このようなフィルタを用いた空間フィルタ手法により，識別能力を大幅に高めることが可能である。通常は，少数の固有ベクトル（例えば6）が BCI 応用における CSP フィルタとして用いられる。CSP 手法のより詳細な概要は，Blankertz et al., 2008 に見ることができる。

4.6　アーチファクトの低減技術

BCI におけるアーチファクトとは，脳の外部に由来するあらゆる好ましくない信号のことである。

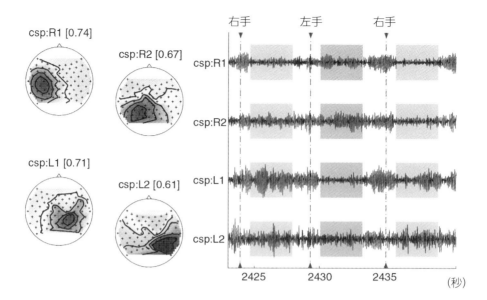

図 4.12　CSP の脳波データへの適用例　左側の頭皮上マップは，被験者が左右の手の運動イメージを実行している間に記録された脳波データに CSP を適用することによって得られた 4 つの空間フィルタを示している．左上の 2 つの CSP フィルタ（R1, R2）は右手の運動イメージ，左下のフィルタ（L1, L2）は左手の運動イメージにそれぞれ合わせて作成されている．これらのフィルタによる空間フィルタの適用結果を右側のパネルに示す．R1 チャネルと R2 チャネルの分散が右手の運動イメージのときは低く，左手の運動イメージのときには高くなっている様子（L1 と L2 チャネルではその逆）に注意されたい．(Müller et al., 2008 より)

例えば脳波を用いた BCI では，50/60 Hz の電力線によるノイズや，筋肉や眼球運動によって生じるアーチファクトに直面することが頻繁にある．これらのアーチファクトの一部は，ゲームやヒューマン - コンピュータ・インタラクション（人とコンピュータのインターフェース）の新しい方法などの特定の応用に関しては許容されるか，むしろ制御信号として活用できる可能性さえある．しかし，真のブレイン・コンピュータ・インターフェースは，機器の制御に用いられる信号が脳のみに由来するように，それらのアーチファクトを除去あるいは低減する能力を有するべきである．この目標を達成するために信号処理技術が利用できる．

50/60 Hz の電力線ノイズなどの体外に由来するアーチファクトは，外部の電気的干渉を遮断する**ファラデーケージ（Faraday cage）**——導電性材料で作られた物理的な囲い——を使うことによって低減可能なことが多い．これが不可能な場合は，以下で述べるフィルタ手法を用いて，ソフトウェアでこれらのノイズを除去することが可能である．

被験者の体内に由来するアーチファクトには，次のものが挙げられる：(1) 呼吸と心拍による

周期的なアーチファクト（後者は心電図アーチファクトまたはECGアーチファクトと呼ばれる），
(2)（発汗などの結果としての）皮膚コンダクタンス変化による信号の歪みまたは減衰，(3) 眼
球運動およびまばたきによるアーチファクト（眼電図アーチファクトまたは EOG アーチファク
トとも呼ばれる）で，3 〜 4 Hz の周波数範囲で脳波などの脳信号に高振幅の偏位として現れる
もの，(4) 頭，顔，顎，舌，首，および体の他の部位の運動によって生じる筋肉のアーチファク
ト（筋電図アーチファクトまたは EMG アーチファクト）。EMG アーチファクトは 30 Hz 以上
の周波数範囲で最も大きく現れる傾向がある。

　本節では，アーチファクト処理に関する最も一般的な方法をいくつか概説する。詳細な考察に
ついては Fatourechi et al., 2007 を参照されたい。

4.6.1　閾値処理

アーチファクトを処理する方法の 1 つは，アーチファクトに汚染されたすべてのデータを除
去することである。自動的にアーチファクトを除去するための最も簡単な方法は，**閾値処理
(thresholding)** である。すなわち，記録された EOG や EMG 信号の大きさまたはその他の特
性があらかじめ決めた閾値を超えた場合，その期間に記録された脳信号を汚染されたものと判断
して除去する。同様の閾値処理手法は，もし適切な閾値が事前に決定されるならば（例えば被験
者に様々な種類の眼や体の運動を行ってもらって閾値を調節するような場合は），脳信号に直接
適用できる。閾値処理法の主な欠点は，アーチファクトで汚染されたすべてのデータがこの方法
で除去できるわけではないということである。これは，多種多様なアーチファクトが入る可能性
があり，生体信号が時間的な非定常性を有しているためである。

　補完的なアーチファクト処理の方法は，アーチファクトが検出された場合に収集した全データ
を破棄するのではなく，有用な神経データを保ちつつアーチファクトを除去しようと試みること
である。このような**アーチファクト除去（artifact removal）**法の目的は，BCI に有用な神経学
的現象を保ちつつ，データからアーチファクトを特定して削除することである。重要なアーチファ
クト除去方法のいくつかを以下に述べる。

4.6.2　バンドストップフィルタとノッチフィルタ

バンドストップフィルタは，特定の周波数帯域の信号成分を減衰させて残りの信号成分を通す，
利便性の高いアーチファクト低減手法である。バンドストップフィルタは，（例えば FFT を使用
して）最初に信号を周波数領域に変換してから所望の周波数帯域を除去し，逆 FFT を用いて時
間領域に逆変換することによって実行できる。一般に使用されるバンドストップフィルタは，（米
国においては）60 Hz の電力線ノイズアーチファクトを除去するために 59 〜 61 Hz 帯に設定さ
れたノッチフィルタである。脳波記録に混入する EOG アーチファクトを低減するために，低周
波数帯（例：1 〜 4 Hz）に設定したもう 1 つのバンドストップフィルタを用いることがある。また，

EMG アーチファクトを除くためにローパスフィルタが使用されることがある。ただし，フィルタリング手法は，関心のある脳信号がアーチファクトの周波数範囲内に含まれない場合にのみ効果を発揮する。例えばローパスフィルタは EMG アーチファクトを除去できるかもしれないが，BCI が脳信号の高周波成分を利用する場合は，ローパスフィルタの適用によってこれらの有用な成分も同様に取り除いてしまうかもしれない。

4.6.3　線形モデル

アーチファクトが脳信号の記録に及ぼす影響をモデル化する簡単な方法は，その影響が加法的であると仮定することである。例えば，$EEG_i(t)$ が時間 t に電極 i から記録された脳波信号であるとき，信号がどの程度眼球運動アーチファクトに汚染されたのかを示すモデルは：

$$EEG_i(t) = EEG_i^{\text{true}}(t) + K \cdot EOG(t) \tag{4.44}$$

と表される。ここで，$EEG_i^{\text{true}}(t)$ は時間 t における電極 i からの汚染されていない（「真の」）脳波信号，$EOG(t)$ は時間 t において記録された EOG 信号であり，K は最小二乗法を用いることによってデータから推定可能な定数である（例えば，Croft et al., 2005 を参照）。K の推定値が与えられると，次式を用いて真の脳波信号の推定値を得ることができる：

$$EEG_i^{\text{true}}(t) = EEG_i(t) - K \cdot EOG(t) \tag{4.45}$$

図 4.13 は，眼球運動アーチファクトにより汚染された脳波データを補正するための線形モデルの使用例を示している。

　EMG アーチファクトを除去するために線形モデルを適用することはより困難である。EMG アーチファクトは複数の筋肉群から生じるためであり，EOG と同様の単一の $EMG(t)$ を用いた加法モデルは適切でない可能性があるからである。

4.6.4　主成分分析（PCA）

主成分分析（PCA）を使用して脳記録データにおける最大分散の方向（4.5.2 項で述べたように，データの共分散行列の固有ベクトルの方向）を見出すことができる。新しいデータを固有ベクトル上に射影することにより，一連の電極から記録された脳信号の一連の直交「成分」を見つけることができる。PCA は，脳波信号から EOG アーチファクトを除去するのに有用であることが示されている（Lins et al., 1993）（図 4.10 も参照）。ただし，アーチファクトが脳信号との相関を持っていないという仮定は，特定の場合には適切でない可能性がある。その場合，PCA はこれらのアーチファクトを真の脳信号と切り離すことができない可能性がある。

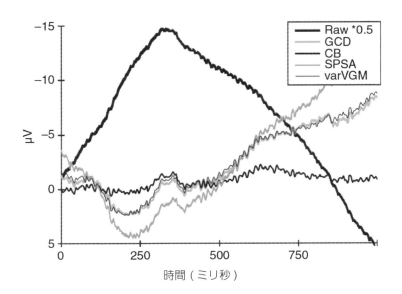

図 4.13 線形モデルを使用したアーチファクトの低減　グラフは，眼球を下向きに動かしている間の頭皮上部位 Fp1 からの脳波の生波形の平均と，4 つの線形モデル手法を用いて得られた補正波形を示す。これらの補正法は，線形モデル方程式における水平 / 垂直の眼球運動についての定数 K の決め方が異なっていた（詳細は Croft et al., 2005 を参照）。生の波形は，補正波形と比較できるように 1/2 倍されている（Raw × 0.5）。(Croft et al., 2005 より)

4.6.5　独立成分分析（ICA）

上述した空間フィルタ手法の論考において，ICA についてはすでに取り上げた。ICA は，無相関化ではなく統計的な独立性を求めることによって，PCA の欠点のいくつかを克服している。ICA は，一連の電極からの脳信号（例えば脳波）を，可能なかぎり統計的に独立した一連の「成分」に分解する。これらの成分を目視により調べるか，またはアーチファクトについて学習したモデルを用いて自動検出することにより，（図 4.11 に示すように）EOG，EMG，または他のアーチファクトによる成分を特定し，これらの成分が入ってない脳信号を再構成できることがよくある（例えば，Jung et al., 1998；Makeig et al., 2000）。

　図 4.14 はアーチファクト低減のための ICA の使用例であり，ICA がどのようにアーチファクトに相当する成分を除去して，一連の「補正された」脳波信号を再構成できるのかを示している。

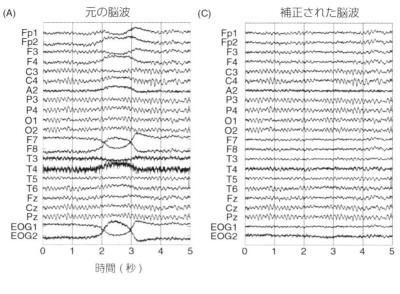

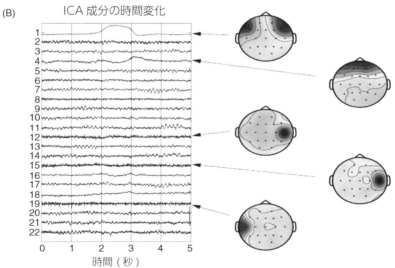

図 4.14 ICA を使用したアーチファクトの低減 (A) 5 秒間の脳波データ（図 4.10A と同じ）。(B) ICA を (A) のデータに適用したときの出力。22 個の ICA 成分の時間変化が示されており，あわせて 5 つの ICA の「分離した」ベクトルを補間した頭皮上マップが描画されている。これらの 5 つの成分は，水平方向および垂直方向の眼球運動（上の 2 つのマップ）と，左右の側頭領域における筋肉アーチファクト（下の 3 つ）の主要因である。(C) 補正された脳波信号。これらの信号は，眼球運動と筋肉アーチファクト（(B) における 5 つの成分：1, 4, 12, 15, 19）に相当する ICA の出力をゼロにして，残りの成分を ICA の分離行列の逆行列を用いて頭皮上の電極空間に射影して戻すことによって得られたものである。(Jung et al., 1998 より)

4.7 要約

侵襲的または非侵襲的に脳から記録された信号は通常，多種多様なノイズや複数のニューロンからの信号の混合物を含んでいる。本章では，生の脳信号から有用な信号の抽出を試みる手法を概説した。スパイクソーティングは，通常は細胞外電極によって記録される複数ニューロンのハッシュから，個々のニューロンに由来するスパイクを分離する。

　非侵襲的手法については，周波数領域，時間領域，あるいはウェーブレット解析に基づいた幅広い特徴抽出法が存在し，これらを空間フィルタ手法と共に使用することによって，次元を削減したり（PCA），信号の混合物から信号源を分離したり（ICA），出力クラス間の識別能力を高める（CSP）ことができる。

　これらの手法のいくつかは，脳外に由来するアーチファクト（例えば電力線ノイズや筋肉によるアーチファクト）を低減するためにも用いることができる。以降の章で見ていくように，すべての応用に唯一最良の選択として登場する手法や特徴量は存在しない——通常，選択は個別のBCIのパラダイム（枠組）と実施する課題に依存する。ほとんどの場合，所与の応用について，様々な特徴量や手法で性能比較を行ったうえで（例えば交差検証を用いるなど：5.1.4 項参照），適切な性能を発揮する選択を決定する必要がある。

4.8 演習問題

1. スパイクソーティングとはどのようなもので，なぜ必要なのか？　それは細胞内記録と細胞外記録のどちらに使用されるのか？
2. スパイクソーティングのためのウィンドウ識別法を説明し，ピーク振幅に基づくソーティングと対比せよ。
3. 信号 $s(t)$ を正弦波と余弦波によって展開するためのフーリエ方程式を記せ。ここで，フーリエ変換によって定義される複素係数を用いて展開式を書き換えよ。
4. 区間 $t = -5$ から $+5$ 秒で定義された次の信号の非ゼロのフーリエ係数を与えよ：
   a. $3 \sin(20\pi t)$
   b. $1 - \cos(2\pi t)$
   c. $\cos(4\pi t) + 2 \sin(4\pi t)$
   d. $2 \sin(5\pi t)\cos(\pi t)$ ［ヒント：$\sin(x)\cos(y)$ を 2 つの正弦波の和として表す三角関数の公式を用いよ］
5. 離散時間間隔でサンプリングされた時変信号の振幅，位相，およびパワースペクトルを定義せよ。
6. なぜ高速フーリエ変換（FFT）は「高速」と呼ばれるのか？

7. マザーウェーブレットとは何か？　そしてそれはウェーブレット変換においてどのように使用されるのか？　ウェーブレット変換はフーリエ変換とどのように異なるのか？　変換に用いる基底関数の観点で説明せよ。

8. ヨルトパラメータは何を評価し，どのようにして計算されるのか？

9. フラクタル次元は信号のどのような特性を評価するのか？　フラクタル次元は実験データからどのようにして推定できるのか，説明せよ。

10. 次数3の自己回帰（AR）モデルの方程式を記せ。それは時変信号の統計的性質を特徴付けるためにどのように用いることができるのか？

11. 条件付き確率の定義からベイズの法則を導出せよ。

12. BCI ユーザが2つのコマンド A または B のいずれかを選択可能であるとする。事前の試行では，このユーザにより選択されたコマンドの30%がコマンド A であった。現在の脳信号の尤度が，コマンド A が与えられた場合に 0.6 であり，コマンド B が与えられた場合には 0.5 の場合，コマンドが A である事後確率を求めよ。BCI が実行すべきコマンドとその理由を述べよ。

13. 一般的なベイジアンフィルタの方程式が，本来，再帰的な性質をもつ予測 - 補正サイクルをどのように実装しているのかを説明せよ。

14. カルマンフィルタは，推定対象の信号のダイナミクスと測定過程についてどのような仮定を立てているのか？　ダイナミクスと測定を記述するために使われる方程式を用いて説明せよ。

15. カルマンフィルタの方程式から移動平均を計算する方程式を導出せよ。ダイナミクスと観測過程について，どのような仮定を立てる必要があるか？（ヒント：導出については Rao (1999) を参照）

16. 任意の時変信号を推定する場合，粒子フィルタがカルマンフィルタよりもどんな点で強力なのか？

17. 粒子フィルタにおいて予測 - 補正サイクルがどのように実装されるのかを説明し，カルマンフィルタにおける実装方法と比較せよ。

18. （🏃）ベイジアンネットワークとグラフィカルモデルに関する文献を読み，カルマンフィルタと粒子フィルタの両方で仮定されているグラフィカルモデルを描け。

19. （🏃）音声認識でよく用いられる特別なタイプのベイジアンネットワークモデルである，隠れマルコフモデル（hidden Markov model：HMM）に関する文献を調査せよ。HMM とカルマンフィルタの間の関係，特にダイナミクスと測定過程に関する仮定，および入力データからの隠れ状態の推定に関して説明せよ。

20. （🏃）カルマンフィルタと粒子フィルタは，ベイズ推定アルゴリズムの例である。次のより一般的な推定アルゴリズムについて文献を読んで説明せよ：

a. 確率伝搬法（belief propagation）

b. ギブスサンプリング（Gibbs sampling）

c. 変分推論（variational inference）

21. バイポーラ，ラプラシアン，共通平均基準法などの単純な空間フィルタ手法を用いる背後にある根本的な動機は何か？

22. PCA が下記の処理をどのようにして成し遂げるのか，説明せよ：

a. 次元削減

b. 無相関化

c. 入力の再構成

23. ICA は PCA と出力ベクトルの統計的性質および次元に関してどのように異なるのか？

24. 脳データの分析のために PCA と ICA のどちらかを使用することを選べるのであれば，どんな場合にどちらを選択するか？ その選択を動機付ける基礎となる仮定を説明せよ。

25. PCA と ICA が教師なし学習であるのに対し，CSP は教師あり学習である。これが何を意味するのかということと，CSP の使用が道理にかなうような状況を説明せよ。

26. CSP は，分類を支援すべく入力をどのように変換するか？ 特定の周波数帯域におけるパワーが特徴量として使用される脳波 BCI において，CSP が特に有用なのはなぜか？

27. 脳波 BCI において最も一般的なタイプのアーチファクトをいくつか挙げて，それぞれのタイプのアーチファクトを低減するために有用な手法は次のうちのどれか，検討せよ：

a. ファラデーケージ

b. 閾値処理

c. バンドストップフィルタとノッチフィルタ

d. 線形モデル

e. 主成分分析（PCA）

f. 独立成分分析（ICA）

第5章　機械学習

　機械学習の分野は，神経活動を学習して適切な制御コマンドにマッピング（関連付け）できる技術を提供することによって，ブレイン・コンピュータ・インターフェース（BCI）の開発に重要な役割を果たしてきた。機械学習のアルゴリズムは，大まかには2つのクラス，すなわち**教師あり学習**（supervised learning）と**教師なし学習**（unsupervised learning）に分けることができる。教師あり学習では，一連の入力および対応する出力で構成される訓練データが与えられる。教師あり学習の目的は，新しいテスト入力が正しい出力にマッピングされるように，訓練データから基礎となる関数を学習することである。出力が離散的なクラスの場合，その問題は**分類**（classification）と呼ばれる。出力が連続的な場合，問題は**回帰**（regression）と等価である。基礎となる関数を見出すことに重点が置かれているため，教師あり学習は**関数近似**(function approximation)と呼ばれることもある。一方で教師なし学習は，ラベル付けされていないデータにおける隠れた統計構造を発見することを重視している。訓練データは通常，高次元ベクトルの入力で構成される。教師なし学習の目的は，引き続く解析のために，コンパクト（小型）または有用と思われる統計モデルを学習することである。すでに前章で，2つの有名な教師なし学習手法（PCA と ICA）について考察したところである。

　本章では，教師あり学習手法の2つの主要なタイプである分類と回帰に焦点を当てる。分類とは，既知の入力とそれらに対応する出力ラベルで構成される訓練データが与えられたとき，新しい入力信号に N 個のラベルの1つを割り当てる問題である。回帰とは，入力信号を連続的な出力信号にマッピングする問題である。脳波（EEG），皮質脳波（ECoG），fMRI および fNIR に基づく多くの BCI は，分類の結果を頼りに離散的な制御出力（例えばカーソルを少しだけ上または下に移動する）を生成してきた。一方，ニューロンの記録に基づく BCI は，主に回帰を利用して，例えば人工装具の位置や速度に関する信号などの連続的な出力信号を生成している。一般に，BCI を設計するときに分類と回帰のどちらを利用するのかについての選択は，記録される脳信号のタイプと，制御されている応用対象のタイプの両方に依存する。

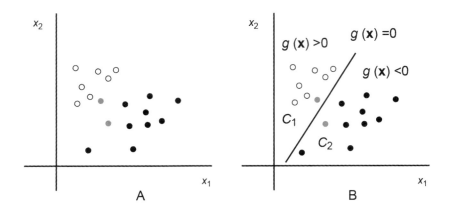

図 5.1 二項分類 (**A**) 図は，2次元データセットの二項分類問題を示している．白丸はクラス＋1からの2次元データ点 (x_1, x_2) を表し，黒丸はクラス−1からのデータを表している．分類の目的は，新しいデータ点（2つの灰色の丸で表されている）がクラス＋1に属するのか，−1に属するのかを決定することである．(**B**) LDAなどの線形二項分類器は，訓練データ点を2つのクラスに分ける超平面（2次元の場合は，図に示されているような直線）を推定する．この分離超平面は，方程式 $g(\mathbf{x}) = 0$ によって決定される．データ点は，それらが超平面のどちらの側に位置するかによって分類される．

5.1 分類手法

5.1.1 二項分類

分類器の目的は，クラスラベル $y \in Y$ を p 次元特徴ベクトル $\mathbf{x}$ に割り当てることである．最も単純なケースは，$Y = [-1, +1]$，すなわち（−1と＋1とラベル付けされた）2つのクラスを判別する場合である．これは**二項分類**（binary classification）として知られている．最初に二項分類の手法に焦点を当て，その後，これらの手法を多クラス分類に応用する方法を考察する（下記の5.1.3項参照）．

二項分類の問題は，ラベル付けされた訓練データに基づいて2つのクラス間の境界を見つけることに帰着する．つまりその目的は，新しいデータを正確に分類できるような境界を見つけることである（**図 5.1A**）．二項分類の各種の方法では，訓練データからこの境界を計算する方法がそれぞれ異なっている．

線形判別分析（LDA）
線形判別分析（linear discriminant analysis：LDA）――フィッシャーの線形判別〔Fisher's

linear discriminant〕と呼ばれることもある——は，BCI データを分類するための簡単かつよく使われている分類手法である。LDA は，p 次元入力ベクトル $\mathbf{x}$ を，入力空間を 2 つの半空間に分割する超平面の上に射影する，線形二項分類器である。ここで各半空間は 1 つのクラス（＋1 または－1）を表している。決定境界は，超平面の方程式によって与えられる（付録の (A.8) 式を参照）：

$$g(\mathbf{x}) = \mathbf{w}^T\mathbf{x} + w_0 = 0 \tag{5.1}$$

したがって，2 つのクラス間の境界は超平面の法線ベクトル $\mathbf{w}$ と閾値 w_0 によって特徴付けられ，これらはラベル付けされた訓練データから決定される。

新しい入力ベクトル $\mathbf{x} \in X^p$ が与えられると，次の計算を行うことによって分類が達成される：

$$y = \text{sign}\,(\mathbf{w}^T\mathbf{x} + w_0) \tag{5.2}$$

この式は，$\mathbf{w}^T\mathbf{x} + w_0$ が負の場合は $y = -1$ を，$\mathbf{w}^T\mathbf{x} + w_0$ が正（またはゼロ）の場合は $y = +1$ をそれぞれ割り当てる（図 5.1B 参照）。オンライン BCI 実験の間，超平面までの（符号付き）距離は $d(\mathbf{x}) = \mathbf{w}^T\mathbf{x} + w_0$（$\|\mathbf{w}\| = 1$ と仮定）によって与えられ，ユーザにデータ点が境界にどの程度近いかに関するフィードバックを与えるために使用されることもある。

$\mathbf{w}$ を計算するために，LDA は $c \in \{1,2\}$ について，クラス条件付き分布 $P(\mathbf{x}|c=1)$ ならびに $P(\mathbf{x}\,|\,c=2)$ が平均 $\boldsymbol{\mu}_c$ で共分散 $\boldsymbol{\Sigma}_c$ をもつ正規分布であると仮定する（平均，共分散，および多変量正規〔またはガウス〕分布の説明については付録を参照）。最適な分類戦略は，対数尤度比 $\log\left[P(\mathbf{x}|c=1)/P(\mathbf{x}\,|\,c=2)\right]$ が閾値を超える場合に，入力を 1 番目のクラスに割り当てる（そして閾値以下の場合に 2 番目のクラスに割り当てる）ということがわかる。これは，2 つの分布は共にガウス分布であることから，次式のような比較式に帰着する：

$$(\mathbf{x} - \boldsymbol{\mu}_1)^T \boldsymbol{\Sigma}_1^{-1} (\mathbf{x} - \boldsymbol{\mu}_1) - (\mathbf{x} - \boldsymbol{\mu}_2)^T \boldsymbol{\Sigma}_2^{-1} (\mathbf{x} - \boldsymbol{\mu}_2) > K \tag{5.3}$$

ここで，K は閾値である。このとき，クラスの共分散が等しい，すなわち $\boldsymbol{\Sigma}_1 = \boldsymbol{\Sigma}_2 = \boldsymbol{\Sigma}$ でフルランクであると仮定すると，次の分類規範を得る：

$$\mathbf{w}^T\mathbf{x} > k, \ \text{ここで} \ \mathbf{w} = \boldsymbol{\Sigma}^{-1}(\boldsymbol{\mu}_1 - \boldsymbol{\mu}_2) \tag{5.4}$$

閾値 k は，2 つのクラスの平均の射影の中央に定義されることが多い。すなわち，

$$k = \mathbf{w}^T(\boldsymbol{\mu}_1 + \boldsymbol{\mu}_2)/2 \tag{5.5}$$

上の $\mathbf{w}$ の選択は，各クラスからの射影データ $\tilde{y} = \mathbf{w}^T\mathbf{x}$ の平均 m_1 と m_2 の間の距離を最大化しつつ，一方で射影データのクラス内分散を最小化する決定境界を定義していることがわかる（図 5.2 参照）。さらなる詳細については Duda et al., 2000 を参照されたい。

　LDA は実装が簡単でオンラインで使用しても十分な速さで計算できるため，BCI 研究でよく利用される分類器である。一般に LDA は良好な結果を生み出すと認められているが，導出の際に使われた強い仮定のため，データの非ガウス分布，外れ値，およびノイズなどの要因が性能に悪影響を及ぼす可能性がある（Müller et al., 2003）。

正則化線形判別分析（RDA）

正則化手法は，通常は汎化を進めて過学習（過剰適合）を避けるために，特に推定すべきパラメータの数が多く，使用可能な観測値の数が少ない場合に使用される。例えば LDA の場合，クラス

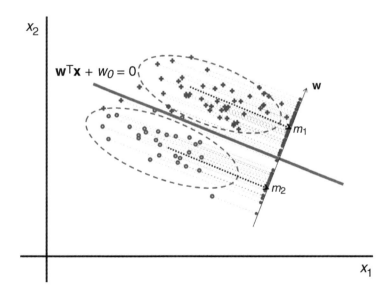

図 5.2　線形判別分析（LDA）　LDA では，2 つのクラスのデータ点は，それぞれの平均と共分散をもつ 2 つのガウス分布から生成されるとしてモデル化される。図はこれら 2 つのガウス分布を，それぞれ一連の 2 次元データ点を囲む破線楕円として示している。十字はクラス 1 を，円はクラス 2 をそれぞれ表す。これらのデータ点のベクトル $\mathbf{w}$ への射影は，小さな十字と円として示されている。LDA はこれらの射影されたデータの平均 m_1 と m_2 の間の距離を最大化しつつ，クラス内分散を最小化するベクトル $\mathbf{w}$ を見つける。この $\mathbf{w}$ は，分離超平面（ここでは破線楕円の間の直線）に直交する。(Barber, 2012 より改変)

平均 μ_c とクラス共分散 Σ_c を正確に推定するためのデータが不十分な場合があるかもしれない。特に，Σ_c は特異（非正則）行列になる可能性がある。**正則化線形判別分析（regularized linear discriminant analysis：RDA)** は，LDA を単純に変形したものであり，共通共分散 Σ が正則化された形式に置き換えられている（Friedman, 1989)：

$$\Sigma_\lambda = (1 - \lambda)\Sigma + \lambda I \tag{5.6}$$

ここで，$\lambda \in (0,1)$ は正則化パラメータを表し，I は単位行列である。Σ の対角成分に小さな定数を加えることにより，(5.4) 式にあるように $\mathbf{w}$ を計算するために必要な非特異性（正則性）と Σ_λ^{-1} の存在を保証することができる。正則化パラメータ λ は，モデル選択手法（以下を参照）による選択を行うことで，よりよい汎化が可能である。

RDA は，ECoG を用いた BCI における運動イメージ分類などの応用に用いられている（8.1.2 項参照）。RDA を用いて得られた分類結果と LDA による結果を比較すると，場合によっては両者は類似することが示唆されている（Vidaurre, 2007)。

二次判別分析

二次判別分析（quadratic discriminant analysis：QDA) については，LDA と同じ仮定，すなわち $c \in \{1,2\}$ のクラスの条件付き分布 $P(\mathbf{x}|c = 1)$ ならびに $P(\mathbf{x}|c = 2)$ が平均 μ_c で共分散 Σ_c をもつ正規分布の仮定から始める。ただし，QDA は 2 つのクラスに異なる共分散行列（Σ_1 および Σ_2) を許容する点が LDA と異なる。この結果，新しい観測値 $\mathbf{x}$ とクラス平均 μ_c の間のマハラノビス（Mahalanobis）距離（付録参照）（の 2 乗）に基づく 2 次決定境界に帰着する：

$$m_c(\mathbf{x}) = (\mathbf{x} - \mu_c)^T \Sigma_c^{-1} (\mathbf{x} - \mu_c) \tag{5.7}$$

分類は (5.3) 式のように，2 つの距離の差とあらかじめ決められた閾値 K を比較することによって行われる：

$$y = \text{sign} \, (m_1(\mathbf{x}) - m_2(\mathbf{x}) - K) \tag{5.8}$$

ニューラルネットワークとパーセプトロン

ニューラルネットワーク（neural network：人工ニューラルネットワーク〔artificial neural network：ANN〕とも呼ばれる）は生物学において対応する神経ネットワークから発想を得て，脳におけるネットワークの適応能力を，入力データを分類する際にロバスト（堅牢）な方法で再現しようとするものである。有名な例は，**パーセプトロン（perceptron)** とその汎化手法であ

る多層パーセプトロンである。単層のパーセプトロンは LDA に似た超平面を算出する:

$$\mathbf{w}^T\mathbf{x} + w_0 = 0 \tag{5.9}$$

ここで，ベクトル $\mathbf{w}$ は入力をニューロンに結合する「シナプス荷重」を表し，$-w_0$ はニューロン発火の閾値を表す。さらに，パーセプトロンの出力は，LDA の出力と同じである:

$$y = \text{sign}\,(\mathbf{w}^T\mathbf{x} + w_0) \tag{5.10}$$

(5.10) 式は「ニューロン的な」解釈ができる。つまりニューロンの出力は，その入力の重み付き和 $(\mathbf{w}^T\mathbf{x} = \sum_i w_i x_i)$ を計算して，この和と閾値 $-w_0$ を比較した結果に基づいている。重み付き和が閾値 $-w_0$ 以上の場合，ニューロンの出力は 1（「スパイク」）になり，それ以外の場合の出力は 0 である[訳注1]。これはスパイク発生についての閾値モデルを単純化した形式と見ることができることに注意されたい（2.5 節）。

　パーセプトロンは，重みと閾値のパラメータが入力に対応してどのように適応するかという点で，LDA とは異なる。パーセプトロンは生物学から着想を得て，オンラインでパラメータを適応させる。入力 $\mathbf{x}$ と所望の出力 y^d が与えられたとき，出力誤差 $(y - y^d)$ が正であれば，正の入力に対する重みを減らして負の入力に対する重みを増やし，そして閾値を増やすが，すべての変化は少量である。この「学習」規則の正味の効果は，将来の同様の入力に対する出力誤差を減らすことである。出力誤差が負であれば，正の入力に対する重みを増やして負の入力に対する重みを減らし，そして閾値を減らす。神経の機能から発想を得たこの適応アルゴリズムは簡単で洗練されているが，データが線形分離可能な分類問題にしか適用できない。

　多層パーセプトロンは，より難易度の高い分類問題に取り組むために非線形汎化したパーセプトロンとして提案された。多層パーセプトロンは，層内のニューロンのユニットにハードな閾値処理を行う（少数〔0，1 など〕の離散値を出力する）非線形性ではなく，シグモイド（ソフトな閾値処理を行う〔連続値を出力する〕）非線形性（5.2.2 項）を用いる:

$$y = \text{sigmoid}\,(\mathbf{w}^T\mathbf{x} + w_0) \tag{5.11}$$

シグモイド関数（図 5.10 参照）の出力は 0 と 1 の間の数値で，値が 0 に近い場合はクラス 1 に，1 に近い場合はクラス 2 に所属することを示す。シグモイドを使用する理由は，それが微分可能

訳注 1：パーセプトロンの出力は 1 または 0 なので，(5.10) 式は符号関数 sign（1，0，-1 の 3 つの出力をもつ）ではなく，ステップ関数を用いるのが適切である

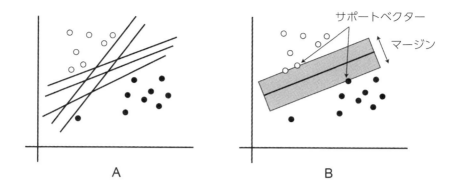

図 5.3　サポートベクターマシン（SVM）　(A) 白丸と黒丸は，2 つの異なるクラスからのデータ点を示している．このデータ点の集団を分離できる直線は無数にある（そのうち 5 本の線が示されている）．これらの直線のうち，新しいデータに最良の汎化を行う（新しいデータを最も正しく分類する）という点で，どの直線が「最適」なのだろうか？　**(B)** SVM は，最大の「マージン」をもつ分離線（ここでは影付きの長方形の中心線）を見つける．そのような直線（または高次元空間における超平面）は，最も高い汎化性能をもたらすことがわかる．この最大マージンを定義する訓練データセットのデータ点は，サポートベクターと呼ばれる．

であることから，バックプロパゲーション（backpropagation, 誤差逆伝播法：5.2.2 項）として知られる学習規則を導出して，出力誤差に関する情報をネットワークの最も外側の出力層から内側の「隠れ」層に伝搬することができるためである．誤差逆伝播法に基づいたニューラルネットワークは，BCI データの分類などの様々な分類課題で成功した実績があり，分類用のソフトウェアパッケージで広く利用可能である．このようなニューラルネットワークは強力であるものの，訓練データへの過学習の問題に見舞われることがよくあり，結果として汎化性能に劣る．その結果，多くの BCI で選択される分類アルゴリズムとしては，より最近の手法であるサポートベクターマシン（SVM）が一般的にはニューラルネットワークよりも好まれている．

サポートベクターマシン（SVM）

LDA とパーセプトロンは，2 つのクラスを分離するために超平面 $\mathbf{w}^T\mathbf{x} + w_0 = 0$ を選択する．この超平面は，2 つの入力クラスを分離できる無限の数の超平面の 1 つにすぎない（図 5.3A）．それらの超平面のなかで，2 つの分離可能なクラス間の距離（「マージン」）が最大になるような超平面を選択することによって，最良の汎化が達成されることがわかる（Vapnik, 1995）（図 5.3B）．

　サポートベクターマシン（support vector machine：SVM）は，2 つのクラスのデータサンプル間のマージンが最大になる分離超平面を見つける分類器である．マージンの幅は $\|\mathbf{w}\|_2^2$ に

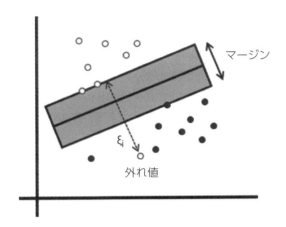

図 5.4　ソフトマージン SVM　多くの場合において，訓練データがノイズによる外れ値を含んでいたり，単純に線形分離できないことがあり得る。このような場合，ソフトマージン SVM を用いて，誤分類の数を最小限に抑えて訓練データを分ける最大マージンの分離線（陰影のある長方形の中心線）を見つけることができる。ソフトマージン SVM はスラック変数 ξ_i を使用して，データ点がそのクラスの正しい側のマージンからどの程度離れているかという点から，誤分類の程度を測る。

反比例するため（Duda et al., 2000）[1]，最適な **w** の探索問題は，各訓練データ点が正しく分類されているという制約の下で，二次最適化問題として定義できる。ただし，脳波や ECoG データの本質より，データが線形分離可能であると仮定することはできない。このような場合，誤りの数を最小限に抑えて訓練データを分けようとすることがあり得る。**ソフトマージン（soft margin）SVM** は，誤分類と外れ値を許容するために，スラック変数 ξ_i を使用して（Cortes and Vapnik, 1995），入力 i の誤分類の程度を測る（**図 5.4**）。結果として，線形ソフトマージン SVM における最適化問題は，次の式で与えられる：

$$\min_{\mathbf{w},\,\xi,\,w_0} \left\{ \frac{1}{2}\|\mathbf{w}\|_2^2 + \frac{C}{K}\|\xi\|_1 \right\} \tag{5.12}$$

制約条件は，

$$y_i(\mathbf{w}^T \mathbf{x}_i + w_0) \geqq 1 - \xi_i$$

であり，$i = 1, ..., K$ に対して $\xi_i \geqq 0$ である。

---

[1]　$\|\cdot\|_2$ はユークリッド（または L2）ノルムを，$\|\cdot\|_1$ は L1 ノルム（例えば $\|\mathbf{w}\|_1 = \sum_i |w_i|$）をそれぞれ表す。

ここで，$\mathbf{x}_i$ は入力 i の特徴ベクトル，K は入力の数，$y_i \in \{-1, +1\}$ はクラスへの所属を表す。

　線形 SVM は多数の BCI 応用に用いられて良好な結果を生み出している。線形 SVM では不十分な場合，**カーネルトリック**（kernel trick）を利用してデータを十分に高次元の空間に効果的に非線形射影することで（Boser et al., 1992），その高次元空間で 2 つのクラスが線形分離可能となる。BCI 応用で最もよく使用されるカーネルは，ガウスカーネルまたは放射基底関数カーネルである。非線形 SVM に関する詳細情報は Burges, 1998 を参照されたい。

5.1.2　アンサンブル分類法

分類のためのアンサンブル手法は，数個の分類器の出力（一部の訓練入力に関しては互いに一致しない）を組み合わせて，個々のどの分類器よりも高い汎化性能をもつ総合的な分類器を作り出す方法である。最もよく知られるアンサンブル手法である**バギング**（bagging）と**ブースティング**（boosting）は，訓練データの異なるサブセット（データセットの一部）を選択して異なる分類器を生成し，何らかの投票形式を用いてそれらの出力を組み合わせて分類を行う。

バギング

バギングは，アンサンブル学習方法のなかで最も単純な方法である。この方法は，次のように要約することができる：（1）与えられたデータセットから復元抽出によって m 個の新しい訓練データセットを生成し，（2）新しく生成されたデータセットのそれぞれについて，m 個の分類器（例えばニューラルネットワーク）を 1 つずつ訓練し，（3）新しい入力に対して m 個の分類器により分類を実行し，最も多くの「票」を得たクラス（すなわち過半数の分類器によって選択されたクラス）を選ぶことによって，分類を確定する。

　具体的には，サイズ N の訓練データセット D が与えられた場合，バギングは D から N' 個の標本（サンプルデータ）を一様にかつ復元抽出して（ここで $N' \leqq N$），m 個の新しい訓練データセット D_i を生成する。復元抽出は，いくつかの標本が各々の D_i で繰り返される可能性があることを意味している。$N' = N$ の典型例では，D_i は D から約 63％の唯一の標本を含み，残りは重複していると予測できる（このような標本データセットは，**ブートストラップ**〔bootstrap〕標本として知られている）。m 個のブートストラップ標本データセットの各々で，分類器が 1 つずつ訓練される。分類器の出力を投票によって組み合わせることにより，アンサンブル分類器の出力が生成される。

ランダムフォレスト

おそらく，今日使用されている最も有名なバギング手法は，**ランダムフォレスト**（random forests）として知られる手法であろう（Breiman, 2001）。ランダムフォレストという名称は，決定木という分類器の集合で構成されているという事実に由来する。決定木（Russell and

90   第I部　背景

Norvig, 2009) とは，木の形をした単純なタイプの分類器である。木の各ノードは，入力変数の1つを検査することを表す。検査結果に応じて，木の小枝の1つを選択する。この方法を繰り返し，葉まで行きついたところでその木の出力クラスを予測する。ランダムフォレストの場合，入力ベクトルは最初に森（フォレスト）の中のそれぞれの木を通り，それぞれの木では出力クラスを予測する。すなわち，木はそのクラスに「投票」する。森は，森の中のすべての木から最多得票を獲たクラスを出力として選択する。

　訓練の間，ランダムフォレスト内の各々の木は次の方法で得られる：

(1)　他のバギング手法と同様に，ブートストラップ標本が元の訓練データセットから N 回の復元抽出によって得られる。ここで N は訓練データセットのサイズである。

(2)　この標本データセットを用いて決定木を成長させる：根ノードから開始し，引き続く各ノードで m 個の入力変数（例えば特徴量）のサブセットがランダムに選択され，これらの m 個の入力変数に対して標本を最も適切に2つの別のクラスに分割する検査方法が，そのノードでの検査方法として用いられる（m の値はすべての木で一定に保たれる）。

ランダムフォレストは多数の入力変数をもつ大規模データセットに対して良好な結果をもたらして効率的に動作するため，近年普及が進んでいる。BCIにおけるランダムフォレストの利用の調査については，まだ比較的進んでいない。

ブースティング

ブースティングは，現在の一連の分類器が誤って予測した入力データ点に，正しく予測するデータ点よりも大きな重みを与えるような一連の分類器を見つけるアンサンブル手法である。これは，現在の分類器がうまく分類できないデータ点に対して，よりよい結果をもたらす新しい分類器を見つけることにつながる。アンサンブル分類器の最終出力は，すべての分類器の出力の重み付き和に基づいている。ブースティングは，過去の分類器の性能に基づいて各々の新しい分類器が選択される点でバギングとは異なる。これに対して，バギングではいかなる段階においても，訓練セットの再抽出は以前の分類器の性能に依存しない。ブースティングは，問題に使用できる分類器が「弱い」，すなわち偶然よりもわずかに適切に分類できるだけの場合に特に有用であり，その目的は弱い分類器の出力に基づいて「強い」分類器を構築して精度を上げることである。

　おそらく最もよく知られているブースティングアルゴリズムは，アダブースト（AdaBoost；Freund and Schapire, 1997）であろう。アダブーストは一連のラウンド（繰り返し回数）$t = 1, ..., T$ でアンサンブル分類器を作成する。各ラウンドにおいて，訓練セットの i 番目のデータ点の重みを表す $W_t(i)$ の一式が更新される。各ラウンドで，誤って分類された各データ点の重みが増加する一方で，正しく分類された各データ点の重みが減少し，それによって，次のラウンドで選択された分類器が誤って分類された標本を正しく分類することを保証する。

アダブーストアルゴリズムは次のように要約できる。m 個のデータ点 (x_i, y_i) からなる訓練セットを仮定する。ここで，x_i は入力で，y_i は出力クラスのラベル（＋1 または－1）である。i 番目のデータ点の重みを $W_1(i) = 1/m$ として初期化する。各ラウンド t において（$t = 1, ..., T$）：

1. 与えられた一連の弱分類器から，W_t で重み付けされた分類誤差の合計を最小化する分類器 f_t を見つける：

$$f_t^* = \arg \min_{f_t} E_t \quad \text{ここで，} \quad E_t = \sum_{i=1}^m W_t(i) \, [f_t(x_i) \neq y_i]$$

ここで，[.] 内の式が真の場合は 1，そうでない場合は 0 とする。

2. $E_t \geq 0.5$ の場合は停止する。
3. それ以外の場合は，$\alpha_t = \dfrac{1}{2} \ln \dfrac{1 - E_t}{E_t}$ を選ぶ。
4. 次のラウンドの重みを次式のように更新する：

$$W_{t+1}(i) = \frac{W_t(i) e^{-\alpha_t y_i f_t(x_i)}}{Z_t}$$

ここで，Z_t は W_{t+1} の合計が 1 になるように選択された正規化係数である。

最終的なアダブースト分類器は次式で与えられる：

$$F(x) = \text{sign}(\sum_{i=1}^T \alpha_t f_t(x))$$

ここで，$\text{sign}(x)$ の値は $x \geq 0$ の場合は 1，$x < 0$ の場合は－1 である。したがって，最終的な出力は，すべての分類器の重み付き多数決である。

アダブーストを強力なアンサンブル分類器にする重要なステップはステップ 1 であり，そこでは重み W_t に基づいて分類器 f_t が選択される：誤差に関するこれらの重みが，以前の分類器が誤分類した可能性のある標本に対して，よりよい分類を行う分類器を選択するようにしている。

5.1.3 多クラス分類

これまでに述べた分類器は，データを 2 つのクラスの一方に分類するように設計されていた。BCI 応用では求められる出力信号の数が 2 より大きいことがよくあるため，多クラス分類が必要になる。二項分類器を多クラス分類の問題に適用するための，いくつかの方策がある。

二項分類器の組み合わせ

多クラス分類のための 1 つの方策は，複数の二項分類器を訓練して多数決を用いることである。

N_Y 個のクラスがある場合，2つのクラスの組み合わせごとに1つずつ，合計で $N_Y(N_Y - 1)/2$ 個の二項分類器が訓練される。分類の場合，与えられた入力がこれらの分類器にそれぞれ供給され，最多投票を得たクラス——最も多くの数の分類器によって選択されたクラス——が出力として選ばれる。この手法の欠点は，分類中に訓練して使用する必要がある分類器の数が比較的多いということである。

　二項分類器を用いた多クラス分類のための代替策は，「1対他」の方法である。つまり各クラスについて，個々の分類器がこのクラスに所属するデータを他のクラスから分離するように訓練される。分類は，与えられた入力に対してこれらの N_Y 個の分類器のそれぞれを適用して，最高の出力値をもつクラスを選択することにより達成される。

最近傍および k 近傍

おそらく最も単純な多クラス分類手法は，**最近傍分類法**（nearest neighbor classification：NN classification）であろう。その名のとおり，入力は単にその最近傍のクラスに割り当てられる。最近傍は，例えばベクトル（ここでは **x** と **y** により表される）間の**ユークリッド距離**（Euclidean distance）などの測定基準によって決定される：

$$d_{\mathbf{x},\mathbf{y}} = \sqrt{\left(\sum_{n=1}^{M}(x_n - y_n)^2\right)} \tag{5.13}$$

　図 5.5 は，NN 分類法が3つのクラスからの2次元データ点をどのように分類するのかを示している。この手法は，区分線形の決定境界を暗に定義しており，各区分は異なるクラスに属する2つのデータ点の垂直二等分線に相当する。したがって入力空間は，異なるクラスに属する別々の領域に分割される（図 5.5 のカラー版の領域）。これらの領域は不連続であり，境界は（たとえ区分的には線形であっても）高度に非線形なものになり得ることに注意されたい。

　NN 分類法につきものの1つの問題は，ノイズや外れ値に非常に敏感になり得ることである（**図 5.6A** 参照）。本手法は，**k 近傍法**（k-nearest neighbor：k-NN）を用いることにより，ノイズ等に対してよりロバストになるように汎化することができる。入力は小さな正の整数である k に対して，k 個の近傍点のなかで，最も多くのデータ点が属するクラスに割り当てられる。**図 5.6B** は，k-NN がどのようにして外れ値の問題を克服し，よりロバストな分類を行っているのかを示している。

　k-NN 手法につきものの潜在的な問題の1つは，訓練データの中で最も多くのデータ点をもつクラスに偏って分類されることである。この問題を考慮した k-NN の変形タイプでは，入力から k 近傍の各点までの距離を考慮し，k 近傍点の属するクラスに距離の逆数の重みを付けて平均をとることにより対処している。

第 5 章 機械学習 93

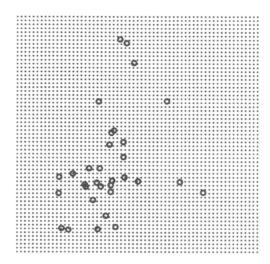

図 5.5 最近傍（NN）分類（同じ図のカラー版については，310 頁のカラー図版を参照） 図は，3 つの異なるクラス（カラー版ではそれぞれ白抜きの赤，緑，青の丸で表されている）に属する 2 次元データ点を含んだ訓練データセットに適用した NN 分類の結果を示している。小さなドットは新しいデータ点を表し，訓練データセットにおける最近傍のラベルに従って分類されている（カラー版のドットの色はそれが割り当てられたクラスを表している）。異なるクラス間の境界は線形ではなく（図 5.1 〜 5.3 と比較されたい），区分線形であり，どのクラスの領域も不連続になり得ることに注意されたい（例えば，カラー版の「赤」と「緑」のクラス）。（Barber, 2012 より）

学習ベクトル量子化（LVQ）と DSLVQ

学習ベクトル量子化（learning vector quantization：LVQ） では，分類は，ラベル $Y_i \in [1, ..., N_Y]$ をもつラベル付けされた特徴ベクトル（**コードブックベクトル〔codebook vector〕** とも呼ばれる）の小集合 $\{\mathbf{m}_i, Y_i\}_{i=1}^N$ に基づいている。新しい標本の分類は，それに最も近いコードブックベクトル $\mathbf{m}_k$ のラベル Y_k を割り当てることによって成される。入力標本 $\mathbf{x}$ がコードブックベクトル $\mathbf{m}$ にどの程度近いのかは，例えばベクトル間のユークリッド距離 (5.13) 式を用いて決定される。

　コードブック（または特徴）ベクトル $\mathbf{m}_i$ とそれらのラベルはランダムに初期化される。学習は，コードブックベクトルを訓練データに従って以下のように更新することによって進められる。各訓練標本に対して，最も近いコードブックベクトルが選択される。そのコードブックベクトルがその標本を正しく分類している場合，コードブックベクトルはその標本により類似する（近くなる）ように更新され，そうでない場合はより類似しない（遠くなる）ように離される。

　LVQ では，各コードブックベクトルまたは特徴ベクトルが，等しく分類に寄与することに注意されたい。BCI のより一般的な状況としては，一連の固定された特徴量 $\mathbf{f}_i$（例：パワースペク

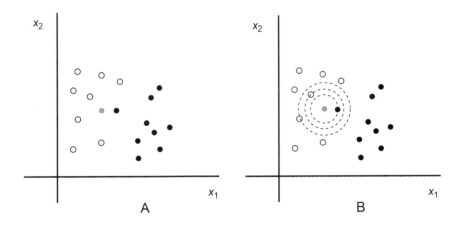

図 5.6　k 近傍法 (k-NN)　**(A)** 2 つのクラス (クラス 1：白点，クラス 2：黒点) に属するデータ点を示す，2 次元データセット。灰色の点は分類対象の新しいデータ点である。**(B)** 単純な最近傍手法 ($k = 1$) では，灰色の点が黒点 (最内の破線の円) に最も近いため，クラス 2 に分類される。しかし，見てのとおり，この黒い点は訓練データセットにおける外れ値である。対して，3-NN 分類器は，近傍点の過半数がクラス 1 であることから ($k = 3$ の場合は 2 つの白点と 1 つの黒点)，灰色の点をクラス 1 に正しく分類することができる。

トルの特徴量) が与えられているが，識別能力の観点からそれらに異なる重みを付けたいという場合がある。この場合は**差異高感受性 LVQ** (distinction sensitive LVQ：DSLVQ) と呼ばれる変形 LVQ アルゴリズムが使用できる。DSLVQ は分類において次式の重み付き距離関数を採用して特徴量に異なる重みを与える：

$$d_{\mathbf{w}, \mathbf{x}, \mathbf{m}} = \sqrt{\sum_{n=1}^{M}(w_n \cdot (x_n - m_n))^2} \tag{5.14}$$

重みベクトル $\mathbf{w}$ は，LVQ においてコードブックベクトルを適応させる方法と同様にして適応させる (詳細については Pregenzer, 1997 を参照)。

単純ベイズ分類器

単純ベイズ分類器 (naïve Bayes classifier) は，強い独立性 (「ナイーブ (単純な)」) の仮定――「独立特徴量モデル」と呼ばれることもある――をもつベイズの法則に基づく確率的分類器である。その目的は，個々の入力が (N 個の可能なクラスの中で) どのクラスに属するかを，入力から計算した多数の特徴量 $F_1, F_2, ..., F_n$ に基づいて見つけることである。これを実行するための 1 つの方法は，次の事後確率が最大になるクラス i を選択することである：

$$P(C = i \,|\, F_1, F_2, ..., F_n)$$

この確率はベイズの法則を用いて次式のように計算できる：

$$P(C = i \,|\, F_1, F_2, \cdots, F_n) = \frac{P(C = i)P(F_1, ..., F_n \,|\, C = i)}{P(F_1, ..., F_n)}$$

ここで分子の2つの項は，クラスiの事前確率および，クラスiが与えられたときの入力の特徴量の同時尤度である。さらなる仮定がないと，すべての可能な特徴量の組み合わせの同時尤度を推定して格納することは計算量の面で現実的ではなく，特に特徴量の数が多い場合はなおさらである。

単純ベイズモデルは，クラスが与えられた特徴量が互いに独立していると仮定する：

$$P(F_1, F_2, ..., F_n \,|\, C = i) = P(F_1 \,|\, C = i)P(F_2 \,|\, C = i)...P(F_n \,|\, C = i)$$

この場合，すべての特徴量の組み合わせについての同時尤度を推定するのではなく，各特徴量についての個別の尤度関数のみを推定してから掛け合わせる必要があり，その結果，事後確率についての次式を得る：

$$P(C = i \,|\, F_1, ..., F_n) = \frac{P(C = i)P(F_1 \,|\, C = i)P(F_2 \,|\, C = i)...P(F_n \,|\, C = i)}{P(F_1, ..., F_n)}$$

$$\propto P(C = i)\, P(F_1 \,|\, C = i)P(F_2 \,|\, C = i)...P(F_n \,|\, C = i)$$

この簡単化された，より扱いやすいモデルでの分類は，各クラスについて右辺の式を計算して最大値のクラス（**最大事後確率**〔maximum a posteriori：MAP〕のクラス）を選択することに帰着する。

5.1.4 分類性能の評価法

BCI応用では，分類器の他の応用と同じく，選定した分類器の精度と汎化性能を評価することが重要となる。ここでは主な評価手法のいくつかを概説する。

混同行列とROC曲線

性能評価時には，$N_Y \times N_Y$の「混同」行列Mを計算することが有用である。ここで，N_Yはクラスの数を表す。Mの行は真のクラスラベルを表し，列は分類器の出力を表す。二項分類（$N_Y = 2$）の場合を**表 5.1**に示す。行列内の4つの項目は，**真陽性**（true positive：TP）すなわち正しく陽性に分類した数，**偽陰性**（false negative：FN）すなわち陽性を見逃して陰性に分類した（第

表 5.1　2 クラス問題の混同行列

真のクラス	分類	
	陽性	陰性
陽性	真陽性（TP）	偽陰性（FN）
陰性	偽陽性（FP）	真陰性（TN）

二種の過誤と呼ばれることもある）数，**偽陽性**（false positive：FP）すなわち誤って陽性に分類した（第一種の過誤と呼ばれることもある）数，**真陰性**（true negative：TN）すなわち正しく陽性を棄却して陰性に分類した数，に相当する。行列の対角要素 M_{ij} は，正しく分類された標本の数を表す。非対角要素 M_{ij} は，クラス i の標本がクラス j に誤分類された数を示している。

　分類器のパラメータ（例えば閾値）を変えていくと，様々な数の真陽性と偽陽性が得られる。分類器のパラメータを変化させたときの真陽性の割合対偽陽性の割合のグラフは，**ROC曲線**（ROC curve）として知られている（なおこれは**受信者動作特性**（receiver operating characteristic）曲線という信号検出理論に由来する用語である）。図 5.7 は様々な種類の分類器が ROC 空間のどこに収まるのかを示している。これらの分類器には，偶然レベル（ランダムに推測する場合）より良い分類器，偶然レベルより悪い分類器，偶然レベルで実行する分類器，およびほとんど達成されることがない完璧な分類器が含まれている（非侵襲型 BCI における実際の ROC 曲線については図 9.13 参照）。

分類精度

分類精度 ACC（classification accuracy：ACC）は，正しく分類された標本（試行データ）と標本の総数の比率として定義される。ACC は混同行列 M から次のように導出できる：

$$ACC = \frac{TP + TN}{TP + FN + FP + TN} \tag{5.15}$$

次に，**誤差率**（error rate）を $err = 1 - ACC$ と定義することができる。各クラスの標本数が同じ場合，偶然レベル（chance level）は $ACC_0 = 1/N_Y$ であり，ここで N_Y はクラスの数を表す。

カッパ係数

もう 1 つの有用な性能測度（指標）は，**カッパ係数**（kappa coefficient）（コーエンの κ〔Cohen's κ〕）である：

$$\kappa = \frac{ACC - ACC_0}{1 - ACC_0} \tag{5.16}$$

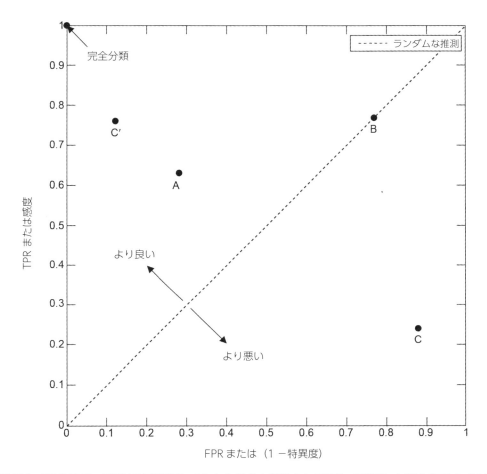

図 5.7　ROC 空間　TPR は真陽性率，すなわち陽性を陽性として正しく識別した割合を表す（これは「感度」または「再現率」と呼ばれることもある）。FPR は偽陽性率を表す（これは 1 から「特異度」を引いた値と等しくもある。特異度は陰性を陰性として正しく分類した割合である）。A と C' は偶然（ランダムな推測）よりも性能の良い分類器であるが，B の性能は偶然レベルである。C は，偶然よりも性能がかなり劣る。完全な分類器は左上隅の位置をとり，TPR が 1，FPR が 0 である。理想的には，分類器を左上隅にできるだけ近づけたいところである。（画像：Wikimedia Commons より改変）

定義より，カッパ係数はクラスごとの標本数やクラス数とは独立した量である。$\kappa = 0$ は偶然レベルの性能を意味し，$\kappa = 1$ は完全分類を意味する。$\kappa < 0$ は分類性能が偶然レベルより劣っていることを意味している。

情報転送速度（ITR）

BCI の性能を比較するためには，BCI の精度と速度の両方を考慮することが重要である。BCI はコミュニケーションチャネル（意思伝達経路）とみなすことができるので，情報理論の知識を用いて**ビットレート（bit rate）**または**情報転送速度（information transfer rate：ITR）**の観点から BCI の性能を定量化できる。ここで ITR は，単位時間あたりにシステムによって伝達される情報量である。この測度は速度と精度の両方を取り込んでいる。

BCI が各試行で N 個の可能な選択肢（またはクラス）を提供し，各クラスを同じ確率でユーザが望むとする。ユーザに望まれたクラスが実際に選択される確率 P は常に同じであるとも仮定する（$P = ACC$ に注意）。その他の（すなわち望まれていない）クラスはどれも同じ確率で選択される（すなわち $(1 - P)/(N - 1)$）。このとき，情報理論の知識（Pierce, 1980 および Shannon and Weaver, 1964 参照）を用いて，ITR（またはビットレート）を次式で表すことができる：

$$B = \log_2(N) + P \log_2(P) + (1 - P) \log_2(1 - P)/(N - 1) \tag{5.17}$$

B はビット / 試行の単位で測定される（B を分単位の試行時間で割ると，ビット / 分という単位の速度が得られる）（Wolpaw et al., 2000）。

図 5.8 は，様々な N の値に対する ITR を，BCI の精度（つまり P）の関数として描いている。上記の B の導出にあたってなされた仮定が必ずしも満たされるとは限らないが，B は達成できる性能について有用な上限値を与えてくれる。

交差検証

ここで概説する最後の重要な話題は，誤差率 err を推定することである。誤差率の正確な推定値を得るために，分類器は通常，分類器を訓練するために用いられるデータとは異なる「テストデータ」で試験される。このための 1 つの方法は，与えられた入力データセットを単純に訓練用とテスト用の 2 つのサブセットに分割することである（**ホールドアウト法〔hold out method〕**）が，この方策はデータの分割の仕方に影響を受けやすい。より洗練された方策として，**K- 分割交差検証（K-fold cross-validation）**がある。これはデータセットをほぼ等しいサイズの K 個のサブセットに分割し，そのなかの $K - 1$ 個を分類器の訓練に用いて，残りのサブセットをテストに使用する方法である。分類器を K 回ほど訓練およびテストするため，結果として K 個の異なる誤差率 err_k が得られる。個々の err_k を平均することによって，全体の誤差率が計算される：

$$err = \frac{1}{K} \sum_{k=1}^{K} err_k \tag{5.18}$$

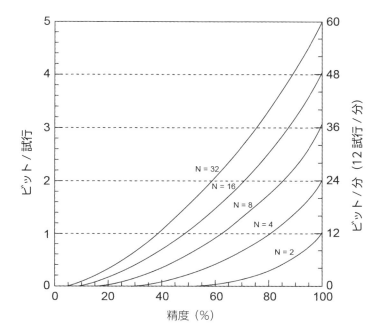

図 5.8 情報転送速度（ITR） ITR を，ビット / 試行およびビット / 分の単位で示す（12 試行 / 分についてのデータが示されている）。クラスの数（すなわち N）は，2, 4, 8, 16, 32 である。(Wolpaw et al., 2000 より)

上記の手順には様々なバリエーションがある。例えば，**1 個抜き交差検証（leave-one-out cross-validation）**は K- 分割交差検証の極端な形式で，K を訓練標本の数と等しく設定する。データの特定の分割による影響を最小限に抑えようとする別のバリエーションでは，K- 分割交差検証が N 回繰り返され，$N \cdot K$ 個の個別の誤差率 err_i が得られ，最終的な誤差率はこれら $N \cdot K$ 個の値の平均となる。

多くの応用では，訓練データセットを 3 つのサブセットに分割することがよく行われている。すなわち，分類器のパラメータを見つけるための訓練サブセット，分類器のこれらのパラメータまたは他のパラメータを調整するための検証サブセット，そして最適化した分類器の性能を報告するためのテストサブセットである。これらの手順は計算コストが高くつくが，分類器の汎化能力を改善するにあたって重要な役割を果たす。

5.2 回帰

5.1 節において，分類では入力を有限数のクラスの 1 つにマッピングすることを見てきた。これは，関数近似問題において出力が離散的である特殊な場合とみなすことができる。出力が連続，つま

100 第 I 部 背景

り実数値のスカラーまたはベクトルの場合，問題は**回帰**（regression）と同等である。分類の場合がそうであったように，N個の入出力標本ベクトル対 $(\mathbf{u}^m, \mathbf{d}^m)$，$m = 1, ..., N$ からなる訓練データセットが与えられたとき，任意の入力ベクトルを適切な出力にマッピングする関数を学習したいとする。まず回帰の最も単純な形式である**線形回帰** (linear regression) について説明し，その後に非線形および確率的な回帰方法に進むことにする。

5.2.1　線形回帰

線形回帰は，データを生成する基礎となる関数が線形，すなわち出力ベクトルが入力ベクトルの線形関数であると仮定する。説明のために，ここでは，入力 $\mathbf{u}$ が K 次元ベクトル（例えば，K 個のニューロンの発火率）で，出力 v がスカラー値（例：エンドエフェクタ〔ロボットアームの先端〕の位置）であるような特殊な場合を考える。このとき，その出力は線形関数で与えられる：

$$v = \sum_{i=1}^{K} w_i u_i = \mathbf{w}^T \mathbf{u} \tag{5.19}$$

ここで $\mathbf{w}$ は「重み」ベクトルあるいは**線形フィルタ**（linear filter）であり[2]，訓練データから決める必要がある。線形最小二乗回帰により，すべての訓練標本についての出力誤差の二乗和を最小化する重みベクトル $\mathbf{w}$ を見つける（**図 5.9** 参照）。

$$\begin{aligned} E(\mathbf{w}) &= \sum_m (d^m - v^m)^2 \\ &= \|\mathbf{d} - U\mathbf{w}\|^2 \end{aligned} \tag{5.20}$$

ここで，$\mathbf{d}$ は訓練データセットの出力ベクトル，U はその行が訓練データセットの入力ベクトル $\mathbf{u}$ であるような入力の行列であり，$\| \ \|$ はベクトルの各成分の二乗和の平方根である。$\mathbf{w}$ について E の導関数を求めてその結果をゼロにすることにより，誤差を最小限に抑えることができ，次式を得る：

$$\begin{aligned} &2 \cdot U^T(\mathbf{d} - U\mathbf{w}) = 0, \ \text{すなわち，} \\ &U^T U \mathbf{w} = U^T \mathbf{d}, \ \text{すなわち，} \\ &\mathbf{w} = (U^T U)^{-1} U^T \mathbf{d} \end{aligned} \tag{5.21}$$

2　定数オフセット，すなわち $v = \mathbf{w}^T \mathbf{u} + c$ の場合も，(5.19) 式の $\mathbf{u}$ を $\begin{bmatrix} \mathbf{u} \\ 1 \end{bmatrix}$ に置き換えて $\mathbf{w}$ の一部として c を推定することによりモデル化できる。

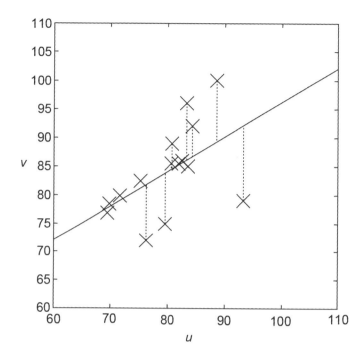

図 5.9　線形回帰　線形回帰は，出力誤差（すなわち，図のデータ点から直線までの鉛直方向の距離〔訳注：データ点の v 座標からそのデータ点の u 座標における直線の v 座標までの距離〕）の二乗和を最小化する u の線形関数（この場合は直線）を見つける。(Barber, 2012 より改変)

　最後の段階では $(U^TU)^{-1}$ の存在を仮定している。したがって，出力誤差を最小化する重みベクトルは，訓練データによって指定された入力と所望出力の両方の関数である。重みベクトルを推定するための上記の方法は，**ムーア-ペンローズの疑似逆行列（Moore-Penrose psudoinverse）法**と呼ばれることがある（行列 $(U^TU)^{-1}U^T$ は「疑似逆行列」である）。

　線形回帰は本書の後半で述べるように，多くの侵襲型 BCI において驚くほどの効果があることが証明されている。線形回帰に要する計算も高速かつ簡単に実行できる。この手法の主な欠点は，一部の状況ではモデルが単純すぎることであり，例えば非侵襲型 BCI では脳の信号から制御へのマッピングが通常，非線形である。そのうえ線形回帰は，出力の不確かさも推定しない。

5.2.2　ニューラルネットワークと誤差逆伝播法

ニューラルネットワークは，1980 年代に誤差逆伝播法の学習アルゴリズムが発見されて以来，非線形関数近似の手法としてポピュラーなアルゴリズムになっている。本節では，非線形回帰の

ための多層シグモイドニューラルネットワークを簡単に解説し，第一原理から誤差逆伝播法のアルゴリズムを導出する．

分類手法（5.1節）について述べた際に登場したパーセプトロンは，それぞれの「ニューロン」が，その入力の重み付き和についての閾値出力関数（出力に閾値を利用する関数で，ここではステップ関数を指している）を利用するタイプのニューラルネットワークである．閾値関数は分類には有用であるが，非線形回帰では**シグモイド（sigmoid）**（または**ロジスティック〔logistic〕**）出力関数がよく選択される：

$$v = g(\mathbf{w}^T \mathbf{u}) \tag{5.22}$$

ここで，

$$g(x) = \frac{1}{1 + e^{-\beta x}} \tag{5.23}$$

である．図 5.10 に示すように，シグモイド関数は閾値関数のより滑らかなバージョンとみなすことができる．すなわち，関数の勾配を制御するパラメータ β により，入力を 0 と 1 の間に圧

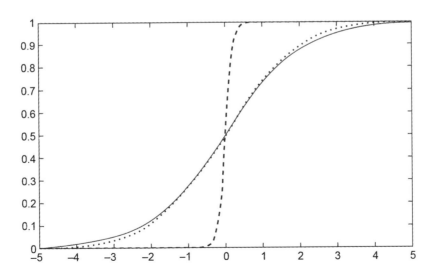

図 5.10 シグモイド関数 実線の曲線は $\beta = 1$，破線の曲線は $\beta = 10$ の場合のシグモイド関数をそれぞれ表す．β が大きくなると，シグモイド関数は閾値が 0 の閾値（あるいはステップ）関数に近づく．比較のために，標準正規分布の累積分布関数を点線の曲線で示す（実線のシグモイド関数に近い）．(Barber, 2012 より)

縮する（βの値が高いほど，シグモイド関数を閾値関数により近づける）．シグモイド関数も容易に微分可能であることは，以下の誤差逆伝播の学習則を導出する際に重要になる．

非線形回帰の場合，ニューロンの複数の層を含むネットワークに興味があり，そこでは1つの層の出力が次の層のニューロンへの入力として与えられる．多層ネットワークで最もよく見られるタイプは，入力層，「隠れ」層，および出力層を含む3層ネットワークである．少なくとも理論的には，このタイプのネットワークは，隠れ層に十分な数のニューロンが与えられれば任意の非線形関数を近似できることが示されている．以下では，この型のネットワーク（単一の隠れ層を有する）に焦点を当てる．

シグモイドニューロンの3層ネットワークがあり，行列Vが入力層から隠れ層への重み，行列Wが隠れ層から出力層への重みをそれぞれ表すとする（図5.11）．出力層におけるi番目のニューロンの出力は，次のように記述できる：

$$v_i = g(\sum_j W_{ji} g(\sum_k V_{kj} u_k)) \tag{5.24}$$

上の線形回帰の場合と同様に，このネットワークの目的は，訓練データにおける所望の出力ベクトルとネットワークによって作られる実際の出力ベクトルとの間の誤差を最小化することである．訓練データの各入力について，この誤差が次式によって与えられる：

$$E(W, V) = \frac{1}{2}\sum_i (d_i - v_i)^2 \tag{5.25}$$

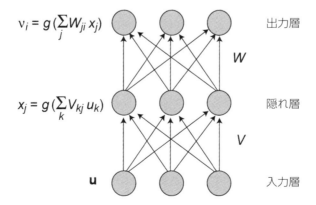

図5.11　3層ニューラルネットワーク　隠れ層の各ニューロンは，その入力の加重和を求めて，その和を非線形関数gに渡して，出力x_jを生み出す．出力層のニューロンは，これらx_jの加重和を求めて，その和をgに渡すことによって，ネットワークの出力をもたらす．

104　第Ⅰ部　背景

　ここで2つの点に注意する必要がある：(1) シグモイド関数の非線形性のため，もはや上記の線形回帰で行ったように，E の導関数をゼロにすることによる重みの解析的な表現を導出することができない。(2) 出力層についての誤差（上記の E の式）しか知ることができない。したがって，これらの重みが出力誤差へ寄与する度合いに比例して，その場で重みを修正できるように（これは「貢献度分配（credit assignment）」問題と呼ばれることもある），この誤差情報をネットワークの下位層に「逆伝播」させることが必要になる。これら2つの問題の解決策として，誤差逆伝播アルゴリズムが提案された。

　誤差逆伝播アルゴリズムは，重み W と V について出力誤差関数 $E(W, V)$ に関する**勾配降下法 (gradient descent)** を実行することによって，E の最小化を試みる。これは，重みをその変化が小さくなるまで $-\frac{\partial E}{\partial W}$ および $-\frac{\partial E}{\partial V}$ に比例して更新することを意味し，重みの変化が小さくなったということは誤差関数の極小値に到達したことを示す。外側の層（出力層）の重み W の更新式は，次のように微積分学の連鎖律（合成関数の微分公式）を用いて簡単に導出することができる：

$$W_{ji} \leftarrow W_{ji} - \varepsilon \frac{dE}{dW_{ji}}$$

$$\frac{dE}{dW_{ji}} = -\,(d_i - v_i)g'\,\left(\sum_m W_{mi}x_m\right)x_j \tag{5.26}$$

ここで，←は左辺の式が右辺の式に置き換えられることを意味し，ε は「学習率」（0と1の間の小さな正の数），g' はシグモイド関数 g の導関数，および x_j は隠れ層のニューロン j の出力で $x_j = g(\sum_k V_{kj}u_k)$ である。

　中間層（隠れ層）の重み V を更新するための方程式も，連鎖律を適用して得られる：

$$V_{kj} \leftarrow V_{kj} - \varepsilon \frac{dE}{dV_{kj}} \quad \text{ただし，} \quad \frac{dE}{dV_{kj}} = \frac{dE}{dx_j} \cdot \frac{dx_j}{dV_{kj}} \text{。よって，}$$

$$\frac{dE}{dV_{kj}} = \left[-\sum_i (d_i - v_i)g'\,\left(\sum_m W_{mi}x_m\right)W_{ji} \right] \cdot \left[g'\,\left(\sum_n V_{nj}u_n\right)u_k \right] \tag{5.27}$$

　出力誤差 $(d_i - v_i)$ が中間層の重みの更新内容に影響を与え，各層における非線形活性化関数（シグモイド関数）の導関数によって適切に調節されることがわかる。したがって，誤差は下位層に「逆伝播」されており，このアルゴリズムの名前の由来になっている。この学習の手順は，多数の隠れ層を含む「深層」ネットワークなどの任意の数の層に汎化できるが，そのようなネットワークは訓練データに過剰適合する傾向があり，その結果，汎化性能が劣る。（ニューラルネットワークを用いる）ほとんどの BCI 応用では，先に述べた3層ネットワークを使用する傾向があり，交差検証を用いて隠れ層のニューロン数を決定する（5.1.4項参照）。

5.2.3 放射基底関数（RBF）ネットワーク

上述した線形回帰モデルを考える：

$$v = \mathbf{w}^T\mathbf{u} \tag{5.28}$$

この線形モデルの能力を高める 1 つの方法は，次式のように入力ベクトル $\mathbf{u}$ で定義された M 個の一連の固定した**非線形基底関数**（non-linear basis function：または「**特徴量（feature）**」）φ_i を使用することである：

$$v = \mathbf{w}^T\boldsymbol{\varphi}(\mathbf{u}) \tag{5.29}$$

ここで $\boldsymbol{\varphi}(\mathbf{u})$ は，M 次元ベクトル $\left[\varphi_1(\mathbf{u}) \cdots \varphi_M(\mathbf{u})\right]^T$ である。

　次に，上述した線形回帰に関する方法にならって，与えられた一連の基底関数についての重みベクトル $\mathbf{w}$ を推定することができる。各基底関数 φ_i が「中心」$\boldsymbol{\mu}_i$ からの半径方向の距離（例えばユークリッド距離）のみに依存する場合，例えば $\varphi_i(\mathbf{u}) = f(\|\mathbf{u} - \boldsymbol{\mu}_i\|)$ のような場合，結果として生まれるモデルは**放射基底関数**（radial basis function：RBF）ネットワークと呼ばれている。RBF ネットワークは，入力から隠れ層への結合が平均 $\boldsymbol{\mu}_i$ を持ち，隠れ層ニューロンの出力が $\varphi_i(\mathbf{u})$ であって，ネットワークの出力 v がこれらの隠れ層ニューロンの出力の線形重み付き結合である，次式の 3 層ニューラルネットワークとみなすことができる（**図 5.12A** 参照）：

$$v = \sum_{i=1}^{M} w_i\varphi_i(\mathbf{u}) = \mathbf{w}^T\boldsymbol{\varphi}(\mathbf{u}) \tag{5.30}$$

一般によく使われる基底関数は，次の「ガウスカーネル」である（**図 5.12B**）：

$$\varphi_i(\mathbf{u}) = \exp(-\|\mathbf{u} - \mathbf{u}_i\|^2/2\sigma^2) \tag{5.31}$$

このカーネルは，入力を出力にマッピングするための**混合ガウス**（mixture-of-Gaussians）表現をもたらす。

5.2.4 ガウス過程

上述した種々の回帰方法の主な欠点の 1 つは，出力の予測に際して信頼度の推定値が得られないことである。例えば，訓練データが豊富にある入力空間の領域では，アルゴリズムがより確からしいと期待されるが，訓練データが乏しいまたは存在しない領域では，確かさはより低下すると予想される。**ガウス過程回帰**（Gaussian process regression）は，出力に関するそのような

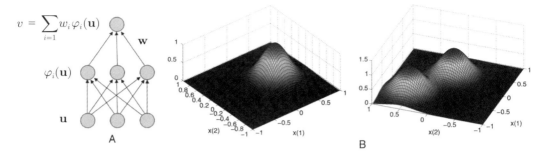

図 5.12 放射基底関数（RBF）ネットワーク **(A)** 放射基底関数（RBF）ネットワークを実装している 3 層ニューラルネットワーク。隠れ層のニューロンは基底関数を表し，出力ニューロンは隠れ層の出力の線形重み付き和を計算する。**(B)** (左) $\mu = [0 \quad 0.3]^T$ および $\sigma = 0.25$ のガウス基底関数の出力。(右) $\mu_1 = [0 \quad 0.3]^T$ および $\mu_2 = [0.5 \quad -0.5]^T$ の 2 つのガウス基底関数の結合出力。(B は Barber, 2012 より改変)

不確かさの測度をもたらしてくれる。ガウス過程回帰はまた，ノンパラメトリックであるという利点もある。すなわちモデルの構造が事前に固定されるのではなく，データの複雑性に順応するためにデータに合わせて変化する。

前項の RBF ネットワークで用いたモデルと同じものから始める：

$$v = \mathbf{w}^T \boldsymbol{\varphi}(\mathbf{u}) \tag{5.32}$$

ただし，ここでは $\mathbf{w}$ が次の分布に従うと仮定することによる確率論的方法を採る：

$$p(\mathbf{w}) = G(\mathbf{w} \mid \mathbf{0}, \sigma^2 I) \tag{5.33}$$

ここで，G は平均が $\mathbf{0}$ で共分散が $\sigma^2 I$ の多変量ガウス（あるいは正規）分布を表す（多変量ガウス分布の概説については付録を参照されたい）。ベイズ統計学の用語では，(5.33) 式の分布は $\mathbf{w}$ の事前分布として知られている。(5.33) 式における $\mathbf{w}$ の確率分布は，(5.32) 式を経由して関数 $v(\mathbf{u})$ の確率分布を定義することに注意されたい。

一連の入力点 $\mathbf{u}_1, ..., \mathbf{u}_N$ が与えられたとき，出力値 $v(\mathbf{u}_1), ..., v(\mathbf{u}_N)$ の同時分布はどのようになるのか？ ベクトル $\mathbf{v}$ を用いて $[v(\mathbf{u}_1), ..., v(\mathbf{u}_N)]^T$ を表すと，(5.32) 式を次式のように書き換えることができる：

$$\mathbf{v} = \Phi\mathbf{w} \tag{5.34}$$

ここで Φ は，その成分が $\Phi_{ji} = \varphi_i(\mathbf{u}_j)$ であるような行列である。

$\mathbf{v}$ はガウス分布の変数（$\mathbf{w}$ の成分によって与えられる）の線形結合であるため，$\mathbf{v}$ もまたガウス分布であり，次の2式で与えられる平均と共分散によって完全に特定される：

$$\mathrm{mean}(\mathbf{v}) = E(\Phi\mathbf{w}) = \Phi E(\mathbf{w}) = \mathbf{0} \tag{5.35}$$

$$\mathrm{cov}(\mathbf{v}) = E(\mathbf{v}\mathbf{v}^T) = \Phi E(\mathbf{w}\mathbf{w}^T)\Phi^T = \sigma^2\Phi\Phi^T = K \tag{5.36}$$

ここで，K はその成分が次式で与えられる**グラム行列**（Gram matrix）として知られている：

$$K_{ij} = k(\mathbf{u}_i,\mathbf{u}_j) = \sigma^2\boldsymbol{\varphi}(\mathbf{u}_i)^T\boldsymbol{\varphi}(\mathbf{u}_j) \tag{5.37}$$

関数 $k(\mathbf{u}_i,\mathbf{u}_j)$ は**カーネル関数**（kernel function）として知られている。

上の $\mathbf{v}$ についてのモデルは**ガウス過程**（Gaussian process）の一例であり，任意の N に対する $v(\mathbf{u}_1), ..., v(\mathbf{u}_N)$ の同時分布がガウス分布であるような関数 $v(\mathbf{u})$ の確率分布として定義できる。

関数 $v(\mathbf{u})$ に関する先験的知識がない場合，平均は $\mathbf{0}$ であると仮定され，ガウス過程が共分散関数 K，言い換えればカーネル関数 $k(\mathbf{u}_i,\mathbf{u}_j)$ によって完全に特定されることを意味する。上記の例のカーネル関数は，入力 $\mathbf{u}$ で定義された基底関数 φ_i を仮定することによって得られたが，カーネル関数を直接定義することも可能である。例えば，次の式で与えられるガウスカーネル関数を用いることができる：

$$k(\mathbf{u}_i,\mathbf{u}_j) = \exp(-\|\mathbf{u}_i - \mathbf{u}_j\|^2/2\sigma^2) \tag{5.38}$$

カーネル関数は2つの入力間の類似度の測度を与えるとみなされ，関数の滑らかさなどの特性に影響を及ぼす。**図 5.13A** と**図 5.13C** は，2つの異なるカーネル（または共分散）関数のサンプル関数 $v(\mathbf{u})$ を示している。

一般に，対応する行列 K が任意の一連の入力に対して半正定値でさえあれば，任意の関数をカーネル関数として使用することができる。どのカーネルを使用するかという選択は用途によって異なるが，ガウスカーネルはよく使われる選択である。

回帰にガウス過程を用いるためには，ベクトル $\mathbf{v}_N = [v_1...v_N]^T$ で表される出力と対応する入力 $\mathbf{u}_1, ..., \mathbf{u}_N$ で構成される訓練データが与えられた場合，新しい入力 $\mathbf{u}_{N+1}$ に対する出力 v_{N+1} を

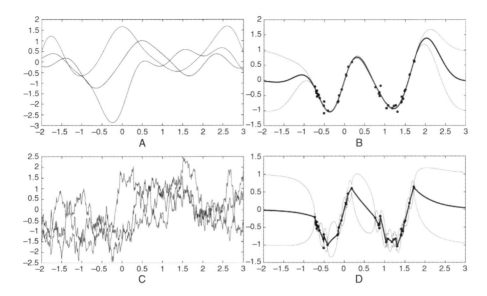

図 5.13　ガウス過程（GP）　(A) は，ガウスカーネル（または共分散）関数（$\sigma^2 = 1/2$）に基づく関数の事前確率分布からサンプル（抽出）された 3 つの関数を示している．**(B)** 一連の訓練データ点（黒点）と (A) のガウス型共分散関数に基づく事後予測関数．中央の黒い曲線は平均予測値，灰色の曲線は両側のエラーバーを表す．**(C)** と **(D)** は，オルンシュタイン - ウーレンベック（Ornstein-Uhlenbeck）事前確率分布を用いた場合のサンプルと事後予測関数をそれぞれ示している（詳細については Barber, 2012 を参照）．これらのサンプルと予測関数は，(A) と (B) ほど滑らかではない．(B) と (D) の両方が，GP 回帰の有益な特性の 1 つを示していることに注意されたい．つまり，訓練データがより少ない入力空間の領域で，関数がより大きな不確かさを示している．（Barber, 2012 より）

予測する必要がある．所望の事後分布 $p(v_{N+1}|\mathbf{v}_N, \mathbf{u}_1, ..., \mathbf{u}_{N+1})$ がこの場合も，次のような平均（mean）と分散（variance）をもつガウス分布であることがわかる（Bishop, 2006 を参照）．

$$\text{mean} = \mathbf{k}^T C_N^{-1} \mathbf{v}_N \tag{5.39}$$

$$\text{variance} = c - \mathbf{k}^T C_N^{-1} \mathbf{k} \tag{5.40}$$

ここで，$\mathbf{k}$ は成分 $k(\mathbf{u}_i, \mathbf{u}_{N+1})$ ($i = 1, ..., N$) を含むベクトルであり（k は本質的には各訓練入力と新しい入力の間の類似度を測る），C_N はその成分が $i \neq j$ のとき $C_N(\mathbf{u}_i, \mathbf{u}_j) = k(\mathbf{u}_i, \mathbf{u}_j)$，$i = j$ のとき $C_N(\mathbf{u}_i, \mathbf{u}_j) = k(\mathbf{u}_i, \mathbf{u}_j) + \lambda$ ($i, j = 1, ..., N$) により与えられる共分散行列である（ここで，λ は出力に入るノイズに関連するパラメータである）．スカラー値 c は，$c = k(\mathbf{u}_{N+1}, \mathbf{u}_{N+1}) + \lambda$

と定義される。

これらの方程式から，出力 v_{N+1} の事後分布は，過去の訓練データセットの入力および出力（C_N と $\mathbf{v}_N$ を通じた）と，新しい入力（$\mathbf{k}$ と c を通じた）の両方に依存することがわかる。この方法はノンパラメトリックであることに注意されたい。平均と分散を定義している上記の項は，訓練データのサイズ N の関数として成長する。このモデルは本節において前に示唆された有益な特性を示している。すなわち，訓練データが疎らあるいは存在しない領域では，訓練データの密度が高い領域と比べて出力予測値がより大きな分散をもち，より不確かであることを反映している（図 5.13B および 5.13D）。これは，人工装具，車椅子，介助ロボットなどのロボット機器が制御対象である BCI 応用において特に有用である。予測の不確実性が高い場合，BCI はコマンドを実行しないことを選択して，起こる可能性のある大惨事を未然に防ぐことができる（応用例については 9.1.8 項参照）。このような能力は，出力の不確実性の推定値を提供しないニューラルネットワークなどの回帰モデルを用いる BCI には欠けていることが多い。

5.3　要約

BCI の構築にあたっては，脳信号を適切な制御信号にマッピングする必要がある。これは通常，神経活動を連続的な出力信号にマッピングする回帰手法，あるいは脳活動を所与の一連のクラスのうちの 1 つにマッピングする分類手法のいずれかを用いて行われる。本章では，多くの回帰手法と分類手法を詳細に解説した。これらの手法のいくつかは線形性の仮定に基づいていた（LDA，線形回帰）が，他の手法はより高いモデリング能力を得るために種々のタイプの非線形性を用いていた（SVM，ニューラルネットワーク，ガウス過程）。より強力な分類器を作り出すための，分類器の組み合わせ方法についても検討した（バギング，ランダムフォレスト，ブースティング）。カッパ係数や ITR などの性能指標について学習し，交差検証による汎化性能も評価した。これらの手法には後続の章で再び出会い，そこでそれらが個別の BCI 課題に適用されていることを見ることになる。

5.4　演習問題

1. 分類と回帰の目的を説明し，それぞれが BCI においてどのように用いられるのか，説明せよ。
2. 線形二項分類における決定境界の方程式を記し，それをどのように用いれば入力を分類できるのか，説明せよ。
3. LDA における重みベクトル $\mathbf{w}$ と閾値 w_0 が，入力のクラス条件付き正規分布とどのように関連しているか，説明せよ。
4. LDA，RDA，QDA の主な違いは何か？

5. パーセプトロンが LDA とどのように異なるか，重みベクトルと閾値パラメータを入力データから「学習」する方法に関して説明せよ。

6. 単層パーセプトロンにはできないが，多層パーセプトロンにできることは何か？

7. SVM とパーセプトロンは，共に線形超平面を使用してデータを 2 つのクラスに分ける。それではなぜ，SVM が新しいデータに対する汎化に関して，通常パーセプトロンよりも性能が優れているのか？

8. 標準的な SVM とソフトマージン SVM の違いを説明せよ。どちらの SVM が脳データを分類するためにより適している可能性があるか，そしてそれはなぜか？

9. (🚶)「カーネルトリック」とは何か？　カーネルトリックによって，SVM を取り扱いやすさを保ちながら非線形分類に使用する方法について説明せよ。

10. バギングのアンサンブル分類法の背景にある概念を説明せよ。バギングはどのようにブートストラップ標本を生成して使用するのか，述べよ。

11. (🚶) ランダムフォレストは，決定木に基づくバギング手法の例である。決定木の各ノードでは 1 つ以上の入力変数に対して検査を実行し，その結果によってどちらの枝をとるかを決定する。ラベル付けされたブートストラップ標本から決定木をどのように構築できるのか，記述せよ。特に，各ノードにおいて，ランダムに選択された m 個の入力変数のサブセットが与えられたとき，標本を最も上手に 2 つの別々のクラスに分けるこれら m 個の入力変数の検査方法をどのようにして見つけるのか，記述せよ。

12. ブースティングというアンサンブル手法は，バギングとどのように異なるのか？　ブースティングはバギングと比較して，どのような状況において推奨される選択方法なのか？

13. アダブーストに関する次の質問に答えよ：

   a. 各ラウンドにおいてどのようにして分類器を選択するのか？

   b. 選択した分類器に割り当てる重みに関する式を記せ。

   c. アンサンブル分類器の最終出力の式を記せ。

14. 二項分類器を組み合わせて多クラス分類を実現するための主な 2 つの方法を説明せよ。

15. 多クラス分類のための k-NN 法と LVQ 法を比較対照せよ。

16. 単純ベイズ分類器の「単純な」仮定とは何か？　そのような仮定を行う背後にある動機は何か？　もし単純ベイズ仮定が成り立たない可能性がある脳データの例があれば，説明せよ。

17. 3 クラス分類器の混同行列を示し，その精度の式を行列の項目を用いて書き記せ。

18. パラメータの 1 つを変化させたときに次の性能を示す分類器の ROC 曲線を描き，精度（ACC）を記せ。訓練データセットの陽性の数が 50，陰性の数が 30 であると仮定せよ：

   a. 偽陽性 5，偽陰性 25

   b. 偽陽性 10，偽陰性 5

   c. 偽陽性 20，偽陰性 0

19. 二項分類を仮定して，問題 18 の（a），（b），（c）のカッパ係数を計算せよ。

20. 情報転送速度（ITR）の定義（(5.17) 式）を分析して，ITR が BCI のようなシステムの速度と精度の両方をどのように取り込んでいるかを説明せよ。

21. 交差検証が分類器の性能を評価するために有用な手段である理由を，訓練データに対しての誤差率のみを用いる場合と比較して述べよ。

22. 次の交差検証の方法を比較対照せよ：

 a. ホールドアウト法

 b. K- 分割交差検証

 c. 1 個抜き交差検証

23. 5.2.1 項において，線形回帰の重み $\mathbf{w}$ を得るためにムーア - ペンローズの疑似逆行列を導出した。どのような条件の下でこの疑似逆行列が存在するのか？（ヒント：U の列の線形独立性について考えよ）。この条件が満たされない場合，近似的な疑似逆行列の存在を保証する方法を考えることができるか？

24. ニューロンが線形活性化関数(linear activation function)をもつようなニューラルネットワークを考える。すなわち，各ニューロンの出力関数は $g(x) = bx + c$ であり，x はニューロンへの入力の加重和，b と c は 2 つの実数の定数である。

 a. 上の線形活性化関数 g をもつ単一のニューロンがあり，入力 $u_0, ..., u_n$ と重み $W_0, ..., W_n$ が与えられていると仮定せよ。真の出力が d の場合，入力と重みを用いて二乗誤差関数を記せ。

 b. （a）の誤差関数について，勾配降下法に基づくニューロンの重みの更新則を記せ。

 c. ここからは，m 個のユニット（ニューロン）をもつ 1 層の隠れ層，n 個の入力ユニット，および 1 個の出力ユニットをもつ線形ニューロンのネットワークを考える。入力から隠れ層への一連の重み w_{kj} と，隠れ層から出力層への一連の重み W_j が与えられるとき，出力ユニットの方程式を $w_{kj}, W_j,$ および入力 $\mathbf{x}$ の関数として記せ。同じ関数を計算する隠れユニット（隠れ層のユニット）をもたない単層の線形ネットワークがあることを示せ。

 d. （c）の結果を受けて，N 層（$N = 1, 2, 3, ...$）の隠れ層の線形ネットワークの計算能力についてどのように結論付けることができるか？

25. 回帰にガウス過程を使用する利点と欠点は何か，放射基底関数（RBF）のネットワークと比較して述べよ。

第II部　すべてを統合して

第6章　BCI の構築

前章までに，神経科学，記録と刺激の技術，信号処理，および機械学習の基本概念を導入した。今や，すべてを統合して実際の BCI を構築するプロセスを検討する準備が整った。

6.1　主要なタイプの BCI

今日の BCI は，大まかには次の3つの主要なタイプに分けることができる：

- **侵襲型 BCI**：脳内のニューロンからの記録，またはニューロンの刺激を伴う。
- **半侵襲型 BCI**：脳の表面または神経からの記録，あるいはこれらの刺激を伴う。
- **非侵襲型 BCI**：皮膚や頭蓋骨に刺入することなく脳から記録したり脳を刺激したりする技術を用いる。

これらのタイプのそれぞれで，次のような BCI がある。

- 脳からの記録のみ（およびニューロンのデータを出力機器の制御信号に変換する）
- 脳の刺激のみ（および脳において特定の狙った神経活動パターンを引き起こす）
- 脳の記録と刺激の両方を行う

続く5つの章では，上で定義した主なタイプの BCI の具体例に出会うことになる。これらの具体的な BCI の例に進む前に，まず研究者が BCI を構築するために利用してきたいくつかの主要なタイプの脳の応答について検討することが有用である。

6.2　BCI の構築に役立つ脳の応答

6.2.1　条件反応

神経回路の最も重要な特性の1つは可塑性であり，それによってニューロンの応答を入力の関数として適応させることができる。多くの場合，この可塑性は動物が受け取る報酬によって調節される。この可塑性のよく知られた行動例の1つは，ロシアの科学者 I. Pavlov によって初めて実証された**パブロフ型条件づけ**（Pavlovian conditioning）（あるいは**古典的条件づけ**

〔classical conditioning〕）である。本来は食物に反応して唾液を分泌するイヌが，ベルを食物刺激と常に対にして提示した後では，ベルに反応して唾液を分泌し始める。この例では，ベルは条件刺激，唾液分泌は条件反応と呼ばれている。対照的に，**道具的条件づけ（instrumental conditioning）**（あるいは**オペラント条件づけ〔operant conditioning〕**）では，動物は例えばレバーを押すといった適切な行動を完了したときのみ報酬を受け取る。この場合は，報酬がレバーを押す行動と対になった後，レバーを押す行動が条件反応になる[訳注1]。

　条件反応は，単一のニューロンやネットワークでも見られる。ブレイン・コンピュータ・インターフェースの最も初期のデモンストレーションの1つにおいて（7.1.1項参照），ワシントン大学のEberhard Fetzは条件づけのアイデアを利用して，霊長類の運動皮質の単一ニューロンの活動を条件づけしてアナログメータの指針を制御できることを実証した。指針の運動は，ニューロンの発火率に直接連結されていた。つまり，指針が閾値を超えると，サルは報酬を獲得した。数回の試行の後，サルは記録されているニューロンの発火率を上げることによって，指針を一貫して動かして閾値を超すことを学習した。これは，報酬を生み出す行動（指針の動き）が，記録しているニューロンの活動増加（条件反応）と連結しているオペラント条件づけの例である。

　条件反応は，ニューロンの大規模な集団でも獲得することができる。例えば，数セッションの訓練の後，人間の被験者は，頭皮から記録される脳波信号の特定の周波数帯域におけるパワーを制御することができる（9.1.1項）。これらの実験において，パワーは固定されたマッピング関数を用いてコンピュータ画面上のカーソルの運動に連結されており，その目的はカーソルを所望の方向に動かして標的に命中させることである。被験者は，マッピング関数に用いられる周波数帯域のパワーを調節することによって，カーソルの運動制御を徐々に学習する。この場合，条件づけはニューロン集団レベルで生じ，条件反応は多数のニューロンの活動が協調して調節され，所望の周波数帯域におけるパワーの適切な増減を生み出す。

　要約すると，単一ニューロンとニューロンのネットワークの両方の応答共に，神経活動を外部行動（カーソルの運動など）および適切な行動の実行（標的への命中）を条件とする報酬と連結することによって，調節することができる。

6.2.2　ニューロンの集団的活動

一次運動野のニューロンは，手足の運動の方向，速度，力などのさまざまな運動の特性を符号化する。Georgopoulosと共同研究者は一連の独創性に富んだ実験によって，運動がポピュレーションコード（ニューロンの集団活動による情報の符号化）を用いて表現されることを示した（Georgopoulos et al., 1988）。例えば運動方向の場合，集団内のニューロンは，運動の選好方向

訳注1：オペラント条件づけにおいては「条件反応」という用語が使用されることはほとんどないようなので，「正の強化」の意味で使用されているのではないかと思われる。以下，条件反応については同様。

が実際の運動方向とどの程度近いかに応じて発火する。実際の運動の方向は，例えばニューロンの選好方向の重み付き結合によって予測可能であり，ここで各ニューロンの重みはニューロンの発火率である（詳細については（7.1）式と図 7.3 を参照）。運動方向をデコード（復号）するこの方法は，**ポピュレーションベクトル**（population vector）デコーディングと呼ばれることもある。

　運動に関連する変数がニューロン集団の活動から抽出可能であるという事実は，ブレイン・コンピュータ・インターフェースにとって重要な発見となった。同じニューロン集団の運動に関する神経活動を，義肢や他の機器の運動制御に利用できるという認識につながったためである。第7 章で説明するように，動物のブレイン・コンピュータ・インターフェースのなかで最も印象的なデモンストレーションのいくつかは，回帰手法を用いて運動皮質のニューロン集団の活動を人工装具の適切な制御信号にマッピングすることに依拠していた。

6.2.3　運動イメージおよび認知活動

人間のブレイン・コンピュータ・インターフェースに広く使用されている第 3 のタイプの脳応答は，被験者が自らの意思で特定の運動をイメージしたときに生み出される神経活動である（これは**運動イメージ**〔motor imagery〕と呼ばれる）。運動イメージにより，通常は実際の運動中に生成される神経活動と時空間的に類似した神経活動が作り出されるが，その振幅はより小さい（例えば Miller et al., 2010 を参照）。様々な機械学習アルゴリズム（通常は分類器）を適用して 2 つ以上のタイプの運動イメージを判別することにより，それぞれの運動イメージによる脳活動を個別の制御信号（例えばカーソルを上に移動）にマッピングできるようになる。運動イメージによる反応は初めは弱くても，被験者がカーソル制御を学習する間にフィードバックを受け取るにつれて，よりロバスト（堅牢；振幅が大きくなり，反応が安定する）になることが知られている。最終的に一部の被験者では，カーソル制御中の運動イメージによる脳活動が，実際の運動中に観測される脳活動を超えることさえあり得る（Miller et al., 2010）。

　運動イメージと同様に，人間の被験者に暗算や顔を思い浮かべるなどの認知課題を実行するように依頼する方法もある。認知課題が十分に異なる場合，活性化される脳の領域もまた異なる。結果として生じる脳の活性化は，例えば脳波により測定され，その被験者から収集した初期のデータセットで訓練された分類器を用いて判別することができる。各認知課題は 1 つの制御信号にマッピングされる（例えば，暗算の実行がカーソルの上への移動にマッピングされるなど）。したがって，この取り組みは種々の認知課題についての活動パターンを確実に識別できることに強く依拠しているため，認知課題の選択が実験設計を決定するうえで重要かつ困難な（慎重な検討を要する）事項となっている。

6.2.4　刺激によって誘発される活動

BCI に役立つ脳信号の種類の最後は，特別なタイプの刺激に反応して脳で生み出される定型的

な活動に基づく脳信号である。特に重要な例の1つは，脳波記録において観測されるP300（または P3）信号であり，その名称は刺激後約300ミリ秒で脳波信号に発生する正方向の振れに由来する。P300は**事象関連電位 (event-related potential：ERP)** または**誘発電位 (evoked potential：EP)** の例である。P300は，例えば被験者が注意を払っている場所でバーが点滅するような，まれな，あるいは予測不可能な刺激の発生によって誘発される。P300は一般に頭頂葉で最も強く観測されるが，一部の成分は側頭葉と前頭葉にも由来する。P300の原因となる正確な神経メカニズムはいまだ不明であるが，頭頂皮質，帯状回，側頭頭頂皮質，大脳辺縁系の構造（海馬や扁桃体）などの様々な脳の構造が，P300の基盤として関与しているとされる。

　他の一般的なタイプの誘発電位としては，**定常状態視覚誘発電位 (steady state visually evoked potential：SSVEP)**，N100およびN400が挙げられる。SSVEPは，被験者が特定の周波数（例：15 Hz）で点滅する視覚刺激（例：市松模様〔チェッカーボードパターン〕）を凝視しているときに，視覚野のニューロン集団に誘発される応答である。関連する脳信号，例えば脳波を用いた記録信号は，パワースペクトルにおいて刺激周波数とその高調波でピークを示す。異なる周波数が異なる選択に関連付けられている場合，BCIはピークの位置を検出することにより，被験者の選択を解読できる。

　N100（またはN1）は，予測不能な刺激の約100 ms後に発生する負方向の電位であり，通常，頭部の前頭および中心領域にわたって分布する。N100の後は，たいてい正電位の波（P200として知られる）が続き，その結果，「N100-P200複合」が生じる。このN100は，例えば突然の大きな騒音に反応して発生するが，被験者によって作られた音の場合は生じない。

　N400は負方向の電位の振れのもう1つの例である。これは特定のタイプの，意味的に文脈とは調和しないがそれ自体は意味がある可能性のある入力（例えば発話中の文の中で発せられた意味的に不適切な単語などの入力）の約400ミリ秒後に偏位がピークに達する。N400は通常，頭皮上の中心部および頭頂部にわたって分布する。N400は，行動後に誤りが見られたときに誘発される**誤り関連電位 (error potential：ErrP)**（エラー関連陰性電位）と呼ばれる別のタイプの電位に類似している（9.1.6項参照）。

6.3　要約

これまでの章において，脳信号の取得，信号処理，および機械学習の基本的技術を概説した。そして本章では，本格的なBCIシステムの構築に向かって旅立ち，主なタイプのBCIを紹介した。研究者がBCIを構築するために利用した脳の反応，すなわち条件反応や運動皮質のニューロン集団の活動から，運動または認知のイメージによる変化や刺激誘発応答に至るまで考察した。最初の2つのタイプは侵襲型BCIにおいて用いられる傾向があり，一方で2番目の2つのタイプは非侵襲型BCIで使用されている。次章で侵襲型BCIの世界へ旅することにより，BCIの詳細

な取り扱いを始める。

6.4 演習問題

1. 3つの主要なタイプのBCIをリストアップせよ。それぞれが互いにどのように異なるかを説明し，長所と短所を比較せよ。

2. 古典的条件づけとオペラント条件づけの違いを説明せよ。どちらがBCIの構築に用いられており，そしてどのように使用されているか，記せ。

3. 運動皮質活動を解読するためのポピュレーションベクトル法を記せ。その手法がBCIにおいて義手を制御するためにどのように使用できるか，説明せよ。

4. 運動イメージや認知活動を適切な機械学習技術と連結して，コンピュータ画面上のカーソルを制御する方法について検討せよ。自らの考えに基づいて，運動イメージに基づく制御と認知活動に基づく制御のどちらがより自然であるかについてコメントせよ。

5. 次の誘発電位（EP）の明らかな特徴を記述せよ。

    a. P300

    b. SSVEP

    c. N100

    d. N400

6. （🔬）問題5の（a）〜（d）のEPを用いて，メニューから項目を選択するBCIの構築を可能にする方法について，ブレインストーミング（意見を出し合うこと）を実行せよ。

第 III 部　主要なタイプの BCI

第 7 章　侵襲型 BCI

ブレイン・コンピュータ・インターフェース（BCI）における最も重要な進展のいくつかは，侵襲的記録に基づく BCI によりもたらされた。第 3 章で概説したように，侵襲的記録技術によって単一ニューロンまたはニューロン集団の活動を記録することが可能になっている。本章では，動物および人間の侵襲型 BCI における成果の一部を述べる。

7.1　侵襲型 BCI における 2 つの主要なパラダイム

7.1.1　オペラント条件づけに基づく BCI

多数の動物の BCI が，6.2.1 項で説明した現象であるオペラント条件づけに基づいている。オペラント条件づけでは，動物は例えばレバーを押すといった適切な行動を選択すると，報酬（ジュースなど）を受け取る。この対提示を繰り返すと，動物は報酬を期待してその行動を実行することを学習する。BCI パラダイムでは，動物が単一のニューロンまたはニューロン集団を選択的に活性化してカーソルや人工装具を適切な方法で動かすと，その動物に報酬が与えられる。

初期の BCI 研究

1960 年代後半，シアトルにあるワシントン大学の Eberhard Fetz は，ブレイン・コンピュータ・インターフェースの最も初期のデモンストレーションの 1 つにおいて，オペラント条件づけのアイデアを利用して，霊長類の運動皮質の単一ニューロンの活動を条件づけしてアナログメータの指針を制御できることを示した（Fetz, 1969）。指針の運動はニューロンの発火率に直接連結されていた。つまり指針が閾値を超えると，サルに報酬が与えられた。数回の試行の後，サルは記録されているニューロンの発火率を上げることによって，指針を一貫して動かして閾値を超すことを学習した（図 7.1）。このオペラント条件づけの例では，報酬を生む行動（指針の運動）が，記録されているニューロンにおける活動の増加（条件反応）と連結している。

　オペラント条件づけは，複雑な機械学習アルゴリズムを必要とせず，脳の優れた適応能力に頼って機器の制御を達成できることから，ブレイン・コンピュータ・インターフェースにおいて依然

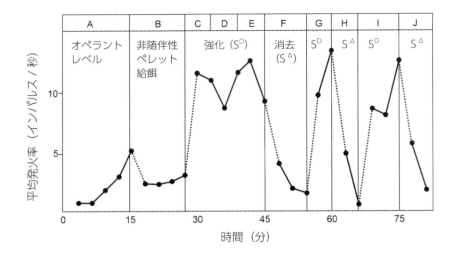

図 7.1 運動皮質活動によるメータの制御を示す初期の BCI 研究 グラフは，メータの指針を制御するために用いられる運動皮質ニューロンの平均発火率を様々な期間において示している――初期（オペラントレベル），非随伴期（ニューロンの発火率と相関せずにバナナ風味のペレットを報酬として与える），強化（S^D）期（高発火率および閾値を超えたメータの指針の振れと相関して報酬を与える），消去（S^Δ）期（メータからの報酬も視覚的フィードバックもなし）。グラフ（S^D 期）に見られるように，サルは記録されている皮質ニューロンの発火率を十分に高いレベルまで上げて，事前に設定した閾値を超えてメータの指針を振れさせ，報酬を獲得することを学習した。（図：Fetz, 1969 より改変）

として重要な手法である。条件づけのみに頼ることから起こりうる欠点は，複雑な機器の制御を達成するために要する訓練時間が長くなってしまう可能性があるということである。これは，脳と BCI システムの両方が適応して制御能力の獲得を速める「共適応的（coadaptive）」BCI を開発する取り組みの引き金となった（9.1.7 項参照）。

最近の進展

Fetz と共同研究者は，BCI のためのオペラント条件づけの有用性の実証を続けた（Fetz, 2007；Moritz & Fetz, 2011）。一連の実験のなかで，Moritz と Fetz は，サルに神経活動の視覚的フィードバックを与えて，発火率が変化すると報酬を与えることにより，サルが単一の大脳皮質細胞の発火率を制御できるかどうかを調べた。中心前回（運動野）および中心後回（体性感覚野）からニューロンの活動が記録された。BCI モードにおいて，サルは最大 250 個の様々なニューロンのそれぞれの活動を調節して，カーソルを高発火率または低発火率を要する 1 次元上の標的に移動させた（**図 7.2**）。具体的には，記録されたニューロンのスパイク間隔を 0.5 ms のスライディ

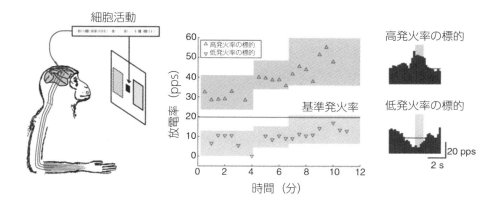

図 7.2　単一細胞のオペラント条件づけによるカーソルの BCI 制御　カーソルの位置（小さな黒の四角）は，細胞の発火率に基づいて表示された。高発火率の標的（左側の点線の長方形）または低発火率の標的（右側の実線の長方形）のどちらか一方が表示され，サルは細胞の発火率を増加または減少させて，表示された標的に動かす必要があった。中央のパネルは，ランダムに表示された各標的を 1 秒間保持する（カーソルを標的に留めている）間の平均発火（あるいは放電）率（1 秒当たりのパルス数，pps）を示す。右側のヒストグラムは，各標的の獲得時刻付近の平均細胞活動を示している。各ヒストグラムの影が付いた領域は標的の保持期間を示し，横線は基準発火率を示す。(Moritz & Fetz, 2011 より改変)

ングウィンドウ（可動窓）にわたって平均し，この結果をカーソル位置に連続的にマッピングした。

訓練開始時から最高成績までで，標的の獲得率が 2 倍以上改善した。細胞ごとに平均 24 ± 17 分間練習した後，サルの標的獲得成績は 1 分間あたり 6.4 ± 4.5 標的から，同 13.3 ± 5.6 標的まで上昇した。サルは各標的中で 1 秒間発火率を維持したが，一部の細胞では最大 3 秒間発火率を維持できた。Fetz と Moritz はこれらの結果に基づいて，単一の大脳皮質細胞から制御信号への活動の直接変換が，意図した運動方向のポピュレーションデコーディングに基づく戦略と相補的になるような，有用な BCI デザイン戦略になる可能性を示唆している（次項参照）。

7.1.2　ポピュレーションデコーディングに基づく BCI

オペラント条件づけは，ユーザが脳活動をロバストかつ着実に調節して BCI 課題を実行する能力に完全に依存する。しかし，これは相当な量の訓練を要することになる可能性があるため，被験者（動物）や課題によっては目的の達成が困難または不可能なことがあり得る。

別の方策は，腕の運動などの運動中に活性化されたニューロンからの BCI の制御信号を，数学的手法を用いて解読することに依る方法である。6.2.2 項で述べたように，一次運動野のニューロンは，ポピュレーションコードを用いて手足の運動の方向，速度，力などの様々な運動の特性を表す。例えば運動方向の場合，集団のニューロンは運動の選好方向が実際の運動方向とどの程

度近いかに応じて発火する。実際の運動方向 **d** は，ニューロンの選好方向 $\mathbf{p}_i$ の加重和を用いて，妥当な程度で予測できる：

$$\hat{\mathbf{d}} = \sum_i \mathbf{p}_i \left(\frac{r - r_0}{r_{\max}}\right)_i \tag{7.1}$$

ここで，r は各ニューロンの現在の発火率，r_0 はその基準発火率，$r_{\max}$ は最大平均発火率である。図 7.3 は，この**ポピュレーションベクトル**（population vector）によって行われた予測がサルの実際の移動方向に極めて近いことを示している。

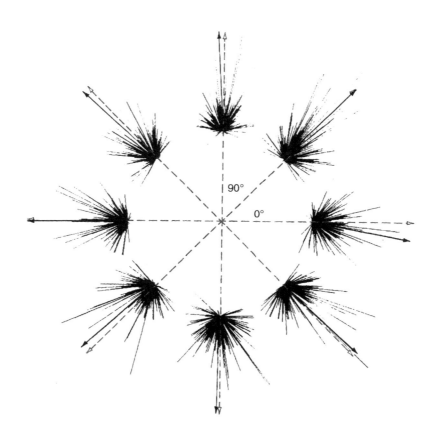

図 7.3 運動皮質のポピュレーションベクトルと実際の腕の運動方向の比較 実際の腕の運動は，45°の倍数である破線の矢印として示されている 8 つの放射状外向きの方向に沿っていた。矢印のない 8 つの線群は，ニューロンの選好方向に発火率を掛けたものを表す。各群のベクトルの合計は実線の矢印で示されている。これらの矢印はポピュレーションベクトルを表し，8 方向のそれぞれで実際の移動方向をおおよそ指し示していることに注意されたい。(Kandel et al., 1991 より)

運動に関連した変数がニューロン集団の活動から抽出できるという事実は，同じ集団の運動に関する活動を義肢や他の機器の運動制御に利用可能であるという認識につながったため，ブレイン・コンピュータ・インターフェースにとって重要な発見となった。下記に考察するように，動物におけるブレイン・コンピュータ・インターフェースの最も印象的なデモンストレーションのいくつかは，回帰手法に依拠してニューロン集団の運動に関する活動を人工装具の適切な制御信号にマッピングしたものであった。

7.2　動物の侵襲型 BCI

7.2.1　義手制御用の BCI

ニューロンの集団活動に基づく初期の BCI の例は，1999 年に Nicolelis の研究室において実証された（Chapin 他，1999 年）。この BCI では，ラットを訓練してバネ仕掛けのレバーを押し，押した長さに比例してロボットアームを点滴器に移動させると，水の報酬が得られるようになっていた（図 7.4）。ラットがこの行動を実行する際に，ラットの一次運動野と視床外側腹側核（VL）の最大 46 個のニューロンの活動を，マルチ電極アレイを用いて記録した（3.1.1 項）。

　主成分分析（principal component analysis：PCA〔4.5.2 項参照〕）が，多数の試行にわたって経時的に記録された発火率の（最大 46 次元の）ベクトルに適用された。最大の固有値に対応する主成分がニューラルポピュレーション関数（neural population function：NPF）として使用された（図 7.4I）。この NPF の単純な閾値処理により，レバーの運動開始を高精度で予測できることがわかった（図 7.5 の B と C を比較されたい：T は閾値を表す）。レバーの運動の全軌跡を予測するために，NPF とそれに対応するレバーの位置が，それぞれ入力と出力として再帰型結合（帰還路）をもつニューラルネットワークに供給され，誤差逆伝播法を用いてネットワークが訓練された（5.2.2 項）。訓練後，ニューラルネットワークはテストデータセットからレバーの運動を正確に予測できることがわかった（図 7.5D）。最後のデモンストレーションでは，NPF を使用してロボットアームを直接制御した。つまり，ラットが物理的にレバーを移動して報酬を得る 5 分間のセッションの後，ロボットアームの制御を突然 NPF 制御モードに切り替えた。図 7.6 に示されている例のように，ラットがレバーを動かした 9 回のうちの 8 回で，NPF はロボットアームを移動して水の報酬を得ることに成功した。この図の例のラットは，上記の直前のセッションで適切な大振幅のレバー運動を行ったときには，NPF 制御モードに切り替わっても神経活動を用いて報酬を得ることに 15 試行のすべてで成功した。興味深いことに，これらの研究者は，一定回数の試行の後にラットの多くがレバーを押さなくなり，神経活動を用いて直接報酬を取得するようになったことを明らかにした。

　ラットを使ったこれらの実験の後，Nicolelis，Wessberg および共同研究者は，2 頭のサルの両半球の 3 つの皮質領域，すなわち一次運動野，背側運動前野，後頭頂皮質から同時に記録され

128　第 III 部　主要なタイプの BCI

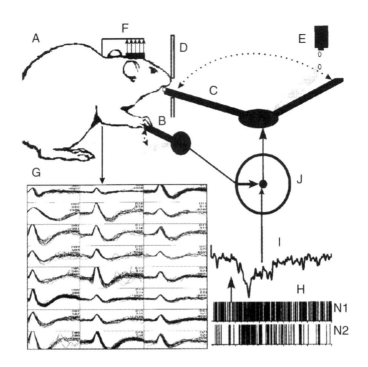

図 7.4　ラットの侵襲型 BCI　**(A)** ラットを訓練して，レバー **(B)** を押して，押した長さに比例してロボットアーム **(C)** を静止位置から障害物のすき間 **(D)** を通り抜けて点滴器 **(E)** に移動させると，水が得られるようにした．**(F)** マルチ電極アレイを一次運動野と VL（視床外側腹側核）に埋め込み，最大 46 個の様々なニューロンの活動を記録した．**(G)** それらの 24 個のニューロンのスパイク波形（重ね合わせ）．**(H)** 2 秒間にわたる 2 つのニューロンからのスパイク列．**(I)** 32 個のニューロン集団の第 1 主成分を表すニューラルポピュレーション関数（NPF）．**(J)** ロボットアームがレバーの運動と NPF のどちらによって制御されるかを決定するスイッチ．(Chapin et al., 1999 より改変)

たスパイクに基づいたロボットアームの制御を実証した（Wessberg et al., 2000）．彼らは，これらのサルを 2 つの運動課題，すなわちひとつは 1 次元の手の運動，他方は 3 次元の手の運動にかかわる課題を実行するように訓練した．最初の課題では，サルは視覚的合図に反応して手を左または右に 1 次元的に動かして，マニピュランダム（ジョイスティック）を動かした（図 7.7）．研究者たちは線形回帰アルゴリズム（5.2.1 項）と人工ニューラルネットワーク（5.2.2 項）を用いて，時刻 t において記録されたニューロンの活動 $\mathbf{u}(t)$ と，手の位置 $v(t)$ の間のマッピングを学習させた．線形回帰モデル（**線形フィルタ**〔linear filter〕または**ウィナーフィルタ**〔Wiener filter〕モデルとしても知られる）は，次の式に基づいていた：

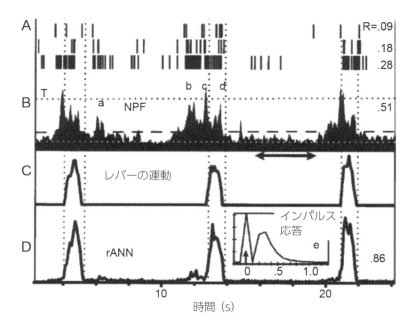

図 7.5 神経活動からのレバーの運動の予測 (A) レバーの運動と低, 中, 高相関 (R) をもつ 3 つのニューロンからのスパイク列。(B) 32 個のニューロンから抽出された NPF と, (C) レバーの垂直位置。NPF が閾値 (T) を超えるとレバー運動の開始を予測することに注意されたい。(D) (B) の NPF に適用された再帰型ニューラルネットワーク (rANN) を用いたレバーの運動のタイミングと大きさの予測。(C) の実際のレバーの運動と比較し, レバー位置と高い相関値 (0.86) があることに注意されたい。(Chapin et al., 1999 より改変)

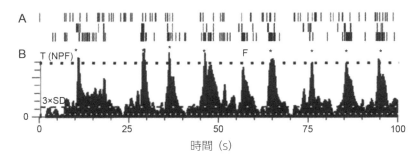

図 7.6 ラットによるロボットアームの神経制御 (A) ロボットアームの制御モードを NPF (すなわち神経活動に基づく) モードに切り替えた後の, 100 秒の期間にわたる 3 つのニューロンからのスパイク列。(B) 同じ期間の NPF。アスタリスクは, 試行における NPF の (レバーの) 運動前のピークを表している。これらの試行では, リアルタイムで NPF 信号を用いて点滴器にロボットアームを移動することに成功した (詳細に関しては本文参照)。(Chapin et al., 1999 より)

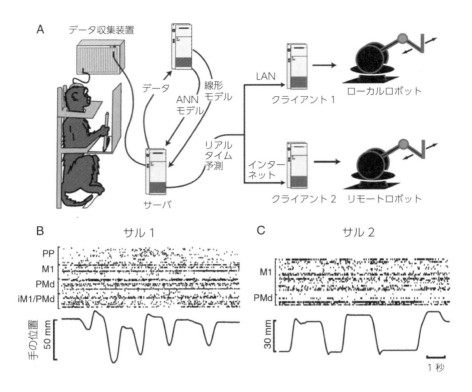

図7.7　1次元制御課題用のサルのBCI　(A) 1次元の手の運動をするサルから同時に記録された大脳皮質のニューロンのデータを用いた，ローカルとリモートのロボットアームを制御するためのBCI実験装置．線形モデルとANNモデルを使用して，ニューロンのデータから手の位置を予測した．**(B)，(C)** 1次元の手の運動を実行している間，2頭のサルのそれぞれで5箇所および2箇所の皮質領域から記録されたスパイク列の例（手の位置のデータは下図のトレースに示されている）．PP：後頭頂皮質，M1：一次運動野，PMd：背側運動前野，iM1/PMd：同側のM1およびPMd．(Wessberg et al., 2000 より改変)

$$v(t) = \sum_{i=-m}^{n} \mathbf{w}^T(i)\mathbf{u}(t-i) + c \tag{7.2}$$

ここで重みベクトル $\mathbf{w}^T(i)$ と切片 c は，記録された訓練データセットから決定できる（2乗誤差最小化に基づいてこれらの重みなどを決定する手法については，5.2.1項参照）．

　したがって，時刻 t における手の位置は，時刻 t のニューロンの活動および，t の n ステップ前から t の m ステップ後までのニューロンの活動に基づいて予測された（リアルタイム予測の場合，m はゼロに設定された）．人工ニューラルネットワーク（ANN）手法には，上記の線形回帰モデルと同じ入力を供給したが，出力の予測に線形加重和を用いる代わりに，ニューラルネッ

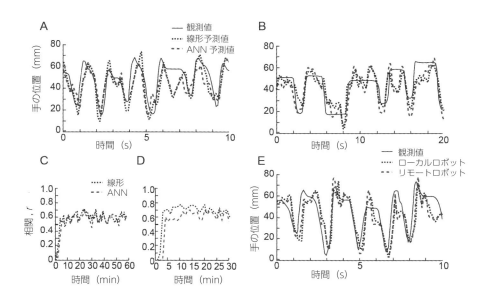

図7.8 1次元の手の運動のBCI制御 (A), (B) サル1 (A) とサル2 (B) の1次元の手の位置の観測値（実線）と，線形モデル（点線）およびANNモデル（灰色の破線）を用いたリアルタイム予測値の例。**(C), (D)** サル1 (C) とサル2 (D) の1つの実験セッションにおける手の運動の予測値と実測値の間の相関係数 r で，点線が線形モデル，灰色の破線がANNモデルを使用。**(E)** サル1の実際の運動と，ニューロンデータと線形モデルを用いたローカル（点線）およびリモート（破線）のロボットアームの運動の比較。(Wessberg et al., 2000 より改変)

トワークでは15～20個のシグモイドユニットの1層の隠れ層（5.2.2項）および1つの線形出力ユニット（あるいは3次元の位置予測の場合は3つの出力ユニット）を使用した。

　図7.8の例に示すように，線形手法とANN手法の両方とも，神経活動に基づいて手の位置をまずまずよく予測することができた。2つの方法の間に精度の有意差は見られなかった。予測した手の位置と実際の手の位置との間の相関係数 r がとらえているように，両手法の成績は実験開始後数分のうちに向上し，その後は実験期間を通して相関係数の平均値が0.6～0.7の間で安定した状態を維持した（図7.8Cおよび7.8D）。神経活動の経時的な非定常性による影響を防ぐために，実験の間じゅう，直近10分間の記録データを用いてモデルを継続的に更新した。次に，予測した手の位置の信号を用いてローカルおよびリモートのロボットアームを制御し，サルの1次元の手の運動を模擬した（図7.8E）。

　2つ目の課題では，サルはトレイ上の4つの異なる位置の1つにランダムに置かれた食物片に手を伸ばそうとして，3次元的に手を動かした（図7.9C）。サルによる一連の運動を図7.9Aと

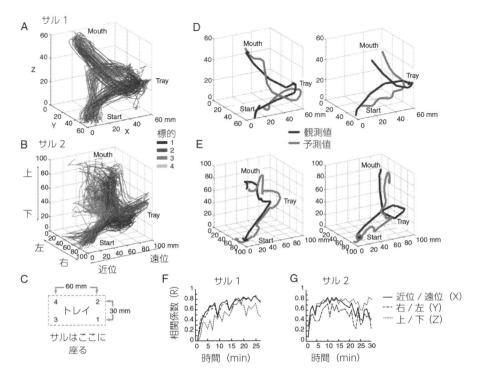

図 7.9　神経活動からの 3 次元の手の運動の予測　**(A), (B)** 実験セッション中にサル 1（A）とサル 2（B）によって生成された 3 次元の手の運動の軌跡。**(C)** 到達課題における 4 つの標的位置の概略図。**(D), (E)** サル 1（D）とサル 2（E）についての, 3 次元の手の軌跡の観測値（黒）および予測値（灰色）の例。**(F), (G)** 3 次元の手の運動の実測値と線形モデルを用いた予測値の間の, X（実線）, Y（破線）, Z（点線）方向の相関係数。Mouth：口, Start：開始, Tray：トレイ。（Wessberg et al., 2000 より改変）

7.9B に示す。上述の線形モデルと ANN モデルの両方共に，これらの 3 次元の手の運動を精度よく予測することができた。**図 7.9D** と **7.9E** に，2 頭のサルの実際の手の軌跡と，予測した手の軌跡の例を示す。予測した軌跡は実際の軌跡とほぼ同じであるが，図 7.9D と 7.9E の右側のパネルにおける終点のように，いくつかの目立つずれがある。X, Y, Z の各次元に沿った相関係数を**図 7.9F** と **7.9G** に示す。これらは時間が経過すると予測精度が向上することを反映しており，特に初期の試行の後に精度がほぼ一定の安定期が続く（あるいはサル 2 の X と Y 方向の場合のように，成績が若干低下することもある）。さらに研究者たちは，ある方向（例：右側の標的）のデータから学習したモデルパラメータが，別の方向（例：左側の標的）の手の軌跡の予測に使用できることを明らかにした。

Schwartz, Velliste および共同研究者による他の実験では，大脳皮質の信号を用いて多関節人

工装具を制御し，物理的環境と直接リアルタイムで相互作用できることを実験により実証した（Velliste et al., 2008）。彼らの実験では，サルは一連の自己給餌課題において，一次運動野ニューロンからの応答を用いて上腕義手と把持部を制御した（図7.10）。サルは，目の前の3次元ワークスペース内の任意の位置に置かれた餌まで義手を移動させる必要があった。その後，把持部を閉じて餌を掴み，義手を口へと動かし，把持部を開いて食べ物を出す必要があった。

　この課題でBCIは3次元の運動に加え，把持部を開いたり閉じたりするために把持部の2本の「指」の間の距離を比例制御することも行った。上腕義手と把持部を制御するためのアルゴリズムには，7.1.2項で述べた**ポピュレーションベクトル（population vector）**法が用いられた。出力ベクトルは4次元であり，外部3次元デカルト（直交）座標系のX, Y, Z方向に沿ったロボットアームの終点の速度と，把持部の指の間の指間速度（第4次元）から成っていた。この出力ベクトルは，ニューロンの4次元の選好方向（次元はX, Y, Z, および把持部の指間隔）の加重和として計算された。その重みは，(7.1)式と同様にユニット（ニューロン）の瞬時的な発火率とした。予測された4次元の終点速度を積分して終点位置を得て，次に（逆運動学によって）ロボットの4自由度の各々での関節角のコマンドに変換された。

　1頭のサルは，116個の一次運動野ニューロンを用いて2日間にわたってこの一連の自己給餌

図7.10　自己給餌のための上腕義手と把持部のBCI制御　サルの腕は動かないように固定され（イラストに示すように水平管に肘まで入れられている），上腕義手がサルの肩の隣に配置された。一次運動野に埋め込まれたマルチ電極アレイから記録されたスパイクが信号処理され（右上の箱），3次元のアームの速度と把持部の指間速度をリアルタイムで制御するために用いられた。標的の餌はこの動物の目前の3次元ワークスペースの任意の位置に置かれた（左上）。(Velliste et al., 2008 より改変)

134　第 III 部　主要なタイプの BCI

課題を実行し，合わせて 61% の成功率を得た。課題の位置決め部分（アームを餌の位置に動かす）だけに限れば，成功率は 98% であった。図 7.11 は，4 回の成功試行に関して，116 個のニューロンからのスパイク列と，その結果得られたアームと把持部の運動を図示している。ニューロンの 4 次元の選好方向は図 7.11G に示されており，X，Y，Z 方向と把持部の開口部（指間の広がり）の範囲に広がっていることがわかる。

　カルマンフィルタ（4.4.5 項）などのより洗練された解読手法を使用して，運動皮質ニューロンの発火率から手部運動学（位置，速度，加速度）を推定することも可能である。カルマンフィルタなどの手法を用いる利点は，確率モデルを用いて信号の測定値と時間的動特性（ダイナミクス）をモデル化できることにあり，位置や速度などの変数を経時的に推定するための合理的な取り組みが可能になる。ここでは，Wu，Black および共同研究者（2006 年）の取り組みについて述べる。彼らはカルマンフィルタを使用して，一連の発火率の観測値が与えられたときの手部運動学の量の事後確率分布を推定した。実験では 2 頭のサルの一次運動野の腕領域からの，マルチ電極アレイによるニューロン記録が利用された。サルは，ピンボール課題（30 cm × 30 cm のタブレット上のマニピュランダムを使用してカーソルを画面上のランダムな場所に置かれた標的まで移動する）と，追随追跡課題（カーソルを一定距離の範囲内で動く標的に追随させる）の 2 つの課題を実行した。

　カルマンフィルタの状態ベクトルとして $\mathbf{x}_t = [px, py, vx, vy, ax, ay]^T$ が選択されたが，これらはそれぞれ x，y 方向に沿った手の位置，速度，加速度を表している。時刻 t と $t+1$ の間のサンプリング間隔は，ピンボール課題では 70 ms，追随追跡課題では 50 ms が選択された。カルマンフィルタの尤度（または測定）モデルは，手部運動学のベクトル $\mathbf{x}_t$ が，発火率の $\mathbf{y}_t$ とどんな関係にあるのかを記述する：

$$\mathbf{y}_t = B\mathbf{x}_t + \mathbf{m}_t \tag{7.3}$$

そしてダイナミクスモデルは，手部運動学ベクトルの経時的な変化を記述する：

$$\mathbf{x}_t = A\mathbf{x}_{t-1} + \mathbf{n}_t \tag{7.4}$$

これらの式において，$\mathbf{n}_t$ と $\mathbf{m}_t$ はそれぞれ平均 0 で共分散行列 Q と R のガウスノイズ過程である。訓練データセットとして，2 つの課題で複数回の試行について，経時的なサルの手の位置のデータとニューロンのデータの両方が収集された。各時点の手の速度と加速度は，連続する位置データ間の差分をサンプリング間隔で割って導関数を近似することによって計算された。この訓練データセットは $\mathbf{x}_t$ と $\mathbf{y}_t$ の両方を含んでおり，例えば訓練データの同時確率 $P(\mathbf{x}_1,...,\mathbf{x}_T, \mathbf{y}_1,...,\mathbf{y}_T)$ を最大化することによって，行列 A，B，Q，R を学習するために用いられた。神経活動とその

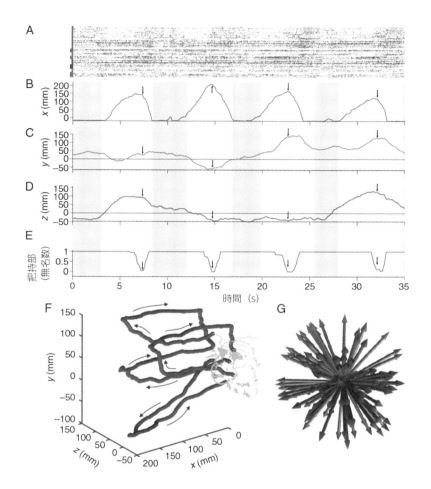

図 7.11 自己給餌課題におけるニューロンの反応と上腕義手 / 把持部の軌跡（同じ図のカラー版については，310 頁のカラー図版を参照） **(A)** 4 回の成功試行におけるアームと把持部の制御に用いられた 116 個のニューロンからのスパイク列。各行は 1 つのニューロンからのスパイクを表し，行は主に同調している選好方向（赤：X，緑：Y，青：Z，紫：把持部，細いバー：負の方向，太いバー：正方向，にそれぞれ主に同調）によってグループ化されている。**(B)** 〜 **(D)** アームの終点位置の X，Y，Z 成分を示す（灰色領域：試行間の間隔，矢印：標的の位置で把持部を閉じている）。**(E)** 把持部の指間隔（0：閉じた状態，1：開いた状態）。**(F)** 同じ 4 試行のアームの軌跡，色は把持部の指間隔を示す（青：閉じた状態，紫：半分閉じた状態，赤：開いた状態）。**(G)** 116 個のニューロンの 4 次元の選好方向。矢印の方向は X，Y，Z 方向の選好成分を表し，色は把持部の開口部の選好成分を示す（青：負の値，紫：ゼロ，赤：正の値）。(Velliste et al., 2008 より改変)

結果生じる手の運動の間には遅れがあるため，先の研究者たちはカルマンフィルタの尤度モデルにタイムラグも組み込み，任意の時刻の **x** が過去のある時刻の発火率に関連するようにした。彼らは，すべてのニューロンに対して 140 〜 150 ms の一様なタイムラグのあるほうがタイムラグのない場合よりも精度よく予測できるものの，異なるニューロンに対してそれぞれ異なるタイムラグ（0 〜 280 ms）を選択することによって最高の性能が得られることを明らかにした。

一度カルマンフィルタのパラメータ A, B, Q, および R を訓練データから学習すれば，発火率の観測値が得られるとカルマンフィルタを用いて手部運動学諸量のガウス分布する事後確率を計算することができる。4.4.5 項で述べたように，これは，カルマンフィルタの方程式群を用いて事後確率 $P(\mathbf{x}_t|\mathbf{y}_1,...,\mathbf{y}_t)$ を表すガウス分布の平均 $\hat{\mathbf{x}}_t$ と共分散 S_t を計算することを意味する。

ピンボール課題についての図 7.12 の例に見られるように，カルマンフィルタを使用して推定された手の軌道（平均 $\hat{\mathbf{x}}_t$ で与えられる）は，実際の手の軌跡に近い。このことは図 7.13 によってさらに図示されており，この図では 20 秒間のテスト試行の連続データに対してカルマンフィルタによって推定された状態ベクトルの 6 つの成分を示している。

カルマンフィルタ法の性能は，次の 2 つの類似度の測定基準を用いて測定された。すなわち，手の位置の x 座標と y 座標の予測値と実測値の間の平均二乗誤差（mean squared error：MSE）と，相関係数（correlation coefficient：CC）である：

$$MSE = \frac{1}{T}\sum_{t=1}^{T}\left((p_{x,t}-\hat{p}_{x,t})^2 + (p_{y,t}-\hat{p}_{y,t})^2\right) \tag{7.5}$$

$$CC = \left(\frac{\sum_t(p_{x,t}-\bar{p}_x)(\hat{p}_{x,t}-\bar{\hat{p}}_x)}{\sqrt{\sum_t(p_{x,t}-\bar{p}_x)^2\sum_t(\hat{p}_{x,t}-\bar{\hat{p}}_x)^2}}, \frac{\sum_t(p_{y,t}-\bar{p}_y)(\hat{p}_{y,t}-\bar{\hat{p}}_y)}{\sqrt{\sum_t(p_{y,t}-\bar{p}_y)^2\sum_t(\hat{p}_{y,t}-\bar{\hat{p}}_y)^2}}\right) \tag{7.6}$$

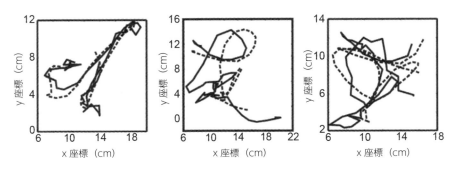

図 7.12　カルマンフィルタを用いた神経活動からの手の軌道の予測　破線はピンボール課題での実際の手の軌跡を示す（本文参照）。実線は神経活動からカルマンフィルタが予測した軌道。軌跡は 50 タイムステップ（3.5 秒）にわたっている。(Wu et al., 2006 より改変)

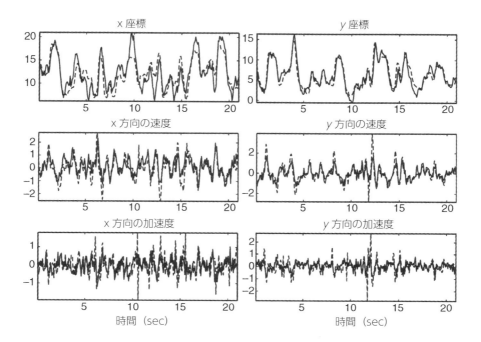

図 7.13 カルマンフィルタを用いて推定された手部運動学の諸量 図はピンボール課題における 20 秒間のテスト試行の連続データについての，手部運動学の状態ベクトルの 6 つの成分を示す（真値：破線，推定値：実線）。(Wu et al., 2006 より改変)

表 7.1 に示すように，カルマンフィルタ法は，本章で前述したポピュレーションベクトル法（(7.1) 式）と線形フィルタ法（(7.2) 式）のいずれよりも優れていた。

運動を解読するために線形モデル（カルマンフィルタなどの）を利用する方法で，上記と異なる取り組みは，未知の時変隠れ状態ベクトル $\mathbf{x}_t$ を用いて，発火率 $\mathbf{f}_t$ から運動学諸量の出力 $\mathbf{y}_t$ へのマッピングを仲介する方法である。この方法で次の方程式が導かれる：

$$\mathbf{x}_t = A\mathbf{x}_{t-1} + C\mathbf{f}_t + \mathbf{n}_t \tag{7.7}$$

$$\mathbf{y}_t = B\mathbf{x}_t + \mathbf{m}_t \tag{7.8}$$

ここで，$\mathbf{n}_t$ と $\mathbf{m}_t$ は前と同様に平均ゼロのガウスノイズ過程である。このような取り組みは Donoghue，Vargas-Irwin および共同研究者によって（Vargas-Irwin et al., 2010），動的な標的への到達および把持課題を実行中のサルの一次運動野の神経活動を，腕，手首，手の姿勢にマッピングするために研究された（図 7.14A）。特に線形モデルを用いて，サルの腕，手首，手のモデ

表 7.1　ピンボール課題および追随追跡課題における神経活動からの手の位置の予測に関する，カルマンフィルタに基づく方法と他の方法との比較　変数 N は，線形モデルにおいて発火率が用いられる（現在の時間ステップより前の）時間ステップ数である（(7.2) 式の n と同じ，また $m = 0$）。(Wu et al., 2006 より)

	CC (x, y)	MSE (cm^2)
ピンボール課題		
方法	CC (x, y)	MSE (cm^2)
ポピュレーションベクトル	$(0.26, 0.21)$	75.0
線形フィルタ（$N = 14$）	$(0.79, 0.93)$	6.48
カルマンフィルタ $\Delta t = 140$ ms，不均一タイムラグ	**(0.84, 0.93)**	**4.55**
追随追跡課題		
方法		
ポピュレーションベクトル	$(0.57, 0.43)$	13.2
線形フィルタ（$N = 30$）	$(0.73, 0.67)$	4.74
カルマンフィルタ $\Delta t = 300$ ms，均一タイムラグ 150 ms	**(0.81, 0.70)**	**4.66**

ルの 25 の関節角度が予測された（図 7.14B）。訓練データは 30 ～ 122 個のニューロンからの神経発火率（一次運動野の上肢領域に埋め込まれた微小電極アレイを使用して記録されたもの）と，サルの体に付けられた反射マーカーに基づくモーションキャプチャシステムを用いて推定された 25 の関節角度から構成されていた（図 7.14A）。各関節角度 y_t について，未知の 3 次元状態ベクトル $\mathbf{x}_t$ を仮定して，対応する行列 A，B，C を訓練データから学習させた。学習は，隠れ状態の最も尤度の高い値の再推定と，これらの値の下で勾配降下法（5.2.2 項）を用いた出力予測誤差の最小化を繰り返すことによって行われた。関節角度に加えて，把持部の開口（指間距離：親指と人差し指の最遠位〔体幹から最も遠い位置〕のマーカー間の距離）とアームの終点 (x, y, z) 座標についての線形モデルも同様の方法で学習させた。学習後，入力として発火率が与えられると，各運動学変数 y_t は，最初に（7.7）式を用いて状態を予測し，次に（7.8）式を用いて運動学の値を予測することによって予測された。各運動学の値の予測は，そのパラメータの精度を最適化するために選定された 30 個のニューロンの発火率に基づいて行われた。

　図 7.15A は，到達および把持課題 1 試行からの実際の腕の姿勢（明るい色で表示）と，神経活動から予測された腕の姿勢の例を示している。2 つの姿勢データの間には密接な対応関係があるように見える。これに関してはさらに図 7.15B のグラフで明らかであり，この図は指間距離および関節角の 1 つ（肩の方位角）の実測値と予測値を示している。本手法の性能の概要（実測値と予測値の間の相関係数に関して）が，25 のすべての関節角度および指間距離と腕の終点（近位手首〔手根〕）位置について，図 7.15C に示されている。解読されたすべての関節角度の実験セッションにわたる平均相関係数はかなり高く（0.72 ± 0.094），少なくとも研究で用いた課題

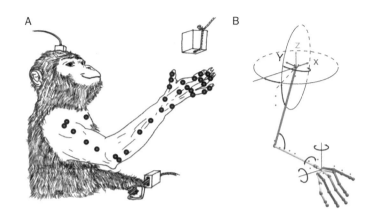

図 7.14 動的な標的への到達および把持用のサルの BCI (A) サルが自分に向かって振れてくる糸の端に付けられた物体を途中で捕まえて保持する課題を実行している間，一次運動野の上肢領域から神経活動が記録された．サルの運動は，サルの腕，手首，手に取り付けられた 29 個の追跡用反射マーカーに基づいたモーションキャプチャシステムを使用して記録された．(B) サルの手，手首，腕のモデルの関節角度は，各フレームのマーカーの 3 次元座標から計算された．(Vargas-Irwin et al., 2010 より改変)

については，数十個の運動皮質ニューロンの集団中に，自然な到達および把持運動を復元するための十分な情報があることを示唆している．

神経活動からの運動力学パラメータの推定

上記の侵襲型 BCI は，神経活動から位置や関節角度などの**運動学（kinematic）** パラメータを抽出することに焦点を当てていた．その目的がロボット義肢の制御である場合，これらの義肢は固有の物理的動力学をもっているので，神経活動から力や関節トルクなどの**運動力学（kinetic）** パラメータを抽出することがより望ましい場合がある．

　Hatsopoulos，Fagg および共同研究者は，サルの一次運動野のニューロンの活動から肩と肘の関節のトルク軌跡を復元できることを示した（Fagg et al., 2009）．実施された課題は，サルの水平面内での到達運動（目標に向かって手を伸ばす運動）に関するものであった．電極アレイを用いて 31 個から 99 個のニューロンの活動が様々なセッションにわたって記録され，一方，運動学的データがサルの上腕に取り付けられた外骨格のロボットアームを用いて記録された．サルとロボットのアームシステムについて標準物理学に基づく運動方程式を適用することにより，記録された運動学的データを用い，観測された運動を説明するために肩と肘に加えられた正味のトルクを計算した．線形フィルタ手法（7.2）式を用い，過去 1 秒までの神経活動に基づいてトルク

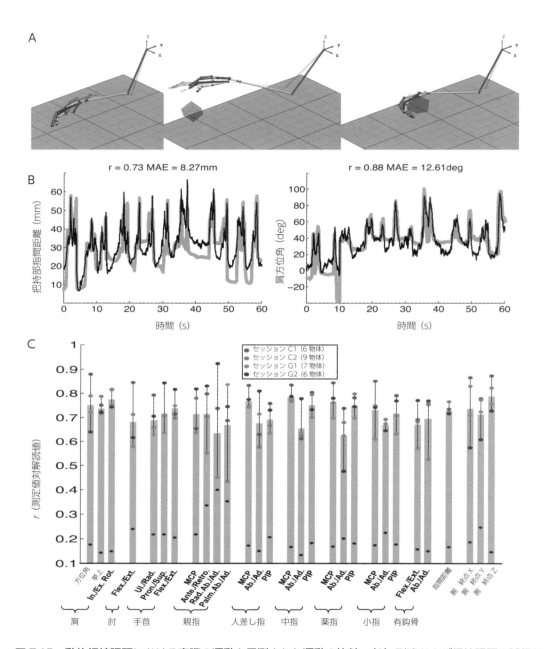

図 7.15　動的把持課題における実際の運動と予測された運動の比較　(**A**) 到達および把持課題の試行からの，アーム姿勢の実測値（明るい色）と予測値（実線）の例（25 の関節角のそれぞれは（7.7）式および（7.8）式に基づいて別々に解読された）。(**B**) 把持部の指間距離と肩の方位角の経時的な実測値（グレー）と予測値（黒）の比較。(**C**) 運動学変数の実測値と予測値の間の相関係数。影付きのドットは各実験セッションにおける相関値を表し，バーは全セッションの平均を示す。（次頁に続く）

第7章　侵襲型BCI　*141*

を予測した。

　上記の研究者は，トルクの復元性能が手の位置と速度の復元性能とほぼ等しいことを明らかにした。さらに，トルク予測アルゴリズムへの位置と速度の遅延フィードバックの追加によって，トルクの復元性能が大幅に向上した。これは，運動学的な情報と運動力学的な情報の組み合わせが，ロボット義肢やその他の物理機器の制御を伴う将来的なBCI応用にとって有用な方策であることを証明している可能性を示している。

スパイクに代わる局所場電位（LFP）の利用

これまで，個々のニューロンからのスパイクに依存するBCIについて学習してきた（スパイクソーティングアルゴリズムを用いて分離されたもの；4.1節参照）。しかし，BCIの目的がコミュニケーションや人工装具の制御である場合，スパイクを分離しようとせずに，単純にこれらの電極によって記録された局所場電位（local field potential：LFP）を用いることはできないものだろうか？　LFPは，いずれか1つのニューロンから離れた場所に電極を配置して記録された信号を，ローパスフィルタ処理してスパイクを除去することによって得られる。

　LFPは記録電極の近くにある多数のニューロンの総合的な活動を反映している。Donoghue，Zhuangおよび共同研究者は，3次元の到達および把持の運動学諸量を予測するためのLFPの活用について調査研究した（Zhuang et al., 2010）。LFPは，2頭のサルの一次運動野の腕領域に埋め込まれた10 × 10の微小電極アレイを用いて記録された。サルは図7.14の動的な到達課題および把持課題を実行した。カルマンフィルタモデルが，記録されたLFPおよび対応する運動学的データ（3次元の手の位置と速度，および把持部の指間距離と指間速度）に基づいて訓練された。カルマンフィルタモデルの方程式は，y_t が現在の運動学的状態の直前の時間ウィンドウにて計算された特定周波数帯域のLFPパワーを表すことを除けば，方程式（7.3）式および（7.4）式と同じである。

　研究者らは，0.3 ～ 400 Hzの範囲の7つの異なるLFPの周波数帯域の情報内容を特徴付け，比較的高い周波数帯域（例えば100 ～ 200 Hzや200 ～ 400 Hz）が，記録された運動学に関する情報の大部分をもっていることを明らかにした（同様の結果が人間の皮質脳波〔ECoG〕についても得られている；8.1節参照）。LFPデータからのカルマンフィルタに基づいた運動学的データの推定により，広帯域の高周波LFPが，到達の運動学，把持部の指間距離，指間速度の復元において最良の性能をもたらすことが明らかになった。

（前頁から続く）黒のアスタリスクは各変数の値を偶然（ランダムに）選択する場合の性能を表す。MAE：絶対誤差の平均，In./Ex. Rot.：内旋 / 外旋，Flex./Ext.：屈曲 / 伸展，Ul./Rad.：尺屈 / 撓屈，Pron./Sup.：回内 / 回外，MCP：中手指節関節，Ante./Retro.：前転位 / 後転位，Rad. Ab./Ad.：撓側外転 / 内転，Palm. Ab./Ad.：掌側外転 / 内転，PIP：近位指節間関節。（Vargas- Irwin et al., 2010 より改変）

7.2.2 下肢制御用の BCI

二足歩行制御用の BCI は，脊髄損傷，脳卒中，あるいは神経変性疾患のために下肢の制御ができなくなった人の生活の質を大きく改善できる可能性がある。現在まで，神経活動を用いて下肢の人工装具を制御する BCI の実現可能性を調べた研究は比較的少ない。この分野の研究が不足している主な原因は，動物が歩いていたり，あるいはそうでなくても動いている間に，脳から記録を行うことが困難なことである。例外が Nicolelis，Fitzsimmons および共同研究者による研究（2009 年）であり，彼らはアカゲザルの大脳皮質ニューロンの集団活動を用いて，（トレッドミル上での）二足歩行の運動学諸量を予測できるかどうかを調べた。彼らの取り組みは，足の方向，荷重の配置，バランス，その他の安全性に関する懸念などの自動制御用には現存する下位レベルのシステムに依存しつつ，ステップ（1 歩の）時間，歩幅，足の位置，脚の向きといった歩行の主なパラメータを解読することに基づくものであった。その結果としてできたのが，安定性を強化し，転倒につながりそうなコマンドを無効にしながらユーザのコマンド全般に従う BCI であった。

図 7.16A は，歩行の運動学パラメータが神経活動から予測できるかどうかを研究するために使用された実験装置を図示している。2 頭のアカゲザルがトレッドミルで歩くよう訓練され，歩行する間に一次運動野と体性感覚野の下肢領域にある約 200 個のニューロンの活動が記録された。右の臀部，膝，足首（図 7.16A および図 7.16B）の上の蛍光マーカーの 3 次元座標が 2 台のカメラを用いて追跡され，この情報を利用してその後のさらなる運動学的パラメータが抽出された。すなわち，臀部と膝関節の角度，トレッドミルとの足の接触の有無，歩行速度，歩行ピッチ（1 秒当たりの歩数），歩幅である。記録されたニューロンのデータと運動学データを用いて線形（ウィナーフィルタ）モデル（(7.2) 式参照）を学習させ，ムーア - ペンローズ疑似逆行列法（5.2.1 項）を用いて重みを推定した。

図 7.17 は，歩行の運動学諸量が一次運動野と体性感覚野のニューロンの活動からある程度良好に予測できることを示している。加えて，訓練されたモデルは，EMG（図 7.17D）として記録された歩行中の筋活性，および歩行速度，歩行ピッチ，歩幅（図 7.17F）などの緩やかに変化する変数を予測することも可能であった。研究者らは研究対象の 2 頭のサルについては，全体の相関係数（CC；(7.6) 式）が 0.2 ～ 0.9 の範囲であり，足首と膝の X，Y 座標が最良の予測（0.61 ～ 0.86 の範囲の CC）をもたらすことを明らかにした。臀部の角度と足の接触状況の予測については，それぞれ CC が 0.58 ～ 0.73 と 0.58 ～ 0.61 の範囲であった。緩やかに変化する変数の予測精度は概して低いが，それでも義足の制御に有用な可能性があり，CC の範囲は歩行速度で 0.24 ～ 0.42，歩行ピッチで 0.48 ～ 0.57，歩幅で 0.30 ～ 0.40 であった。

この研究は歩行の運動学パラメータが神経活動から予測できることを示唆しているものの，皮質による歩行の閉ループ制御の説得力のある実証例はまだない。例えば脊髄損傷後の運動能力回復のための別のアプローチは，神経可塑性に頼ることである。Courtine，van den Brand および

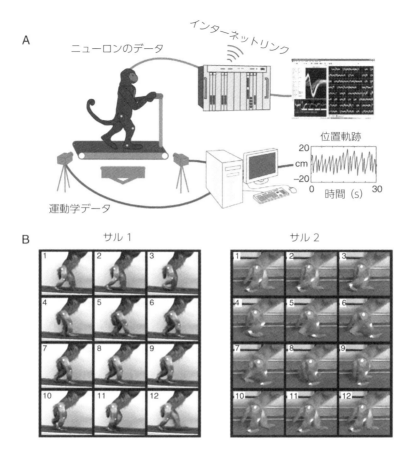

図 7.16 神経活動を用いた下肢の運動学諸量の予測 (A) サルが特注の油圧駆動式のトレッドミル上を歩行する間，一次運動野と一次体性感覚野の神経活動が記録された。同時に，2台のワイヤレスカメラがサルの右足の位置を追跡した。(B) 1台のカメラによってキャプチャされた画像が，2頭のサルの典型的な二足歩行サイクルを示している。(Fitzsimmons et al., 2009 より改変)

共同研究者（2012年）は，麻痺損傷をもつラットに対して脊髄への電気刺激とモノアミン作動薬の化学薬品注入を組み合わせることによって，新しい大脳皮質の結合を成長させてラットが精緻な運動を行う能力を取り戻せることを示した。これらの結果は脊髄損傷患者の運動回復について明るい未来を示している。ただし，これらの成果は下肢切断者には適用できず，これらの人々には義足を直接制御する BCI が運動回復への最も実行可能な道筋を与えている。

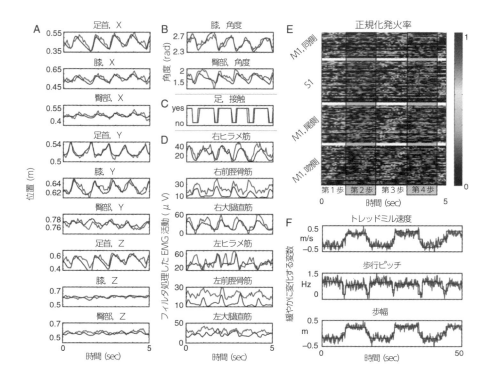

図 7.17 神経活動に基づく歩行運動学諸量の予測（同じ図のカラー版については，311 頁のカラー図版を参照）**(A)** ～ **(C)** 運動学変数の予測値（赤）と実測値（青）の比較。(A) は，足首，膝，臀部の 3 次元位置を示す。X 軸はトレッドミルの運動方向，Y 軸は重力方向の軸，Z 軸はトレッドミル表面に対して横方向で，運動方向に直交している。(B) は臀部と膝関節の角度変数を，(C) は足の接触状況（歩行の遊脚期対立脚期を定義する 2 値の変数）をそれぞれ示す。**(D)** 筋肉の信号（筋電図〔EMG〕）の予測値対実測値。**(E)** 220 個のニューロンの正規化発火率，皮質領域ごとおよび歩行周期内の期ごとに並べ替えられている。M1：一次運動野，S1：一次体性感覚野。**(F)** 50 秒の時間ウィンドウで緩やかに変化する変数（歩行速度，歩行ピッチ，歩幅）の予測。(Fitzsimmons et al., 2009 より改変)

7.2.3 カーソル制御用の BCI

サルの侵襲型 BCI 研究の多くは，運動ニューロンの活動を用いたコンピュータカーソルの制御に焦点を当ててきた。カーソル制御パラダイムがよく使われる理由の 1 つは，それが閉ループ視覚フィードバックに基づいた機器（この場合はカーソル）の制御を研究するためのシンプルな枠組みをもたらすことにある。そのうえカーソルの BCI 制御には，それによって閉じ込め症候群の患者がメニュー上の項目を選択することによりコミュニケーションが可能になるという，直接的な医療応用もある。

線形モデルを用いたカーソル制御

Serruya, Donoghue および共同研究者（2002 年）は，カーソル制御の最初の侵襲型 BCI の実証例の 1 つとして，サルが 7 〜 30 個の一次運動野ニューロンの活動を利用して，コンピュータ画面（大きさ：視角 14 deg × 14 deg）上のコンピュータカーソルを任意の新しい位置に移動できることを示した。実験中のサルは，最初に手を使ってマニピュランダムを動かしてカーソルの位置を制御し，任意の位置を起点として疑似的にランダムな軌道を進む連続移動標的を追跡した。線形フィルタ法（先述の（7.2）式）を用いて，過去 1 秒間に記録された神経活動からカーソルの位置を予測した。次にそのフィルタを，閉ループ視覚フィードバック課題で使用した。この課題は，画面上のランダムな位置で 1 度に 1 つずつ表示される視角 0.6 deg の大きさの静止標的にカーソルを移動するというものであった。この間，カーソル位置の手動制御をニューロンによる神経制御に置き換えた。線形フィルタも 2 分間の神経制御からのデータを用いて更新し，発火率と標的位置を関連付けた。

　図 7.18A と図 7.18B のグラフは，神経制御下のカーソル軌跡の 2 つの例（濃い灰色）を示している。サルは，一部のケースでは神経制御を使用してカーソルを動かすと同時に，手を使ってマニピュランダム（図 7.18A の薄い灰色の軌跡）を動かしていたが，他のケースでは手を動かさなかった（図 7.18B）。研究者らは，神経活動を用いたカーソル制御が手動制御とほぼ同程度に良好であり，ニューロンの信号を用いて標的に達するのに要する時間は手動の場合に要する時間と統計的な差がないことを明らかにした（図 7.18C および図 7.18D）。

非線形カルマンフィルタモデルを用いたカーソル制御

神経活動を利用してカーソルを制御する別の取り組みとして，カルマンフィルタを用いる方法が挙げられる（4.4.5 項）。そのうちの 1 つは，Li, Nicolelis および共同研究者（2009 年）によって研究された。2 頭のサルを訓練し，手持ち式ジョイスティックを操作して次の 2 つの課題（図 7.19）を実行させた。1 つ目の「センターアウト（中心から外に移動する）」課題は，カーソルを画面の中心から，中心から一定の距離でランダムに置かれた標的に移動する課題であった。2 つ目の「追跡」課題は，連続的に動く標的を追いかける課題であった。94 〜 240 個のニューロンの活動が，以下の複数の皮質領域に埋め込まれた多電極アレイを用いて記録された。すなわち，一次運動野（M1），一次体性感覚野（S1），背側運動前野（PMd），後頭頂皮質（PP），および補足運動野（SMA）である。

　ニューロンのデータおよび対応するカーソル運動データを利用して，**アンセンテッドカルマンフィルタ**（unscented Kalman filter：UKF）として知られるカルマンフィルタの非線形版が訓練された。図 7.20 は，標準のカルマンフィルタモデルと UKF を比較している。UKF により，測定モデルとダイナミクスモデルの両方を非線形として扱うことができる。この場合，隠れ状態ベクトルがカーソルの位置と速度で構成されるならば，UKF により，例えばより正確な 2 次

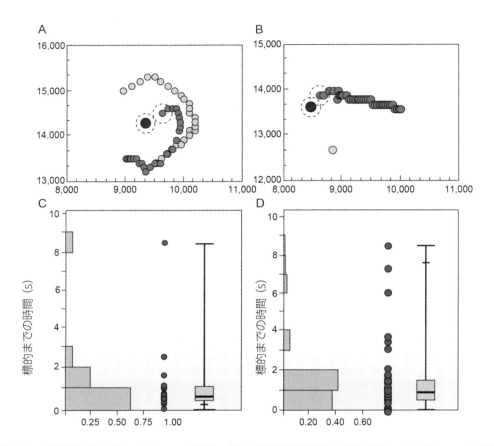

図7.18　侵襲型BCIを用いたカーソル制御　**(A)**, **(B)** 神経制御下で標的（黒）に向かうカーソル運動（濃い灰色）の様子を示す例。これら2つの例における神経制御中の手の動きを薄い灰色で示す。それぞれの円は位置の推定値を表し，50 ms間隔で更新されている。軸は x, y 画面座標での表現を与えている（1000単位が視角3.57 degに相当）。**(C)**, **(D)** 手（C）および神経（D）制御下で標的に到達するまでの所要時間。ヒストグラムはデータの頻度分布を示し，丸は試行時間を表す。右側の要約統計量は，データ範囲（垂直線），標的到達までの所要時間の中央値（影付きのボックス内の太い水平線），25パーセント値（第1四分位数）と75パーセント値（第3四分位数）（ボックスの下辺と上辺）を示している。(Serruya et al., 2002 より)

（quadratic）関数を用いてカーソルの位置と速度をニューロンの発火率に関連付けできる可能性がある（図7.20D）。さらに研究者らは，現在の位置と速度の値のみの状態ベクトルを使用する（図7.20Aと図7.20E）のではなく，10個の連続する時間ステップからの位置と速度の値で構成される状態ベクトルを使用し，状態変化についての10次の自己回帰（AR）モデルを作成した（図7.20Bと図7.20E）。

図7.21 はその10次UKFを使用したオンラインカーソル制御の例について，標準のカルマン

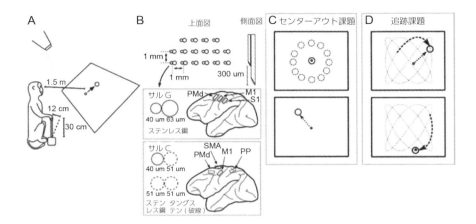

図7.19 カーソルのBCI制御を実証するための実験装置 (A) サルの前のスクリーンにカーソルと標的が投影された。サルは携帯型のジョイスティックを使ってカーソルを動かすように訓練された。カーソルが標的の中に置かれると，サルに報酬のフルーツジュースが与えられた。(B) 2頭のサルの大脳皮質に埋め込まれた微小電極アレイ（上）とその埋め込み位置（下の2つのパネル）の概略図。(C) センターアウト課題。サルは，中心からランダムな角度と一定の半径の位置にある周辺の標的にカーソルを移動した。(D) 追跡課題。サルはカーソルを動かして，リサジュー（Lissajous）曲線に従って連続的に移動する標的を追跡した。(Li et al., 2009 より改変)

表7.2 カーソル制御性能。10次のUKFモデル, 標準カルマンフィルタ（KF），および10次のウィナーフィルタ（WF RR）の比較 2つの測定基準に関して性能が評価された：推定されたカーソル位置の信号対ノイズ比（SNR，デシベル〔dB〕で表示）（信号は標的の位置とした），およびBCI制御されたカーソル位置と標的のカーソル位置の間の相関係数（CC）。(Li et al., 2009 より)

セッション	サル	10次 UKF	KF	WF RR
SNR, dB・CC				
17	C	**2.70・0.69**	0.70・0.47	NA
18	C	**2.73・0.72**	2.42・0.60	−1.13・0.54
19	C	**2.51・0.71**	0.80・0.53	0.07・0.68
20	G	−2.12・0.10	**−1.49・0.15**	−3.23・0.07
21	G	**1.58**・0.56	1.55・0.57	0.77・**0.58**
22	G	**3.23・0.71**	0.39・0.48	−0.06・0.47
KFからの平均差		**1.04・0.12**	0.00・0.00	−1.45・0.00

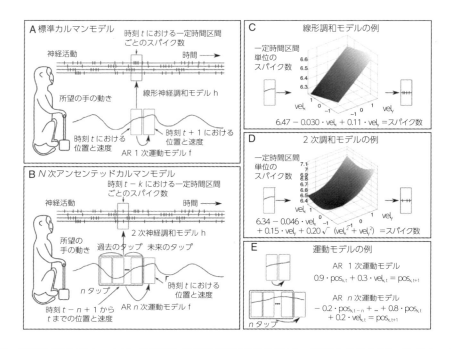

図 7.20　神経活動からカーソルの位置と速度を推定するための，標準カルマンフィルタと n 次アンセンテッドカルマンフィルタ（UKF） **(A)** 標準のカルマンフィルタモデルにおいては，線形モデルが現在の状態（ここではカーソルの位置と速度）を現在の神経活動と関連付けている．さらに，次の時間ステップの位置と速度は，現在の（過去でなく）位置と速度にのみ線形に関連している．**(B)** n 次 UKF では，非線形モデル（ここでは 2 次）が，連続する n 個の時間ステップからの位置と速度を，特定の時間ステップにおける神経活動に関連付ける．同じ n 個の位置と速度の値を用いて，次の時間ステップにおける位置と速度を予測する（ここでは線形自己回帰〔AR〕モデルを使用）．タップ：一定の時間ステップ．**(C)** 標準カルマンモデルで使用される線形の測定モデル（「線形調和」モデル）の例．vel_x：x 方向速度，vel_y：y 方向速度．**(D)** UKF モデルで使用される非線形測定モデル（「2 次調和」モデル）の例．**(E)** 位置のダイナミクスについての 1 次および n 次 AR モデルの例．$pos_{x,t}$：時刻 t における x 方向の位置，$vel_{x,t}$：時刻 t における x 方向の速度．(Li et al., 2009 より改変)

フィルタおよび 10 次ウィナーフィルタ（(7.2) 式）と比較して示す．グラフの破線の曲線は標的の位置を表す．**表 7.2** は結果の要約である．10 次の UKF は，1 次の UKF，標準のカルマンフィルタ，10 次のウィナーフィルタ，ポピュレーションベクトル法（(7.1) 式）などの，オンラインカーソル制御用の他の多くの方法よりも優れていた．

固有受容感覚フィードバックと視覚フィードバックの結合による BCI 制御の強化

上記の BCI は，閉ループ BCI 制御のために視覚フィードバックにのみ依存している．しかし，

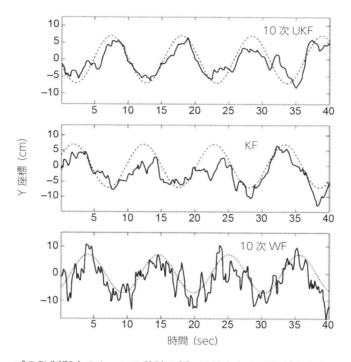

図 7.21　閉ループ BCI 制御中のカーソル軌跡の例　Y 軸方向の運動が次の 3 つの異なる推定方法で示されている。10 次 UKF，標準 KF，10 次ウィナーフィルタ（WF）。破線の正弦曲線は標的位置を示す。(Li et al., 2009 より改変)

身体を制御する際，脳は運動を導き修正するために，筋肉，腱，関節からの**運動感覚フィードバック**（kinesthetic feedback）（あるいは**固有〔自己〕受容感覚フィードバック**〔proprioceptive feedback〕）などの追加的な感覚からのフィードバックにも依存している。Suminski, Hatsopoulos および共同研究者(2010 年)は，運動感覚フィードバックを視覚と一緒に用いることで，サルの一次運動野の神経活動によって制御されるカーソルの制御性能を大幅に改善できることを実験により明らかにした。彼らの実験では，外骨格ロボットを使用して，サルの腕を大脳皮質により制御された視覚カーソルに受動的に追従させた。この結合によって，視覚情報に加えてカーソルの運動に関する運動感覚情報がサルに与えられた。研究者らは，視覚フィードバックと運動感覚フィードバックが一致すると，一致しないフィードバック条件の場合と比べて，標的により速く到達し，カーソルの経路がより直線的になることを明らかにした。これらの初期の成果は，未来の BCI は，閉ループ制御に通常使用される視覚フィードバックに加えて，固有受容感覚や他の感覚フィードバックを結合することによって利益を得る可能性があることを示唆している。

150　第 III 部　主要なタイプの BCI

7.2.4　認知的 BCI

上記の BCI は，運動皮質ニューロンの活動から，義肢やコンピュータカーソルの連続的な運動軌跡を解読することに基づいていた。これとは別の手法として，運動皮質よりさらに上流の脳領域から意図運動の標的（target）を直接解読して，義肢を自律的に標的に導いたり，カーソルを解読した標的に直接置く方法が挙げられる。このような BCI は，時々刻々の制御のために一次運動野からの信号ではなく，より高い階層の認知信号に依拠しているため，**認知的 BCI (cognitive BCI)** として知られている。

到達運動のための認知的 BCI

義手を制御するための認知的 BCI を構築する 1 つの方法として，大脳皮質の頭頂到達領域（parietal reach region：PRR）の神経活動を利用して，意図到達運動の標的位置を解読する方法がある。Musallam 他（2004 年）や Andersen 他（2010 年）はこの考えを，サルが最初にコンピュータ画面上の一連の固定位置のなかで光った 1 つの標的に到達運動を行うように訓練された実験で検証した（**図 7.22A** の左パネル）。サルは，可変の遅延時間後にのみ光る場所に到達運動を行うように訓練され，その開始は画面上の標的のオフセット（位置変更）によって示された。到達運動前の記憶期間中の神経活動（**図 7.22B**）と到達標的位置は，標的位置を解読するための分類器の訓練用に保存された。

「脳制御」（脳による直接的なカーソルの到達運動制御）試行中（図 7.22A の右パネル），標的位置は記憶期間の開始後 200 ms を起点として，記憶期間中の 900 ms 間の神経データから解読された。記憶期間中のデータのみが解読に使用されたため，運動や視覚の事象に関連する信号ではなく，サルの意図が解読に用いられた。

標的位置の解読にはベイズ法が使用された。前処理段階として，900 ms 間の記憶期間からのスパイク列が最初に**ハールウェーブレット（Haar wavelet）**として知られるウェーブレット族に射影された――これらは本質的には拡大縮小と時間シフトが施された一連の方形関数である。4.3 節で述べたように，ウェーブレット基底関数により，ある区間の信号を一連の係数を用いて表すことが可能である。標的位置の解読のために，100 個の一連のウェーブレット係数が用いられた。ハールウェーブレットを選択した動機は，単に記憶期間におけるスパイク数や発火率ではなく，スパイク列の時間特性を捕捉することが必要だったためである。

その結果，確率モデル $P(\mathbf{r}|t)$ を訓練データから学習することが可能となる。ここで，$\mathbf{r}$ は神経の応答（ウェーブレット係数で表した）を表し，t は標的位置を表す。例えば，標的位置の候補が 6 個ある場合，それぞれの標的位置についてのガウスモデルを学習可能であり，ここで所与の標的位置のガウスモデルの平均と共分散は，その標的位置の場合に観測された応答から推定される。このようなモデルが与えられると，ベイズの法則（4.4.4 項）を用いて標的位置の事後確率 $P(t|\mathbf{r})$ を推定することができる。解読された標的位置には，すべての $P(t|\mathbf{r})$ の中の最大値が

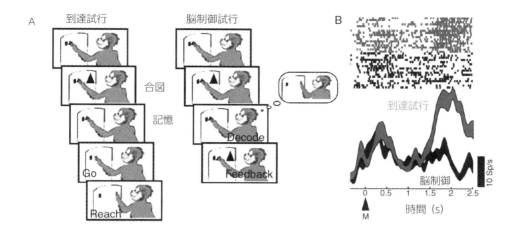

図 7.22 到達課題の認知的 BCI (A) 到達課題と脳制御課題。サルは試行を開始するために左側の正方形の点を凝視して，中央の合図マークに触れる必要があった。500 ms 後，周辺の標的（ここでは右側の三角形）が 300 ms 間光り，その後 1500 ± 300 ms の可変の記憶期間に移行した。到達試行では，サルは記憶期間の終わりに標的に到達した場合に報酬が与えられた。脳制御試行では，900 ms 間のデータ（記憶期間の 200 ms 経過後に開始）を用いてベイズアルゴリズムにより意図した到達位置が解読された（本文参照）。正しい標的位置が解読された場合，サルに報酬が与えられた。Go：開始，Reach：到達，Decode：解読，Feedback：フィードバック。(B) 到達試行と脳制御試行中の神経活動。（上のパネル）スパイクの各行は単一試行の活動を表し，記憶期間の開始に揃えられている。上半分の行は到達試行に，下半分は脳制御試行にそれぞれ対応している。（下のパネル）スパイク（頻度）の刺激後時間ヒストグラム（poststimulus-time histogram：PSTH）。PSTH の厚みは標準誤差を表す。M：記憶期間の開始，Sp：スパイク。(Musallam et al., 2004 より)

選ばれた。正しい標的位置が解読された場合，カーソルが標的の位置に配置され（図 7.22A の右パネル），サルに報酬が与えられた。

　サルの 8 つの PRR ニューロンの記憶期間の活動に基づいて，4 つの標的では 250 の脳制御試行において 64.4％の精度（偶然レベルは 25％），6 つの標的では 275 の脳制御試行で 63.6％の精度（偶然レベルは 17％）で正しく解読できた（図 7.23A）。背側運動前野（PMd）の 16 個のニューロンの応答を使用すると，8 標的が 310 試行で 67.5％の精度（偶然レベル 12.5％）で解読できた（図 7.23B）。3 頭のサルの PRR ニューロンを使用したすべてのセッションにわたる平均精度は，4 標的で 34.2 〜 45％，6 標的で 25.6 〜 37.1％の範囲であり，PMd ニューロンによる精度がかなり高い（図 7.23C）。これらの結果は，PMd が標的位置を高精度で解読することに適した対象である可能性を示唆している（次節参照）。

　より最近の研究（Hwang and Andersen, 2010）は，PRR からのスパイクおよび局所場電位（local

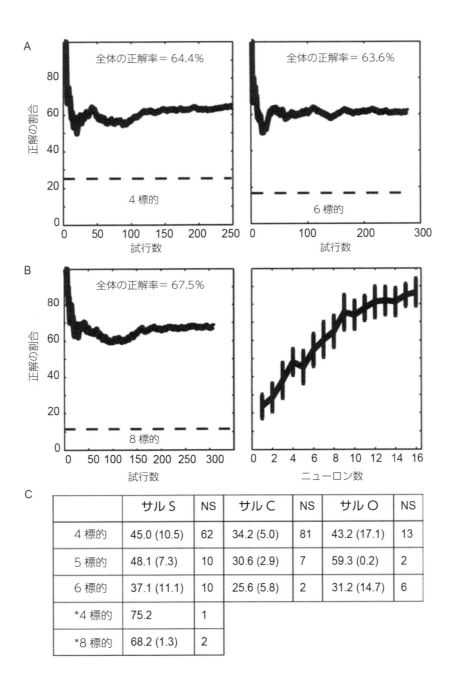

field potential：LFP）の両方を使用し，合同して標的位置を解読することの有用性を明らかにした。1頭のサルで16個の電極からのスパイクとLFPを使用して6標的位置を解読したときの精度は86％であることが明らかとなり，63.6％の正解率（スパイクの単独使用により得られた値）よりも改善した。

認知的 BCI の性能向上

前項では，到達運動の標的位置が頭頂皮質および背側運動前野（PMd）のニューロンからどのようにして予測できるのかについて見てきたが，標的位置はどの程度の速さで解読可能なのだろうか？ Santhanam，Shenoy および共同研究者（2006年）は前項と同様の到達課題で 2，4，8，および 16 個の標的位置を用いて，この問題に取り組んだ（**図 7.24A**）。標的の位置は，96 個の電極アレイで記録された 100 ～ 200 個の PMd ニューロンの応答を使用して予測された。これらのニューロンの記憶期間内の積分区間（Tint）におけるスパイク数に基づいて，予測が行われた（この区間は前項では 900 ms に固定されていたが，ここでは性能を最適化するために，変更された）。解読には，前項の確率モデルと同様のモデルに従い，ガウスモデルまたはポアソンモデルによって与えられる尤度 $P(\mathbf{r} \mid t)$ と，標的に対する一様事前確率 $P(t)$ を用いた（この無情報事前分布により，ベイズ法による解読手法は**最尤法**〔maximum likelihood method：ML method〕に帰着する）。

　研究者らは，遅延期間（標的の出現と「開始」合図の間）を，標的情報がまだ信頼できずスキップする時間区間（Tskip）と，標的を予測するために用いられる積分区間（Tint）に分割した。実際の到達動作を行う制御実験から得たデータに基づいて（図 7.24A），Tskip を 150 ms に固定した。Tint を変化させて，到達標的の予測精度を制御実験のデータから決定した。**図 7.25A** に示すように，より長い区間では神経応答からより多くのノイズが平均化して除去されることが予想されるため，Tint が増加するにつれて精度は増加し続ける。

　さらに興味深いことに，全体の性能を**情報転送速度**（information transfer rate：ITR）という点から定量化すると（5.1.4 項参照），制御実験のデータでは Tint = 70 ms のとき 7.7 ビット/秒（bps）で最大値に達した（図 7.25A）。実際のカーソル制御実験中の ITR を測定するためには，一連の高速 BCI カーソル試行が用いられた。これらの試行では，画面上の円形のカーソルが，

（◀左頁の図）**図 7.23　認知的 BCI の性能**　**(A)** サルの 8 個の PRR ニューロンを用いた 4 標的と 6 標的の脳制御試行中の累積パーセント精度（正しく解読された試行のパーセンテージ）（破線：偶然レベルの性能）。**(B)**（左）16 個の PMd ニューロンを用いた脳制御セッションの累積パーセント精度。（右）同じデータに基づくオフライン性能を，解読に使用されるニューロン数の関数として表示。**(C)** 3 頭のサルの全セッションにわたる平均パーセント精度（括弧内の数値：精度の分布の標準偏差）。NS：セッション数，*：PMd からの記録，その他のすべては PRR からの記録。(Musallam et al., 2004 より)

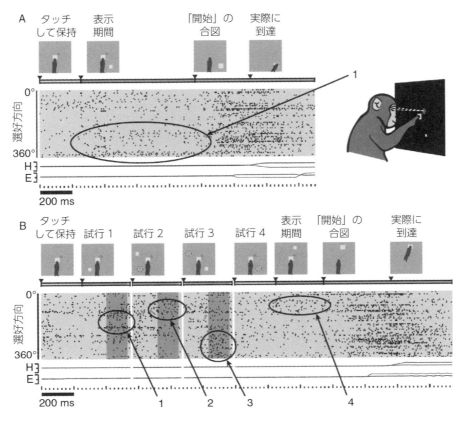

図 7.24 高速カーソル制御のための認知的 BCI (**A**) 下（影付きのボックス）に示されている，選択したニューロンからのスパイク列を利用した遅延到達課題。ニューロンの並び順は，遅延期間中の角度同調方向（選好方向）によって整理されている。楕円の箇所は，周辺の到達標的に関連する神経活動の増加を示す。H と E のラベルが付いた線は，それぞれ手（H）と目（E）の軌跡の水平座標と垂直座標を示す。(**B**) 連続する高速 BCI カーソル 3 試行と，その後の実際の到達試行。標的位置を予測するために使用される時間区間である Tint は，スパイク列を覆う影付きの区間である。短い処理時間の後，円形カーソル（ここでは画面上に点線の円として示されている）が短時間描画され，新しい標的が表示された。(Santhanam et al., 2006 より改変)

神経活動によって予測された標的位置に表示された。予測が正しい場合，ただちに次の標的が表示された（**図 7.24B** 参照）。課題の難易度は ITR に影響を与えるため，設定可能な標的位置の数を変化させることによって難易度を変えていった。その結果，8 標的課題で 6.5 bps の最高性能が得られた（**図 7.25B**）。この性能は，基本的な英数字キーボードで 1 分間に約 15 語を入力することに相当し，初心者のコンピュータユーザがキーボードで 1 分間に約 20 語を物理的にタイピングする速度に比肩する。

第 7 章 侵襲型 BCI 155

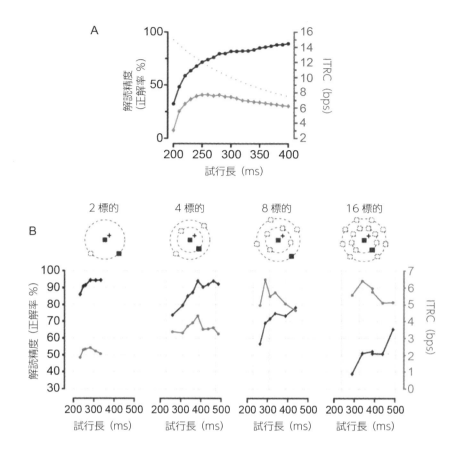

図 7.25 認知的 BCI の精度と情報転送速度 (**A**) 到達課題（8 標的配置）に関する制御実験から計算された，試行長の関数としての精度（濃い実線）と情報転送速度（ITR, ここでは ITRC と表記; 薄い実線）。試行長は Tskip + Tint + Tproc で与えられ，ここで，Tskip = 150 ms および Tproc は約 40 ms である。Tint を変化させ，Tint の各値について予測精度と ITR が計算された。ITR は試行長 260 ms（Tint = 70 ms に対応）において最大値 7.7 bps に達した。点線の曲線は理論上の最大 ITR で，Tint にかかわらず 100%の精度を仮定した場合の値を示す。(**B**) 標的配置数ごとの様々な合計試行長に対する高速 BCI カーソル実験における性能。数百試行を含む 1 回の実験から性能が計算された。標的の数が増えるにつれて予測精度は低下するが，ITR は約 6.5 bps まで増加する。(Santhanam et al., 2006 より改変)

7.3　人間の侵襲型 BCI

現在（注：出版時）までに人間の脳の「内部」に埋め込まれた電極アレイを用いた BCI について行われた研究はごくわずかである。例外は神経系の特定部位を刺激する（しかし記録はしない）人工内耳（10.1.1 項）や脳深部刺激装置（10.2.1 項）などの BCI にとどまっている。ここでは，

156 第 III 部　主要なタイプの BCI

よりよいコミュニケーションと制御のための BCI 戦略を試すために，電極アレイを脳に埋め込むことに同意した四肢麻痺の人を対象とした実験的研究に焦点を当てる。

7.3.1　埋め込み型マルチ電極アレイを用いたカーソルとロボットの制御

動物の BCI の成果を人間に転用することを目的とした最初の臨床試験の 1 つでは，100 個のシリコン微小電極（図 7.26B）を備えた**ブレインゲート（BrainGate）センサ**（図 7.26A）と呼ばれる電極アレイが，四肢麻痺の人（イニシャル：MN）の一次運動野の腕領域に埋め込まれた（図 7.26C 〜 D）（Hochberg et al., 2006, Donoghue et al., 2007）。この臨床試験で取り組まれた重要な課題は，脊髄損傷により手の運動がなくなって 3 年経過しても，まだ運動の意図が皮質活動を調節できるのかということであった。合図に合わせて運動をイメージする最初の一連の実験において，研究者らは，一次運動野のニューロンが四肢の運動イメージによって調節できることを明らかにした。一部のニューロンは，例えば手を合わせたり離したりする 1 つの動作イメージによって活性化され，他のニューロンは手首や肘の屈曲と伸展（図 7.27A）や手の開閉（図 7.27C）などの，異なるイメージ活動に反応した。一部のニューロンはすべてのイメージ活動に対して非選択的に反応した（図 7.27B）。

　このようなイメージ活動に関して観測された神経反応の多様性を所与として，線形フィルタ法（(7.2) 式）を用いて神経活動を 2 次元のカーソル位置に変換した。被験者は，技術者によって制御された画面上のカーソルを追跡することをイメージするように依頼された。この訓練セッションの間，疑似逆行列法（5.2.1 項参照）により計算された線形フィルタを用いて，過去 1 秒間（50 ms の区間単位が 20 個）の最大 73 個の識別されたニューロンの発火率が技術者のカーソル位置に線形マッピングされた。次のセッションでは，予測されたカーソル位置が表示される形で視覚フィードバックが提供された。先のフィルタは，各セッションの後に更新が続けられた。

　図 7.28A は，被験者が技術者のカーソルを追跡しようと試みたときの神経カーソルの制御例を示す。技術者のカーソルの方向が変わると，被験者はカーソル運動の大まかな方向にカーソルを移動できたが，追跡は近似的なレベルでしかない。この様子は図 7.28B に 2 つのカーソルの x 座標と y 座標をそれぞれ比較して図示されている。神経により制御されるカーソル位置と技術者により制御されるカーソル位置の間の相関は，6 セッションにわたり 0.56 ± 0.18（x 座標）および 0.45 ± 0.15（y 座標）であることが明らかとなったが，これは線形フィルタを用いたサルの BCI の性能に匹敵する。

　さらに興味深いことに，被験者は神経活動により，障害物を避けながらランダムに配置された標的にカーソルを移動したり（図 7.28C），電子メール（シミュレートされたもの）を神経カーソルを使って開いたり，ペイントプログラム（絵描きソフトウェア）を用いて絵を描いたり，テレビの音量調節 / チャンネル切り替え / 電源の投入を行ったり，ポン（Pong）のようなビデオゲームをプレイするなど，より難易度の高い課題を実行することができた。被験者は，神経活動によっ

第 7 章　侵襲型 BCI　　157

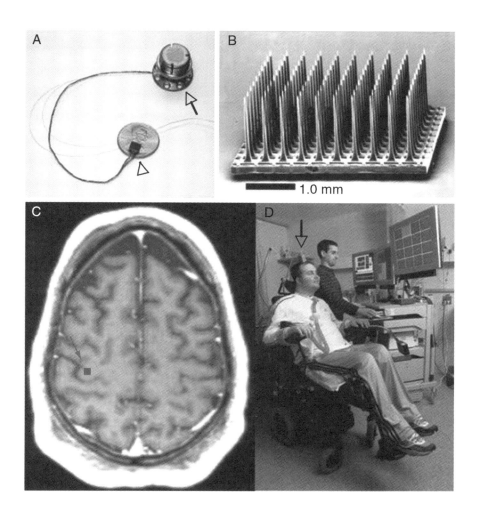

図 7.26　人間の侵襲型 BCI　**(A)** 米国 1 ペニー硬貨の上に置かれた電極アレイ（ブレインゲートセンサ）。この電極には経皮的架台（矢印）へのリボンケーブルが接続されており，経皮的架台は手術によって頭蓋骨に固定される。**(B)** 10 × 10 電極アレイの拡大図。電極は長さ 1 mm で，電極の間隔は 0.4 mm である。**(C)** 被験者の脳の MRI 画像。矢印は，一次運動野の腕／手領域における埋め込み箇所のおおよその位置を示す。矢印が指し示す四角形は，埋め込まれた電極アレイの拡大投影を表す（実際のサイズ：4 × 4 mm）。**(D)** 被験者 MN。車椅子に座り，コンピュータ画面を見て神経カーソル（神経活動から予測された位置に表示されるカーソル）を影付きの四角形に向かって移動させる 16 標的「格子」課題に取り組んでいる。矢印は経皮的架台に取り付けられたボックスを示し，このボックスは増幅器と信号処理のハードウェアを含んでいる。このボックスから出ているケーブルは増幅された神経反応を部屋のコンピュータに伝送する。(Hochberg et al., 2006 より)

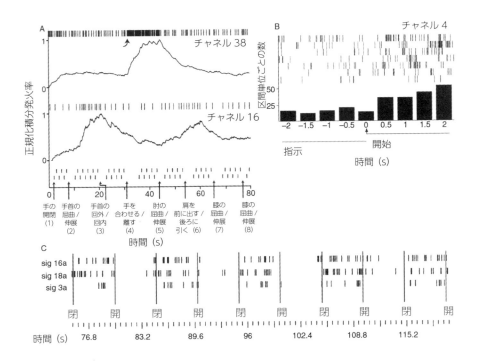

図7.27 運動イメージと実際の運動に対する人間の運動皮質ニューロンの反応 (A) 同時に記録された2つのニューロンからのスパイクと積分発火率。被験者は、一連の左肢の運動（x軸に表示されている）を、x軸上の小さな垂直のバーで示された時刻で、2つの運動の相（例えば開くと閉じる）を交互に行うイメージをするように求められた（これらの時間は、「開始」の合図を用いて被験者に伝えられた）。上のニューロンは両手を離す／合わせる運動の指示で発火率が増加し（曲がった矢印）、下のニューロンは手首の屈曲／伸展の指示と肩を動かす指示に最も強く反応する。被験者が実際に行うことができた肩の運動を除いたすべての運動が、イメージによるものである。(B) 7つの異なる運動についてニューロンに誘発された7つのスパイク列と、500 ms区間単位ごとのスパイクの総数を示すヒストグラム。ニューロンは運動イメージ中に発火率を増加させたが、(A)で示したニューロンのように特定の運動の指示に対して選択的に反応したわけではなかった。(C) 手の開閉のテキスト指示に反応して3つのニューロンから得られたスパイク列。これらのニューロンは、「手を閉じよ」という指示に対して発火率を増やしており、麻痺のある被験者が手を閉じようとする意思を反映している。sig 16a：信号16a，sig 18a：信号18a，sig 3a：信号3a。（Hochberg et al., 2006 より）

(▶右頁の図) 図7.28 人間に埋め込まれたBCIによるカーソル制御 (A) 被験者が技術者制御のカーソルを神経制御のカーソルで追いかけるよう求められた5秒間の、技術者カーソル（灰色）および神経カーソル（黒色）の軌跡。(B) 1分間の技術者カーソル（灰色）と神経カーソル（黒色）のx座標とy座標の比較。(C) 標的獲得および障害物回避課題における、神経カーソル制御の4つの例（円：標的，正方形：障害物，太線：カーソルの軌跡）。（Hochberg et al., 2006 より）

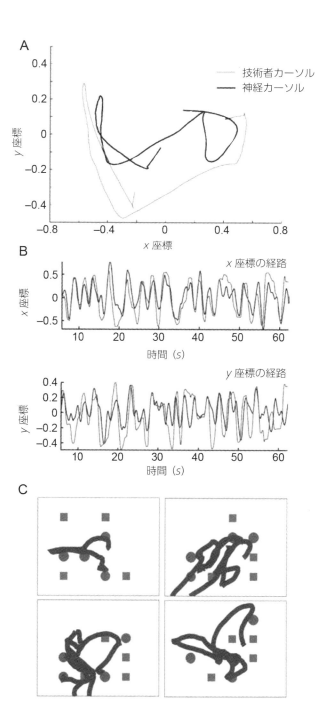

160　第 III 部　主要なタイプの BCI

て手義手を開閉したり（図 7.27C 参照），多関節ロボットアームを制御して物体を掴んだり別の場所に移動したりすることもできた。

　研究者らはフォローアップ実験（Kim et al., 2008）において，実験設計選択，例えばカーソル運動についての運動学的表現，使用される解読方法，および解読パラメータを最適化するために訓練中に使用される課題などの役割を調査した。彼らは，2 人の四肢麻痺の被験者が，カーソルの位置を直接制御するよりも，カーソルの速度を制御することによって，より正確な閉ループ制御を獲得できることを明らかにした。さらに，カーソルの速度制御は位置制御よりも迅速に達成できた。研究者らはまた，先行研究に用いられた線形フィルタではなくカルマンフィルタ（4.4.5 項）を使うと，カーソル制御が向上することも見出した。

7.3.2　人間の認知的 BCI

前項では，人間の一次運動野からの神経活動を用いてカーソルの軌道を制御し，簡単な人工装具を動かす方法について解説した。一次運動野の前方の前頭皮質内の領域が，運動方向の計画と開始，遅延を伴う運動指示の記憶，あるいはこれらの機能の混合にかかわる神経活動を示すことはよく知られるところである。本書では 7.2.4 項において，サルの PMd や PRR などの皮質領域を用いて，意図した標的位置を直接予測する認知的 BCI を構築する方法を見てきた。

　そのような BCI は人間でも設計できるものだろうか？　この問いはまだ詳細には研究されていないが，Ojakangas，Donoghue および共同研究者による初期の研究（2006 年）は，この問題に対する肯定的な回答を示唆している。研究者たちは，人間の患者の深部脳刺激（10.2.1 項）のための術中マッピング（手術中に個別の機能を司る脳部位の対応付けを行うこと，あるいはその結果，脳機能地図を作成すること）の過程中に，人間の前頭前皮質 / 運動前野ニューロンの小さなグループからの記録を用いて，企図された運動方向を解読できることを見出した。これらのニューロンを閉ループ環境で利用して真の認知的 BCI を達成できるか否かは，今後の課題である。

7.4　侵襲型 BCI の長期使用

侵襲型 BCI が実用的であるためには，これらの BCI が数か月から数年におよぶ長い期間にわたって，被験者に役立つものである必要がある。BCI を長期的に使用する場合，次の 2 つの重要な問題が生じる：(1) 固定された一連のパラメータをもって埋め込まれた BCI は長期間使用できるか，あるいはこれらのパラメータは日ごとに調節する必要があるか？　(2) 電極は，長期間経過後も信頼できる神経活動の記録を供給し続けるか，それとも生物学的現象（神経膠症〔グリオーシス〕や瘢痕組織〔傷跡〕形成など）に負けてしまうのか？

7.4.1　長期にわたる BCI の使用と，安定した皮質表現の形成

最初の問いへの取り組みとして，サルが 19 日間にわたって同じ一連のパラメータを使用して BCI カーソル課題を実行した研究がある（Ganguly と Carmena〔2009 年〕）。2 頭のサルが運動を水平面に限定したロボットの外骨格を使用して，センターアウト到達課題（図 7.19C 参照）を実行した。サルがこの手動制御（manual control：MC）課題を実行している間，128 個の電極アレイを用いて両側運動野におけるニューロンの活動を記録した。線形フィルタ法（(7.2) 式の i について時間遅延値を 10 とする）を用いて，記録した運動野の活動を記録した肘と肩の角度位置にマッピングする「解読器（decoder）」を作成した。

　1 日目に学習した線形解読器が固定され，引き続くすべての日で「脳制御」（brain control：BC）モードでカーソルの直接制御に使用された。最初のサルの 15 個のニューロンの記録は 19 日間にわたって安定しており，固定線形解読器に用いられた。2 頭目のサルからは 10 個のニューロンが使用された。図 7.29A に示されているように，両方のサル共に成績は最初の 10 日間にわたって着実に向上した。10 日目からは平均精度はほぼ 100％のままで，サルは毎日の始めから正確に実行した（図 7.29B および図 7.29C）。練習によってカーソルの軌跡はより直接的になり（図 7.29D），日々の平均経路間のペアワイズ相関の増加によって定量表示されているように，定型化された（図 7.29D のカラーマップ）。研究者らは解読に使用されるニューロンの（運動）方向調整やその他の特性を調べることにより，安定した課題実行性能が，固定解読器に応答する BCI 制御のための安定した神経表現形成と関連していることを示すことができた。

　驚くべき結果としては，解読器の正確な形式は長期的には重要ではないということだった。すなわち，重み $\mathbf{w}(i)$（(7.2) 式参照）をシャッフルすると，以前に収集した肩と肘の位置データの予測は予想どおり不正確になったが（図 7.30A），この新しくシャッフルした解読器でわずか 2, 3 日練習しただけで，正確な BCI 制御が回復した（図 7.30B）。この結果は，ランダム化されたマッピングが与えられた場合でも，外部機器に対する制御を実行する際に運動皮質ニューロンが優れた可塑性を示すことを立証している。これは，Fetz が初期の実験でアナログメータの制御を獲得するために，単一の運動皮質ニューロンのオペラント条件づけを示したことを思い起こさせる（7.1.1 項）。

7.4.2　人間用の BCI 埋め込み装置の長期使用

人間の場合のブレインゲート（BrainGate）神経インターフェースシステムなどの埋め込み装置の実現可能性に関連する重要な問題には，どの程度の期間，埋め込まれた微小電極が有用な神経信号を記録できるのかということや，これらの信号をどの程度の信頼性をもって長期的に取得して解読できるのかということが挙げられる。

　これまで，これらの問題に答えるために実施された研究は多くないが，Simeral，Hochberg および共同研究者（2011 年）による実験は有望な結果を生み出している。彼らは，運動皮質に

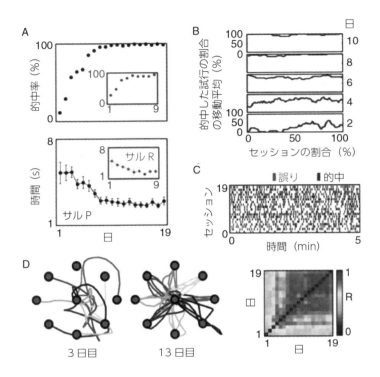

図 7.29 19 日間の BCI 性能(同じ図のカラー版については，312 頁のカラー図版を参照) **(A)** 2 頭のサルに固定線形解読器と固定ニューロン集団の BCI を用いたときの，連日のカーソル制御の成績(赤の挿入図は 2 番目のサルのデータ)。(上) 日ごとの平均精度。(下) 標的到達までの平均時間。エラーバー：平均値 ± 2 ×標準誤差。**(B)** 1 頭のサルの個別の日の成績の傾向を，移動平均として示した図(20 試行の移動ウィンドウにおける的中〔標的到達〕試行の割合〔%〕)。**(C)** 1 日目から 19 日目までの日々のセッションにおける最初の 5 分間の BCI カーソル制御の成績。バーは，的中(青)または誤り(赤)試行を示す。**(D)** 左：初期(3 日目)と後期(13 日目)のカーソル軌跡の例であり，軌跡が日々の練習によってより直接的になり，かつ定型化していることを示している。右：中心から標的までの各日の平均経路間のペアワイズ相関を示すカラーマップ(R = 相関係数)。(Ganguly and Carmena, 2009 より)

100 個の微小電極を備えたアレイを埋め込んでから 1,000 日後に研究室に戻ってきた四肢麻痺の人を対象として，神経によるポイント&クリック(マウスを標的に移動してクリックする操作)のカーソル制御実験を 5 日連続で行った。5 日間の各日ごとに，ニューロングループからのスパイクに基づいたカルマンフィルタ(4.4.5 項)を用いて 2 次元のカーソル速度を解読し，線形判別分類器(5.1.1 項)によってクリックを行う意思を分類した。閉ループのポイント&クリックのカーソル制御が，2 つの課題において試験された。すなわち 8 標的のセンターアウト到達課題

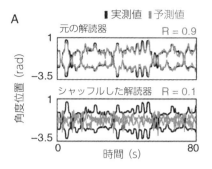
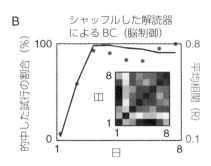

図 7.30　シャッフルした解読器による BCI 性能（同じ図のカラー版については，312 頁のカラー図版を参照）**(A)** 元の（シャッフルしていない）解読器とシャッフルした解読器の「オフライン」予測能力の比較。シャッフルした解読器は，神経活動からの肩（各パネルの上部の出力波形）と肘（下部の波形）の位置に関して，記録されたデータのオフライン予測性能が劣っている。黒の波形：実際の運動，青：各解読器による予測，R：実際の運動と予測された運動の間の相関。**(B)** シャッフルした解読器による性能の向上について，的中した試行の割合（％）の観点から，8 日間にわたる経過を示す。挿入されているカラーマップは，8 日目までのそれぞれの日と他の日について，ニューロンの（運動方向）調整特性間のペアワイズ相関を示す。グラフは，調整特性が 8 日間のあいだに徐々に安定化し，カーソル制御のための安定した「皮質マップ」をもたらすことを示している。赤いドット：調整特性の平均相関（対角成分を除外したカラーマップの各列の平均）。（Ganguly and Carmena, 2009 より）

とランダム標的課題であり，後者はコンピュータ入力機器の性能を定量化するために用いられる人間とコンピュータのインタラクション（対話）の規格試験から引用したものである。試行を成功させるためには，カーソルを標的に移動し，カーソルが標的上にある間に割り当てられた時間内でクリックを実行する必要があった。電極インピーダンス，神経スパイク波形，局所場電位を毎日測定して，（ブレインゲート）神経インターフェースにおけるあらゆる変化を定量化した。

5 日間にわたり，神経測定に使用できる 96 個の電極のうち 41 個からスパイク信号が得られた。これらの神経信号は，センターアウト課題で 94.9％，ランダム標的課題で 91.9％の標的獲得・クリック成功率（ポイント＆クリックの成功率）をもたらす十分なものであることがわかった。これらの結果は，電極アレイが埋め込み後約 2.75 年後も精度を維持していることを示していることから，刺入電極による生体組織の反応が長期的には BCI 性能を低下させる可能性があるという懸念を軽減するのに一役買っている。この結果は有望なものであるが，被験者を追加して，より広範な一連の臨床試験で検証を行う必要がある。

7.5 要約

これまでのブレイン・コンピュータ・インターフェースにおける最も目覚ましい業績のいくつかは，動物と人間の侵襲型 BCI によってもたらされたものであり，2 次元カーソルの高精度な制御から上腕義手と把持部のリアルタイム制御に至るまでの実証がなされている。これらの侵襲型 BCI で採用されている 2 つの主要な手法は，オペラント条件づけ（operant conditioning）とポピュレーションデコーディング（population decoding）法である。前者は BCI がニューロンによる適応のみに依存して制御を行う場合に用いられ，後者は統計的手法を用いて神経活動と制御パラメータ間のマッピングを学習する方法である。最も成功した解読方法は，ポピュレーションベクトル（(7.1) 式），線形（ウィナー）フィルタ（(7.2) 式），およびカルマンフィルタ（4.4.5 項）に基づいている。BCI の長期使用に関する問題への取り組みも始まっており，動物や人間を用いた研究により，脳が他のタイプの運動技能の獲得とよく似て，日々 BCI を使用することで安定した神経表現を形成することができ，神経活動の記録に用いられる電極が脳内に BCI を埋め込んだ後，2 年半以上も依然として使用可能であることを示している。

7.6 演習問題

1. 目的を，3 次元空間において様々な場所に到達できる義手制御用 BCI を設計することとする。サルが義手を制御できるように訓練するために，オペラント条件づけをどのように用いればよいか？

2. 皮質活動から運動方向を解読するポピュレーションベクトルの方程式を記せ。方程式で使用される様々な量はどのようにして実験から推定できるのか，説明せよ。

3. カーソルおよび人工装具の制御用 BCI を構築する方法としてのオペラント条件づけ対ポピュレーションデコーディングの長所と短所を比較せよ。

4. Chapin と共同研究者によるラットの BCI 実験において，ニューラルポピュレーション関数（NPF）がどのようにして計算されたか，説明せよ。NPF はロボットアームの制御にどのように用いられたのかを述べよ。

5. 経時的な神経活動（ニューロン集団の発火率など）から変数（手の位置など）を解読するための線形フィルタ（またはウィナーフィルタ）法の方程式を記せ。直近に採取したデータからフィルタの重みを推定する方法を述べよ。

6. 7.2.1 項に記述された研究に基づいて，次の解読方法の性能を比較せよ：

   a. 線形フィルタ

   b. 3 層でシグモイドユニットをもつ人工ニューラルネットワーク

   c. ポピュレーションベクトル法

7. カルマンフィルタを解読に使用する利点は何か，ポピュレーションベクトルまたは線形フィルタ法と比較して述べよ。

8. 7.2.1 項では，カルマンフィルタを用いることにより解読の問題を定式化する 2 つの異なる方法に出会った。1 つのケースでは，ニューロンから記録された発火率が観測値であり，もう 1 つのケースでは，観測値は運動学的出力（関節の角度）であった。それぞれの方程式を記し，もし 1 つのモデルが他のモデルより優れている場合は，その利点を説明せよ。

9. ブレイン・コンピュータ・インターフェースにスパイクを使用する場合に対して，LFP を使用する場合の利点と欠点を列挙せよ。

10. （🥾）7.2.2 項に記した結果は，一次運動野および体性感覚野におけるニューロンの活動から歩行中の下肢運動学の諸量が予測できることを示した。しかし，これだけでは，胴体と義足のダイナミクスを考慮していないため，下肢切断者の運動を回復するには不十分である。動力を備えた義足の最新技術を調査して，7.2.2 項の技術に変更を加えて歩行用の動力付き義足を制御できる可能性があるか否か，および可能であればその方法を論じよ。

11. 個別に，あるいは他の領域と合わせて用いてカーソル制御に成功した（サルの）脳領域はどこか，いくつか挙げよ。

12. アンセンテッドカルマンフィルタ（UKF）と標準カルマンフィルタの違いを説明せよ。BCI 応用において UKF を使用することの潜在的利点とは何か？

13. 認知的 BCI とは何か？　そしてそれは運動野の活動から運動軌跡を解読することに基づく BCI とはどのように異なるのか？

14. （🥾）7.2.4 項では 2 つの異なる認知的 BCI を取り上げた。これらの BCI について述べている Musallam et al. (2004) および Santhanam et al. (2006) による論文を読み，彼らによって用いられている 2 つのベイズ法による解読手法を詳述して比較せよ。

15. 人間の BCI における訓練パラダイムおよびブレインゲートセンサを使用して得られた結果と，サルの BCI において電極アレイを使用して得られた結果を比較せよ。カーソルと人工装具の制御課題における人間の BCI の性能は，サルの BCI の性能と同等か？

16. 7.4.1 項において，ランダムにシャッフルした解読器でも BCI 制御を達成できるという驚くべき結果について説明した。この結果は，BCI のために洗練された解読器を設計する努力に対してどんな意味を与えるだろうか？　ランダムな解読器が役目を果たすのならば，なぜ解読のために洗練された機械学習アルゴリズムや統計アルゴリズムを採用する必要があるのだろうか？

17. ブレインゲートシステムの埋め込み 1,000 日後の試験により，BCI の性能について明らかになったことと，長期使用に対する意味合いについて述べよ。

18. （🥾）埋め込み型 BCI についての大きな懸念は，電極の周囲に瘢痕組織が形成される可能性を考慮すると，BCI の長期的な使用可能性である。この問題に対処する 1 つの方法は，電極

を生体適合性のあるものにすることである。現時点でBCIでの使用が研究されている，あるいは使用可能な，最も有望な生体適合性電極技術の評論を書け。

第 8 章　半侵襲型 BCI

前章では，脳の「内部」に電極を設置することが必要な BCI について学習した。このようなアプローチは，ニューロンのスパイク活動に忠実度の高い窓をもたらしてくれるが，次のような重大なリスクも伴う：（1）血液脳関門の貫通による感染の可能性があること，（2）免疫的に反応する組織による電極のカプセル化，すなわち時間経過により信号品質が低下する可能性があること，および（3）埋め込みの際に無傷の脳回路が傷つく可能性があること，である。

　これらのリスクに対応するため，研究者は脳表面を貫通しない BCI を使用することを研究してきた。そのような BCI は，**半侵襲型 BCI**（semi-invasive BCI）とみなすことができる。ここでは，次の 2 つのタイプの半侵襲型 BCI に焦点を当てる。すなわち，皮質脳波（ECoG）BCI と，脳外部の神経からの記録に基づく BCI である。第 3 章で述べたように ECoG は，硬膜下（**硬膜下 ECoG**〔subdural ECoG〕）または硬膜外（**硬膜外 ECoG**〔epidural ECoG〕）のいずれかの形式で，頭蓋骨の下に電極を外科的に留置することが必要である。この処置は侵襲的ではあるが，前章の方法ほどには侵襲性が高くない。本章では，カーソルと人工装具を制御するための ECoG BCI の能力について調査する。

　ECoG よりもさらに侵襲性が低いのは，体の様々な部位における無傷の神経終末を活用する方法である。そのような神経に基づく BCI についての説明をもって本章を結ぶこととする。

8.1　皮質脳波（ECoG）BCI

ECoG BCI 研究の多くは，手術の数日前に（てんかんなどによる）発作の源の位置を特定するために病院で検査を受けている人間の患者の同意を得て実施された。BCI 実験は進んで協力してくれる患者を対象に実施される。BCI のための ECoG 信号の空間的および時間的解像度を明らかにすることを目的として，最近では動物の ECoG に関する研究もいくつか実施されている。そこで，人間の ECoG BCI に進む前に，次項ではこれら動物の ECoG BCI の結果を見ていくことにする。

8.1.1 動物の ECoG BCI

Fetz らの研究から，サルはオペラント条件づけを介して運動皮質ニューロンの応答を調節し，外部機器の制御を学習できることがわかっている（7.1.1 項）。脳表面から記録した ECoG 信号も同様の方法で調節できるのだろうか？ Rouse と Moran（2009 年）は，サルを使って 2 カーソルの制御課題を用いてこの問題を研究した。最初の課題は，侵襲型 BCI で頻繁に使用されるセンターアウト到達課題であった（前章の図 7.19C を参照）。サルはカーソルを制御して最初に中央の標的に当て，次に周辺に表示された 4 つの標的の 1 つに移動することを要求された。2 番目の課題は描画課題であり，カーソルを制御して 1 つの円を時計回りまたは反時計回りに描く作業を行うものであった。

カーソル制御には，一次運動野上の硬膜外の任意の 2 つの位置に 1 cm 離して置かれた 2 つの電極が用いられた。これらの電極からの信号は，フーリエ変換（4.2 節）を用いて周波数領域に変換され，65 〜 100 Hz の周波数帯域のパワーがカーソル制御に用いられた。1 つの電極がカーソルの水平方向の速度を制御するために選択され，65 〜 100 Hz 帯の振幅が（安静状態と比較して）増加するとカーソルは右に移動し，減少するとカーソルは左に移動した。もう 1 つの電極は，同様にしてカーソルの垂直速度を制御するために使用された。この神経活動からカーソル速度へのマッピングは，5 日間にわたる一連の毎日のセッションで固定されたままであった。

1 週間にわたり，サルは 2 つの電極からの ECoG 信号を調節してカーソルを 2 次元で制御することを学習して，両方の課題をやり遂げた。センターアウト課題については，1 頭のサルが約 6 分間で 40 回の移動を成功させることができた。描画課題では，そのサルは約 7 分間で 30 個の円を描くことができた。

図 8.1A は，記録 3 日目に ECoG 活動を用いて描かれた，反時計回りと時計回りの円の平均カーソル軌跡を示す。平均軌跡は円に似ているというよりは，むしろ左上から右下への軸に沿った楕円になっていることに注意されたい。これは，2 つの電極からの ECoG 信号に相関があり，65 〜 100 Hz 帯域における振幅が円運動に必要な軌跡の特定部分で高くなったり低くなったりするのではなく，一緒に高くなったり低くなったりする傾向があることを示唆している。カーソルの制御能力を向上させるためには，サルは 2 つの電極からの信号の相関をできるだけ低くする必要がある。図 8.1B は，サルが実際に神経活動を適応させて，2 つの電極間の相関を低下させていることを示している。グラフは，ほとんどの周波数における 2 つのパワー間の相関が 5 日間の記録にわたって減少したことを示しており，カーソルの制御に使用される 65 〜 100 Hz の周波数帯域で最も大きな相関の減少が見られる。これらの結果は，個々のスパイキング（スパイクを発生する）ニューロンのオペラント条件づけに基づく侵襲型 BCI の場合と同様，ECoG を用いて測定された結果が示すように動物は集団レベルの神経活動も適応させて外部機器に対する制御能力を獲得できることを示唆している。

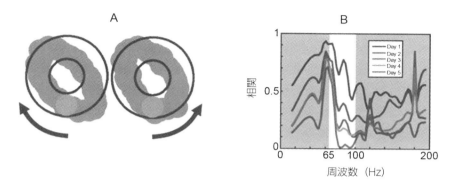

図 8.1 サルの ECoG BCI を使用したカーソル制御（同じ図のカラー版については，313 頁のカラー図版を参照）　**(A)** サルが ECoG を用いて時計回り（左）と反時計回り（右）の円を描いたときの平均カーソル軌跡。大きな緑色の円は，試行の開始／終了のカーソル位置を表す。**(B)** 水平および垂直方向のカーソル制御に使用された 2 つの電極の 5 日間にわたる記録から得られた，様々な周波数におけるパワー間の相関（パワースペクトルは，300 ms の時間区間単位〔時間ウィンドウの単位〕と 3 Hz の周波数区間単位〔周波数ウィンドウの単位〕を用いて計算された）。2 つの電極間の相関の劇的な減少が，特にカーソル制御に使用される 65～100 Hz 帯域で 5 日間にわたっていることに注意されたい。(Rouse and Moran, 2009 より改変)

8.1.2　人間の ECoG BCI

運動イメージに基づく ECoG によるカーソル制御

上述したように，人間の ECoG BCI 実験は，てんかん焦点を除去する手術の準備として硬膜下または硬膜外の電極が約 1 週間埋め込まれた患者を対象に実施された。患者が BCI 実験に参加することに同意した場合，通常採用される BCI プロトコル（実験の手順）には，患者に様々なタイプの運動と運動イメージ（例：手，舌，足の運動）を実行するように依頼することが含まれる。次に，記録した ECoG データを検査して，実行された運動や運動イメージと最も高い相関を示す電極と周波数帯域を特定する。それから，これらのチャネルと周波数帯域を，カーソル制御などの閉ループ BCI 課題に用いる。

1 次元カーソル制御

Leuthardt と共同研究者による初期の一連の 1D（1 次元）カーソル制御実験（2004 年）では，4 人の患者の左の前頭 - 頭頂 - 側頭皮質上に留置された 32 個の硬膜下電極を用いて，ECoG 信号が記録された（図 8.2A および図 8.2B）。患者らは，次の 6 つの課題を実行するように依頼された。すなわち，3 つの運動動作（右手または左手を開く／閉じる，舌を突き出す，「move」という単語を口に出す）と，これら動作のそれぞれをイメージすることである。各電極位置から得ら

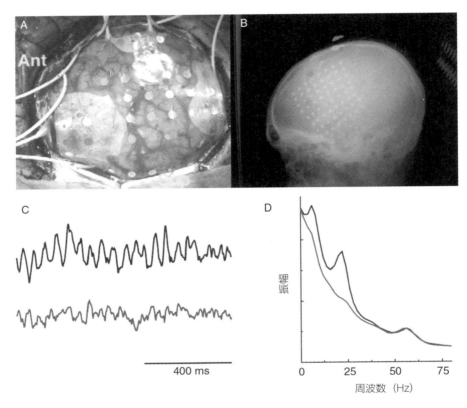

図 8.2 人間の ECoG BCI　(A) 患者の硬膜下に留置された 8 × 8 電極アレイ。電極は直径 2 mm で，互いに 1 cm 離されている。Ant：前部。**(B)** 電極アレイの位置を示す頭蓋骨の X 線画像。**(C)** カーソル制御に用いられた電極により得られた，患者からの生の ECoG 信号。上の波形：患者が安静状態にあるときの ECoG 信号であり，この状態ではカーソルが下に移動する。下の波形：患者がカーソルを上に移動させるために「move」という単語を言うことをイメージしたときの ECoG 信号。**(D)** (C) の実験での安静（上の曲線）とイメージ（下の曲線）の際の，振幅スペクトル。（Leuthardt et al., 2004 より）

れた ECoG 信号について，0 〜 200 Hz のパワースペクトルが計算された（研究者は効率上の理由のため，フーリエ変換の代わりに自己回帰法〔4.4.3 項〕を使用した）。

　各患者で，3 つの動作あるいはそれらのイメージ課題の 1 つと最も高い相関をもつということに基づいて，1 つまたは 2 つの電極と 4 つ以下の周波数帯域が選択された（これは，相関係数の 2 乗である r^2 を用いて行われたが，r^2 は**決定係数**〔coefficient of determination〕と呼ばれることもある）。次に，患者はこれらの ECoG の「特徴量」である振幅を用いてカーソルを上下に移動させるが，例えば右手の運動をイメージしてカーソルを上に動かし，安静にして下に動かす。課題は，画面の左端から右に一定の速度で移動しているカーソルを上または下に偏向させて，画

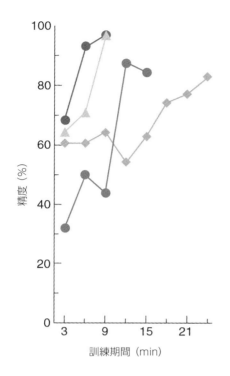

◀図 8.3　ECoG を用いたカーソル制御の高速学習　グラフは，4 人の患者で数分間の訓練コースにわたってカーソル制御が改善されたことを示している。カーソル制御は，2 つの標的のうちの 1 つにヒットする精度の点から評価された（偶然レベルの精度は 50%）。カーソルを制御するために，患者 1（上側の円）と患者 2（三角形）は「move」という単語を言うことをイメージし，患者 3（ひし形）は右手を開閉することをイメージし，患者 4（下側の円）は舌を突き出すことをイメージした。(Leuthardt et al., 2004 より)

面の右端の上半分または下半分にランダムに配置された標的に命中（ヒット）させることであった。

　カーソルの垂直方向の位置は 40 ms ごとに更新され，（事前に）選択された電極の直前の 280 ms 間の ECoG データから（事前に）選択された周波数帯域の，振幅の重み付き線形和に基づく変換アルゴリズムによって制御された。その重みは，課題実行（例えば手の運動をイメージすること）でカーソルを上に移動し，安静で下に移動するように選ばれた。この関係は，実験に先立って患者に説明された。

　3〜24 分間続いたトレーニング期間の後，4 人の患者全員が，74〜100％の範囲の精度でカーソルの制御に成功した（図 8.3）。図 8.2C は，1 人の患者がカーソルを下に移動するために安静にしたとき（上の曲線）と，カーソルを上に移動するために「move」という単語を言うことをイメージしたとき（下の曲線）に，カーソル制御に使用された電極からの生の ECoG 信号を示している。イメージ想起中に低周波振動の顕著な減少がみられる——これは，図 8.2D に示す振幅スペクトルで定量的に確認できる。この場合，カーソルは，患者が 20.5〜22.5 Hz の周波数帯域における振幅を変化させることによって 97％の精度で制御された。

　これらの初期の ECoG BCI の結果は，その後シアトルで実施された一連の実験で再現された（Leuthardt et al., 2006）。その実験ではさらに 4 人の患者が，1 次元のカーソル制御で高い精度

172　第 III 部　主要なタイプの BCI

（73 〜 100％）を達成した。さらに興味深いことに，研究者らはオンライン BCI 制御の間，次の
ような ECoG 信号特徴量の様々な変化を観測した。すなわち，重要な ECoG 特徴量の隣接する
皮質への空間的な広がりや，元のスクリーニング課題と比較して大きく異なった一連の重要な特
徴量の出現などである。後者の場合，新しい重要な ECoG 特徴量へ切り替えることにより，精
度がただちに 71％から 94％に向上した。さらに研究者らは 1 人の患者について，（他の患者の
硬膜下電極の場合と比較して）硬膜外 ECoG 電極に基づくカーソル制御も実証した。

2 次元カーソル制御

上述した 1 次元カーソル制御の結果は，Schalk，Ojemann および共同研究者（2008 年）によっ
て 2 次元に拡張された。5 人の患者が研究に参加し，26 〜 64 個の硬膜下電極（グリッドまたは
ストリップ型の電極）が，感覚運動野を含む大脳皮質の前頭 - 頭頂 - 側頭領域に留置された。こ
の研究は，（1）適切な BCI 特徴量を特定するための運動課題を用いたスクリーニング，（2）1
次元のカーソル制御，（3）2 次元のカーソル制御，の 3 つの段階で構成されていた。

　スクリーニング段階では，被験者は手を開閉する，舌を突き出す，顎を動かす，「move」とい
う単語を言う，両肩をすくめる，足を動かす，個々の指を動かすなどの運動または運動イメージ
の課題を実行した。1 次元制御の研究と同様に，課題に関連して最大の振幅変化を示す ECoG の
特徴量（特定の電極と周波数についての振幅）が，課題実行と安静について，特徴量の試行にわ
たる平均値の 2 つの分布間の決定係数 r^2 を計算してそれぞれ特定された。この測定基準は，基
本的に課題によって占められる特徴量の分散の割合を測定し，被験者が特定の特徴量をどの程度
制御しているのかを反映している。空間分布とスペクトル分布において互いに独立した課題のペ
アと，それらの最も重要な ECoG 特徴量が特定され，水平または垂直方向のカーソル運動を制
御するために割り当てられた。

　第 2 段階では，被験者は最初に水平方向のカーソル制御を訓練し，次に垂直方向のカーソル
制御を訓練した。被験者は，上で特定された ECoG 特徴量の 1 つ以上を使用して，各次元の運
動を制御した。被験者は，選択された ECoG 特徴量に基づいて適切なカーソル運動に用いるイ
メージのタイプについて，事前に情報を与えられた。各試行において被験者には，画面中央に置
かれたカーソルと共に，2 つの標的（左端 / 右端または上端 / 下端）の 1 つが提示された。被験
者の課題は，選択された ECoG 特徴量を調節してカーソルを標的に移動することであった。カー
ソルの運動は，1 〜 4 個の ECoG 特徴量の値の重み付き線形和に基づいていた。重みは手動で選
択され，通常は特徴量の変化について増加または減少をカーソル運動の所望の方向（上下または
左右）に割り当てるために，＋ 1 または− 1 のいずれかとした。特徴量の値は，直前の 280 ms
（被験者 A 〜 D）または 64 ms（被験者 E）の ECoG データから計算された。先行研究と同様に，
被験者は素早く正確な 1 次元制御能力を獲得した。

　2 次元制御は，被験者が以前に 1 次元課題で別々に制御することを学習した ECoG 特徴量を組

み合わせることによって実装された。すなわち，水平および垂直方向のカーソル運動は，選択された水平方向および垂直方向の一連の ECoG 特徴量の組によって，同時にかつ連続的に制御された。被験者の課題は，コンピュータのカーソルを画面の中央から，画面の外縁にある 4 つの場所の 1 つに現れる標的まで移動することであった。カーソルが所定の時間内に標的に到達できなかった場合，カーソルと標的が消え，その試行は失敗として記録された。

図 8.4A は 5 人の被験者の学習曲線であり，12 〜 36 分にわたる訓練期間で成績が改善してい

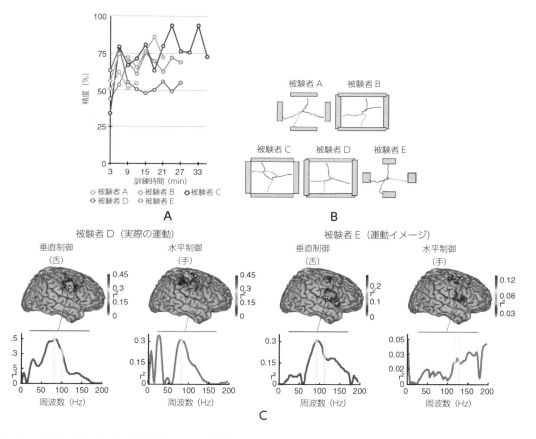

図 8.4　ECoG を用いた 2 次元カーソル制御（同じ図のカラー版については，313 頁のカラー図版を参照）（**A**）訓練時間の関数としての 5 人の被験者の成績向上の様子。（**B**）各被験者の 4 つの標的への平均カーソル軌跡。（**C**）被験者 D および E の，皮質活動と垂直 / 水平カーソル運動の間の相関。相関は，様々な皮質領域について，課題関連制御のレベルを示す r^2 値として表されている。被験者 D は，垂直方向と水平方向のそれぞれの制御のために，実際の舌と手の運動を用いた。被験者 E は，同じ活動のイメージを使用した。下のグラフは，オンラインカーソル制御に用いられる位置（星で示されている位置）について，これらの相関値を周波数の関数として示している。オンライン制御に用いられる周波数帯域は，2 つの黄色のバーにより区切られている。（Schalk et al., 2008 より改変）

174 第 III 部 主要なタイプの BCI

ることを示している。5 人の被験者全員がカーソルを制御して適切な標的に導く方法を学習することに成功し，平均ヒット率は 53 〜 73％の範囲であった（この課題で偶然による選択を行った場合のヒット率は 25％）。図 8.4B は，5 人の被験者のそれぞれのカーソルの軌跡の平均を示す。図 8.4C は，2 人の被験者の脳表面の様々な場所での皮質活動とカーソル運動の間の相関を示している。下のグラフはこの相関を，カーソル制御に用いられた電極について，周波数の関数として示している。グラフに見られるように，制御に最も有用な特徴量は，感覚運動野上の電極から記録された「高ガンマ」周波数（＞ 70 Hz）の振幅である。オンライン制御に実際に使用される周波数帯域が 2 つの黄色のバーによって区切られている。この位置 / 周波数帯域は早期に行ったスクリーニングに基づいて選択されたが，オンラインカーソル制御に必ずしも最適なものではないことがわかる。

BCI の使用による ECoG 活性の増幅

前 2 項で述べた ECoG 研究では，運動イメージまたは実際の運動の一方に依拠して，脳に基づいたカーソル制御を実証した。では，運動イメージは実際の運動と同様の領域を活性化するのだろうか？　脳波と fMRI を用いた研究は，肯定的な答えを示唆している。ECoG についても同じことがあてはまることが，Miller，Rao および共同研究者（2010 年）により，8 人の被験者が明らかな行動と，それらと同じ行動をイメージする研究で実証された。

　この研究は，「高周波数」（76 〜 100 Hz）および「低周波数」（8 〜 32 Hz）帯域の ECoG パワーに焦点を当てた（図 8.5A）。予想どおり，運動イメージ中の ECoG 活動の空間分布は，実際の運動中の活動の空間分布によく似ていることがわかった（図 8.5B 〜 D）。ただし，イメージによって誘発された皮質活動の振幅は，より小さかった（実際の運動に伴う振幅の約 25％）。より重要なこととして，高周波帯域（high-frequency band：HFB）の活動が，低周波帯域（lower-

（▶右頁の図）**図 8.5　運動中とイメージ中の ECoG 活動の比較**（同じ図のカラー版については，314 頁のカラー図版を参照）　**(A)**（左パネル）手の運動時（赤）と安静時（青）の ECoG パワースペクトル。（右パネル）手の運動イメージについての同じグラフ。データは一次運動野（B において丸で囲んだ部位）における電極からのものである。低周波数（「LFB」，8 〜 32 Hz，緑）のパワーは運動 / 運動イメージに伴って減少し，一方で高周波数（「HFB」，76 〜 100 Hz，オレンジ）のパワーは増加する。ここでは，運動イメージに伴う HFB の増加分は運動のそれの 32％であり（オレンジ色の面積を比較），LFB の減少分については 90％である（緑色の面積を比較）。**(B)** 電気刺激が手の運動（明るい青）または舌の運動（明るいピンク）を生み出す領域の電極。(A) の手の運動 / 運動イメージのデータは，丸がつけられた電極から得られた。**(C)**（左パネル）手と舌の運動 / 運動イメージについてデータ補間された HFB の脳活性化マップ。それぞれ絶対活性化最大値（各皮質マップの上の数字で示されている）に対して拡大縮小されている。（右パネル）手の運動と舌の運動の間（黄），手の運動と手のイメージの間（明るい青），舌の運動と舌のイメージの間（明るいピンク）の重複の定量化。（次頁へ続く）

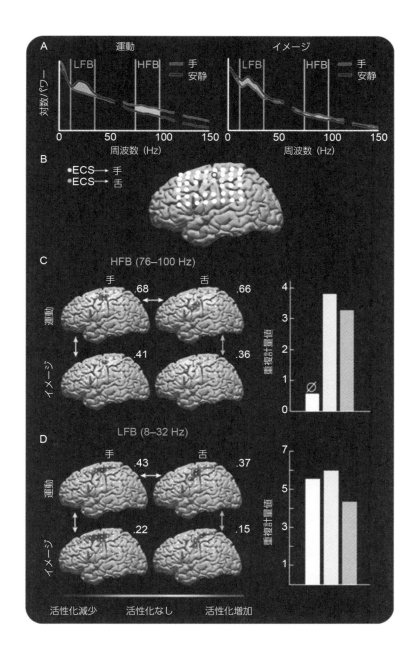

（前頁から続く）(**D**) C と同様，ただし LFB について示す。HFB のケースでは，手の運動と舌の運動の間に有意な重複がなく（棒グラフの∅で示されている），LFB に比べてより強い局在化を示していることに注意されたい。あわせて，すべての場合での運動と運動イメージ間の有意な重複（P 値 $< 10^{-4}$）にも注意されたい。(Miller et al., 2010 より)

176 第 III 部　主要なタイプの BCI

frequency band：LFB）の活動と比較していっそう局在化していた（図 8.5C と 8.5D を比較せよ）。
これは ECoG BCI において，LFB に比べてより高い空間分離可能性を利用するために HFB を
使用する動機付けになっている。

　次に研究者らは，この運動イメージに関連する活動を 1 次元のカーソル制御にかかわる BCI
課題で用いた場合に，どのように適応させられるのかを調べた（図 8.6A）。課題は，画面の上
端または下端にランダムに置かれた標的にカーソルを移動するというものであった。カーソルの
速度は HFB におけるパワーによって決定された（図 8.6A の式を参照）。すなわち，基準値を超
えてパワーが増加するとカーソルを上に移動し，パワーが減少するとカーソルを下に移動した。

　BCI 研究に参加した 4 人の被験者は，事前に選択された HFB のパワーを用いてカーソルを制
御することを素早く（5 〜 7 分で）学習した（図 8.6B および図 8.6C）。被験者 1 は単語の繰り
返しのイメージ（単語「move」を言うことをイメージする）を使用して 94％の精度を達成し，
他の 3 人の被験者は舌，肩，舌のイメージを用いて，それぞれ 90％，85％，100％の精度を達成
した。

　さらに興味深いことに，高周波数の ECoG 活動の空間分布は学習中に定量的に保たれていたが，
イメージに関連した ECoG 活動の振幅は大幅に増加した（図 8.6C）——ほとんどの場合，この
新しい活動は，実際の運動中に観測された活動を「上回って」さえいた。言い換えれば，運動イ
メージが BCI フィードバックと結合することでイメージに関連した活動が増幅しており，これ
は Fetz と共同研究者の実験におけるオペラント条件づけによる単一ニューロン活動の増幅（7.1.1

（▶右頁の図）図 8.6　BCI カーソル課題学習中の皮質活動の増幅（同じ図のカラー版については，
315 頁のカラー図版を参照）　**(A)** 最初の運動スクリーニング課題を用いて，ECoG の「特徴量」，
すなわち特定の電極 - 周波数 - 帯域の組み合わせ（脳画像において金色に着色された，一次舌皮質に
位置する電極〔図 8.5B 参照〕，HFB 79 〜 95 Hz）を同定した。この特徴量のパワー $P(t)$ と全試行
にわたる平均パワー P_0 を用いて，示されている線形方程式により 1 次元カーソルの速度を制御した。
被験者は「move」という単語を言うことをイメージしてカーソルを 1 つの標的（「能動的な」標的）
に移動するように，さらには安静にして（あるいは「何もしない」ことで）カーソルをもう一方の標
的（「受動的な」標的）に移動するように指示された。**(B)** 4 つの連続したカーソル課題のラン（一
連の試行）中の，選択された ECoG 特徴量の相対パワー（パワー比）が示されている。赤いドット：
能動的な標的の試行中の平均パワー。青いドット：受動的な標的の試行中の平均パワー（十字架：外
れ値）。緑の線：受動的 / 能動的な試行全体にわたる平均パワー P_0。黒の線：「識別指標」（直前の能
動的な標的の 3 試行と，直前の受動的な標的の 3 試行における平均パワーの差を平滑化した量）。標
的の的中精度（C に表示）は，被験者が中間のダイナミックレンジを見つけたときに最も高くなった
（訳注：識別指標が中間的な値をとるとき，すなわち能動的試行と受動的試行の平均パワーの差が一定
程度の値になるとき）。**(C)** HFB と LFB の活性化の空間分布，および 4 つのランのそれぞれにおける
標的の的中精度。それぞれの脳画像の近くの数字：最大（絶対値）活性化。最終的な活性化は，カー
ソル制御に使用された電極で最も顕著であることに注意されたい。(Miller et al., 2010 より)

第 8 章　半侵襲型 BCI　177

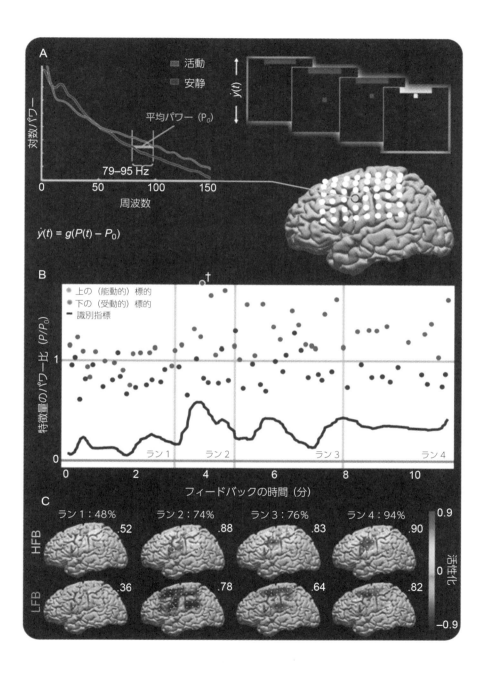

項）に似ている。さらに，5 〜 8 分間の訓練の後，運動イメージをやめて，カーソルの上下移動を直接考えるように代わったと報告した被験者が数名いた。

分類器を用いた ECoG 信号の解読

上記の ECoG BCI 研究は，特徴量の手動選択（スクリーニング課題に基づいた）および，特徴量の値とカーソル速度の間の直接の線形マッピングに依拠したものであった。その代わりに，分類器（5.1 節）を用いるアプローチがある。この手法は，分類器が入力として多数の特徴量を取り込み，最高精度を得るために特徴を重みづけする方法を自動的に決定する。Shenoy，Rao および共同研究者（2008 年）は，64 〜 104 個の硬膜下 ECoG 電極を埋め込まれた 8 人の患者でこの方法を調査した。8 人の被験者すべてが視覚的合図に反応して手または舌の運動を繰り返した。6 人の被験者は対応する運動イメージ課題も実行した。

　すべての被験者とすべての ECoG チャネルについて，同じ 2 つの周波数帯域の特徴量である LFB（11 〜 40 Hz）と HFB（71 〜 100 Hz）が，課題実行中の 1 〜 3 秒のデータから抽出された。前項で示されたように，運動に伴って LFB の減少と HFB の増加が見られ，この様子を図 8.7 に示す。すべてのチャネルにわたる一連の特徴量が，4 つの異なるタイプの線形二項分類器（5.1.1 項）への入力として供給された。すなわち，正則化線形判別分析（regularized linear discriminant analysis：RLDA または RDA），サポートベクターマシン（support vector machine：SVM），およびこれら 2 つの方法の「スパースな（疎な場合の）」変形であるスパースなフィッシャーの線形判別（linear sparse Fisher's discriminant：LSFD）と線形計画マシン（linear programming machine：LPM）と呼ばれる分類器である。5.1.1 項で見たように，線形二項分類器は次の式に基づく：

$$y = \text{sign}(\mathbf{w}^T \mathbf{x} + w_0)$$

したがって，重みベクトル $\mathbf{w}$ の成分を用いて，$\mathbf{x}$ の中のどの特徴量が分類器によって重要とみなされているかを判断することができる。

　スパース線形分類器においては，誤分類を最小限に抑えるだけでなく，スパース重みベクトル（すなわち，ほとんどの成分がゼロまたはゼロに近い値をもつ重みベクトル）を得ることも目標となる。これは，最適化するコスト関数を変更して（例えば SVM についての（5.12）式における $\mathbf{w}$ に関する L2 ノルムを L1 ノルムに置き換える），スパース性と訓練データに対する誤差の間のトレードオフを許容することによって達成される。学習後に重みベクトルの非ゼロ成分を調べることにより，入力ベクトル内の多数の重要でない可能性のある特徴量から，最も重要な特徴量のみを自動的に発見して使用することができる。

　図 8.8 は，実際の舌と手の運動の識別，およびイメージした舌と手の運動の識別を行うため

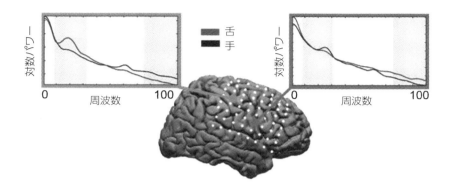

図 8.7　2 種類の運動についての ECoG 特徴量の比較（同じ図のカラー版については，316 頁のカラー図版を参照）　2 つのグラフは，大脳皮質の手の領域および舌の領域上に留置された 2 つの電極について，舌の運動課題と手の運動課題を実行中の平均パワースペクトルを示す。図 8.5A と同様に，運動により LFB（左の影付き領域）でパワーが減少し，HFB（右の影付き領域）でパワーが増加する。（左のグラフ）皮質の手の領域，（右のグラフ）皮質の舌の領域。（Shenoy et al., 2008 より）

の各分類法の性能を示す。この性能は，わずか 30 回の試行について，各試行で 1〜3 秒続く ECoG データから得られたものである。図に見られるように，（運動行動に関して）8 人の被験者にわたる最高性能は LPM 分類器で得られた（平均誤差が 6％）。運動イメージについての性能はもっと悪かったが（LPM 分類器の平均誤差は 23％），偶然レベル（50％）を大幅に上回っていた。クラスあたりわずか 30 個のデータサンプルでこのような成績が得られたという事実は注目に値する。

研究者らはまた，分類器によって学習された重み w も分析して，どの入力特徴量（電極と高周波帯域または低周波帯域の組み合わせ）が分類器によって重要であるとみなされていたかを調査した。各被験者の分類器の重みを単位長に正規化し，X 線写真から推定された電極位置を使用して標準脳に投影した。図 8.8C と 8.8D は，すべての被験者の重みベクトルの累積値の標準脳への投影を示す（各電極位置における球状ガウスカーネルを脳全体にわたる補間に用いた）。図は，課題と関連する体性感覚性の部位において，被験者にわたる重要な特徴量の空間クラスターを示している。スパース分類器はより局所化した特徴量を選択し，とりわけ運動イメージ課題の場合に顕著である。これは，分類器の重みに基づく **特徴量選択（feature selection）** の方法を与えている。実際に研究者は，分類性能に著しい影響を与えることなく，分類に必要な特徴量の数を特徴量全体の約 20％まで削減可能であることを示すことができた。

180 第 III 部　主要なタイプの BCI

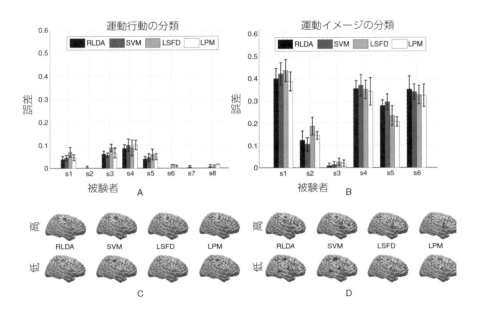

図 8.8　運動と運動イメージについての ECoG 信号の分類（同じ図のカラー版については，316 頁のカラー図版を参照）　**(A)** 8 人の被験者にわたる，各分類器についての手の運動対舌の運動の分類誤差。分類誤差は，交差検証法に基づいて測定された（5.1.4 項参照）。**(B)** 手の運動イメージ対舌の運動イメージの分類誤差。**(C)**，**(D)** 分類器ごとに全被験者にわたって累積した重みベクトルを，低周波数帯の特徴量と高周波数帯の特徴量に分けて標準脳へ投影した図。運動に関する重みは (C) に示され，運動イメージについての重みは (D) に示されている。赤は大きな正の値を示し，青は負の値を示す。スパース手法（LPM および LSFD）は空間的に，より焦点を絞った特徴量を選択していることに注意されたい。(Shenoy et al., 2008 より改変)

腕の運動制御用の ECoG BCI

第 7 章において，サルの運動野におけるニューロンのスパイク活動を用い，手の位置や速度などの適切な運動学的パラメータを解読することによって，義手の制御が可能であることを見てきた。そのような情報は ECoG 信号からも解読できるのであろうか？

　Schalk と共同研究者による研究（2007 年）では，ECoG 電極を埋め込まれた患者 5 人が，ジョイスティックを使用してコンピュータ画面上の 2 次元カーソルを移動した。課題は，反時計回りに円を描いて移動する標的を追跡することであった。ECoG は，感覚運動野の一部を含む前頭 - 頭頂 - 側頭領域の上に留置された 48 または 64 電極グリッドを用いて記録された。各電極からの信号は，共通平均基準法（common average referencing：CAR）を用いて前処理された（4.5.1 項）。

　研究者らは，いくつかのチャネルでは ECoG 電圧レベルが運動学的パラメータと直接相関しているように見えることを明らかにした。すなわち，ECoG 信号は周波数領域ではなく時間領域

で振幅変調されていた。その基礎となる神経信号は，**局所運動電位（local motor potential：LMP）** と呼ばれている。図 8.9A に見られる LMP の例は，60 秒間にわたる 1 人の被験者の ECoG 信号とカーソルの位置を示している。感覚運動野（図 8.9B）上のチャネルに反映された LMP は，カーソル位置と明確な相関を示している。この相関は，図 8.9C に示されている拡大例でとりわけ明瞭である。

ECoG 信号の解読能を定量化するために，実験者らは各 333 ms の時間区間（166 ms ずつ重複）で ECoG 信号を周波数領域に変換し，1 Hz 単位で 0 〜 200 Hz のスペクトルの振幅を計算した。次に，これらのスペクトル振幅を個別の周波数範囲（8 〜 12 Hz, 18 〜 24 Hz, 35 〜 42 Hz, 42 〜 70 Hz, 70 〜 100 Hz, 100 〜 140 Hz, 140 〜 190 Hz）で平均して，7 つのスペクトル特徴量を得た。これに 8 つ目の特徴量として生の未処理信号の 333 ms の移動平均を追加して，LMP

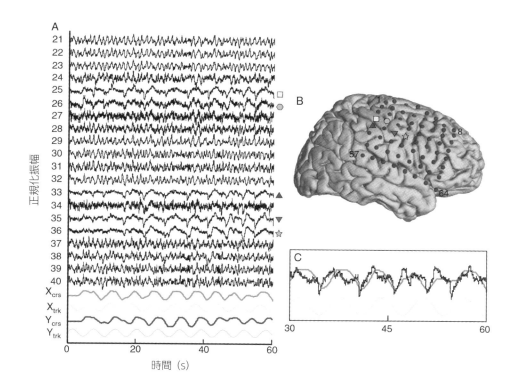

図 8.9　標的追跡課題実行中の ECoG 活動　**(A)** ECoG 信号（チャネル 21 〜 40）と，被験者に制御されたカーソル（crs）および追跡対象の標的（trk）の X, Y 座標。カーソル位置と相関がある（および LMP を示している）チャネルが記号で示されている。**(B)** ECoG 電極の位置（記号は LMP を表している位置を表す）。**(C)** チャネル 35 からの ECoG LMP の拡大図と，カーソルの X 座標（太く濃い曲線）および標的の X 座標（下の細い明るい曲線）。(Schalk et al., 2007 より)

をとらえた．これらの ECoG の特徴量は 4 つの線形モデル（5.2.1 項）で用いられ，それぞれのモデルで 4 つの運動学的パラメータを 1 つずつ予測した．すなわち，垂直および水平方向のカーソル位置，そして垂直および水平方向のカーソル速度である．図 8.10 の例で示されているように，ECoG から予測された位置と速度は，標的を追跡するための手の円運動に由来する実際のカーソル位置および速度とよく相関している．運動学的パラメータにわたる平均相関は，被験者全体で 0.35 ～ 0.62 の範囲であり，これはサルに侵襲的な電極アレイを使用して得られた相関の範囲内である．研究者らはまた，運動皮質の単一ニューロンと同様に，LMP ECoG 特徴量も余弦（関数で近似される）運動方向調整（cosine directional tuning）を示すことを見出した．これは，ECoG LMP と基礎となる運動ニューロン活動との間に直接的な関連があることを示唆している．

ECoG 信号が手の運動を予測する能力については，被験者がマニピュランダムを使用して 3 × 3 グリッドに配置された 9 つの標的位置候補の 1 つにカーソルを移動する実験により，追加検証が行われた（Pistohl et al., 2008）．解読には，状態ベクトルが X および Y 方向の手の位置と速

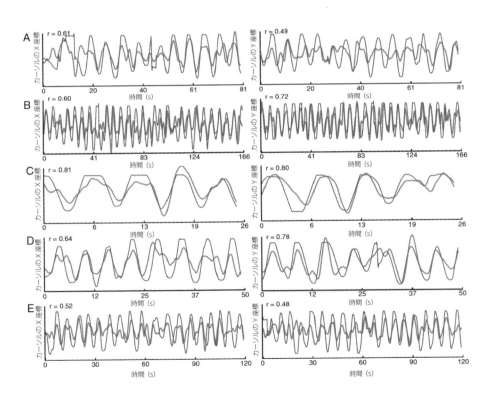

図 8.10　ECoG を用いた運動学的パラメータの解読　(A) ～ (E) は，5 人の被験者についての実際の（細線）および解読した（太線）カーソルの X，Y 座標の例を示す（これらの例についての相関係数 r が左上隅に示されている）．(Schalk et al., 2007 より)

度で構成されるカルマンフィルタ（4.4.5 項）が用いられた。7.2.1 項で説明したカルマンフィルタモデルと同様に，時刻 t における状態ベクトルは，観測された神経データと線形の関係にあった。この場合の神経データは，過去のある時刻 $t - \tau$ におけるすべての電極からの ECoG 信号をローパスフィルタ処理した成分がそれに相当した。研究者らは，カルマンフィルタが実際に行われた運動をおおよそ追跡し，実際の位置と予測位置の間の相関係数が 6 人の被験者で 0.16 〜 0.45 の範囲にあることを明らかにした。最も高い相関は，遅延時間 τ を約 94 ms にしたときに得られた。

手義手の制御用の ECoG BCI

上記の実験は，ECoG 信号から手の位置と速度を解読できることを実証した。それでは，ECoG を使用して個々の指の運動を解読することも可能なのだろうか？

　この問題を調査するために，Shenoy，Rao および共同研究者（2007 年）は，64 電極の ECoG グリッドを埋め込まれた 6 人の被験者が，コンピュータ画面上の視覚的合図に反応してグリッドが留置された位置と反対側の手指を動かす実験を行った。被験者は，休憩時間を挟んで 2 秒間隔で片手のそれぞれの指の動きを繰り返した。指の瞬時的な位置は 5 センサのデータグローブを用いて測定され，ECoG の記録信号と同時にディスクに書き込まれた。各センサは指の曲がる角度を測定し，指ごとに 1 つの測定値を提供した。図 8.11 は，実験中における指の位置の測定値の例を示している。

　指の運動中の ECoG 信号を周波数領域に変換し，11 〜 40 Hz，71 〜 100 Hz，101 〜 150 Hz 帯域におけるパワーを 64 チャネルの各々で抽出して，合計 192 次元の特徴ベクトルを得た。この特徴ベクトルを，サポートベクターマシン（SVM）と線形計画マシン（LPM）の 2 つの分類器への入力として使用した（上記の項を参照）。ここでの目的は，どの指が動いているのかを予測することであり，多クラス分類課題である（5.1.3 項）。多クラス分類にはすべてのペアを用いた手法が用いられた——すべての 2 クラスのペアについて別々の分類器を訓練し，合計 10 個（$_5C_2$）の分類器を使用した。訓練の後，新しい入力を各分類器により分類し，分類器が出力した指のクラスに 1 票を入れて，最大票数のクラス（指）を出力として選択する（5.1.3 項で述べた多数決〔majority voting〕のことである）。

　図 8.12 は，6 人の被験者にわたる指の分類における 5 クラスの誤差を示している。誤差は 5 分割交差検証を用いて求められた（5.1.4 項参照）。図に見られるように，LPM 分類器は一貫して SVM 分類器より優れていた。6 人の被験者の平均誤差は，LPM で 23％ であった（偶然の分類による誤差は 0.8 または 80％）。

　さらに興味深いことに，研究者らは，ECoG を使用してどの指が動かされているかを連続的に追跡できることを明らかにした。シグモイド型の確率出力関数を各クラスペアごとの分類器に用いて，クラス条件付き確率の単一ベクトルを生成した。静止期間を追加クラスとして，出力ク

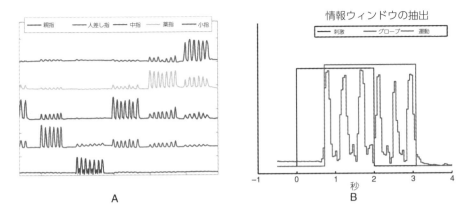

図 8.11 データグローブを使用した指の運動の測定 (**A**) 5 本指の運動センサから得た測定値。曲線は下から上に向かって，それぞれ親指，人差し指，中指，薬指，小指に対応している。グラフに見られるように，独立した運動の度合いは指ごとに異なり，親指は他の指からほぼ独立している。(**B**) 被験者に特定の指の運動を行うように指示している刺激期間（0 から始まる箱型の線），その指のデータグローブの測定値（複数のピークを伴うノイズの多いトレース；刺激に対する反応に遅れがあることに注意されたい），運動を推測した時間ウィンドウ（2 つ目の箱型の線）。(Shenoy et al., 2007 より)

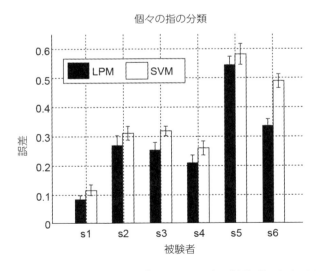

図 8.12 ECoG を用いた指の運動の分類 グラフは，6 人の被験者にわたる LPM 分類器および SVM 分類器の 5 クラスの交差検証による誤差を示す（5 クラス分類の偶然レベルの誤差は 0.8 または 80% である）。(Shenoy et al., 2007 より)

ラスの数は 6 であった．1 秒のデータウィンドウを用いて 40 ms ごとに ECoG 特徴量を計算し，これらの特徴量を確率的多クラス分類器を用いて分類した．図 8.13 に，分類器の出力の経時的な変化を，上部の色付きの線分で示す正しいラベル（すなわちどの指が動いたか）と共に示す．分類器が運動の開始と静止期間を正確に識別し，正しい指（および同時に動いている可能性のある隣の指，図 8.11A 参照）について高い確率を出力することがわかる．同じグループによる最近の研究は，片半球の ECoG 信号から同側の手の運動が識別できることを明らかにしている．これは，片半球の損傷後に，もう一方の損傷を受けていない半球からの信号を用いて（損傷のない半球と）同側の運動制御を取り戻せる可能性を示唆している（Scherer et al., 2009）．

他の実験では，ECoG パワースペクトルの主成分分解（4.5.2 項の PCA 参照）により，個々の指の空間的に異なる表現を明らかにできることが実証されている（Miller et al., 2009）．10 人の

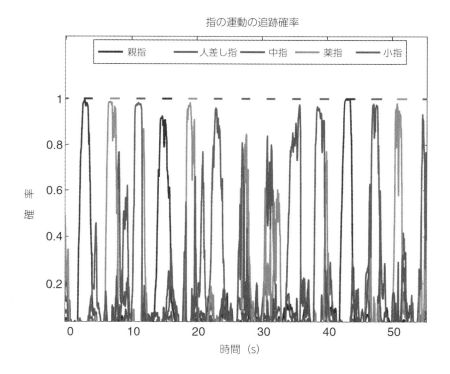

図 8.13 ECoG を使用した指の運動の追跡　（同じ図のカラー版については，317 頁のカラー図版を参照）　1 秒ウィンドウの ECoG に対する 6 クラス分類器の連続的な確率の出力値であり，40 ms ごとに更新したものを示す．上部のカラーの線分は，真のクラスラベル（実際に動いた指）を示す．「静止」状態の確率は示されていない．ほとんどの場合において，分類器は運動の開始と終了，およびどの指が動いているかを正しく識別している．(Shenoy, 2008 より)

被験者に上記の指の運動課題を実行するよう依頼し，その運動がデータグローブを用いて記録された（図8.14A）。各ECoG電極のデータについて，各運動中の最大屈曲時刻を中心とした1秒間のデータ区間からパワースペクトルが計算された。スペクトルは各周波数において平均値で割って規格化され，その対数が求められた。PCAのために周波数間の共分散行列が計算され，この行列の固有値と固有ベクトルが計算された。

主スペクトル成分（principal spectral component：PSC）として知られる固有ベクトルは，運動中のロバスト（安定）で共通する特徴量をとらえた。具体的には，本分析手法によって2つの主スペクトル成分が，すべての被験者にわたって明らかになった（図8.14C～E）：第1 PSCは5～200 Hzのすべての周波数での広帯域スペクトルの変化に対応し，第2 PSCは脳波研究ですでに報告されていた「事象関連脱同期（event-related desynchronization：ERD）」現象（9.1.1項参照）に対応する低周波数の狭帯域リズムを反映している。広帯域のスペクトル変化に対応す

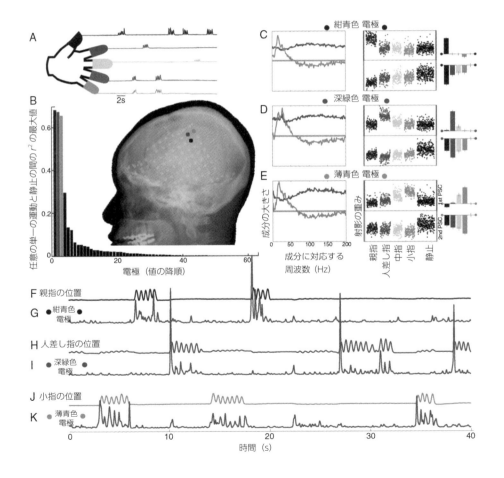

る PSC は，個々の指について空間的に別々の表現を示し（図 8.14B），個々の指の時間的な運動の軌跡を再現した（図 8.14F～K）。

　広帯域のスペクトル変化と運動の間の関係に加えて，局所運動電位（LMP；上記参照）が，把持動作中の個々の指の位置と相関することも知られている。ECoG 電極を埋め込まれた 4 人の被験者が，ゆっくりした把持動作で手を開いたり閉じたりした（Acharya et al., 2010）。この運動は 18 個のセンサが内蔵されたワイヤレスのサイバーグローブ（CyberGlove）を用いて記録され（図 8.15A），得られた測定値が PCA を用いて変換された。第 1 主成分（PC）は分散の 90％以上を占め，すべての被験者において手のゆっくりとした開閉動作に対応していた。第 2 主成分以下の 5 つの PC は各々，個々の指の位置の変動に対応していた。

　次に，ECoG 信号を長さ 2 秒の移動平均ウィンドウを用いてローパスフィルタ処理し，各電極について LMP の推定値を得た。得られた LMP から線形フィルタ法（(7.2) 式）により個別のフィルタを用いて手の運動の各 PC を予測した。図 8.15B に示されている結果は，ECoG 信号から抽出された LMP を用いて，手の開閉（第 1 PC）および個々の指の位置（他の PC）の両方を解読できることを示している。さらに，これらのフィルタは，どのセッションからのデータで訓練しても複数のセッションおよび複数の日にわたって性能がロバストであり，これらのセッションにわたって手首の角度，肘の屈曲，手の位置の変化に対して変わることはなかった。

（◀左頁の図）**図 8.14　PCA によって明らかになった，ECoG における個々の指の運動表現**（同じ図のカラー版については，317 頁のカラー図版を参照）　**(A)** 合図による屈曲伸展運動中にデータグローブによって測定された指の位置。**(B)** 指の運動と静止についての第 1 主スペクトル成分（PSC）へのサンプル射影の重みの間の相互相関。カラーコード（紺青色：親指，深緑色：人差し指，薄青色：小指）で示されているように，異なる指の運動についての空間的特異性を示している。C ～ K も同じカラーコードを用いている。**(C)** 左パネル：(B) の紺青色の電極の第 1 PSC（ピンク色）と第 2 PSC（金色）。中央のパネル：第 1 PSC（上）と第 2 PSC（下）からの各スペクトルサンプルについての射影の大きさを示しており，運動タイプ別（どの指を動かしているか，あるいはどの指も動かしていない〔静止〕か）に並び替えられている（黒：静止期間）。各サンプルは，単一の運動を含む 1 秒のデータ区間からのパワースペクトルへの PSC の寄与を示す。第 1 PSC は親指の運動について，安静時から特異的に増加していることに注意されたい。右パネル：棒グラフは各指の運動についての平均射影の大きさを示しており，静止サンプルの平均が差し引かれている。上側の棒グラフ：第 1 PSC，下側の棒グラフ：第 2 PSC。**(D)**，**(E)** は (C) と同様。ただし，(B) における深緑色の電極と薄青色の電極のデータである。1st PSC：第 1 PSC，2nd PSC：第 2 PSC。**(F)**，**(H)**，**(J)** は 40 秒間の親指，人差し指，小指の位置の測定値。**(G)**，**(I)**，**(K)** は (F)，(H)，(J) と同じ 40 秒間の (B) における 3 つの電極各々についての第 1 PSC への射影。図は，各電極が 1 つの運動タイプと特異的かつ強く相関していることを示している。（Miller et al., 2009 より）

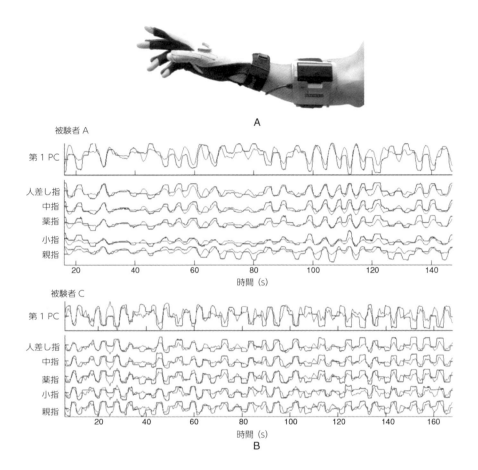

図 8.15 ECoG を用いた把持動作の予測 **(A)** 指と手首の運動を追跡するためのワイヤレス・サイバーグローブ（Immersion 社）。サイバーグローブに内蔵された 18 個のセンサは，指関節の屈曲と伸展および指の外転と内転を追跡する。**(B)** 被験者 2 人の実際の指の運動（濃い曲線）と予測した指の運動（薄い曲線）の比較。（各被験者の一番上の曲線）指の運動の第 1 PC に対する線形モデルによる解読結果。（他の曲線）個々の指の線形モデルによる解読結果。（Acharya et al., 2010 より改変）

ECoG BCI の長期安定性

侵襲型 BCI の潜在的な問題の 1 つは，免疫反応プロセスによる長期間にわたる信号の劣化である。したがって ECoG は，長期の BCI 使用のためのよりよい代替手段として提案されてきた。しかしながら，ECoG BCI が長期間にわたってどの程度の機能を果たすのかについて調査した研究は多くはない。Blakely, Ojemann および共同研究者（2009 年）は，BCI の一連の固定された（fixed set）パラメータを用いて，複数日にわたる BCI の成績を調べた。硬膜下電極を埋め込まれた被

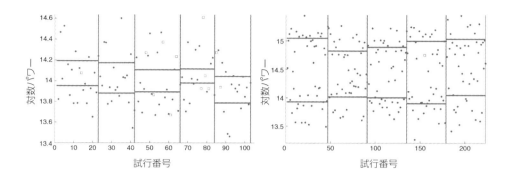

図 8.16　ECoG を用いた複数日にわたる安定した BCI 制御（同じ図のカラー版については，318 頁のカラー図版を参照）　各データ点は，5 日間にわたる最終ラン中の個々の試行についてのカーソルの上（赤）／下（青）運動中の制御周波数帯域内の合計パワーを表す（垂直バーは個別の日の境界を示す；水平バーは日ごとのすべての試行の幾何平均を表す）。失敗した試行（カーソルが標的に到達しなかった）は四角で表示されている。運動イメージ（左パネル）と実際の運動（右パネル）課題の両方について，安静中のラン（青）と比較して，舌の運動イメージ／舌の実際の運動（赤）時のすべてのランでパワーの増加が見られる。(Blakely et al., 2009 より改変）

験者は，図 8.6 の課題と同じ 1 次元 BCI 課題において，舌の運動イメージを使ってカーソルを制御した。制御用の電極と周波数帯域の組み合わせおよびパラメータ g（ゲイン）と P_0（平均パワー）（図 8.6 参照）は最初のスクリーニングに基づいて選択され，5 日間固定されたままであった。性能はすべての日でずっとロバストであり，20/2（標的的中／失敗），19/0，19/5，14/4，17/2（偶然レベルは 50％）の精度であった。図 8.16 は，毎日の最終ランに関して，それぞれの試行における上／下のカーソル制御時の合計パワーを示している。パワーのレベルは 5 日間にわたって比較的安定し，運動時と安静時がよく分離されている。このことから，ECoG BCI が，いくつかの先行研究で行われたようにセッションごとにパラメータを適応させる必要がなく，固定したパラメータ一式を用いて操作できることが示唆される。

8.2　末梢神経信号に基づく BCI

脳からの運動制御信号を活用するための侵襲性の低い取り組みとして，運動皮質から記録を行うのではなく，末梢神経から記録を行う方法がある。この手法はとりわけ，上肢の切断手術を受けた人が義手システムを制御するのに適している。一部の運動神経や感覚神経は切断後に退化するが，多くの神経線維はその機能を保っている。これらの神経線維については，脳に埋め込まれる

190　第 III 部　主要なタイプの BCI

電極アレイと類似の電極アレイを用いて記録や刺激を行うことができる。

8.2.1　神経線維に基づいた BCI

四肢切断者の場合は，切断前にその部分の筋肉を標的にしていた運動神経線維から神経活動を記録することができる。例えば，上肢切断者が肘，手首，あるいは特定の指を曲げたいときに，意思によって誘発された神経活動を運動神経線維から記録できる。同様に，以前に感覚入力を脳に伝達していた感覚神経線維を適切に刺激することによって，義手に装着されたセンサからの感覚情報を被験者にフィードバックすることができる。これらの線維を刺激することで，脳の体性感覚部に意図した運動の結果についてフィードバックが供給され，それによって人工装具の自然な閉ループフィードバック制御が可能となる。

正中神経に基づく BCI

Warwick 他による研究（2003 年）では，健康な人間の被験者 1 名が，左腕の正中神経線維に 100 本の針電極アレイを外科的に埋め込んだ。アレイ内の 20 個の活性電極が，各電極を取り囲む軸索の小さな部分集団からの活動電位を記録した。これらの電極は，軸索の刺激にも使用することができた。ある実験では，目隠しをした被験者が手義手上の力センサと滑りセンサからの刺激を経由してフィードバック情報を受け取った。被験者は，埋め込まれたデバイスを用いて目に見えない物体を掴むために適切な力を加えて，義手を制御することができた。別の実験では，被験者は手を開いたり閉じたりすることによって，電動車椅子を制御して進行方向を選択することができた。被験者は，手の感覚や運動制御の喪失感を知覚することはなかったと報告した。経皮接続部の力学的疲労のため，埋め込みデバイスは 96 日後に摘出された。被験者には測定可能な長期的な異常は見つからなかった。

　Dhillon と Horch によるより大規模な実験（2005 年）は，正中神経に基づく BCI の実現可能性を確立することを狙ったものである。上肢切断（肘またはそれより下の切断レベル）の 6 人の被験者を対象にして，切断された正中神経の線維束内にテフロンで絶縁された白金イリジウム電極が埋め込まれた。個々の電極に短時間パルスが印加され，どの電極を使用すれば触知覚／圧覚，あるいは自己受容感覚の遠位関連感覚を誘発できるのかが特定された。逆に，個々の電極をスピーカに接続し，被験者にスピーカで神経活動を聞きながら失われた上肢の運動（例えば指の屈曲）を試みるように求めることによって，運動制御チャネルが特定された。運動神経の活動を記録できる電極について，被験者は運動神経の活動レベルに線形に関連付けたカーソル位置を制御するように求められた。

　被験者はカーソル制御課題に十分に習熟した後，運動神経の活動を調節して義手を制御するように指示された（**図 8.17A**）。被験者は義手の肘と手のアクチュエータを，それぞれトルクおよび力のモードを用いて制御した。スパイクを検出するための閾値レベルが設定され，各スパイク

は出力制御信号に一定の増分を加え，選択された期間（たとえば 0.5 秒）にわたって直線的に減衰した。

感覚性能をテストするために，様々なレベルの押し込みまたは力が，親指上のひずみゲージセンサに加えられた。被験者には視覚的なフィードバックなしで，押し込みを制限のない数字で表すか，力について指のピンチ力計を両側から押すことによって評価するように求めた。図 8.17B に見られるように，被験者は押し込みや力の変化を非常に正確に判断することができた。関節位置覚については，義手の肘を様々な位置に動かして（肘の角度を変えること），被験者に再び視覚的なフィードバックなしで，対側の無傷の腕の運動を用いて肘の屈曲 / 伸展の知覚角度を一致させるよう求めた。被験者は再び，義手の肘関節の静的肢位を確実に判断することができた（図 8.17B）。

運動制御は，視覚的なフィードバックなしで握力または肘の肢位を制御するように被験者に求めることによって評価された。握力制御については，被験者は 3 つまたは 5 つの力のレベルに合わせるように求められた。どちらの場合も，有意な非ゼロ勾配をもつ（勾配がゼロと有意差がある）線形回帰が，目標の力と実際に加えられた力または肘の屈曲 / 伸展角度との間の相関について，最良の近似を与えた（図 8.17C）。

最後に，研究者らは，末梢神経に巻き付いて脳からの運動信号を記録する「カフ（cuff）」電極の有用性についても調査した（Loeb and Peck, 1996；Wodlinger and Durand, 2010）。上記の研究と同様に彼らは，患者が運動をイメージするときに，義手の肘，手首，手を制御するためにそれらの信号が有用であることを実験的に示した。

8.2.2　標的化筋肉再神経分布（TMR）

従来の義手の制御方法は，損傷のない筋肉によって作り出される EMG 信号を用いる（例：手義手を制御するための上腕二頭筋および上腕三頭筋からの EMG）。ところが，そのような技術は，身体と人工装具の両方を制御するために必要となる十分な数の無傷の筋肉が不足することによる悪影響を受ける。

標的化筋肉再神経分布（targeted muscle reinnervation：TMR）は，脳信号の経路を，切断手術中に切断された神経から無傷の筋肉へと変更する外科的処置である（Kuiken et al., 2007）。TMR の後，被験者の意図は再神経配置された筋肉の EMG 信号を誘発し，それから増幅されて義手のアクチュエータの制御に用いられる。皮膚からの感覚信号も，皮膚の感覚フィードバックのために特定の神経に送ることができるため，閉ループフィードバック制御が可能になる。

一例として Kuiken と共同研究者は，左腕が切断された被験者を対象にして，尺骨神経，正中神経，筋皮神経，および遠位橈骨神経を，胸筋（胸部の筋肉）と鋸筋の別々の部分に移行した（図 8.18，左パネル）。2 本の感覚神経が切断され，遠位端が尺骨神経と正中神経に接続された。

手術から 3 か月後，この女性患者が手を閉じたり，肘を曲げようとしたりすると，胸の筋肉がピクピク動くのを感じることができた。手術から 6 か月後，EMG テストによって，異なる種類

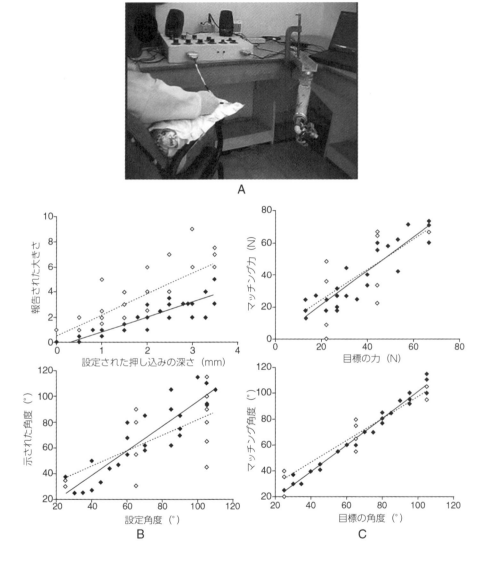

の運動をイメージすると異なる EMG パターンが現れることが明らかになった（図 8.18，右パネル）。さらに，胸やその他の TMR 領域の様々な場所に触れると，失われた手に触知覚が生まれた。被験者は再神経配置された皮膚への様々な温度，物体の鋭さ，振動，圧力を，様々な指や手のひらなどへの感覚として知覚した。

　患者に，コンピュータ処理される腕の制御器を備えた電動の肘，電動の手首ロータ，および電動の手から成る，新しい実験用装具が装着された。患者は，TMR 部位からの EMG 信号を用い

（◀左頁の図）**図 8.17 神経信号を用いたロボットアームの制御とセンシング** **(A)** 実験装置。差動増幅器および義手システムに接続されている電極が正中神経に埋め込まれた被験者を示している。**(B)** 感覚性能。（上）1日目（白抜き記号と点線）と7日目（塗りつぶされた記号と実線）における，「被験者によって報告された感覚の大きさ」対「実験者によって親指のセンサに加えられた押し込み（くぼみ）」。（下）1日目（白抜き記号と点線）と4日目（塗りつぶされた記号と実線）における，「被験者によって示された対側の無傷の肘の位置（角度）」対「実験者によって設定された義手の肘の位置（角度）」。**(C)** 運動性能。（上）1日目（白抜き記号と点線）と6日目（塗りつぶされた記号と実線）における，「被験者によって加えられた手の力」対「実験者によって設定された目標の力」。（下）1日目（白抜き記号と点線）と5日目（塗りつぶされた記号と実線）における，「被験者によって与えられた義手の肘の肢位（角度）」対「実験者によって設定された対側の無傷の肘の目標肢位（角度）」。(Dhillon and Horch, 2005 より改変)

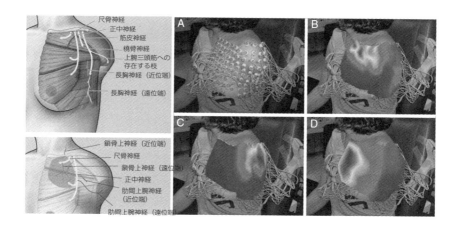

図 8.18 標的化筋肉および感覚の再神経分布（同じ図のカラー版については，318 頁のカラー図版を参照）**(左パネル)**（上）胸筋に移行された神経の描写。（下）標的化感覚再神経分布。皮膚神経が切断されて，尺骨神経と正中神経に移行された。**(右パネル) (A)** EMG 電極の配置。**(B)**〜**(D)** 肘の屈曲，肘の伸展，手を閉じる際の，それぞれの EMG（筋電図）パターン。(Kuiken et al., 2007 より改変)

て電動の手と肘を制御する訓練を行った。TMR で制御された装具を用いた 7 週間の訓練の後，患者は装具の使用に習熟し，手，手首，肘を同時に操作することができるようになった。患者は，手と肘をきわめて直感的に操作できると報告した。すなわち，手を開いたり閉じたり，肘を曲げたり伸ばしたりすることを考えることによって，それらに対応する装具の運動を生み出すことが可能になった。規格化された課題を用いた機能評価テストから，TMR を使用した場合，患者の装具の運動制御が従来の装具を使用した場合よりもほぼ 4 倍高速であることが明らかになった。さらに重要なことに，患者は新しい TMR 装具を 1 日平均 4〜5 時間，週に 5〜6 日ほど，料理

194　第 III 部　主要なタイプの BCI

や化粧，物を運ぶことから，食事，家の掃除，および洗濯をすることまでの日常生活に使用することができた。

8.3　要約

本章では，侵襲型 BCI のリスクと欠点の一部（侵襲型 BCI が血液脳関門を貫通し，時間の経過とともに信号の品質を低下させる可能性のある免疫反応プロセスを引き起こすため）を回避する半侵襲型 BCI に慣れ親しんだ。同時に，半侵襲型 BCI は，頭皮から記録される脳波による BCI よりも，より高い空間分解能，より高い信号対ノイズ比，より広い周波数範囲，およびより少ない訓練要件を提供する（第 9 章参照）。ここでは 2 種類の半侵襲型 BCI について調べた。すなわち，ECoG 信号に基づく BCI と，末梢神経信号に基づく BCI である。ECoG BCI は通常，脳手術の何日か前にてんかんの焦点をモニタ監視されているてんかん患者で実証されてきた。これらの BCI は，カーソル制御課題において比較的短い訓練期間で高い精度を達成することができる。ECoG BCI は通常，被験者が高周波数帯域（例えば 70 ～ 100 Hz）のスペクトルパワーの調節を学習することに頼っている。同じスペクトルの特徴量により指の運動を識別することも可能であるが，ECoG を用いた多指ロボットハンドの正確な操作と制御はいまだ実証されていない。

　末梢神経に基づく BCI は，BCI と人工装具の制御のためによりいっそう侵襲性の低い手法を提供する。自らの意思で正中神経から生成された運動制御信号を利用する BCI が，義手システムを制御するために用いられている。一方でこの人工システムのセンサからの感覚の測定値は，末梢神経で事前に特定された感覚神経線維の刺激を通して伝達される。TMR と呼ばれる代替手法は，義手を制御するために神経から胸筋などの損傷のない筋肉へと運動信号を迂回させ，これらの再神経配置された筋肉からの EMG 信号を利用することに基づいている。TMR は何人かの四肢切断者の生活の質を著しく改善し，TMR によって従来の人工装具ではこれまで達成できなかった様々な日常生活の仕事が実行できるようになった。

8.4　演習問題

1. 神経活動を記録するために皮質脳波（ECoG）を使用する利点について，皮質内電極と比較していくつか列挙せよ。また欠点は何か，いくつか示せ。
2. 8.1.1 項で述べたサルの ECoG BCI において，カーソルの制御を可能にするために ECoG 信号からどんな情報が抽出されたのか？　サルがカーソルを次第に上手に制御できるようになるにつれて，神経の可塑性を示唆するどんな証拠が観測されたか？
3. ECoG BCI で運動イメージに基づいて制御を行うために，決定係数 r^2 を用いて電極と周波数帯域を選択する方法について説明せよ。

4. 8.1.2 項で記述されているカーソル制御用の ECoG BCI において，ECoG 信号の特徴量に観測される変化をいくつか挙げ，これらの変化が精度にどのように影響するかを述べよ。

5. 図 8.4 に示されているような ECoG を用いて 2 次元カーソル制御を達成するために使用される方法を記述せよ。オンラインカーソル制御のために有用であることが明らかになった特徴量とは何か？

6. 運動イメージ中の ECoG 活性化の空間分布は，実際の運動中の ECoG 活性化と比べてどうか？運動イメージがフィードバックのあるカーソル制御に用いられた後，この活性化はどの程度変化するか？

7. (🧗) 8.1.2 項で Shenoy と共同研究者によって用いられた線形計画マシン（LPM）は標準の SVM とどのように異なるのか，記述せよ。SVM と比較して LPM を使用する利点は何か？分類器の重みは特徴量選択にどのように用いられるのか？

8. 多数の特徴量から特徴量を選択するために，分類器をどのように利用できるのか，説明せよ（ヒント：図 8.8 参照）。

9. 局所運動電位（LMP）とは何か？　また，LMP は運動とどのような関係があるのか？

10. 次の手法を用いて ECoG から個々の指の運動を予測する方法について説明せよ：

　a. LPM や SVM などの分類器

　b. ECoG パワースペクトルに適用された PCA

　c. 手の運動の LMP と PCA

11. ECoG BCI の長期使用と安定性について知られていることを述べよ。ECoG の埋め込みデバイスの長期使用に影響することが予測される潜在的因子をいくつか記述せよ。

12. 義手の制御に末梢神経記録を使用することの潜在的な長所と短所を，ECoG や皮質内記録と比較対照せよ。

13. 義手において，感覚の伝達と運動制御信号の記録の両方に使用されている腕の神経は何か？次の量のうち，神経を用いて測定または制御可能なのはどれか：関節の肢位，握力，押し込み，トルク。

14. (🧗) 最先端の電動上肢人工装具が何かを調べて，本章で記述されているような末梢神経に基づく BCI を用いて，これらの機器を制御したり，機器からのフィードバックを受けとったりすることが可能か否か，可能であればどのように用いられるか，考察せよ。

15. (🧗) カフ電極がどのように機能するのか説明し，より従来型の電極と比較して長所と短所を考察せよ。

16. 標的化筋肉再神経分布（TMR）とは何か？　それを用いて失った手足からの感覚を知覚できるか，または義手を制御できるか，あるいはその両方が可能か？

17. TMR に基づく BCI の長所と短所は何か，本章で述べた他の末梢神経に基づく BCI と比較して述べよ。

第9章 非侵襲型 BCI

BCI 研究の究極の目的は，高い空間分解能と時間分解能で脳信号の非侵襲的記録を利用して，複雑な機器を制御できるようにすることである。現在の非侵襲的記録技術は，ニューロンの大集団の活動によって生じる血流量の変化や電場 / 磁場の変動をとらえるが，スパイクのレベルで神経活動を非侵襲的にとらえることができる記録技術にはいまだほど遠い。このような記録技術が存在しないため，研究者は EEG（脳波），MEG，fMRI，fNIR などの非侵襲技術に焦点を絞り，これらの技術によって記録される大規模な集団レベルの脳信号を BCI に利用する方法を研究してきた。

9.1 脳波（EEG）BCI

脳波の技術は，頭皮から電気信号を記録するものである（3.1.2 項）。脳波を利用して BCI を構築するというアイデアは Vidal（1973 年）によって最初に提案されたが，その進歩は限られたものであった。1990 年代の高速で安価なプロセッサの出現がこの分野への関心を急騰させるきっかけとなり，脳波に基づいた様々な BCI 技術が発展してきた。

　脳波信号はニューロンの大集団への複合した入力を反映する。そのため，脳波信号から BCI を構築する方法は，一定期間にわたる訓練を行っている被験者により，あるいはニューロンの大集団を活性化できる外部刺激を用いて，ニューロンの大集団の応答を調節することに依拠している。前者の手段に基づく BCI は，被験者が刺激に束縛されずにいつでも自らの意思で制御を始めることができるので，**自己ペース型 BCI**（self-paced BCI）——または**非同期型 BCI**（asynchronous BCI）——と呼ばれている。自己ペース型 BCI は通常，一定期間の訓練の後にロバストで信頼性の高い脳波の応答を生成できる何らかの形式のイメージ（運動または認知）を利用する。**刺激に基づいた BCI**（stimulus-based BCI）——**同期型 BCI**（synchronous BCI）とも呼ばれる——は，被験者に BCI のコマンドまたは選択につながる刺激（例えばフラッシュ）を提示した後に生成される，定型的な脳応答を検出することに依拠している。したがって，制御は被験者によって開始されるのではなく，BCI による刺激の提示に紐づいている。しかし，刺激に基づく BCI は，イメージに基づく BCI と比較して，被験者の訓練が不要で，経験の浅い被験

198 第 III 部 主要なタイプの BCI

者からも比較的高い精度を得ることができるため，使いやすい。これから，これら両方のタイプ
の脳波 BCI（脳波に基づく BCI）を徹底的に調べ，それらの能力をより詳細に検証する。

9.1.1 振動電位（リズム）と ERD

イメージに基づく BCI で成功したものの多くは，特定の周波数で振動する脳波電位として現れ
る特定の脳リズムの制御を被験者が学習することに依拠している。被験者が運動したり，運動
をイメージしたりすると，ミュー（8 〜 12 Hz）やベータ（13 〜 30 Hz）などの低周波数帯域に
おけるパワーが減少し，この現象は**脱同期化**（desynchronization）（**事象関連脱同期**〔event-
related desynchronization：ERD〕と呼ばれることもある）として知られている。典型的な
実験では，ミュー帯域のパワーが，固定されたマッピング関数を用いてコンピュータ画面上のカー
ソルの動きに結合される。目的は，カーソルを所望の方向に移動して標的に当てることである。
被験者は，特定のタイプの運動（例えば，手を開いたり閉じたりすること）をイメージすること
から始め，数回の訓練セッションでミュー帯域のパワーを調節できるようになることで，カーソ
ル運動の制御を学習する。その基礎となる生理学は，ニューロン集団レベルでの条件づけ（6.2.1
項参照）に関わっている。その条件づけにおいて被験者は，多数のニューロンを協調して調節し
て，適切なパワーの変化を生み出すことを学習する。ERD に基づく非侵襲型の脳波 BCI の性能は，
12 時間程度の長さのセッションの後で 10 〜 29 ビット / 分，80 〜 95％の精度であると報告され
ている。これらの BCI は自己ペース型であることに注意されたい。

ワズワース（Wadsworth）BCI

脳の振動電位の制御に基づく最初の BCI の 1 つは，ニューヨーク州アルバニーのワズワースセン
ター（Wadsworth Center）で Wolpaw と共同研究者（1991 年）によって開発された。彼らは
4 人の被験者を対象に，片半球の中心溝上の脳波における 8 〜 12Hz のミューリズムを用いて，カー
ソルを画面中心から上端または下端に置かれた標的に移動するように訓練した（図 9.1）。脳波は，
10-20 電極法（図 3.7）における位置 C3 の前後 3 cm に配置された 2 つの電極に基づいて，バイポー
ラ空間フィルタ法（4.5.1 項）を用いて記録された。ミューリズムの振幅（9 Hz でのパワーの平
方根として計算，ボルト単位で測定）が，333 ms の時間セグメントごとに周波数分析を用いて
抽出された。この振幅は事前に設定した 5 つの振幅範囲と比較され，5 つの可能なカーソル運動
の 1 つに変換された（例は図 9.2C を参照）。その結果に基づいて，ミュー振幅が大きい場合はカー
ソルを上方向に移動して，振幅が小さいときは下方向に移動した。

　被験者がミューリズムの振幅制御を学習できるように，最初の訓練は上方向のカーソル移動の
みが可能な試行で構成された。被験者はリラックスすることを学習するよう求められ，それによっ
てミューリズムの振幅が増加して，カーソルの上向きの移動を引き起こした。この初期訓練期間
の後，被験者は上記の上端対下端の標的課題を訓練した。数週間にわたる期間を経て，被験者は

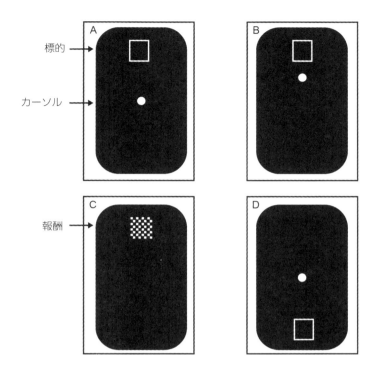

図 9.1　1 次元カーソル制御用の最初のワズワース脳波 BCI　スクリーンショットはランの例を示している：**(A)** カーソルは画面の中央，標的は上端にある；**(B)** 被験者はミューリズムの振幅を利用してカーソルを標的に移動する；**(C)** カーソルが標的にヒットすると，チェッカーボードパターンになって点滅する；**(D)** カーソルが画面の中央に再び現れ，新しい標的が現れる（ヒットしなかった場合，カーソルは中央に再び現れ，標的は同じ場所のままである）．（Wolpaw et al., 1991 より）

　ミューリズムの振幅を相当正確に制御することを学習し，通常は 3 秒以内に標的にヒットさせることができた．被験者は，カーソルを下に移動するために特定の動作（例えば重いものを持ち上げる）をすることをイメージするなどの方策をとり，他方でカーソルを上に移動するためにはリラックスすることを考えたと報告した．訓練が進むにつれて，数人が，そのようなイメージはもはや必要でなくなったと報告した．

　図 9.2 は，訓練最終日の被験者 4 人について，標的が画面の上端（破線）と下端（実線）の場合のミューリズムの振幅分布を示している．2 つの分布が離れているということは，被験者がカーソルを上下に移動するためにミューリズムの振幅を制御する能力があることを反映している．**図 9.3A** は，1 人の被験者についての周波数振幅スペクトルを図示しており，標的が上端にある場合と比較して，標的が下端にある場合にはミューリズムの周波数帯域（8 〜 12 Hz）の振

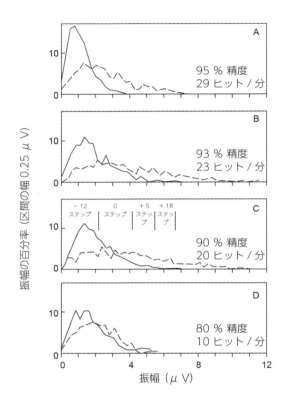

図 9.2　訓練最終日の被験者 4 人のミューリズム振幅の分布　標的が下端にあったときの分布が実線で，標的が上端にあったときの分布が破線でそれぞれ示されている。図中に挿入されている数字は，性能（精度＝ヒット数／（ヒット数＋エラー数））とヒット率（ヒット数／分）を示している。(C) の縦線は，被験者 C のミューリズムの振幅範囲からカーソル運動へのマッピングをステップアップ（＋）またはステップダウン（－）の形で示している（下端から上端へのステップの総数は 76）。(Wolpaw et al., 1991 より)

幅が減少することを明確に示している。この振幅減少は，図 9.3B に示されている脳波波形の例にも見ることができる。このようなミューリズムの振幅制御により，この課題については比較的高い全体的な性能が得られた（精度は 80 〜 95％で，ヒット率は 10 〜 29 命中／分）。

　フォローアップ研究において，Wolpaw と McFarland（1994 年）は，被験者が同じ方法で，ただし 2 チャネルの双極脳波を用いて 2 次元カーソルの運動を制御できることを示した。2 つの双極チャネルの脳波は，中心溝をはさんで対となる位置の左右半球から記録された（すなわち，10-20 電極法で FC3/CP3 の対と，FC4/CP4 の対を使用している；図 9.4（左）参照）。課題は，画面の隅の 1 つにある L 字型の標的にヒットすることであった（図 9.4（右））。左右半球のチャネルのミュー帯域（10 Hz を中心とする 5 Hz の区間）の振幅は，上／下および左／右のカーソ

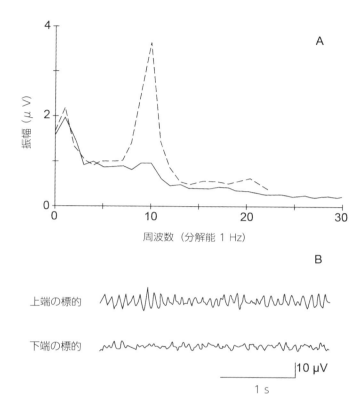

図 9.3 カーソル課題中の 1 人の被験者におけるミューリズム振幅の制御 (A) 図 9.2 の被験者 A について，標的が下端（実線）と上端（破線）にあるときの周波数振幅スペクトル。(B) 同じ被験者について，上端の標的と下端の標的の場合の脳波の波形例。上端の標的の場合にミューリズムが存在し，下端の標的の場合は被験者によって抑制されることに注意されたい。(Wolpaw et al., 1991 より)

ル運動にマッピングされた。マッピングは，左右半球のチャネルの振幅の和がカーソルの垂直方向の運動にマッピングされ，それらの差（すなわち右から左を引いた値）がカーソルの水平方向の運動にマッピングされる線形方程式に基づいていた。方程式の傾きと切片は，被験者の成績を最適化するために経時的に調節された。6 〜 8 週間で，被験者 5 人中 4 人が右半球と左半球の振幅の和と差の同時制御能力を身につけて，偶然レベル（25％）の 2 〜 3 倍の精度を達成した。

これらのミューリズムに基づいた脳波 BCI の性能は，侵襲型 BCI と比較するとどうであろうか？ Wolpaw と McFarland（2004 年）は 2 次元カーソル課題を変形したものを用いて，被験者がサルの侵襲型 BCI について報告されている範囲に入るレベルの成績を達成できることを示した。被験者は，脳波信号を用いてカーソルを移動して，コンピュータ画面上に配置された 8 つ

202　第III部　主要なタイプのBCI

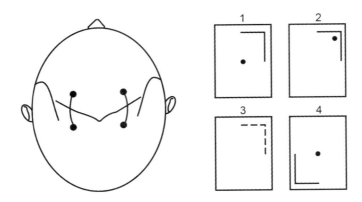

図 9.4　2次元カーソル制御のための双極脳波チャネル　(左) 各半球の中心溝を挟んだ FC3/CP3 および FC4/CP4 の電極位置から 1 つずつの双極チャネルの脳波が記録された。(右) 2 次元カーソル課題のランの例。カーソルが画面の中心から右上隅の標的に移動し、続いて左下隅に新しい標的が出現する様子を示している。(Wolpaw and McFarland, 1994 より)

の標的の 1 つにヒットさせることを求められた (図 9.5A)。脳波信号は、頭皮全体に分布する 64 の電極位置から、右耳を電位基準として記録された。右半球の C4 と左半球の C3 の電極位置からの信号が、ラプラシアンフィルタ (4.5.1 項) を用いて空間的にフィルタ処理された。この空間的にフィルタ処理された脳波活動の最後の 400 ms を用いて、ミュー (8 ～ 12 Hz) およびベータ (本研究では 18 ～ 26 Hz) 周波数帯域における振幅を計算した。カーソルの運動は、右

(▶右頁の図)　**図 9.5　ミューリズムとベータリズムを用いた 2-D (2 次元) カーソル制御**　(同じ図のカラー版については、319 頁のカラー図版を参照) (A) 8 つの標的位置の候補 (番号 1～8) と、1 試行における一連の事象の例。(B) 被験者により用いられる脳波信号の特性。この被験者の場合、垂直方向の運動は 24 Hz のベータリズムに、水平方向の運動は 12 Hz のミューリズムによってそれぞれ制御された。(上) 2 つのリズムの振幅のそれぞれと、垂直および水平の標的座標との相関の頭皮上トポグラフィ (上部が鼻、C3 と C4 が X で印されている)。トポグラフィは、正と負の相関を示すために、R^2 ではなく R についての分布を示している。(中) 振幅 (電圧) スペクトル (右側と左側のスペクトルの加重和) と、それらに対応する R^2 のスペクトル。様々な電圧スペクトル (破線、点線その他) は、4 つの垂直および 4 つの水平方向の標的座標のためである。矢印は、垂直および水平運動の変数に使用された周波数帯域をそれぞれ指す。(下) 単一試行からの脳波例。(左) 上部の標的 (標的 1) または下部の標的 (標的 6) の場合の、電極 C3 (垂直変数への主な要因) からの波形。(右) 右の標的 (標的 3) または左の標的 (標的 8) の場合の、電極 C4 (水平変数への主な要因) からの波形。(Wolpaw and McFarland, 2004 より)

第 9 章 非侵襲型 BCI 203

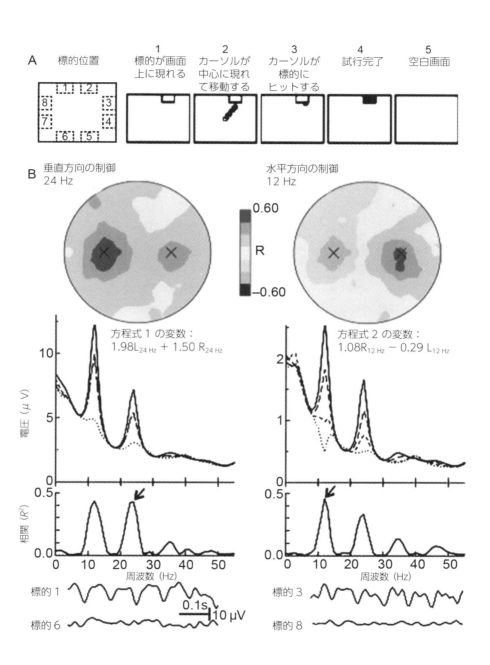

側からの2つの振幅と左側からの2つの振幅の加重和を使用して線形的に決定された。具体的には，垂直運動は $M_V = a_V(w_{RV}R_V + w_{LV}L_V + b_V)$ を使用して決定した。ここで R_V は右側の振幅（被験者により，ミューまたはベータのどちらかを使用）であり，L_V は左側の振幅である。重み w_{RV} と w_{LV} およびパラメータ a_V と b_V は，性能を最適化するためにオンラインで適応させた。同様の，異なる一連のパラメータを用いた方程式が，カーソルの水平運動 M_H を規定した。M_V と M_H の正と負の値は，カーソルをそれぞれ上下と左右に移動させる。各試行の後，重みを最小二乗平均（least mean-square：LMS）アルゴリズムを利用して適応させ，過去の試行について実際の標的位置と，M_V および M_H についての線形方程式によって予測された標的位置との間の差を最小化した。

数週間のトレーニングで，被験者は左右のミューリズムとベータリズムの振幅を制御する能力を獲得することができた（図9.5B）。LMSアルゴリズムは重みについて，ユーザが最もよく制御できるミューリズムやベータリズムの振幅にさらに重みを加えるように適応させていることがわかった。訓練後，4人の被験者は，試行のそれぞれ89％，70％，78％，および92％の割合で10秒の割り当て時間内に標的に到達することができ，平均移動時間はそれぞれ1.9，3.9，3.3，および1.9秒であった。図9.6は，各被験者の標的への平均カーソル経路を示している。被験者の成績が，人間以外の霊長類の侵襲型BCIの2点間移動課題について文献で報告されている成績と比較された。両者の成績は，移動時間，標的サイズ，およびヒット率の3つの評価尺度で比較された。移動時間とヒット率は同様であることがわかったが，標的のサイズは侵襲的研究で使用されたものの中間であった。したがって研究者らは，彼らの非侵襲型BCIの性能は，皮質に埋め込まれた電極を使用する侵襲型BCIで報告されている範囲内に収まっていると結論付けた。

グラーツ（Graz）BCI

Pfurtscheller が率いるグラーツ（Graz）BCIグループは，運動イメージに基づくBCIに関する多くの研究論文を発表している。ワズワースのWolpawと共同研究者の手法と同様に，グラーツBCIシステムはカーソルと人工装具を制御するために感覚運動野からの脳波信号の低周波数振動に依拠している。最も重要視するのは，被験者の成績を最適化するための特徴抽出技術および分類技術である。

初期の試作品は，左手の運動，右手の運動，または足の運動などの意図的な四肢の運動中の脳波パターンに基づいていた。分類精度は，電極の位置や周波数帯域などの入力特徴量を被験者に応じて適応させて最適化された。その後の研究では，一次感覚運動野が運動「イメージ」でも活性化され，対側半球での限局性の「事象関連脱同期（ERD）」と，同側半球での「事象関連同期（event-related synchronization：ERS）」が生じることが実験的に明らかにされた（図9.7）。この事実はグラーツBCIシステムによって利用され，分類器を用いて感覚運動リズムの左右差を利用してイメージが分類された。

1つの研究（Pfurtscheller et al., 2000）では，被験者に分類性能についての継続的なフィード

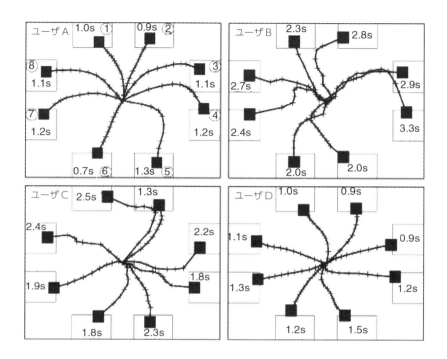

図 9.6　4 人の被験者についての標的への平均カーソル経路　平均経路は，ユーザ A では 2 秒以内，ユーザ B では 5 秒以内，ユーザ C では 4 秒以内，ユーザ D では 2 秒以内にカーソルが標的に到達したすべての試行を対象として計算された．標的内の数字は，標的までの平均時間を示す．経路上の短い線は，平均時間の 10 分の 1 の時間を示す．(Wolpaw and McFarland, 2004 より)

バックが提供された．つまり，被験者が右手または左手を動かすことをイメージすると，画面上の水平バーが右または左の境界に移動した．次の 3 つの信号処理法がテストされた：(1) 事前に定義した被験者固有の周波数帯域における帯域パワー，(2) 再帰的最小二乗アルゴリズムを用いて繰り返しのたびに推定される適応型自己回帰（adaptive autoregressive：AAR）パラメータ，(3) 共通空間パターン（common spatial pattern：CSP），である．最初の 2 つの方法では，左右の感覚運動野からの 2 つの密接した双極記録が使用され，一方で CSP 法は中心領域上に設置された密な電極配置に基づいていた．結果として得られた特徴ベクトルは，線形判別分析（linear discriminant analysis：LDA〔5.1.1 項〕）を用いて分類された．6 または 7 セッションの後，3 人の被験者について最も小さい誤差（1.8％，6.8％，12.5％）が CSP 法で得られ，AAR はわずかに高い誤差率となり，帯域パワー特徴量は最も成績が劣っていた．

　グラーツグループは，振動活動のリアルタイム分類によって得られた最大 17 ビット/分の情報転送速度（information transfer rate：ITR〔5.1.4 項参照〕）を報告している（Pfurtscheller

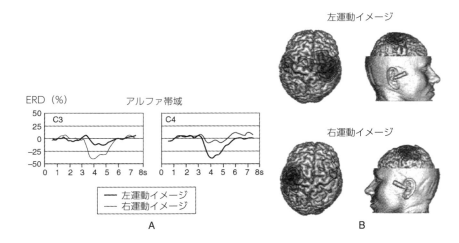

図 9.7　グラーツ（Graz）BCI で用いられた振動脳波活動　**(A)** 左（C3）および右（C4）の感覚運動野からの脳波信号に基づく，運動イメージ中のアルファ帯域（ここでは 9 〜 13 Hz；運動野ではミュー帯域と呼ばれる）の平均パワー。基準値（0.5 〜 2.5 秒）に対する正と負の偏位は，それぞれ帯域パワーの増加（ERS）と減少（ERD）を表す。合図は 3 秒から 1.25 秒間提示された。**(B)** 現実的な頭部モデルから計算された大脳皮質表面上の ERD の分布。合図提示 625 ミリ秒後での分布が示されている。(Pfurtscheller et al., 2000 より改変)

et al., 2003）。グループは，脊髄損傷患者のための制御信号としての ERD の有用性も調査した。電動の手関節手指装具を装着した四肢麻痺患者を対象とした試験プロジェクトが実施された（Pfurtscheller, Guger et al., 2000）。数か月の訓練の後，患者は固有の運動コマンドのイメージを用いて手関節装具を操作できるようになった（図 9.8）。

ベルリン（Berlin）BCI

イメージに基づいた脳波 BCI の制御を学習するためには数か月に及ぶ訓練が必要なのか？　ベルリン・ブレイン・コンピュータ・インターフェース（Berlin brain-computer interface：BBCI）プロジェクトはこの問題を研究して，高度な特徴抽出技術と機械学習技術によって，経験の浅いユーザでも多くの訓練をせずに外部機器を迅速に制御できることを実験的に示した。

　例えば，Blankertz，Müller および共同研究者による研究（2008 年）は，14 人のまったくの初心者である被験者を対象にした，3 種類の運動イメージ（左手のイメージ，右手のイメージ，足のイメージ）のうちの 2 つを利用する 1 次元カーソル制御課題に関するものであった。各被験者で最初の「較正」期において，所与の周波数帯域のパワーの分散が運動イメージのクラスの所属によってどの程度説明できるかということに基づいて，2 種類の運動イメージが選択された（こ

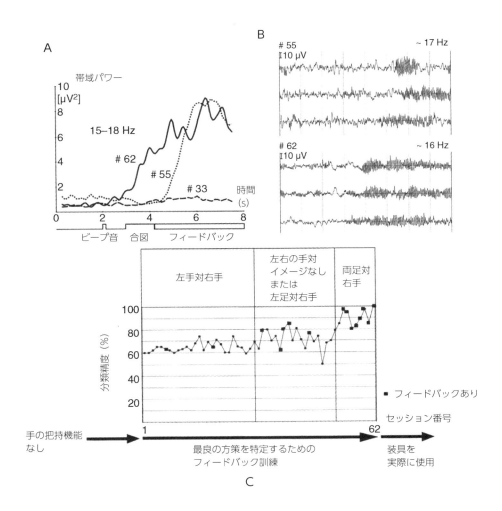

図9.8 運動イメージを用いた脳波に基づくBCIによる手関節装具の制御 (A) 5か月にわたる訓練中の，3つの運動イメージセッション（33，55，62）の場合のベータ周波数帯域（15〜18 Hz，各々80試行の平均）の平均パワー。脳波は足の領域（電極位置 Cz）から記録され，視覚的合図刺激によって足の運動のイメージが開始された。初期のセッションでは（ERSによる）わずかな帯域パワーの増加しか示さなかったが，後のセッション（例：♯62）では，学習によってより大きく，かつ早期の増加を示した。(B) 2つのセッションからの脳波の生の信号で，第62セッションにおけるベータ振動がより早期に発現することを示している。(C) 手の把持機能がない四肢麻痺患者1名についての，5か月間にわたる運動イメージの分類精度。(Pfurtscheller, Guger et al., 2000 より)

れは r^2 法を用いて行われた；第 8 章参照）。**図 9.9** は，2 人の被験者の脳波信号の特性と，これらの被験者で選択された固有の周波数帯域を示している。次に，（55 個の電極から）選択された周波数帯域の信号が，共通空間パターン（CSP）法（4.5.4 項）により学習したフィルタを用いて空間フィルタ処理された。2 〜 6 個の CSP フィルタが被験者ごとに用いられ，得られた 2 〜 6 次元の特徴ベクトルが線形判別分析（LDA）分類器への入力となった（5.1.1 項）。分類器の出力を用いてカーソルを左または右に移動して，画面の左端または右端に置かれた標的にヒットした。

図 9.10 は，結果のまとめである。14 人の BCI 初心者のうち 8 人が最初の BCI セッションで 84％を超える精度を達成し，他の 4 人の被験者が 70％を超える成績を得た。興味深いことに，これら被験者の 1 人で使用された分類器は，実は実際の運動で訓練されたものであり，これは実際の運動とイメージした運動との間に密接な関係があることを支持している（第 8 章の ECoG BCI の結果を参照）。1 人の被験者（図 9.10 の *cn*）は偶然レベル（50％）の成績であった。もう 1 人については，脳波スペクトルがピークを示さなかったためクラスを識別できなかった。

これらの結果は，信号処理技術と機械学習技術を適切に利用することによって，脳波に基づく正確な制御を達成するために長期間の訓練が必要であるという状況を改善できることを示唆しており，有望なものである。

9.1.2　緩徐皮質電位

緩徐皮質電位（slow cortical potential：SCP）[訳注 1] は，「非運動（non-movement）」に関連したゆっくりと変動する脳波であり，300 ms から最大で数秒間持続する。SCP は，視床からの入力によっ

（▶右頁の図）**図 9.9　ベルリン BCI の運動イメージ活動による脳波信号の調節**（同じ図のカラー版については，320 頁のカラー図版を参照）**(1)** 2 人の被験者の 2 種類の運動イメージ課題についての平均スペクトル（赤：左手，緑：右手，青：右足）を表す。このスペクトルは，較正期のラプラスフィルタ処理された CP4 チャネル（"CP4 lap"）の脳波データから得たものである。イメージ条件間の差の r^2 値が色分けして示されており，選択された周波数帯域は灰色で陰影が付けられている。**(2)** 選択された周波数帯域の平均振幅エンベロープ（包絡線）。時刻 0 で合図が提示された。**(3)** 較正期にわたって平均した選択周波数帯域内の対数パワーを示す頭皮上マップ。**(4)**，**(5)** イメージ課題（L，R，または F で示されている）での帯域内の対数パワーの差分のトポグラフィ。それぞれについて全体平均（(3) における）が差し引かれている。**(6)** 運動イメージ課題間の差（(4) から (5) を引いたもの）の r^2 のトポグラフィ値。(Blankertz et al., 2008 より改変)

訳注 1：slow cortical potential の定まった和訳はなく，「緩変動電位」「頭皮上緩電位」「緩徐波」などの訳があてられている。ここでは原語にある程度忠実な形で「緩徐皮質電位」と訳すが，皮質脳波（electrocorticography：ECoG）と異なり，頭皮上から非侵襲で観測される電気信号であることに注意されたい。

第 9 章 非侵襲型 BCI 209

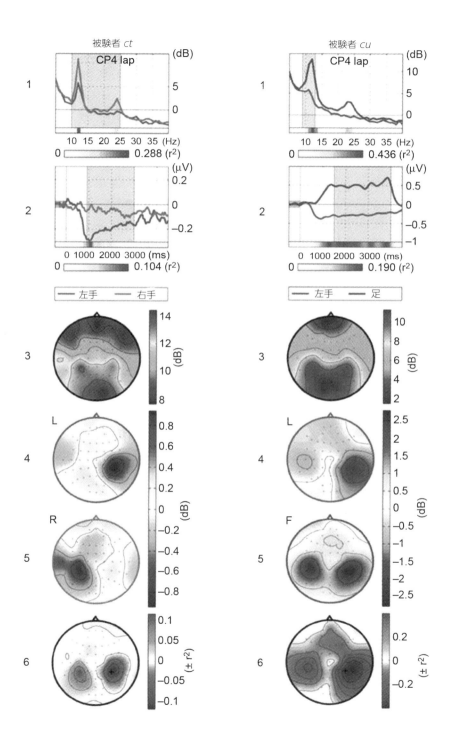

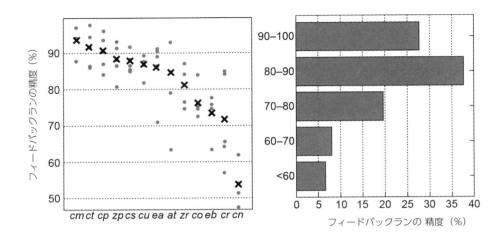

図 9.10 ベルリン BCI を用いた BCI 初心者による 1 次元カーソル課題の精度 (左) 各ドットは 1 回のラン(ここでは 1 ランは 40 試行から構成されている)を表し,各×印はその平均を表す。(右) 精度のヒストグラム。(Blankertz et al., 2008 より)

て引き起こされる,大脳皮質の神経集団における興奮または抑制の局所的な動特性に関するメカニズムを反映していると考えられている。人間がフィードバックに基づいて自らの意思でこれらの電位を制御することを学習可能であるという事実は,Birbaumer と共同研究者による,BCI の設計に SCP を利用するという提案につながった。彼らはこの BCI を,思考翻訳装置(thought translation device:TTD)と呼んでいる。

TTD システムに関する彼らの多くの研究論文の 1 つ(Kübler et al., 1999)では,13 人の健康な被験者と 3 人の全身運動麻痺(筋萎縮性側索硬化症〔ALS〕による)の患者が,SCP を制御するために数回のセッションにわたる訓練を行った(患者の場合,訓練期間は数か月続いた)。脳波は Cz, C3, C4(図 3.7)の電極位置から記録され,2 つのチャネルが抽出された:Cz − 乳様突起連結チャネル(すなわち,$1/2[(Cz − A1) + (Cz − A2)]$),および C3 − C4 双極チャネルの 2 つである。訓練課題は,カーソルを制御して画面の上端または下端にヒットすることであった。カーソルの位置は,Cz チャネルの平均基準脳波振幅と直近の過去 500 ms にわたる平均脳波振幅との差に比例させた。この基準脳波振幅は,直前の基準期(最後の 500 ms)から計算された。一部の被験者は,標的が画面の左端や右端にもあるような 2 次元カーソル課題に参加した。この場合,カーソルの水平位置は,(C3 − C4)チャネルからの平均基準脳波振幅と最新の 500 ms にわたるこのチャネルからの平均脳波振幅との差に比例させた。

図 9.11 は,健康な被験者が訓練後に合図にあわせて生成した,平均 SCP 波形を示している。両方のチャネルにおいて,基準の活動からの正または負の方向への明確な偏差が観測できる。基

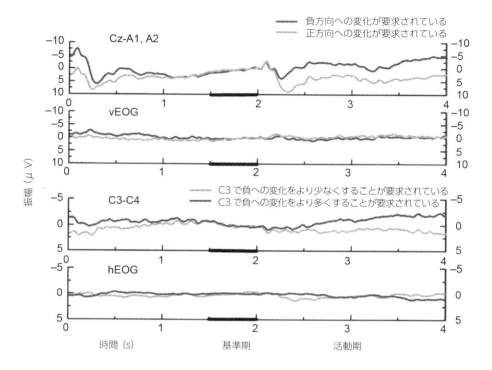

図 9.11　健康な被験者の緩徐皮質電位（SCP）（上の 2 つのパネル） Cz における平均 SCP，および鉛直方向の眼電図（vEOG）で，13 人の被験者にわたって単一の訓練セッション中に平均されたもの。**（下の 2 つのパネル）** 左（C3）と右（C4）の運動野の間の SCP の差分，および水平方向の EOG（hEOG）で，5 人の被験者について最後の 3 つの訓練セッションにわたって平均されたもの。1.5 s 〜 2 s の間の太い線：基準期。y 軸は上が負の値を示していることに注意されたい。（Kübler et al., 1999 より）

準からのこの差を用いて，それに比例してカーソルを上下または左右に移動した。13 人の被験者のうち，4 人は有意な正方向へ進む反応を，3 人は有意な負方向へ進む反応を生み出し，3 人は両方を生成できた。

図 9.12 は，ALS 患者の 1 人である MP についての同様の結果を示す。図に見られるように，この患者は数か月の訓練後，下端の標的にヒットするよう要求されたときに，Cz において負方向に進む SCP を生成することができた（vEOG の偏位は鉛直方向の小さな眼球運動を示す）。被験者が学習するにつれて，時間の経過とともにヒット率が増加して偽陽性率（標的にヒットすることが要求されていないにもかかわらず誤ってヒットする割合）が減少することから明らかなように，精度が徐々に向上した（図 9.12B）。全体としては，アルファベットから 1 文字を選択するために 2 値選択が連続して行われる綴り課題において，2 人の患者が 70 〜 80％の精度を達成した。

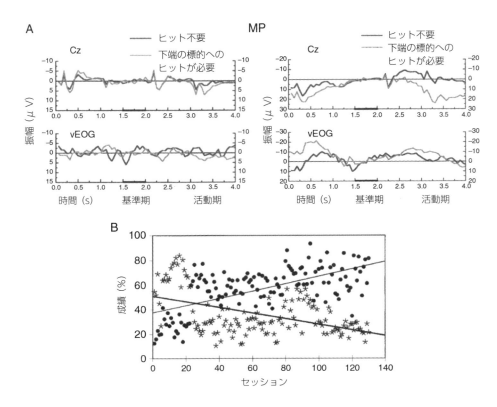

図9.12　ALS患者のSCPに基づいたBCI　(A) 訓練開始時(左)および数か月にわたる訓練後(右)の，ALS患者MPのSCPとEOG(眼電図)。**(B)** 数か月に及ぶセッションにわたるヒット(黒いドット)の割合の増加と偽陽性(アスタリスク)の割合の減少から明らかなように，時間の経過に伴ってこの患者の成績が改善した。(Kübler et al., 1999より)

9.1.3　運動関連電位

脳波信号は，随意運動に先立って，小さくてゆっくりとした電位ドリフトを示す。これらの**運動関連電位（movement-related potential：MRP）**は，**準備電位（(readiness potential：RP)または(Bereitschaftpotential：BP)）**とも呼ばれているが（Jahanshahi and Hallet, 2002），動いている体の部分に応じて頭皮上分布の変化を示す。例えば，左腕と右腕の運動に関連するBPは，強い左右の非対称性を示す。これにより，運動意図を推定できるだけでなく，左右の運動意図を区別できる可能性が出てくる。これはBCI応用にとって魅力的な対象となるが，BPは通常，アルファリズムやベータリズムなどの他の脳波現象よりもはるかに小さいため，検出することにははるかに困難である。ERDは皮質の広い感覚運動野における背景振動活動の変化を反映している可能性があるのに対して，MRPは補足運動野および一次運動野における課題に固有な

応答の増加を表している可能性が示唆されている（Babiloni et al., 1999）。

　BCI における MRP の有用性についての初期の証例は，Hiraiwa（平岩）と共同研究者の研究（1990 年）に見ることができる。彼らは誤差逆伝播ニューラルネットワーク（5.2.2 項参照）を用いて，次の 2 つの課題で 12 チャネルからの脳波パターンを分類した。すなわち，音節「a」，「e」，「i」，「o」，「u」の自発的発話と，ジョイスティックを前方，後方，左，右の 4 つのうちの 1 つの方向に動かす課題である。ニューラルネットワークへの入力は，発話または運動の 0.66 秒および 0.33 秒前における，12 チャネルの脳波振幅のスナップショットで構成されていた。研究者らは，発話課題の場合，30 個の新しい脳波パターンのうち 16 個（すなわち 53%）が 5 クラスの 1 つに正しく分類されることを明らかにした（偶然の場合の成績：20%）。ジョイスティック課題については，24 個の新しいパターンのうち 23 個（96%）が正しく分類された（偶然の場合：25%）。これらの実験が早期に行われたことを考慮すると，非常に優秀な結果といえる。

　自発 MRP の興味深い応用の 1 つに，ユーザが自分の意思で BCI の使用を開始すべく，アイドル（何もしていない）状態からアクティブな制御状態に移行したいと思ったときに，いつでも BCI が検知できる「非同期スイッチ」の設計がある。Mason と Birch（2000 年）は，この目的のために彼らが**低周波非同期スイッチ設計（low-frequency asynchronous switch design：LF-ASD)** と呼ぶスイッチを提案した。彼らは 5 人の被験者を対象として，この方法を試験した。用いた課題は，コンピュータ画面上の脳波で制御するボールを用いて，人差し指を速く屈曲運動させることによって別の動くボールに当てるというものであった。脳波で制御するボールは，補足運動野および一次運動野上の電極対から得られた双極脳波を 1 ～ 4 Hz の範囲でフィルタリングした信号から抽出された MRP の分類結果に従って移動した。「バイスケール(bi-scale)」ウェーブレットに基づくウェーブレット解析（4.3 節）を用いて，6 電極対から 6 次元特徴ベクトルが抽出された。最近傍分類器を LVQ 法（5.1.3 項参照）と併用することにより，サンプルごとに特徴ベクトルが分類されて，最後の 5 つのサンプルの移動平均が最終出力として取得された。38 ～ 81% の範囲のヒット率（真陽性率）が達成され，対応する偽陽性率は 0.3 ～ 11.6% の範囲であった（全 ROC 曲線については**図 9.13** を参照）。LF-ASD 法は，ミュー帯域の特徴量に基づく方法（9.1.1 項）よりも平均誤差率が低いことがわかった。

　MRP の別の利用例は Shenoy と Rao（2005 年）によって設計された BCI であり，動的ベイジアンネットワーク（dynamic Bayesian network：DBN〔4.4.4 項参照〕）を用いて，行動計画および行動実行中に，脳の状態および身体の状態の確率分布を推測するものである。彼らのシステムは，DBN への入力として脳波信号と EMG 信号の両方を用い，運動意図，運動準備活動，運動実行などの内部状態の確率を推測した。DBN のパラメータは，観測データから直接学習させた。分類に基づく手法と異なり DBN を使用する利点は，BCI が被験者の内部状態を経時的かつ連続的に追跡・予測することが可能となり，分類器の場合のように 2 値の yes/no の決定ではなく，状態についての全体の確率分布に基づいて制御信号を生成できるようになることである。これに

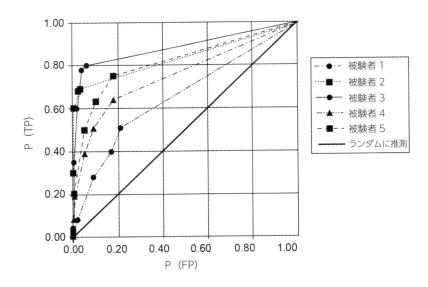

図 9.13 BCI 課題において MRP を用いた 5 人の被験者の成績（ROC 曲線の形式） P（TP）と P（FP）はそれぞれ真陽性と偽陽性の割合を示す。(Mason and Birch, 2000 より)

よってシステムは例えば，決定に専念するか，不確実性を減らすためにより多くの情報を収集するかを決定できる。このような不確実性を取り扱う能力は，実際の BCI 応用（車椅子やその他のロボット機器の制御など）では重要である。Shenoy と Rao は，DBN が運動実行前に生成された MRP（図 9.14）を利用して，自己ペースの左手／右手運動課題中の現在の脳と身体の状態の推定値を提供できることを示した（図 9.15）。

9.1.4　刺激誘発電位

非侵襲型 BCI で利用される脳波信号の主要な種類の 1 つは，**誘発電位**（evoked potential：EP）である。EP は，被験者に特定のタイプの刺激が与えられたときに，脳によって生成される定型的な脳波応答である。例えば，まれな，しかし課題に関連する聴覚，視覚，あるいは体性感覚の刺激が，頻出して繰り返される刺激に組み入れられている場合，このまれな刺激は刺激が与えられてから約 300 ms 後に正のピークをもつ電位を誘発する。この電位は，P300（または P3）電位と呼ばれている（6.2.4 項）。他のタイプの応答には次のようなものが挙げられる：フラッシュなどの視覚刺激によって生成される**視覚誘発電位**（visually evoked potential：VEP），5 Hz よりも高速に繰り返される視覚刺激によって作り出される**定常状態視覚誘発電位**（steady state visually evoked potential：SSVEP），クリック音やトーンなどの聴覚刺激によって生成される**聴覚誘発電位**（auditory evoked potential：AEP），および体性感覚刺激によって引き

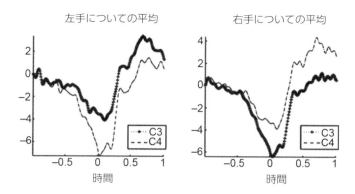

図 9.14 左手 / 右手の運動課題中の運動関連電位（MRP） グラフは，左手（左パネル）と右手（右パネル）の運動のそれぞれについて，位置 C3 と C4 から（共に乳様突起の平均電位を基準として）得られ，0.5～5 Hz の範囲でバンドパスフィルタ処理されて，すべての試行にわたって平均化された脳波信号を示している。時刻 0 における運動行動に先行する緩やかな電位ドリフトと，行動が実行された後の基準電位への復帰に注意されたい。また，2 つの運動に関する MRP の左右差にも注意されたい。(Shenoy and Rao, 2005 より)

起こされる**体性感覚誘発電位（somatosensory evoked potential：SSEP）**である。本項では，このような刺激誘発応答を用いて BCI を構築する方法を考える。

P300 電位

P300（または P3）信号は，刺激の約 300 ms 後に脳波信号に発生する正の偏位であることから，このように名付けられた。刺激自体は，まれであって予測不可能であるが，被験者に関連していなければならない（例えば，注意していた標的が突然，強くなるなど）。P300 の振幅は，その刺激がどの程度関連しているかということに直接依存し，刺激の出現確率に反比例して変化する。P300 は一般に頭頂葉で最も強く観測されるが，側頭葉と前頭葉に由来する成分もある。P300 の原因となる正確な神経メカニズムはいまだ不明であるが，頭頂皮質，帯状回，側頭頭頂皮質および，大脳辺縁系構造（海馬や扁桃体）などの脳の構造が基質になっている可能性が示唆されている。

脳波に基づく初期の BCI の有名な例は，Farwell と Donchin（1988 年）によって提案された P300 BCI である。**オドボールパラダイム（oddball paradigm）**に基づく彼らの今や古典となった BCI の「スペラー（単語綴り機）」では，コンピュータ画面上に英語のアルファベットの 26 文字（およびいくつかの追加の記号 / コマンド）が 6×6 のマトリックス形式で表示される（図 9.16）。単語を綴る（またはコマンドを出力する）ためには，被験者はマトリックス内の文字（またはコマンド）に注意を集中することによって，単語（またはコマンド）を構成する各文字を選択しなければならない。被験者が文字（またはコマンド）に意識を集中している間，マトリックスの行

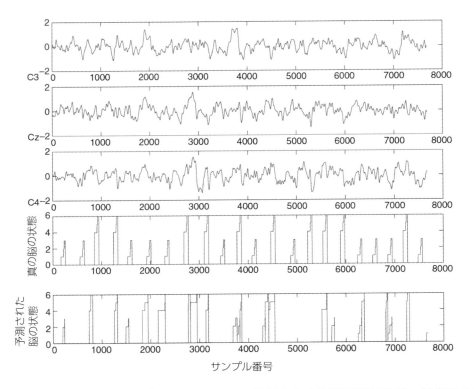

図9.15 脳波を用いた動的ベイジアンネットワーク（DBN）による脳の状態の推論 （上部の3つのパネル）チャネルC3, Cz, C4の1分間の脳波データ（128 Hzでサンプリング）。（下部の2つのパネル）「真の」脳状態および予測された脳状態。後者は脳波のみを用いてDBNを使用して推測された。DBNでは，状態0は安静状態，状態1〜3は左手の運動を表し，状態4〜6は右手の運動を表す。（Shenoy and Rao, 2005より）

と列がランダムに，繰り返しフラッシュする。行または列のそれぞれのフラッシュ（または光度の増加）は100ミリ秒間続き，フラッシュ間隔は500ミリ秒または125ミリ秒に固定されている。

被験者に選択された文字やコマンドを含む行または列がフラッシュした場合にのみ，被験者の脳に大きなP300が生成される（図9.17）。この信号は，線形判別分析（LDA）などの分類器を用いて検出することができる。したがって，被験者の選択した文字やコマンドは，どの行およびどの列が光ったときに最大のP300を誘発したのかを追跡することによって推測できる。注意力の維持に役立つように，被験者は通常，選択した文字等が光った回数を数えるように依頼される。フラッシュの数が多いほど検出精度が向上するが，これは綴り作業を長引かせることに留意すべきである——これは，検出システムで通常見られる速度と精度のトレードオフの典型例である。

1988年における最初の研究において，FarwellとDonchinは4人の健常者を対象とした。脳

第 9 章　非侵襲型 BCI　217

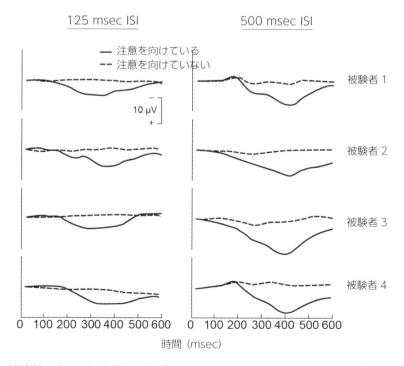

```
メッセージ（入力すべき単語）
        BRAIN
1 文字あるいはコマンドを選択せよ
A   G   M   S   Y   *
B   H   N   T   Z   *
C   I   O   U   *   TALK
D   J   P   V   FLN SPAC
E   K   Q   W   *   BKSP
F   L   R   X   SPL QUIT
```

図 9.16　P300「スペラー」BCI における文字とコマンドの 6 × 6 行列　文字またはコマンドを選択するために，被験者はその場所に注意を集中し，一方で BCI は行列の行と列をランダムにフラッシュする。単語「BRAIN」が，注意を向けた場所が光るたびにユーザの脳で生成される P300 を検出することにより，BCI によって 1 文字ずつ組み立てられた。(Farwell and Donchin, 1988 より）

図 9.17　被験者 4 人の P300 信号　各グラフは，注意を向けている（実線）および注意を向けていない（破線）場所のフラッシュに対する 1 人の被験者の平均脳波応答を示している。ISI ＝刺激間隔，すなわち閃光の間隔。(Farwell and Donchin, 1988 より）

波は頭頂皮質上の部位 Pz から記録され，連結乳様突起電位を基準とした（3.1.2 項参照）。訓練セッションで被験者は単語を綴ることを試み，その綴りは音声シンセサイザに送られて被験者にフィードバックされた。被験者全員が P300 信号を用いて単語「brain」を綴ることができ，ときおり誤った選択をした際は BKSP（バックスペース）コマンドを利用して修正した。テストセッションでは，被験者は特定の回数の試行でテスト単語の個々の文字に注意を向けた。得られたデータはオフラインで解析された。

　Farwell と Donchin は，彼らの BCI が 95％の精度で最高 0.20 ビット / 秒の情報転送速度（ITR；5.1.4 項参照）[訳注2] を生み出し，被験者が 1 分あたり 12.0 ビットまたは 2.3 文字を伝えることができることを明らかにした。より最近の研究では，Sellers, Kübler および Donchin（2006 年）は，閉じ込め症候群の患者がより使いやすい 4 選択システムを研究した。このシステムは次の 4 つのコマンドのみに基づいている。すなわち，「はい」，「いいえ」，「パス（返答せず，次の選択に進む）」，「終了」，であり，P300 の誘発には，聴覚，視覚，あるいは聴覚 / 視覚同時提示のオドボール課題が用いられている。2 人の ALS 患者は，聴覚刺激を使用してそれぞれ 80％と 73％の平均精度を達成し，もう 1 人の患者は聴覚 / 視覚の同時刺激を用いて 63％[訳注3] の精度を達成した（偶然レベル：25％）。

定常状態視覚誘発電位（SSVEP）

P300 などの一時的な誘発電位を検出するのではなく，連続的に変動する刺激（繰り返し頻度 > 5 Hz）によって引き起こされる定常状態誘発電位を検出する BCI を設計することも可能である。例えば，2 つの可能な選択肢のうちの 1 つを解読することを目的とするシステムを考える。次に視覚刺激（例：画面上のボタンまたは発光ダイオード〔LED〕）により 2 つの選択肢を表現し，それぞれを異なる周波数で点滅させる。被験者は，自らの選択に対応するボタンに注意を集中する（例えば，それに注目して）。この結果，脳の初期（一次，二次）視覚野（後頭領域）に刺激周波数で振動する脳波信号が生じる——この信号は**定常状態視覚誘発電位（steady state visually evoked potential：SSVEP）**と呼ばれている（6.2.4 項）。脳波信号の周波数分解を行うことにより（例えば FFT を使用して；4.2 節参照），BCI はユーザが注意を払っている刺激の周波数，ひいてはユーザの選択を検出することができる（**図 9.18** 参照）。このようなアイデアに基づく BCI（17.56 Hz と 23.42 Hz で点滅するボタンを使用している）は Middendorf と共同研究者によって最初に研究されたが（Middendorf et al., 2000），これは Calhoun と McMillan（1996年）および Skidmore と Hill（1991 年）のアイデアに基づいていた。

　脳波 BCI に関する最高レベルの情報転送速度のいくつかは，SSVEP に基づいた方法を用い

訳注 2：被験者ごとに P300 を最も速く検出する刺激感覚と検出アルゴリズムを適用したときの被験者平均値。
訳注 3：引用元の文献では 62％と記載。

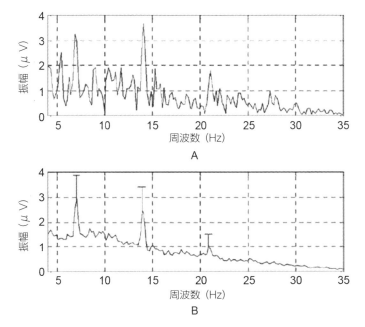

図 9.18　7 Hz 視覚刺激によって誘発される SSVEP の例　図は，FFT を用いて計算された振幅スペクトルを示している．**(A)** は単一試行の振幅スペクトルを示す．**(B)** は 40 試行にわたる平均振幅スペクトルを示す（縦線：標準偏差）．3 つのピーク，すなわち 7 Hz に 1 つ，高調波 14 Hz と 21 Hz にそれぞれ 1 つずつのピークがあることに注意されたい．(Cheng et al., 2002 より)

て得られている．そのうち 1 つの研究論文では，Cheng, Gao および共同研究者（2002 年）が，仮想電話キーパッドを表すコンピュータ画面上の 13 個のボタン（0 〜 9 の数字，バックスペース，エンター，オン / オフボタン）からの選択が可能な，SSVEP BCI（SSVEP に基づいた BCI）の結果を報告した（図 9.19）．

　13 個のボタンのそれぞれが，6 〜 14 Hz 間の異なる周波数で点滅した．アルファリズムによる偽陽性を減らすために，閉眼でのスクリーニング実験が最初に行われ，4 〜 35 Hz の平均パワーの 2 倍以上のパワーをもつ周波数が刺激周波数から除外された．さらに，すべての刺激周波数は，各刺激周波数が別の刺激周波数の 2 倍になるのを防ぐために，周波数分解能の奇数倍に設定された．著者らは他の実験で，被験者が識別できる隣接標的間の点滅周波数の最小差（すなわち周波数分解能）は約 0.2 Hz であり，SSVEP が効果的に観測できる周波数範囲が約 6 〜 24 Hz であることを明らかにした．

　左右の乳様突起を参照電極として，10-20 電極法（図 3.7）に従って電極位置 O1 および O2（後頭皮質，すなわち視覚野上に位置する）から脳波信号が記録された．振幅スペクトルを計算するために，0.3 秒ごとに高速フーリエ変換（fast Fourier transform：FFT〔4.2.3 項参照〕）が実行

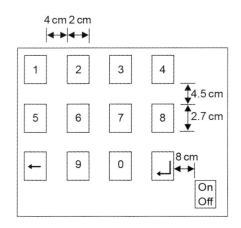

図9.19 SSVEP BCIの例 電話キーパッド用の12個のボタンが，コンピュータ画面上で3×4マトリックス形式で配置された。ボタンは6〜14 Hzの範囲の様々な周波数で点滅させた。追加の点滅オン／オフボタンを用いて，他のボタンの点滅を開始または停止した。(Cheng et al., 2002 より)

された。各刺激周波数について，その振幅とその第2高調波の振幅の和が，分類のための特徴量として使用された。単純な閾値による分類器が用いられ，その閾値は4〜35 Hzの振幅スペクトルの平均値の2倍になるように選択された。分類器の出力（被験者の選択を示している）は，最大振幅をもつ周波数であった（それが閾値を超えている場合）。さらに，選択は，同じ刺激周波数が4回連続して検出された場合（オン／オフボタンの場合は6回）にのみ行われた。

研究者らは，13人の被験者のうちの8人がSSVEPインターフェースを用いて所望の携帯電話番号を入力して電話をかけることに成功したことを報告した。すべての被験者にわたるITRの平均値は27.15ビット／分が得られ，上位6人の被験者は40.4〜55.69ビット／分のITRを達成した。同じ研究者（Gao et al., 2003）による1人の被験者のフォローアップ研究では，SSVEP BCIが少なくとも48個の標的を識別し，最大68ビット／分（または1.13ビット／秒）のITRを提供できることを実証した。このITRは，非侵襲型BCIで報告された最高値であるものの，サルの侵襲型BCIでSanthanamと共同研究者によって報告された6.5ビット／秒のITRよりは低い（7.2.4項参照）。

聴覚誘発電位

P300 BCI（上記参照）で用いられている手法を採用して，何人かの研究者がオドボールパラダイムの聴覚刺激への適用に基づいたBCIシステムを研究した。すでにDonchinと共同研究者の研究で，聴覚のオドボールパラダイムは紹介している。彼らは3人のALS患者で，4つの音声コマンド（はい，いいえ，パス，終了）の下で，P300を用いて63〜80％の間の平均精度を

得た。他の研究では，Hill，Birbaumer，Schölkopf および共同研究者（2005 年）が，ICA（4.5.3 項参照）にサポートベクターマシン（support vector machine：SVM〔5.1.1 項参照〕）を用いて，聴覚刺激に応答して生成された誘発電位を分類した。彼らの研究では，聴覚刺激は様々な周波数の 50 ms の方形波のビープ音で構成されていた。このビープ音は被験者の左側または右側で生成された。ビープ音のストリームには，頻繁に現れる非標的ビープ音と，たまに現れる標的ビープ音が含まれており，どちらの耳でも独立に再生された。被験者の課題は，左側または右側で発生する標的刺激に（数を数えることにより）注意を払うことであった。BCI はしたがって，ユーザがどちらの標的（左または右）に注意を払っているのかを検出する必要があった。39 チャネルからの脳波信号が多数の試行にわたって平均されて ICA を用いて分離され，線形 SVM を利用して分類された。数人の被験者について，5 〜 15％の範囲の誤差率と，0.4 〜 0.7 ビット / 試行（約 4 〜 7 ビット / 分）の ITR が得られた。

Furdea，Birbaumer，Kübler および共同研究者（2009 年）によって，聴覚誘発電位に基づいた単語綴り用の，別の BCI が提案された。この BCI では，マトリックス内の文字は音で表現された数字でコード化された。聴覚によるスペラーシステムを提示された 13 人の参加者のうちの 9 人は，コミュニケーションのためにあらかじめ定義された基準レベルの制御能力を上回る成績を記録した。ただし，研究者らは，視覚 BCI と比較してユーザの成績がより低いことを明らかにした。その後の 3 刺激パラダイム（2 つの標的刺激と 1 つの頻繁に生じる刺激）に基づく聴覚 BCI についての研究（Halder et al., 2010）では，20 人の健康な参加者が最高で 2.46 ビット / 分の平均情報伝達速度（ITR）および 78.5％の平均精度を達成した。研究者らは，選択ごとの潜時が短いことから，聴覚 BCI はすべての運動機能を喪失し注意持続時間が短い患者に対し，信頼性の高いコミュニケーション手段を構成できる可能性を示唆している。

9.1.5　認知課題に基づく BCI

人間の被験者に対しては，運動をイメージしたり誘発電位を検出したりするのではなく，暗算や心の中で立方体を回転させる，あるいは人の顔を思い浮かべるなどの認知課題を実行するよう依頼することも可能である。認知課題が十分に異なる場合，活性化される脳領域も異なる。結果として生じる脳の活性化は，被験者から収集された初期のデータセットで訓練された分類器を用いて識別することが可能である。各認知課題は 1 つの制御信号にマッピングすることができる（例：暗算の実行をカーソルの上方移動にマッピングするなど）。したがってこの手法は，異なる認知課題に対する活動パターンを高い信頼度で識別できるということに強く依存しており，認知課題の選択が実験設計を決定するうえで重要かつ困難な（慎重な検討を要する）事項となっている。

　BCI のための精神課題の有効性に関する初期の研究は，コロラド州立大学の Anderson によって率いられた。Anderson & Sijercic (1996) により提案されたアプローチでは，被験者は 5 つの所定の精神課題のうちの 1 つを行うように依頼された。すなわち，

(1) 基準（ベースライン）課題。被験者はリラックスするように求められた

(2) 手紙文作成課題。被験者は友人や親戚への手紙を声を出さずに頭の中で書くように指示された

(3) 数学課題。被験者は自明でない掛け算の問題（例えば 49×78）を頭の中で解くことを求められた

(4) 視覚的計数課題。被験者は黒板をイメージして，その黒板に順次書かれていく数字を思い浮かべるよう求められた

(5) 幾何学的図形の回転。被験者は一軸の周りに回転している特定の3次元物体を思い浮かべた

脳波は 10-20 電極法で定義された C3, C4, P3, P4, O1, および O2 の位置から 10 秒間記録され，各課題が複数回繰り返された。自己回帰（AR）モデル（4.4.3 項）を用いて脳波信号の前処理が行われた。2 層および 3 層の誤差逆伝播ニューラルネットワーク（5.2.2 項）を訓練して，6 チャネルの 0.5 秒セグメントの脳波データが 5 つの課題クラスの 1 つに分類された。10 分割交差検証（5.1.4 項）を用いて，過学習（過剰適合）が抑制された。研究者らは，平均精度は 1 人の被験者の 71％ から別の被験者の 38％ までの範囲にあり，どちらも偶然による成績（20％）よりも高いことを明らかにした。同グループによるその後の研究（Garrett et al., 2003）は，線形分類器（線形判別分析〔LDA〕）を 2 つの非線形分類器（ニューラルネットワークおよびサポートベクターマシン，第 5 章参照）と比較した。非線形分類器は，線形分類器をわずかに上回る分類結果しか生み出せなかった。

　認知課題を制御に用いることは，例えば運動イメージを使用してカーソルや別の機器を制御することほど自然ではないかもしれないが，この手法を用いることで驚くほど良い結果を獲得することができる。例えば Galán, Milán, et al., (2008) は，コンピュータ上の模擬車椅子をある地点から別の地点まであらかじめ指定された経路に沿って操作するために，BCI で 3 つの精神課題を用いた。精神課題の内容は, (1) 同じ文字で始まる単語を頭の中で探すこと, (2) 画面の中央をじっと見ながらリラックスすること, (3) 左手の運動イメージを行うこと, である。較正期からのデータを使い，LDA 分類器（5.1.1 項）を用いた成績に基づいて，被験者固有の一連の特徴量（周波数と電極の組み合わせ）を選択した。試験期では，ガウス分類器を使用して脳波の特徴量を 3 つのクラスのうちの 1 つにマッピングし，次に車椅子の左，右，前進のコマンドにマッピングした。各被験者はそれぞれ 10 試行から構成された 5 つの実験セッションに参加した。1 つの実験では，2 人の被験者が最高成績のセッションにおいて, あらかじめ指定された通り道に沿って 100％（被験者 1）と 80％（被験者 2）の割合の試行で最終目標に到達できた。2 つ目の実験は，以前に試したことのない 10 の異なる経路をもつ 10 試行から構成され，被験者 1 は 80％ の試行で最終目標に到達することができた。

9.1.6 BCIにおける誤り関連電位

BCIの潜在的に重要な要素として，誤り（ユーザが与えたコマンドの誤分類）に対する脳の反応を直接認識することによって，BCIが誤りを犯したか否かを検出する能力がある。この反応は，**誤り関連電位**（error potential：ErrP）と呼ばれる緩徐皮質電位として脳波信号に現れる（図9.20）。

ErrPは単一試行で検出可能であり，これを用いてBCIの精度を向上できる可能性がある。Buttfield, Millánおよび共同研究者による研究（2006年）において，3人の被験者が手動インターフェースを用いてロボットを部屋の左側または右側に移動させた——彼らはキーを押すことによって，ロボットにコマンドを繰り返し発出した。実験者はノイズの多いBCIを模擬するために，わざと20%の時間で誤りを犯すようにシステムを構築した。ErrPは通常，正中線に沿った前頭中心領域に現れることから，位置CzとFz（図3.7）からの脳波信号を用いて，1〜10Hzの帯域通過フィルタを用いてフィルタ処理した。混合ガウス分類器（5.2.3項）が，ユーザの行動に対する視覚的フィードバックから50〜650ms後の時間ウィンドウの脳波データにより訓練された。収集されたデータに対して，10分割交差検証分析（5.1.4項）が実行された。3人の

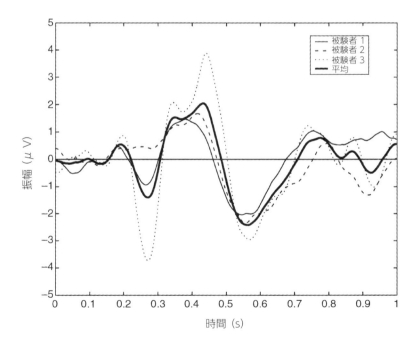

図9.20　脳波における誤り関連電位（ErrP）　3人の被験者のそれぞれの平均ErrPを，被験者全体の平均ErrPとともに示す。ユーザの行動に対する視覚的フィードバックは，時刻0でユーザに知らされた。(Buttfield et al., 2006より)

224 第 III 部　主要なタイプの BCI

被験者にわたって，分類器は平均精度 79.9 ％で ErrP（すなわち誤り試行）を検出し，平均精度 82.4 ％で ErrP の欠如（すなわち正しい試行）を検出した。これらの結果は有望なものではあるが，ErrP 検出を機能する BCI システムと結合した研究はまだ行われていない。

9.1.7　共適応的 BCI

これまでのセクションで述べたような従来の BCI システムは，被験者からデータを収集し，このデータを用いて分類（または回帰）アルゴリズムを訓練する。その結果学習された関数は，その後に引き続くセッションで固定されたままである。しかし脳信号は，セッション間と単一セッション内の両方において，内部要因（適応，ユーザの戦略の変化，疲労）と外部要因（例えば電極のずれによる電極のインピーダンスや位置の変化など）により経時的に変化する。これは問題になることがあり得る。以前のあるセッションのデータで訓練された分類器が，データの非定常性のために新しいセッションでは最適なものではなくなるからである。1 つの解決策は，新しく収集されたデータによりオフラインで分類器を定期的に更新することである。ただし，これは分類器をどの程度の頻度で更新すべきかという問題を未解決のままにしている。より魅力的な代替手段は，BCI をユーザの脳信号に継続して連続的に適応させ，一方で脳信号自体も目前の課題に適応することである。

　機械学習の観点からは，この問題は，システムが入力（脳信号）を出力（機器の制御信号）にマッピングする関数を継続的に適応させる必要のある**非定常学習課題（non-stationary learning task）**とみなすことができる。このような BCI は，BCI とユーザが所望の目標を達成するために同時にかつ協力して適応するため，**共適応的 BCI（coadaptive BCI）**と呼ばれている。共適応的 BCI は，学習制御の負担がすべてユーザにかかるわけではないため，BCI illiteracy（BCI を操作できないこと）の問題に対する解決策として提案されている——BCI は共適応によりユーザを手助けすることができる。共適応的 BCI を設計するための 3 つの手法を簡潔に概説する（より最近の方法については，Bryan et al., 2013 も参照されたい）。

　ベルリン BCI グループは，従来型 BCI の最初のオフライン較正期を取り除くことに焦点を置いた研究を行った（Vidaurre et al., 2011）。研究者らはイメージに基づいた BCI について，ユーザがシステムと継続して相互作用している間に，1 つのセッション内において単純な特徴量で動作する被験者に依存しない分類器から被験者に最適化された分類器へと移行する，適応スキームを提案している。最初は共適応的学習のために教師あり学習が用いられ，続いてそのセッション中の脳波の特徴量の変動を追跡するために教師なし適応手法が用いられる。この研究では，3 〜 6 分間の適応を行った後，初心者 1 人を含む 6 人のユーザが良好な成績を達成することができ，BCI illiteracy であった参加者は 60 分以内に制御能力を大幅に向上させることができた。またあるケースでは，最初の「アイドル状態の」感覚運動リズム（運動がないときのスペクトルの低周波数帯域のピーク）がない被験者が，セッション中にそのリズムを成長させることができ，その

振幅を自発的に調節してアプリケーションを制御した。

Buttfield，Millán および共同研究者（2006 年）も，BCI における分類器のオンライン適応の問題を研究した。混合ガウス分類器を用いて，左手と右手の運動イメージ，および同じ文字で始まる単語を頭の中で検索する 3 つの課題についての脳波パターンを分類した。特徴ベクトルは，中心頭頂の 8 部位（C3，Cz，C4，CP1，CP2，P3，Pz，P4；図 3.7 参照）について，2 Hz の分解能で 8 ～ 30 Hz の周波数範囲のパワーから構成された。勾配降下法（5.2.2 項）を用いて，パラメータ（平均と共分散）について個別の学習率を有する混合ガウス分類器の，それらパラメータを継続的に適応させた。研究者らは，オンライン適応を用いた分類率が静的な分類器よりも（統計的に）有意に上回っており，3 人の被験者で平均成績改善率が最大 20.3% に達したことを明らかにした。

共適応的 BCI に対するまったく異なる手法が，DiGiovanna，Sanchez，Principe および共同研究者によって提案されている（DiGiovanna et al., 2009）。彼らの手法は強化学習（reinforcement learning：RL）理論に基づいている。強化学習では「エージェント」が明示的な訓練信号ではなく，報酬や環境との相互作用に基づいて入力を行動にマッピングすることを学習する。彼らの手法では，ユーザからの脳信号が制御対象機器の現在の状態と共に，RL エージェントへの入力を構成する。エージェントは，割り当てられた課題が達成されたかどうかに応じて，報酬または罰（正 / 負の数字）も受け取る。RL エージェント（BCI）は，期待される報酬の和を最大化する「方策（policy）」，すなわち入力から制御出力へのマッピングを学習する。

ユーザもおそらくは成績（したがって期待される報酬）を最適化しようと試みているため，BCI とユーザの双方が報酬関数によってつながり，同時かつ相乗的に適応しながら協力して課題を解決する。研究者らは，3 次元ワークスペースにおいて義手を用いて到達課題を完了することを学習するラットを用いた BCI の結果を示している。彼らは，3 匹のラットが 6 ～ 10 日間にわたって閉ループの脳制御を成功させたことを報告している。3 匹のラットすべてが BCI と共適応し，偶然レベルを有意に上回る精度で義手を制御した。

9.1.8　階層的 BCI

上述のとおり，非侵襲的な脳波に基づく BCI は，脳波の信号対ノイズ比の低さのため制御帯域幅（この場合，制御可能な速さ，発出可能な制御信号の頻度）が制限される傾向がある。したがってこのような BCI は，コマンドがミリ秒の時間スケールではなく，数秒ごとに与えられるロボットやその他の機器の高レベル制御に適している。一方，侵襲型 BCI は，コマンドが数ミリ秒ごとに与えられる人工装具などの機器のきめ細い制御が可能である（7.2 節）。しかし，そのようなきめ細かい制御においては，刻一刻と変わる状況に合わせて制御を行うために必要な注意の量が多いために，ユーザが疲れ果てる可能性がある。

BCI における高レベル制御と低レベル制御の間のトレードオフに対処するために，著者の研究グループは**階層的 BCI（hierarchical BCI）**の概念を導入した（Chung et al., 2011, Bryan et

al., 2012）。ユーザは低レベルの制御を用いて，BCI にその場で新しい技能を教示する。そして
これらの学習した技能は後に高レベルのコマンドとして直接呼び出されるため，ユーザは面倒な
低レベルの制御から解放される。この手法は，学習するときに多くの注意を必要とする技能を最
終的に無意識にできるようになるという，人間の神経系における複数レベルの運動制御から着想
を得たものである。

　この方法を例示するために，人型ロボットを制御するための脳波に基づいた階層的 BCI が開
発された（Chung et al., 2011）。4 人の被験者が，模擬された家庭環境で SSVEP に基づいたイ
ンターフェースを用いてロボットを制御した。各被験者は BCI を使用して，ロボットに環境内
の様々な場所へ移動することを教えることに成功した。それらの課題は，RBF ネットワーク（5.2.3
項）とガウス過程モデル（5.2.4 項）を用いて学習された。被験者は後に，BCI の適応型メニュー
から新たに学習したコマンドを選択することによってこれらの課題を実行できるようになったた
め，低レベルのナビゲーションコマンドを使ってロボットを制御する必要がなくなった。低レベ
ル制御下と階層的制御下におけるシステムの性能を比較すると，階層的制御のほうがより高速か
つ正確であることが明らかになった。さらに，ガウス過程モデルを利用することで，BCI は課題
実行中の不確かさが特定の閾値を超えるとすぐに制御をユーザに戻す（BCI が制御を保留して，
ユーザの次の制御信号を待つ）ことができるので，壊滅的な事態になりかねない事故を防ぐこと
ができる。

　階層的 BCI の概念は，侵襲型 BCI と非侵襲型 BCI に同様に適用することができる。これはこ
の概念が，ユーザの要求に適応する柔軟性を保ちながらユーザの認知負荷を軽減するという，2
つの目標を達成する方法を提供するためである。このような階層的な制御手法は，BCI がカーソ
ルやメニューの制御からより複雑な人工装具やロボット機器の制御に移行していくにつれて，よ
り広く行き渡るものと期待できる。

9.2　その他の非侵襲型 BCI：fMRI，MEG，fNIR

脳波に基づく BCI は，非侵襲型 BCI の種類のなかで依然として最もポピュラーであるが，こ
の 10 年間で他の非侵襲的脳画像技術を用いた BCI 研究への関心が高まっている。本節では，
fMRI，MEG，および fNIR 技術に基づいた BCI を構築する初期のいくつかの試みを概説する。

9.2.1　機能的磁気共鳴画像法に基づく BCI

BCI に機能的磁気共鳴画像法（fMRI；3.1.2 項）を用いる場合の主な問題は，被験者が血中酸素
化濃度依存（blood oxygenation level dependent：BOLD）応答の変化を制御することを学習でき
るかどうかという点である。Weiskopf, Birbaumer および共同研究者（2003 年）は，フィードバッ
クパラダイムを用いてこの問題を調べた。局所 BOLD 信号についての視覚的フィードバックが，

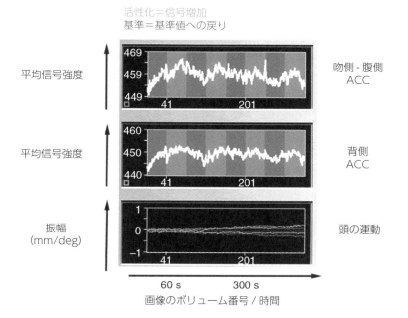

図 9.21　機能的磁気共鳴画像法（fMRI）に基づく BCI　(上 2 つのパネル) 被験者に提示された視覚的な合図を示す実験パラダイム。2 番目，4 番目，6 番目，8 番目の影付きバーは活性化ブロック，すなわち信号の増加の合図。1 番目，3 番目，5 番目，7 番目のより暗い影付きのバーはリラクゼーションブロック，すなわち基準値に戻る合図。BOLD 信号は，白い線で重ねて表示されている（上のパネル：吻側 - 腹側の ACC 領域，中央のパネル：背側の ACC 領域）。活性化ブロック中の BOLD 信号の増加に注意されたい。**(下のパネル)** 検出および修正された被験者の頭の運動（mm 単位の並進移動と度単位の回転）。(Weiskopf et al., 2003 より)

画像取得から遅延時間 2 秒未満で MRI スキャナ内の被験者に連続的に提供された。特に，関心（制御対象）領域の平均信号は，被験者に BOLD 信号を増加させるべきか減少させるべきかを示すために，色分けされた線に重ねて図示された（図 9.21）。

　研究者は，1 人の被験者が前帯状皮質（anterior cingulate cortex：ACC）の吻側 - 腹側および背側部における局所的な BOLD 応答を増加または減少させることができたと報告している。すべてのセッションにわたり，信号増加効果は背側 ACC と吻側 - 腹側 ACC の両方で統計的に大きく有意であった（図 9.22A）。BOLD 信号のパーセント変化はフィードバックの結果として増加し，訓練セッションを通じて学習していることを示唆した（図 9.22B）。

　脳波に対する fMRI の利点はその空間分解能と，脳深部の神経活動（例：大脳基底核，小脳，海馬の神経活動）の変化を検出できることである。ただし，BOLD 信号が成長して検出されるまでに数秒かかるという事実は，fMRI BCI が高レベルの粗い制御にしか利用できないことを暗

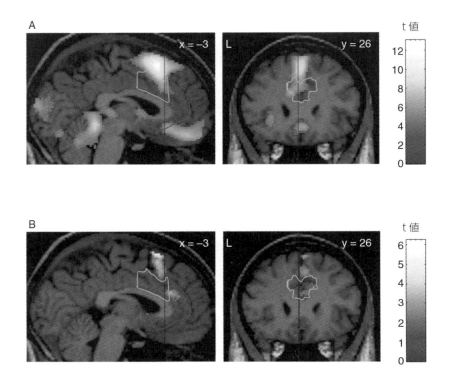

図 9.22 fMRI BCI における BOLD 信号の変化（同じ図のカラー版については，321 頁のカラー図版を参照）**(A)** 活性化ブロック中の信号増加を示す。これらは個別の 3 次元 MRI 画像に重ね合わせられており，有意水準 $P < 0.05$ および最小空間範囲 10 ボクセルで閾値処理されている。信号の増加は，補足運動野（SMA）や小脳などの他の領域での活性化に加えて，吻側-腹側および背側の ACC で観測された。**(B)** 数回のフィードバックセッションにわたり，おそらく被験者の脳における学習が原因で，信号変化が増加している。増加は，吻側-腹側 ACC，SMA，大脳基底核でみられた。(Weiskopf et al., 2003 より)

示している。

9.2.2 脳磁図に基づく BCI

MEG（脳磁図）信号は，脳波よりも時空間分解能が高いことが示唆されている——このことは，より高性能な非侵襲型 BCI につながる可能性がある。Mellinger, Kübler, Birbaumer および共同研究者（2007 年）は，感覚運動ミューリズムとベータリズムの自発的な振幅の調節に基づく MEG ベースの BCI を研究した（3.1.2 項参照）。その BCI は，信号対ノイズ比を上げるために

MEG アーチファクトの低減手法とともに，MEG の信号伝搬における幾何学的特性に基づく空間フィルタリング手法を利用した。

MEG BCI を用いて，6 人の被験者が手足の運動イメージを使用して 2 値の決定を伝えることを学習した。特に被験者は，フィードバック訓練の 32 分間以内にミューリズムを制御できるようになった。

9.2.3　機能的近赤外光（fNIR）を用いた BCI

いくつかの研究グループは，脳波の代替として光学イメージング技術の研究を始めている。頭皮上の脳波がいかに EOG，EMG，ECG などの様々なアーチファクトの影響を受けやすく，実際に使うのが面倒であるかは，既に説明したとおりである。MEG と fMRI は共に，大きく高価な設備を必要とする。血行動態反応をとらえる機能的近赤外分光分析法（fNIR；3.1.2 項参照）は，より実用的で，ロバストであって，かつ使いやすい BCI を開発することを目的として，脳波，MEG，fMRI の代替として提案されている。

Coyle と共同研究者（2004 年）は，被験者が運動をイメージしているときに特徴的な血行動態反応を検出し，この反応を利用してアプリケーションを制御する fNIR BCI を提案した。研究者らは，このような光学的 BCI は他の非侵襲型 BCI よりも使いやすく，ユーザに必要な訓練が少なくて済むと主張している（Ranganatha et al., 2005 も参照）。Mappus，Jackson および共同研究者（2009 年）は，スケッチ描画などの創造的表現アプリケーション用の fNIR ベースの BCI を実証した。特に彼らは，カーソルの連続的な制御を用いるアルファベットの文字描画課題で被験者が自己を表現できるような BCI を開発した。最後に，Ayaz と共同研究者（2009 年）は，5 人の健康な被験者に対し 2 日間にわたりバーのサイズの閉ループ制御課題を用いて，fNIR BCI を評価した。研究者らは，課題期間と安静期間の血中酸素化濃度変化の平均が有意に異なり，平均課題完了時間（精度 90％に達するまでの時間）は練習に伴って減少し，初日の平均は 52.3 秒で，2 日目の平均は 39.1 秒になったことを報告した。これらの結果は有望なものであるが，fNIR BCI が最終的に脳波に基づく BCI の性能に匹敵し，存続可能な非侵襲型 BCI の種類として浮上できるか否かについては現時点では不明である。

9.3　要約

本章では，様々な非侵襲型 BCI について考察した。主要なパラダイムでは，脳波とイメージあるいは誘発電位といった方法を利用して，制御信号を生成している。イメージに基づく BCI は，被験者が低周波帯域の脳信号の調節を学習できるということに強く依存している。これは，新しい運動技能を学習することに類似している。BCI 研究のために募集された被験者の 15 ～ 30％は，多数の訓練セッションを経ても低周波帯域の脳波信号を制御できないことが報告されている。

BCI を制御不能であるということは，**BCI illiteracy** と呼ばれている。この問題の解決策は，実験パラダイムをイメージ以外の課題に基づく制御モード（刺激に基づく方法など）へ変更することから，共適応的 BCI を設計することにまで及んでいる。

　誘発電位に基づく BCI は，イメージに基づく BCI の代替手段として依然として最もよく用いられている。P300 や SSVEP などの誘発電位は，高レベルでのロボット制御から画像処理に至るまで，様々な用途に用いられている（第 12 章参照）。そのようによく用いられているのは，イメージに基づいた方法とは異なり，誘発電位に基づいた BCI は長期に及ぶ多くの訓練をまったく必要とせず，経験の浅い被験者でも比較的高い精度を達成できるという事実に由来する。一方，被験者は自発的に行動（BCI の利用）を始めることができず，フラッシュなどの不自然な信号である刺激に常に注意を払わなければならない。これは被験者に高い認知的負荷をかけるので，最終的に疲労を引き起こす可能性がある。さらに，外部刺激への応答に依存することで常に BCI システムに遅延を取り込むことになるが，これはイメージまたは他の自発的に生成された脳の応答が用いられる場合には回避できる。階層的 BCI は，柔軟だが高い認知的負荷を招くイメージに基づく低レベル制御と，誘発電位に基づく高レベル制御との間のトレードオフを最適化する方法として提案されている。

　誘発電位に基づく方法のなかで，SSVEP に基づく手法は一般的には P300 に基づいた手法よりも高い情報転送速度を生み出す。定常状態誘発電位の周波数は通常，P300 信号よりも確実に検出できるため，精度も高い傾向がある。ただし，SSVEP BCI において点滅する刺激をじっと見ることはかなり大変で，疲れることがあり得る。

　非侵襲型 BCI のなかで最も高い情報転送速度（ITR）は，SSVEP に基づく手法を用いることによって得られる（約 1.13 ビット / 秒）。しかしこれらの速度は，いまだサルの侵襲型 BCI を用いて報告された ITR の最高値の約 6 分の 1 にとどまっている。さらに，SSVEP に基づいた手法および関連する手法は，ロボットアームや車椅子の移動などのリアルタイム制御課題に特に資するものではない。イメージに基づいた手法はより自然であるが，それらの ITR は一般的にはSSVEP BCI の半分に満たない。したがって多くの研究者は，非侵襲型 BCI が侵襲型 BCI の性能レベルに到達できるようになるためには，脳活動を記録する新しい高分解能の非侵襲的方法が必要であると考えている。

9.4　演習問題

1. 非同期（または自己ペース型）BCI と，同期（または刺激に基づく）BCI の違いを説明せよ。2 つの手法の長所と短所を比較せよ。

2. ERD とは何か，そして非侵襲型 BCI においてどのように利用すればカーソルや人工装具を制御できるのかを述べよ。

3. 最初のワズワース（Wadsworth）BCI において，1 次元カーソルを制御するためにミューリズムはどのように用いられたのか？ 被験者によるミューリズムの制御学習を促進するために使用された訓練パラダイムは何か？

4. ワズワース BCI でミューリズムとベータリズムに基づく 2 次元カーソル制御を達成するために使用された線形的手法を説明せよ。この BCI の性能を，大脳皮質に埋め込まれた電極を用いる侵襲型 BCI と比較するとどうだろうか？

5. ERD と ERS の違いは何か？ これら 2 つの現象は，グラーツ（Graz）BCI システムにおいてどのように用いられているのか？ このシステムで報告されている ITR の値は？

6. ベルリン BCI グループは，BCI 初心者の最初のセッションで比較的高い精度を達成した。このグループによって用いられている手法を記述し，そのような手法が BCI 制御の学習に要する時間を短縮するのに適している理由を説明せよ。

7. 緩徐皮質電位（SCP）とは何か？ SCP は一般的には頭皮のどの位置から記録されるか？ そしてそれは BCI においてカーソルを制御するためにどのように用いることができるのか？

8. 運動関連電位（MRP）とは何か？ そしてそれは運動あるいは運動イメージによって調節される振動電位とどのように異なるのか？

9. BCI において，MRP が下記のそれぞれの技術と組み合わせてどのように使用されているかを説明せよ：
   a. 誤差逆伝播ニューラルネットワーク
   b. LVQ に基づく分類器
   c. ベイジアンネットワーク

10. 次のタイプの誘発電位（EP）について比較対照せよ。すなわち，P300，VEP，SSVEP，AEP，および SSEP。

11. P300 を引き起こすオドボールパラダイムとは何か？ そしてそれは閉じ込め症候群の患者がメッセージを伝えるためのスペラーを構築するためにどのように用いることができるのか？ このパラダイムで速度と精度のトレードオフはどのように現れるのか？

12. SSVEP BCI に関する次の問題に回答せよ：
   a. 被験者が識別できる標的間の点滅周波数の最小の差は？
   b. SSVEP が効果的に観測できる周波数範囲は？
   c. SSVEP は頭皮上のどの電極位置から記録されるのか？

13. SSVEP BCI を使用して得られた ITR（ビット／秒単位）は，侵襲型 BCI を用いて得られた ITR の最高値と比較するとどうだろうか？

14. 脳波 BCI の構築に用いられてきた認知課題の例をいくつか挙げよ。これらの BCI は精度と使いやすさの点で，運動イメージに基づく BCI と比較するとどうだろうか？

15. ErrP とは何か？ そしてそれは BCI をロバストにするためにどのように用いられる可能性

があるか？　ErrP は一般的にどの電極位置から測定されるのか？

16. 共適応的 BCI とは何か？　そしてそれは BCI illiteracy 問題への対処にどのように役立つのか？

17. 本章で述べた共適応的 BCI への 2 つの主なアプローチ，すなわち教師あり学習と強化学習を記述し，対比せよ．

18. 階層的 BCI とは何か？　それはユーザの要求に適応するための柔軟性を維持しつつ，ユーザの認知的負荷を軽減するという 2 つの目標を達成するために，どのように役立つのか？

19. 脳波と比較して，BCI のソース信号として fMRI を使用することの利点と欠点をいくつか挙げて議論せよ．空間解像度，時間解像度，携帯性，およびコストの側面を考慮せよ．

20. (🐾) fNIR BCI に関して，9.2.3 項で引用されている論文および，より最近の論文を読め．用いられている信号処理および機械学習の方法と，これらの方法を使用して達成された結果を比較するレポートを書け．fNIR BCI を脳波 BCI の代替手段とみなすことの可否について，性能，コスト，および携帯性に関して評価して結論を導け．

第 10 章　刺激する BCI

これまで，脳からの信号を記録して，それらの信号を外部機器の制御信号に変換する BCI に重点を置いてきた。本章においては，制御の方向を逆にして，特定の脳回路の刺激および制御に用いることができる BCI について考察する。これらの BCI の一部は研究室から病院に移行して，現在，人工内耳や脳深部刺激療法（deep brain stimulation：DBS）などが人間の被験者によって使用されているが，他はまだ実験段階にある。これらの BCI を次の 2 つの型に大別する。すなわち，感覚回復用 BCI と運動回復用 BCI である。また，感覚増強の可能性についても考察する。

10.1　感覚の回復

10.1.1　聴力の回復：人工内耳

これまでで最も成功した BCI 機器の 1 つは，聴覚障碍者の聴覚を回復または獲得するための人工内耳である。人工内耳は，神経系，この場合は内耳蝸牛における情報処理の知識を，人々に利益をもたらす実用的な BCI の構築に変換する方法のよい例である。

　図 10.1 は，機能している人間の耳における音から神経信号への変換を示す。**鼓膜**（tympanic membrane）に当たる音圧波は，一連の骨——**槌骨**（malleus），**砧骨**（incus），**アブミ骨**（stapes）——によって，機械的振動に変換される。これらの機械的振動は，液体で満たされた**蝸牛**（cohlea）腔内の圧力変動に変換される（図 10.1 参照）。これらは次に，**基底膜**（basilar membrane）と呼ばれる蝸牛内の柔軟な膜の変位を引き起こす。**有毛細胞**（hair cell）として知られる細胞が，この基底膜に結合している。基底膜の変位は有毛細胞のふれを引き起こし，蝸牛神経のニューロンを発火させる。次に蝸牛神経は音に関する情報を脳に伝達する。

　蝸牛の重要な特性は，入力音をそれを構成する周波数に分解することである。これは基底膜の特性によってなされる。異なる周波数の音は，基底膜に沿って異なる位置で最大の振動を引き起こす。高周波音は，膜に沿ってあまり遠くまでは伝播しない振動を引き起こし，アブミ骨近くの膜の基部で最大の変位を引き起こす（図 10.1）。一方，低周波音は，基底膜の頂部点で最大の変位を引き起こす。これにより，基底膜に沿った音の「トノトピーな（周波数地図の）」——周波

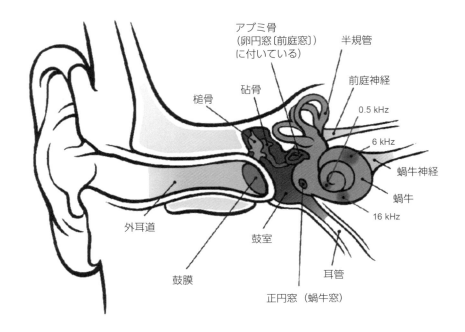

図 10.1 蝸牛における音の神経信号への変換 （画像：Creative Commons）

数から場所への——マッピングが得られる。トノトピーな機構[訳注1]は情報を脳に伝達する蝸牛神経線維によって維持され，基底膜のどの場所が共鳴しているかということに基づいて，脳が音の周波数構成を推測することができるようになる。

多くの場合で聴覚障碍は，疾患（例えば髄膜炎），環境要因，または遺伝子変異による有毛細胞の喪失や欠如によって引き起こされる。人工内耳は，電気インパルスを用いて蝸牛神経を直接刺激することにより，聴覚情報を脳に伝達する代替経路を提供する。この人工内耳は，音の周波数に応じて蝸牛に沿って異なる場所を刺激することによって，神経線維のトノトピーな機構を利用する。したがって人工内耳は，喪失あるいは欠如した基底膜の有毛細胞の機能を模倣しようとしている。

人工内耳（**図 10.2**）の基本構成要素には次のものが挙げられる：

- マイクロフォン（耳の近くに配置）。環境から音を受け取る
- 信号処理装置（耳の後ろに外付け）。高速フーリエ変換（4.2 節参照）などの特徴抽出または周波数分析のアルゴリズムを実装して，音響信号を周波数成分に分解する。周波数成分の正確な数は，人工内耳に使用される電極数やその他の要因によって決まる。信号処理装置の出力は，

訳注1：音に応答する神経細胞が，音の周波数に応じて配列する構造。周波数再現とも呼ばれる。

第 10 章　刺激する BCI　　235

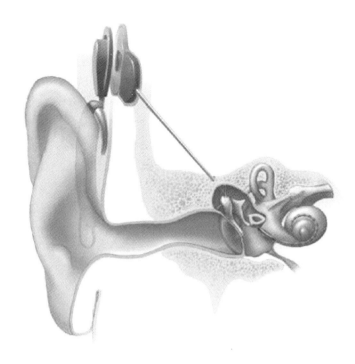

図 10.2　人工内耳の模式図　外部構成要素は，マイクロフォン，音声処理装置，電力および処理された信号の送信機，で構成されている。内部構成要素は，図の蝸牛内に巻きつけられているのがわかる電極アレイと共に，受信機と刺激装置で構成される。(画像：Creative Commons)

　　細径ケーブルを通って送信機に送られる
- 送信機（これも耳の近くに外付け）。「無線周波数（高周波）(radio frequency：RF)」リンクを用いて，電力および処理された信号を皮膚を横切って内部受信機に送信する（電磁誘導の原理に基づいている：3.2.2 項参照）
- 受信機と刺激装置。頭蓋骨の耳の後ろに埋め込まれる。受信信号を電気パルスに変換し，内部ケーブルを通って電極に送信する
- 電極アレイ（最大 22 個）。蝸牛の長さ方向に沿って巻きつけて設置される（図 10.2）。これらの電極は，蝸牛に沿った様々な位置の神経線維に電気パルスを伝達し，それによってマイクロフォンが受信した音について処理された情報を脳に伝達する

人工内耳で無線周波数リンクを使用するということは，外部構成要素と内部構成要素の間に物理的な接続が必要ないことを意味している。これによって，術後感染のリスクを軽減している。人工内耳は，刺激の関数としての音の大きさに関するユーザの報告に基づいて，各電極について最

小および最大電流出力を設定することにより，ユーザごとにカスタマイズされる。さらなるカスタマイズとしては，ユーザに固有の音声処理方策および，音声処理装置のパラメータの選択が挙げられる。脳が人工内耳によって伝達される音を聞くことに適応するため，通常，人工内耳埋め込み後の治療（訓練）が必要になる。先天性聴覚障碍児においては，訓練と言語療法が数年間続くことがあり得る。

　現在の人工内耳は，正常な蝸牛で用いられる約 20,000 個の有毛細胞と比較して，約 22 個の電極しか有していない。したがって，脳に伝達される情報の質がきわめて貧弱であるため，知覚される音質は自然な聴覚の場合とはかなり異なることがあり得る。それでもなお，その音質はたいてい，特にノイズがない場合には，多くのユーザが唇の動きを読むことなく発話内容を理解できるくらいには良好なものである。さらに，正常な聴力をもって生まれた後に次第に聴力を失った人は，生まれつきの聴覚障碍者よりも良好な転帰（結果）になる傾向がある。音楽などの複雑な刺激の知覚は，依然として研究テーマのままである。

　米国国立聴覚・伝達障害研究所によると，米国における約 42,600 人の成人と約 28,400 人の子供を含む，世界中で 200,000 人以上（2012 年現在）が人工内耳を埋め込んでいる。そのなかには，中途失聴者（音声言語習得後の聴覚障碍者）も先天性聴覚障碍児もいる。聞くことができるということは言語を話すことを学習するために重要であるため，人工内耳を入れることは聴覚障碍児が話すことを学ぶのに役立つ。早期に（2 歳になる前に）人工内耳を埋め込んだ先天性聴覚障碍児は，それより後の年齢で人工内耳を埋め込んだ子供よりも話すことを学習する能力が高いことを示唆する研究がある。これは，聴覚障碍のある子供が人工内耳の埋め込みの選択をできない幼いころに，子供の親がその選択を行うべきかという重要な倫理的問題を提起している（第 13 章）。さらに，埋め込みは外科的処置であるため，ユーザは感染症，耳での音鳴りの発生，前庭機能障害，顔面神経の損傷，機器の故障など，様々なリスクを熟考しなければならない。

　最後に，最初の言語が手話である音声言語習得前の聴覚障碍者のコミュニティから，人工内耳に強い反対があった。反対派は，人工内耳とその後の治療の結果が不確かであり，その結果が子供のアイデンティティの焦点となることが多いため，将来見込まれる聴覚障碍者としてのアイデンティティと手話でのコミュニケーションの容易さの代替手段となるほど望ましくはない恐れがあると指摘している。いくつかの教育プログラムにおける最近のトレンドは，人工内耳療法と手話を統合して，両手法のよいところを採用することである。

10.1.2　視力の回復：皮質埋め込み装置と網膜埋め込み装置（脳刺激型人工眼と網膜刺激型人工眼）

人工内耳が研究から臨床応用への移行に成功する一方，網膜における情報処理の複雑さ，そして刺激を行う電極アレイの解像度が比較的低いことから，視覚障碍者用の人工眼を構築する取り組みは遅れをとっている。これらの人工眼の目的は，光受容体の変性による疾患に苦しめられてい

る人たちの視力を回復することである。これらの疾患としては，遺伝性失明の主な原因である**網膜色素変性症（retinitis pigmentosa）**や，65 歳以上の成人における失明の主要な原因である**加齢黄斑変性（age-related macular degeneration）**が挙げられる。これらの疾患が網膜における光受容体の大部分の喪失を引き起こした場合，人工眼は視力回復のための最後の希望の 1 つを提供する。

　視力を回復するための人工眼は，光をニューロンまたは神経線維の電気刺激に変換する。視覚野および視神経から網膜表面自体に至るまで，刺激のために様々な部位が研究されてきた。これらの選択肢のなかでも，その高密度構造と特定の軸索を局所的に刺激できないことから，視神経の刺激が最も困難である。したがって人工眼の研究は，皮質埋め込み装置（脳刺激型人工眼）と網膜埋め込み装置（網膜刺激型人工眼，人工網膜）に焦点が当てられてきた。

脳刺激型人工眼

視覚野の電気刺激が「眼内閃光（光の斑点の知覚）」を引き起こすことが可能であるという事実は，初期に Foerster（1929 年）によって実証され，より最近では Brindley と Lewin（1968 年），Dobelle（2000 年），Javaheri 他（2006 年），および他の研究者によって人工眼の構築を目的として研究されてきた。例えば，Dobelle は視覚障碍のある被験者の大脳皮質表面に 64 チャネルの電極アレイを埋め込み，カメラによって記録された高さ 6 インチの文字が，皮質刺激を受けた被験者によって約 5 フィート離れて認識できることを明らかにした（Dobelle, 2000）。（大脳皮質表面ではなく）視覚野内部の埋め込み装置を用いる可能性も研究者によって調査されてきたが，リスクを伴うため，これらの研究は現在，主に動物モデルで行われている。まだ研究の初期段階ではあるものの，その幅広い適用可能性を考えると，視覚野を刺激する方法は，視覚を回復するための最も実行可能性の高い方法として最終的に浮上する可能性がある。

網膜刺激型人工眼（人工網膜）

皮質刺激の代替手段は，**網膜下（subretinal）**または**網膜上（epiretinal）**アプローチのどちらかを用いて網膜のニューロンを刺激することである。網膜下アプローチにおいては，フォトダイオードアレイが網膜の双極細胞層と網膜色素上皮の間に埋め込まれる（**図 10.3**）。ここに埋め込む動機は，埋め込み装置が簡素な太陽電池として働き，バッテリーを必要とせずに眼に入射する光によってすべての電力が供給できる可能性があることにある。オプトバイオニクス社（Optobionics）によって提案された人工シリコン網膜（artificial silicon retina：ASR）では，先端に微小電極が付いた 5,000 個のフォトダイオードを含む 2 mm チップが，網膜ニューロンを刺激するために光を電気パルスに変換する。この網膜下埋め込み装置を試験するための実験が進行中である。

　網膜上アプローチ（図 10.3）では，外部カメラを使用して画像を取り込んでデジタル化し，

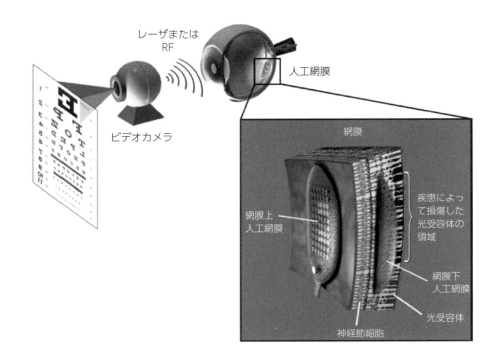

図 10.3. 人工網膜の模式図 2種類の人工網膜が同じ図に示されている．網膜上人工網膜は，外部カメラを用いて画像を取り込み，遠隔測定法（無線周波数〔RF〕またはレーザ）によって電気刺激パターンを送信する．網膜の表面に設置された網膜上人工網膜はこのパターンを受け取り，網膜のニューロンを刺激する．網膜下人工網膜は，網膜表面下に設置される．この装置は先端に微小電極が付いたフォトダイオードを用いて刺激のための画像を取り込むのはもちろんのこと，太陽光から電力も得る．(Weiland et al., 2005 より)

適切なパターンの電気刺激に変換して，生きている網膜ニューロンに伝達する．そのようなアプローチの例は，ドヒニー眼科研究所（Doheny Eye Inatitute）の Humayun らが開発中の眼球内人工網膜（intraocular retinal prosthesis：IRP）である．IRP は，眼鏡に組み込まれた小さなカメラ，外部バッテリーパック，および視覚処理ユニットで構成されている（図 10.3）．カメラは画像を取り込み，取り込んだ画像は視覚処理ユニットによって処理されて，適切なパターンの電気パルスに変換される．これらのパルスは，人工内耳で採用されている方法と同様に，電磁誘導を用いて磁気コイルによって目に送信される．送信されたパルスはケーブルを通って 16 チャネルの白金微小電極アレイに伝送され，パルスのパターンに従って網膜のニューロンを刺激する．

臨床試験では，16 電極の IRP を埋め込まれた患者は，局所刺激に反応して，空間的に局所化

された眼内閃光を知覚したことを報告した。知覚する明るさは，刺激の量を変えることによって変化させることができた。患者はまた，物体の運動方向を区別することもできた。2013年初めに米国食品医薬品局（United States Food and Drug Administration：FDA）が承認したArgus IIは，Humayunと共同研究者によって開発された60電極を含む網膜上人工網膜である。これによって，一部の患者が色を見たり，通りを進んだり，バス停の場所を探しあてたり，コンサートを楽しんだりすることができた。これらの結果は有望なものであるが，顔の認識や車の運転などのより複雑な視覚作業のためには，はるかに多数の刺激電極（1,000を超える数）が必要になると考えられる。

10.2　運動の回復

10.2.1　脳深部刺激療法（DBS）

人工内耳に加えて，脳深部刺激療法（deep brain stimulation：DBS）がブレイン・コンピュータ・インターフェースの主要な臨床応用の1つとして浮上している。DBSは，パーキンソン病や慢性疼痛などの運動障害あるいは情動障害の心身を衰弱させる症状を緩和するために，「脳ペースメーカ」を使用して脳の特定部分の刺激を行う。DBSは，うつ病，てんかん，トゥレット症候群（Tourette's syndrome），強迫性障害（obsessive compulsive disorder：OCD）などの他の疾患を治療するための技術としても研究されている。

　代表的なDBSシステムは，脳内に留置されるリード線（終端が刺激電極になっている），パルス発生器，およびパルス発生器をリード線に接続するコネクタ導線，で構成される（図10.4）。3つの要素はすべて外科的に体内に留置される。バッテリー駆動式のパルス発生器は通常，鎖骨の下部の皮膚下に留置される。この装置は，頭から首の側面まで皮膚下を通るコネクタ導線によってリード線に接続される（図10.4参照）。頭の内部に埋め込まれたリード線は，絶縁されたコイル状の導線であり，その終端には埋め込まれた領域のニューロンを刺激するための白金電極（通常は4つの電極）がある。

　リード線は，治療対象の疾患に応じて脳の様々な領域に埋め込まれる。パーキンソン病の関連症状である振戦（震え），筋強剛（こわばり），動作緩慢（遅い動き），無動（動作を始められない）などがある場合，リード線は通常，視床下核または大脳基底核の淡蒼球に留置される。慢性疼痛の場合，刺激の標的になる領域としては，視床下部と視床がある。

　パルス発生器は，固定周波数の刺激パルスを作り出して治療対象の神経学的疾患の症状を軽減する。この周波数は，患者の固有のニーズに合わせて調節される。神経科医または技師は，副作用を軽減しながら症状を最大限抑えられるように，刺激パルスの周波数を調節する。

　DBSに関連するリスクには，感染，出血，手術の合併症，さらには幻覚症状，強迫行動，認知機能障害などの刺激の潜在的な副作用がある。これらの副作用の一部は，DBSが異常な神経回路の挙動を修正するために実際にどのように機能しているのかについての理解が不十分である

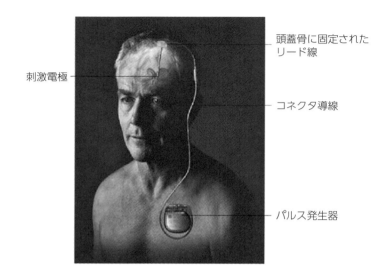

図 10.4　脳深部刺激療法（DBS）　DBS システムの主要構成要素に名称が付されている（詳細については本文参照）。(Kern and Kumar, 2007 より改変)

結果，生じている。回路レベルで脳機能の理解が進むにつれて，より洗練された「閉ループ」刺激パラダイム（単一の周波数での刺激ではなく）と，複数の脳部位の同時刺激が期待できる。

10.3　感覚の拡張

脳が可塑性を有することを考えると，人工的な感覚信号を用いて脳の特定の感覚領域を刺激するというシナリオを想像することができる。例えば，赤外線または超音波信号を電気刺激パターンに変換し，（視覚または聴覚の）皮質領域に流すことができるのではないか。入力信号に十分な統計的構造があり，被験者がこれらの新しい入力信号に基づいて課題を解決する必要がある場合，例えば視神経からの視覚信号や聴神経からの聴覚信号などの他の感覚信号と同様の方法で，皮質領域がこれらの信号に適応して処理するかもしれない。もしそれに成功すれば，そのような手法により被験者の脳は，進化によって利用可能となった感覚信号よりも広い範囲の感覚信号を処理できるようになる。そのような感覚拡張は可能なのだろうか？

　マサチューセッツ工科大学（MIT）の Sur の研究室で行われた実験（von Melchner et al., 2000）によって，この問題についての手がかりが得られた。研究者らはこれらの実験で，フェレット新生仔の発達初期に網膜からの視覚入力を聴覚入力経路へと外科的に変更し，この経路への通常の聴覚入力を除去した（図 10.5）。特に網膜の軸索が，聴覚野への入力をもたらす聴覚視

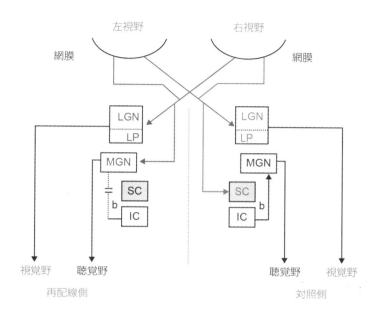

図10.5 視覚情報を処理するための聴覚皮質の再配線 図は，網膜の2つの半側視野からの視覚情報の経路設定を示す．実験においては，右視野からの視覚情報は内側膝状体（MGN）を通って左聴覚野に伝達された．下丘（IC）からの聴覚入力は除去された（左ICからの破線）．SC:上丘，b:腕（下丘腕）．(von Melchner et al., 2000 より改変)

床，具体的には内側膝状体（medial geniculate nucleus：MGN）を神経支配するように誘導された．研究者らは，発達の過程で，再配線された（入力経路を組み替えられた）フェレットの一次聴覚野が視覚野の機能的特徴の多くを発現させることを明らかにした．例えば，再配線された聴覚野のニューロンは視覚空間の2次元マップを発現し，視覚刺激の方位と刺激の運動方向に選択的に応答するようになった．

さらに，これらの動物は，再配線された聴覚野を用いて視覚課題を解決することができた．1つの課題では，4匹の再配線されたおとなのフェレットが，音刺激に続く報酬を得るために左側の吐出口に行き，光刺激の場合は右側の吐出口に行くように訓練された．これらの動物を，再配線されていない視覚半球によって処理される半側視野のみ，光刺激を用いて訓練した（図10.5における「対照側」）．訓練後，再配線された聴覚野によって処理される他方の半側視野に提示された光を用いて，動物を試験した．この半側視野から視覚野への入力（LGN〔外側膝状体〕/LP〔後外側核〕経由の）が取り除かれた結果，動物たちは再配線された聴覚野における視覚情報のみに頼ってこの課題を解決することができた．研究者らは，これらの動物が視覚刺激に正しく反応できることを明らかにしたが，このことは再配線された聴覚野を利用して光刺激を知覚できること

242　第 III 部　主要なタイプの BCI

を示している。さらに，再配線された聴覚野を切除すると，視覚刺激による報酬の吐出口への反応が有意に減少したが，これは動物が視覚刺激を知覚できなくなったことを示している。

　これらの結果は，大脳新皮質の神経回路網が驚くほど可塑的であり，入力が正常な発達過程で予想されるものとは大きく異なる場合でも，回路特性はそれらの入力によってかなりの程度まで形成され得ることを示している。このことは，新しいタイプのセンサ（超音波，赤外線，あるいはミリ波のセンサ機器など）からの入力を新皮質に供給することによって，脳の感覚能力を拡張できる可能性を開くものである。このような拡張の例は，最近 Thomson, Carra, and Nicolelis, 2013 によって示された。

10.4　要約

ニューロンを電気的に刺激する能力によって，BCI が神経回路の働きに影響を及ぼして，脳に直接感覚入力を提供できるようになる。本章では人工内耳について学習したが，人工内耳によって音を聞き，多くの場合に言葉を理解できるようになる聴覚障碍者が増えている。視覚障碍者の視力を回復するための脳刺激型人工眼および網膜刺激型人工眼に関する研究も行われており，1 つの網膜刺激型人工眼が最近 FDA の承認を受けている。ただし，一部は視覚処理の複雑さのため，そして一部は現在の電極アレイにより提供される解像度が低いために，進歩が遅れている状況である。脳深部刺激（DBS）用の埋め込み装置は現在，パーキンソン病などの心身を衰弱させる疾患の症状を和らげるために使用されている。これらの埋め込み装置は通常，個々の患者の症状の緩和に役立つように周波数をカスタマイズした高周波電気パルスを，脳深部の神経核に送り込む。脳領域のより洗練された刺激パラダイムを構築するには，各領域の機能と，それらの領域がどのように相互作用して知覚と行動を生み出すのかということを，より深く理解する必要がある。

10.5　演習問題

1. 蝸牛神経における音波の電気活動への変換にかかわる様々な段階を説明せよ。人工内耳が置き換えようとしているのは，この変換のどの段階か？　人工内耳が機能するためには，どの段階が損傷を受けていないことが必要か？

2. 蝸牛における音の「トノトピーな」機構とは何か？　そしてそれは人工内耳によってどのように利用されているのか？

3. 人工内耳の基本的な構成要素は何か？　人工内耳のどの側面が個々のユーザに合わせてカスタマイズされるのか？

4. 人工内耳の性能は，先天性聴覚障碍者と言語習得後の聴覚障碍者で異なるのか？　人工内耳を埋め込む年齢は人工内耳の有効性にどんな影響をもたらすのか？

5. （♟）視力を回復するための脳刺激型人工眼は，研究室から人間への臨床的埋植にはまだ移行していない。過去 10 年間にわたるこの手法を用いてなされた進歩を概説し，臨床利用と商業化への主な障壁があれば特定せよ。

6. 網膜刺激型人工眼の 2 つの主なタイプは何か？　それらの長所と短所を比較し，人間での臨床利用への主な障壁があれば特定せよ。

7. DBS システムに使用される主要な構成要素を記せ。DBS が用いられてきた運動障害および情動障害にはどのようなものがあるか？　そのリスクと起こり得る副作用を一覧表にせよ。

8. （♟）DBS はパーキンソン病などの疾患の症状を治療するために臨床的に有用であることが証明されているが，DBS の治療効果の原因となる正確な神経メカニズムは不明のままである。この話題に関する最近の総説（例えば，Kringelbach et al., 2007）を読み，DBS が脳内の神経回路にどのように影響を与えるかについての仮説をいくつか記述せよ。学んだことに基づいて，1 つまたは複数の脳領域を標的とした，より洗練されたタイプの刺激を用いて DBS を改善できる見込みがある方法を提案せよ。

9. Sur と共同研究者によって行われた，フェレットの視覚情報の聴覚野への経路切り替え実験について述べよ。聴覚野のニューロンは経路切り替え後にどのような特性を示したか？　動物が実際に経路変更された情報を用いて課題を解決できることを検証するために用いられた行動課題を記述せよ。

10. （♟）Sur と共同研究者による実験は，視覚や聴覚などの「自然の」様式に限られていた。大脳皮質領域への入力として，自然の入力ではなく，レーザ測距計などの人工センシング機器から情報が供給されると仮定せよ。このような人工的な入力の流れを脳と結合する際に直面する可能性のある潜在的な問題にはどのようなものがあるか？　これらの問題は，信号処理と機械学習の技術を用いてどのように解決または軽減できるか？

第 11 章 双方向型および再帰型 BCI

これまでのところ，脳から記録して外部機器を制御するか（第 7 〜 9 章），脳を刺激して感覚機能または運動機能を回復させる（第 10 章）BCI について検討してきた。最も一般的なタイプの BCI は，脳の様々な部分からの記録と同時に刺激も行うものである。このような BCI は，**双方向型 BCI（bidirectional BCI）** ——または**再帰型 BCI（recurrent BCI）**——と呼ばれている。双方向型 BCI は，脳から記録された運動信号を用いて人工装具を操作した結果を，同じ脳の感覚ニューロンを刺激して伝達することにより，脳に直接フィードバックを提供することができる。さらに，脳の一部から記録された信号を用いて神経活動を調節したり，脳の別の部分における可塑性を誘導したりすることが可能である。

　第 1 章では，スティモシーバーと呼ばれる埋め込み型 BCI に関する Delgado（1969 年）の先駆的な研究について説明したが，これは双方向型 BCI の最初の例とみなすことができる。本章では，双方向型 BCI によって開かれた可能性を示すために最近の数例を簡単に概説し，将来，最も柔軟性の高い BCI はおそらく双方向型になることに言及して章を結ぶ。ただし，この柔軟性には，コストと侵襲的であるということに関連するリスクが伴うことになりそうである。

11.1　刺激による大脳皮質への直接指示によるカーソル制御

BCI を皮質の刺激と組み合わせた最初の研究の 1 つは，O'Doherty，Nicolelis および共同研究者（2009 年）によるものである。この研究は，BCI に直接の皮質内入力を加えて，アカゲザルにジョイスティックまたは直接の脳制御を用いてカーソルを 2 つの標的のどちらかに移動するように指示することが可能であることを示した（図 11.1A）。このアイデアは，体性感覚野の刺激を BCI と連結して用いてカーソルを制御できることを実証しようとするものであった。2 つの電極アレイ（各々 32 個のタングステン電極を含む）が神経活動を記録するために一次運動野（M1 領域）と背側前運動野（PMd）に埋め込まれ，3 つ目の電極アレイは刺激を行うために一次体性感覚野（S1）に埋め込まれた（図 11.1B, C）。刺激対象に選ばれたのは，図 11.1D に示されているように，刺激電極対の受容野がある S1 の手領域であった。

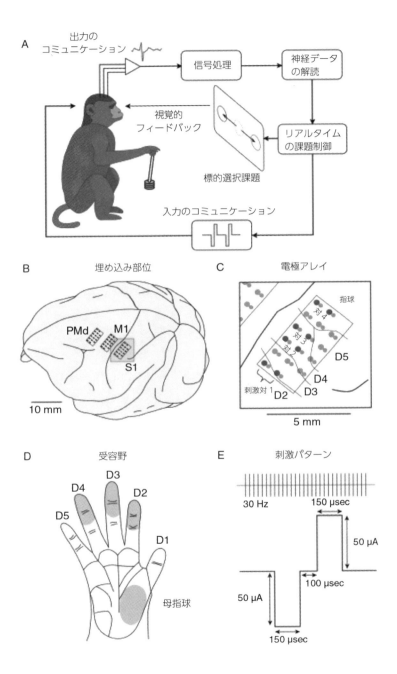

(◀ 左頁の図) 図 11.1　カーソル制御課題における双方向型 BCI　(A) 実験装置。サルは，手動でジョイスティックを使用するか，運動野のデータを解読する BCI を用いて，カーソルを右または左の標的に移動した。標的（左または右）は，ジョイスティックの振動，または一次体性感覚野（S1）を刺激することによって指示される。(B) サルには，記録のために背側前運動野（PMd）と一次運動野（M1）に，刺激のために一次体性感覚野（S1）に電極アレイが埋め込まれた。(C) S1 の電極アレイ。濃い円は，刺激に使用される電極対を示す。(D) 刺激に用いられる電極対に対応するサルの手の受容野。(E) 刺激パルスのパラメータ。(O'Doherty et al., 2009 より)

図 11.2 は，実験パラダイムを示している。サルは最初にカーソルを（ジョイスティックまたは神経制御を使って）画面中央の円に移動する。これにより 0.5 〜 2 秒の「指示期間」が開始され，その間にサルにジョイスティックハンドルの振動，または図 11.1E に示されている形状の電気パルスを使用した S1 の直接刺激のいずれかを用いた刺激が与えられる。続いて，左右に 1 つずつの 2 つの標的が現れる（図 11.2）。特定の試行では，刺激が与えられた場合，動物はカーソルを右側の標的に移動させる必要があった。刺激が与えられなかった場合は，カーソルを左側の標的に移動させる必要があった（他のセッションではその逆）。

サルは最初に，ジョイスティックを使って標準的なセンターアウト課題と追跡課題でカーソルを制御するように訓練された（図 7.19）。このデータを用いて，2 つの線形（ウィナー）フィルタ（(7.2) 式）に対して，1 つはカーソルの X 座標を，もう 1 つは Y 座標を予測するために重みを学習させた。これらの予測は，過去 10 タイムステップ（1 タイムステップは 100 ms に相

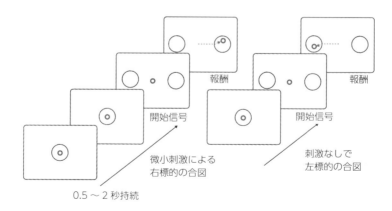

図 11.2　刺激を伴う BCI カーソル課題　画面は，カーソル課題の様々な段階を示す。ジョイスティックの振動または S1 刺激のいずれかが，サルに（BCI を使って）カーソルを右側の標的に移動するための合図として働いた。一方で，振動/刺激がない場合は左の標的への移動を示した。(O'Doherty et al., 2009 より改変)

当）のM1およびPMdのニューロンの発火率に基づいて行われた。これらのフィルタは，サルがM1およびPMdの活動を用いてカーソルを直接制御できるように，後で用いられた。

サルが脳活動を使用してカーソルを制御することを学習したところで，刺激課題で試験が行われた。サルは最初に，ジョイスティックの振動を使用して，カーソルをどちらの標的に移動すべきかを推測するように訓練された。サルは，この課題で12セッション後に90％の精度を達成した。次に，振動がS1の直接刺激に置き換えられた。初めは偶然レベルの成績であったが，約15セッションおよび2週間の訓練の後，サルは成績を急激に向上させて，今度は刺激のみで再び90％の精度を達成した（図11.3）。

これらの結果は，皮質内刺激を用いて触覚刺激に関する情報を体性感覚野に直接伝達し，この情報をBCIのなかで利用できる可能性があることを示唆している。しかし，これらの実験は，BCI制御の初めに対象を指示するために刺激のみを使ったため，記録と刺激を閉ループ方式で同時に行うことが可能か否かという問題が未解決のままであった。この問題は，次節で述べるように他のパラダイムを用いることによって取り組まれている。

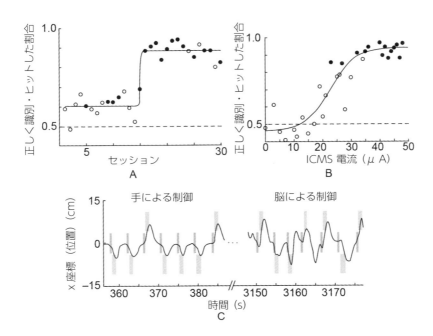

図11.3　双方向型BCIの性能　(A) S1の刺激を用いて標的の情報が伝達されたときの，正しい標的の識別およびヒットの精度の向上。(B) 刺激パルス列の振幅の関数としてのサルの成績。(C) ジョイスティック（左）とBCI（右）による制御下の，カーソル位置のX座標。細い長方形：標的指示の期間（刺激または刺激なし）。太い長方形：正しい標的の位置。(O'Doherty et al., 2009 より改変)

11.2 BCI と体性感覚刺激を用いた能動的触覚探索

前節で述べた双方向型 BCI では，刺激のみを使用してサルにどちらの標的にカーソルを移動すべきかを指示した。より現実的なシナリオは，刺激を介して供給される触覚情報を利用して BCI によりオブジェクト（物体）を能動的に探索し，刺激を通じて伝達される触覚的な特性のみに基づいて目的の標的オブジェクトを選択することである。O'Doherty，Nicolelis および共同研究者（2011 年）は仮想現実の実験装置を用いて，そのような双方向型 BCI を研究した。

サルは，カーソルまたは腕の仮想画像を移動して，コンピュータ画面上のオブジェクトを探索するように訓練された（図 11.4A）。課題は，脳による制御を用いて，刺激を介して伝達される特定の人工触覚特性をもつオブジェクトを探すことであった。マイクロワイヤアレイが，記録のために一次運動野（M1）に，そして刺激のために一次体性感覚野（S1）に埋め込まれた（図 11.4B, C）。サルは，最初は手動制御を用いて，次に M1 の集団的活動（図 11.4E）とカルマンフィルタ（4.4.5 項および 7.2.3 項参照）に基づく脳の制御を用いて，仮想オブジェクトを探索した。

オブジェクトは，中央の「応答」ゾーンと，周辺のフィードバックゾーンで構成されていた。カーソルまたは仮想の手がフィードバックゾーンに入ると，人工的な触覚フィードバックが S1 の刺激を介して脳に直接供給された（図 11.4D）。カーソル（または仮想の手）を正しいオブジェクトの上に置いて 0.8 ～ 1.3 秒間持続すると，報酬（ジュース）が得られたが，間違ったオブジェクトの上に置いて持続すると，試行が中止された。刺激によるアーチファクトが各パルス後 5 ～ 10 ms 間の神経活動をマスクしたため（図 11.4D および図 11.4E），記録と刺激の部分区間（各々 50 ms）を交互に入れ替えるインターリーブ方式が用いられた。

各人工触覚の刺激構造（テクスチャ）は高周波パルス列から成り，より低い周波数（提示頻度）のパケットで提示された。報酬が得られる人工触覚テクスチャ（rewarded artificial texture：RAT）は，10 Hz のパケットで送られる 200 Hz パルス列で構成されていたが，報酬のない人工触覚テクスチャ（unrewarded artificial texture：UAT）は，5 Hz のパケットで送られる 400 Hz パルス列で構成されていた（図 11.4D 参照）。オブジェクトに対して刺激がない場合は，ヌル（ゼロの）人工テクスチャ（null artificial texture：NAT）を表した。

どちらのサル（2 頭）も，刺激だけに基づいて，様々な難易度の課題（図 11.5A）で標的刺激を正しく選択することを学習した。標的の探索試験は，ジョイスティック（手動制御〔HC〕），ジョイスティックがあるが接続が切られている脳制御（BCWH），ジョイスティックなしの脳制御（BCWOH）を用いて行われた。図 11.5B と図 11.5C は，5 つの課題のそれぞれについて複数のセッションにわたる性能の向上を示している。日内の実験セッション中でも性能が向上した（図 11.5D）。所定の試行で特定のオブジェクトに費やされた合計時間の統計値（平均）（図 11.5C）は，サル達が約 1 秒あるいはそれ以下の時間スケールで各タイプの人工テクスチャを識別できたことを示しており，これは末梢による触覚刺激の識別に匹敵する。

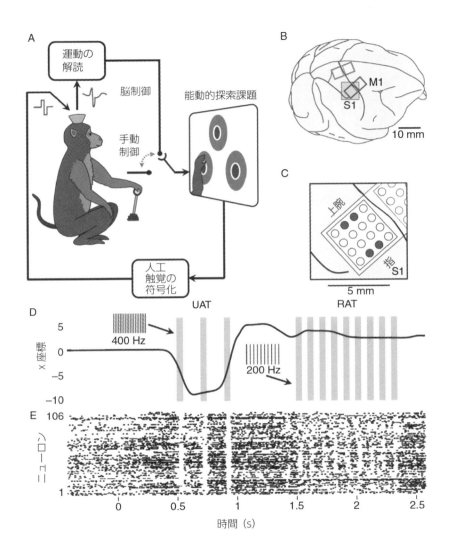

図 11.4 触覚探索のための双方向型 BCI (**A**) カーソルまたは仮想の手は，ジョイスティックまたは一次運動野（M1）からの活動によって制御され，コンピュータ画面上の円形オブジェクトを探索する。オブジェクトについての人工触覚のフィードバックが，電気刺激を介して一次体性感覚野（S1）に供給される。(**B**) M1 および S1 領域に埋め込まれたマイクロワイヤアレイの位置。(**C**) 刺激に用いられるマイクロワイヤが，陰影のある円として表示されている。(**D**) 実線：ある試行におけるアクチュエータの運動の例。この試行では，サルが報酬のないオブジェクト（UAT）を探索した後に，報酬のある標的（RAT）に移動および選択を行った。灰色のバー：刺激パターン。挿入図：刺激周波数を表す。(**E**) (D) と同じ試行中に記録された M1 ニューロン集団のスパイク活動。（O'Doherty et al., 2011 より）

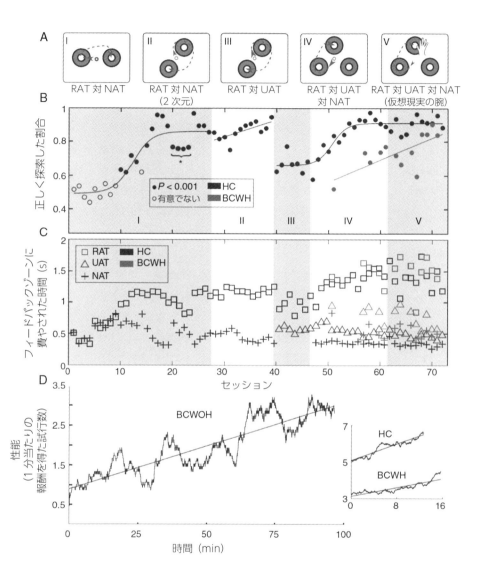

図11.5　双方向型 BCI の利用の学習　(**A**) 様々な難易度の5つの課題。(**B**) 各課題で正しく実行された試行の割合を，セッション番号の関数として表す。白丸：偶然による探索を行う場合と同レベルの成績。HC：手動制御。BCWH：ジョイスティックはあるが接続が切られている脳制御。(**C**) 四角形，三角形，十字の印は，様々なタイプのオブジェクト（RAT，UAT，NAT——詳細については本文参照）に費やされた平均時間を表す。(**D**) 日内の実験セッションにおける性能の向上。BCWOH：手の運動なしでの脳制御（すなわちジョイスティックを取り外した状態）。(O'Doherty et al., 2011 より)

11.3 ミニロボットの双方向型 BCI による制御

　Mussa-Ivaldi と共同研究者（2010 年）は，脳のある領域から別の領域への信号の変換を研究するためのツールとしての双方向型 BCI の利用について調査した。彼らの実験では，BCI がヤツメウナギの脳を小さな移動ロボットに接続している。ヤツメウナギの脳は，記録チャンバー内の人工脳脊髄液に浸されている。ロボット上の光学センサからの信号は，電気信号に変換されて左右の前庭神経路の刺激に用いられる。刺激周波数は光の強度に線形的に比例する。

　電気的に伝達された刺激に対するニューロンの応答は，後菱脳網様核（posterior rhombencephalic reticular nuclei：PRRN）として知られる別の脳領域から記録される。BCI は，左右の PRRN から記録された信号を解読して，ロボットのホイールへのコマンドを生成する。これらのコマンドは，ヤツメウナギ脳幹の対応する側の推定平均 PRRN 発火率に比例するように設定されている。すなわち，発火率が高いほど対応する側のホイールの回転が速くなり，ロボットが反対方向に回転する。

　ロボットは周囲に光源がある円形の場に置かれ（図 11.6A），各光源の電源を入れて神経 - ロボットシステムの動作が調べられた。刺激電極と記録電極の間の神経系によって実行される変換によって，ロボットが光源に反応してどのように移動するのかが決定された（図 11.6B）。Mussa-Ivaldi と共同研究者は，この変換を，入力の様々な次数の多項式や自己回帰モデル（4.4.3 項）などの数学的モデルに置き換えて研究した。彼らは，神経の変換関数の近似においては，次数 3 の多項式が線形モデルより優れていることを明らかにしたが（図 11.6B），最高性能は入力の 1 次自己回帰モデルを用いることによって得られた。

　双方向型 BCI の将来の利用のために非常に重要であるが，まだ研究による結論が出ていない問題は，ロボットなどの外部機器の目的の動作を作り出すために神経可塑性を活用できるかどうかということである。言い換えれば，ロボットはヤツメウナギの脳の固定された神経変換に従って行動するのではなく，神経可塑性を利用して任意の行動を作り出すことができるのだろうか？この問題は，大脳皮質による筋肉の制御と脳領域間の結合の構築を対象にした研究によってある程度取り組まれており，次の 2 つの節で考察する。

11.4 機能的電気刺激を用いた大脳皮質による筋肉の制御

別のタイプの双方向型 BCI は，脊髄損傷により麻痺した人々の運動を回復しようとするものである。Moritz，Perlmutter および Fetz（2008 年）によって最初に研究されたアイデアは，脳のある領域（運動野など）からの神経信号を用いて脊髄または筋肉を刺激し，それによって脊髄ブロックを迂回して手足を生き返らせることである。Moritz と共同研究者は，2 頭のサルの単一の運動皮質ニューロンの活動を手首の筋肉の電気刺激に変換してコンピュータ画面上のカーソルを

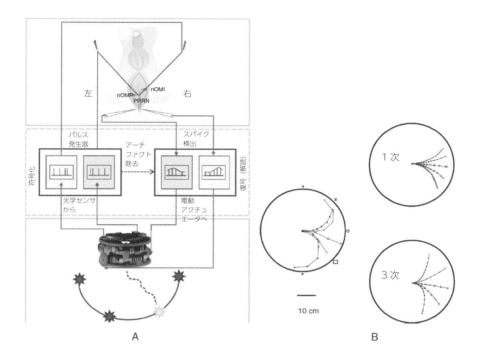

図 11.6　移動ロボットの双方向型 BCI 制御　**(A)** 人工脳脊髄液に浸されたヤツメウナギの脳が，小型の移動ロボットに接続された。ロボットの光センサからの信号は，刺激周波数が光強度に対して線形的に変化するように，通信インターフェースによって電気刺激に変換された。これらの電気刺激は，タングステン微小電極によって右と左の前庭路（nOMI および nOMP：中間および後部第 VIII 運動核〔octavomotor nucleus〕）に伝達された。脳幹の左右の後菱脳網様核（PRRN）からの神経応答はガラス微小電極を用いて記録され，ロボットのホイールの運動コマンドに変換された。コマンドは，対応する側の推定平均発火率に比例するように設定された。**(B)** 左パネル：作業空間の円形境界に設置された 5 つの光源のそれぞれに応答したヤツメウナギの脳によって作られた，ロボットの軌跡。ロボットは光の方向に向かって移動する傾向があった。右の 2 つのパネルは，ロボットを制御する神経の変換関数を線形および 3 次多項式で近似した結果を示している。(Mussa-Ivaldi et al., 2010 より改変)

移動することによって，このアプローチを実証した（図 11.7A）。サルは最初にオペラント条件づけ（7.1.1 項および図 7.2）を用いて訓練され，自らの意思で運動皮質ニューロンの活動を制御して，カーソル（小さな赤い四角形）を標的（大きな黒い四角形）に移動できるようになった。サルは，神経活動を使ってカーソルを制御する間に度々手を動かしていた。次に，サルが手を動かせないように，局所麻酔薬を使用して手首の筋肉を支配する末梢神経をブロックした。サルは引き続き神経活動でカーソル運動を制御したが，手首の動きはなかった。

　実験の最終段階では，カーソルはもはやニューロン活動ではなく，手首の運動を用いて動かす

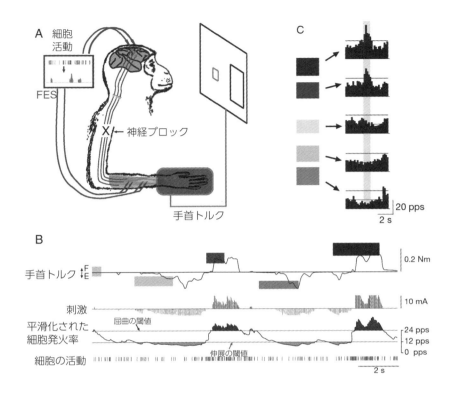

図 11.7　筋肉を制御するための BCI　(A) 運動皮質からの細胞の活動が，手首の筋肉の機能的電気刺激（FES）を行うための電気刺激に変換された。結果として生じる手首のトルクを用いて，コンピュータ画面上のカーソル（灰色線の四角）を標的（黒線の四角）に移動した。**(B)** サルが運動皮質細胞の活動を調節して，5 つのレベルの屈曲 - 伸展（F-E）トルク（灰色の異なる濃淡で示されている）の標的を獲得している例。FES は，屈筋と伸筋の両方に与えられた。屈筋 FES は閾値（0.8 ×［発火率－ 24］，最大 10 mA）を超える発火率に比例し，伸筋 FES は，2 番目の閾値（0.6 ×［12 －発火率］，最大 10 mA）を下回る発火率に比例した。**(C)** 5 つの標的レベル（左の灰色の網掛け四角形）を取得するために使用された発火率のヒストグラム。水平線は，屈曲（濃い灰色）および伸展（薄い灰色）刺激の FES 閾値を示す。(Moritz et al., 2008 より改変)

ことができるマニピュランダムによって制御された。運動皮質ニューロンからの活動は電気刺激に変換され，麻痺した手首の筋肉に送信された（このタイプの刺激は，**機能的電気刺激〔functional electrical stimulation：FES〕**と呼ばれる）。その結果カーソルは，屈筋と伸筋の両方に送信された脳制御の FES によって生み出された手首のトルクによって制御された。屈筋 FES 電流は，閾値（0.8 ×［発火率－ 24］，最大 10 mA）を超える発火率に比例するように設定され，伸筋 FES 電流は，2 番目の閾値（0.6 ×［12 －発火率］，最大 10 mA）を下回る発火率に比例する

ように設定された。図 11.7B および図 11.7C に示すように，サルはニューロンの活動を制御して，5 つのレベルの屈曲 - 伸展（F–E）トルクを必要とする 5 つの異なる標的を獲得することができた。サルは 5 つの標的を獲得するために，発火率を閾値を超えて適切な量だけ増やすこと，およびもう 1 つの閾値を下回るように減らすことができた。

　この手法の潜在的な欠点はよく知られている。すなわち，通常は数分を超える継続的な筋肉の電気刺激が筋肉の疲労を招くため，この技術を一日中使用することが非実用的になるという事実である。より実用的であることが明らかになった別の手法は，脳信号を使用して脊髄のニューロンを刺激することである。上記のグループを含むいくつかの研究グループがこの代替手段を積極的に研究しており，麻痺した人の運動能力を回復するために，腕と手の蘇生および，歩行制御を担う脊髄回路（van den Brand et al., 2012）の再開の両方を狙っている。

11.5　脳領域間の新しい結合の確立

双方向型 BCI は，脳のある領域を，他の領域からの入力を用いて直接刺激するために利用することも可能である。このような人工的な結合は，脳卒中や神経疾患によって脳領域間の生物学的結合が損傷した場合に有用である。さらに，Jackson，Fetz および共同研究者（2006 年）によって示されたように，脳領域間の人工的な結合を確立すると，神経可塑性と機能再編成も誘導される。**ヘッブの可塑性**（Hebbian plasticity）の原理（2.6 節）は，シナプス前活動とシナプス後活動の間に持続的な因果関係がある場合，あるニューロングループから別のニューロングループへの結合が強化されることを述べている。Jackson と共同研究者は，自由に行動する霊長類の運動野の 2 つの部位の間に人工的な結合を作り出すことによって，ヘッブの可塑性を誘導できるか否かを調べた。

　ニューロチップ（Neurochip）の埋め込み装置（3.3.2 項）が，2 頭のサルの一次運動野（M1）の手首領域に埋植された。チップのマイクロプロセッサは，記録電極（**図 11.8A** で Nrec とラベル付けされている）からのスパイクを検出し，特定の遅延の後，刺激電極（図 11.8A の Nstim）を介して二相性の定電流パルス（25-80 μA，1 相あたり 0.2 ms のパルス幅）を供給するように，刺激回路に指示した。チップは，適切な記録パラメータおよび刺激パラメータでプログラミングされると，制限のない行動の下で 1 ～ 4 日間にわたって自律的に動作した。研究者らは，スパイクと刺激の間に 0，1，5 ms の遅延時間を設定して，17 の異なるニューロン対の間の人工的な結合によって引き起こされる条件づけの効果を研究した。これらの効果は，様々な電極の毎日の皮質内微小刺激（intracortical microstimulation：ICMS）を用いて，反対側の手首に生じるトルクを測定することによって調査された（**図 11.8B，C**）。

　図 11.9 の例に示すように，2 日間連続の条件づけ作業の後，記録部位（Nrec）を刺激することによって生成された出力は，対応する刺激部位（Nstim）からの出力トルクに似た形に変わった。

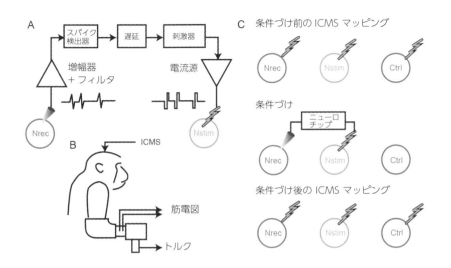

図11.8 双方向型BCIを用いた可塑性の誘導 (A) 双方向型BCIの概略図。記録電極（Nrec）から記録されたスパイクは電気刺激に変換されて，所定の遅延の後にNstim（刺激）電極に送信された。(B) ニューロンの特性変化は，各電極に皮質内微小刺激（ICMS）を送信して，右手首への出力の影響を測定することによって観察された。(C) 上から下：一連の実験；条件づけ前の試験，ニューロチップを用いた条件づけ，引き続く条件づけ後の試験。（Jackson et al., 2006 より）

（▶右頁の図）**図11.9 双方向型BCIによって誘導される運動皮質ニューロンの可塑性** (A) 電気刺激（ICMS）が3つの各電極に別々に供給された後の，等尺性手首トルクの条件づけ前の平均軌跡（破線）：記録（Nrec），刺激（Nstim），および対照（Ctrl）電極。平均トルク（実線の矢印）は，NrecとCtrlでは屈曲方向，Nstimでは橈側-伸展方向であった。(B) 3つの手首の筋肉，すなわち橈側手根伸筋（ECR），橈側手根屈筋（FCR），尺側手根屈筋（FCU）の，ICMSに対する平均整流筋電図（EMG）の応答。各図の下の黒い陰影付きのバーは，ICMSの持続時間を示している。（訳注：各軸の全長の値は横軸が250 ms，縦軸は0.4 mVである）(C)，(D) ニューロチップによって媒介されたNrecとNstimの間の人工的な結合を用いて2日間の条件づけを行った後のデータ。矢印は，条件づけ後のNrecからのEMG応答の変化を示す。(E) 18日間にわたる平均トルク応答の方向であり，条件づけから数日後に起こったNrecの新しいトルク応答の持続性を示している。陰影付きの領域：条件づけ期間。エラーバー：s.e.m.（標準誤差）。ICMSパラメータ：300 Hzで13パルス；電流：30 mA（Nrec），40 mA（Nstim），および50 mA（Ctrl）。（Jackson et al., 2006 より）

第 11 章 双方向型および再帰型 BCI 257

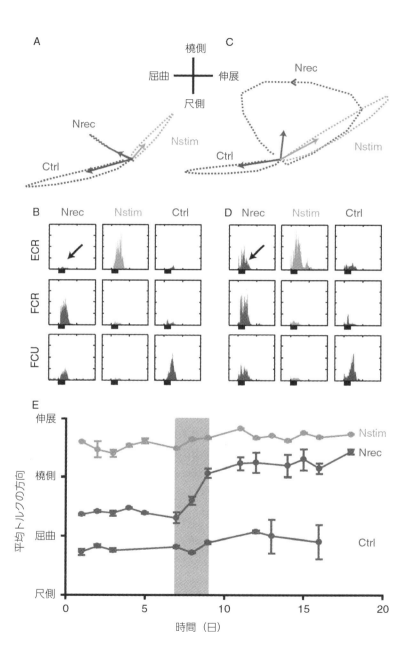

258 第III部 主要なタイプのBCI

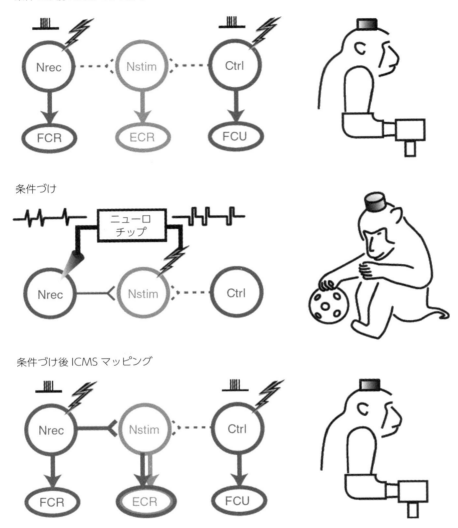

図 11.10 双方向型 BCI によって引き起こされる可塑的変化についての可能性のあるメカニズム （上）条件づけの前，ICMS は主に Nrec，Nstim，および Ctrl 電極からそれぞれの手首の筋肉への異なる下行性投射を活性化する．（中）制限のない行動中にニューロチップによる人工結合を用いた条件づけを行うことで，Nrec と Nstim の間の水平結合を強化する．（下）条件づけ後の Nrec への ICMS は，強化された水平結合を介して ECR 筋肉を活性化する．(Jackson et al., 2006 より)

それは，人工的に同期させたニューロン集団間のシナプス結合（この場合，Nrec から Nstim までに存在した可能性のあるシナプス結合；図 11.10 参照）の増強と整合していた。Nrec の機能的出力のこの変化は，場合によっては 1 週間以上持続した（図 11.9E）。

Nrec 部位におけるニューロンの機能的出力の変化は，ニューロチップが生理学的に導出された刺激列を用いて, in vivo（生体内）において機能再編成の誘導に成功したことを示唆している。まだ実証はされていないが，そのような方法は，負傷や損傷後の神経リハビリテーションあるいは脳領域間の結合回復に非常に有用なものになる可能性がある。

11.6　要約

本章では，ニューロンから情報を同時に記録および抽出しながら，電気刺激を利用して他のニューロンに情報を提供したり筋肉を活性化したりする方法を学んだ。このような双方向型 BCI は，脳がセンシングとアクチュエーションのいずれについても，もはや肉体に依存していないという点で，最も一般化された形のブレイン・コンピュータ・インターフェースを表している。

本章で取り上げた例は初期の試験的な研究とみなすことができる。これらの研究では，脳による制御のタイプおよび刺激を介して供給されるフィードバックのいずれも比較的単純であった。将来の双方向型 BCI の課題は，

(1) ニューロンからの記録を行いつつ，同時に刺激を介して数多くの様々な情報を脳に伝達する方法を見出すこと

(2) この双方向の情報の流れを無期限に維持すること

(3) 脳の可塑性を認識かつ活用して，この双方向の情報の流れを形成してインターフェースの目標を達成すること

である。長期的には，電気以外の記録 / 刺激手段（例えば光遺伝学；第 3 章参照）が，高性能な双方向型 BCI を構築するうえで，より有効であることが明らかになるかもしれない。

11.7　演習問題

1. 双方向型 BCI は，脳からの記録のみならず脳への刺激も行う。次の応用対象のそれぞれについて，双方向型 BCI を用いて応用対象を制御し，ユーザにフィードバックを提供する方法を説明せよ：

　a. 義足

　b. 義手

　c. 脳で制御する車椅子

　d. カーソルとメニューシステム

260　第 III 部　主要なタイプの BCI

2. 11.1 節で述べた BCI は，皮質領域 S1 の刺激と領域 M1 および PMd の記録を利用した。この BCI において，刺激と記録は同時に行われたか？　刺激を用いて脳制御の結果についてのフィードバックが提供されたか？

3. 11.2 節においてサルの双方向型 BCI を実証するために用いられた実験装置と能動的な探索課題について記述せよ。

4. 11.2 節の BCI は，サルに視覚的なフィードバックを与えて，サルがカーソルを画面上の様々な標的に導くことができるようにした。視覚的なフィードバックを刺激による直接的な皮質へのフィードバックに置き換えるためには，BCI にどのような変更を加えればよいか？

5. 双方向型 BCI が，脳の 1 つの領域から別の領域への信号の変換を研究するためのツールとしてどのように役立つのかについて，11.3 節で記した Mussa-Ivaldi と共同研究者による実験に基づいて説明せよ。

6. (♟) 11.3 節の実験は，「ブライテンベルクのビークル（Braitenberg's vehicle）」に着想を得たものであった(Braitenberg, 1984)。これは元来,内部記憶や環境の表現をもたない「エージェント」と環境の間の感覚運動の相互作用から生じる知的行動の簡単な例として提案されたものである。様々なタイプの「ブライテンベルクのビークル」を記述し，どのビークルが 11.3 節の双方向型 BCI に最も似ているか，特定せよ。

7. Moriz と共同研究者によって提案された，皮質活動を機能的電気刺激（FES）に利用することにより四肢の機能を生き返らせるための取り組みを述べよ。この方法を長期間使用する際の潜在的な欠点は何か，そしてこの弱点にどのように対処できるのか，述べよ。

8. ヘッブの可塑性とは何か，そして再帰型 BCI を用いて皮質領域間の結合を復元するためにヘッブの可塑性をどのように利用できるか，述べよ。

9. Jackson と共同研究者によって行われた実験(11.5 節)において,ニューロチップはどのように,そしてどの程度の期間用いられたか？　このチップを使用することによる行動への影響は,どの程度実験的に解明されたか？　その結果からどのような結論が導き出されたか,そしてそれはどのような根拠に基づいているか？

10. (♟) 感覚と運動の回復または拡張を目的として，脳の様々な領域を結合するために再帰型 BCI を利用できる他の方法について，ブレインストーミングせよ。例えば，再帰型 BCI を用いて，聴覚情報を視覚野または体性感覚野に伝達し，機能不全に陥った聴覚野を迂回することができるか？　記憶障害を治療するために，海馬などの記憶に関わる領域を感覚野と結合することについてはどうか？　オンチップおよびクラウドベースの記憶装置や処理能力の受け入れを可能にすることで起こるであろう結果についても考察せよ。

第IV部　応用と倫理

第 12 章　BCI の応用

本章では，ブレイン・コンピュータ・インターフェース（BCI）技術の応用範囲を探っていく。すでに，前章で侵襲型および非侵襲型 BCI を調べたときに，失われた運動機能や感覚機能の回復などのいくつかの医学的応用に言及してきた。ここでは，まずこれらの応用について手短に概説し，その後にエンターテインメント，ロボット制御，ゲーム，セキュリティ，およびアートなどの他分野での応用を紹介する。

12.1　医療応用

ブレイン・コンピュータ・インターフェースという分野は，麻痺した人や身体障碍者を手助けすることを目的として始まった。したがって，BCI のこれまでの主な応用のいくつかが医療技術，特に感覚機能と運動機能の回復にあったのは驚くべきことではない。

12.1.1　感覚の回復

最も広く使用されている商用 BCI の 1 つは，10.1.1 項で論じた聴覚障碍者用の人工内耳である。人工内耳は感覚回復のための BCI の一例であり，視覚障碍者用に開発が進められている網膜刺激型人工眼も同様である（10.1.2 項）。

　他の 2 つの可能性のある純粋な感覚 BCI のタイプ，すなわち体性感覚用の BCI と嗅覚味覚用の BCI についてはあまり研究されていない。前者の場合，皮膚移植によって触覚を回復できることが多いため，BCI の必要性は最小限に抑えられている。ただし第 11 章で見たように，体性感覚刺激には，例えば麻痺を抱える人や手足を切断した人が，人工装具により把持したり触れている物体を感知できるようになるための双方向型 BCI の構成要素として，相当の関心がもたれている。

　嗅覚と味覚のための BCI の場合，様々な種類の匂いを感知できる「人工鼻」とチップを作り上げるための努力が行われてきたが，これらの機器は BCI よりもセキュリティやロボット工学への応用を目指して作られている。嗅覚と味覚のための BCI 開発への関心が不足しているのは，

264 第 IV 部 応用と倫理

主に視覚障碍者や聴覚障碍者の人口と比較して，そのような BCI を必要とする人口は多くない
ためである。

12.1.2 運動の回復

過去 20 年間にわたる BCI 研究のもう 1 つの主な動機は，手足を切断した人や麻痺を抱える人の
ために，神経信号を用いて制御できる人工装具を開発するという目的があるためである。おそら
く商品化に最も近いものは，損傷していない神経の信号によって制御できる義手である（8.2 節）。
さらに将来的には，皮質ニューロンを用いて直接制御可能な義手がある。そのような BCI の初
期の試作品は現在，サル（7.2.1 項）と人間（7.3.1 項；人工装具制御のための BCI の最先端技
術については Hochberg et al., 2012, および Collinger et al., 2012 も参照されたい）で試験され
ている。

　おそらく最も実現が困難なものは，脳信号によって制御される下肢用人工装具である。この場
合，BCI/ 人工装具システムは，脳からの命令に従い，体性感覚ニューロンを適切に刺激するこ
とによってフィードバックを提供する間，安定性を維持し，ユーザが重心を保つことができるよ
うにする必要がある。7.2.2 項において，サルの下肢制御に関する BCI 研究を概説した。自律性
とユーザ制御の融合に基いた階層的 BCI（9.1.8 項）ベースのアプローチは，下肢用人工装具の
最も柔軟な制御方法を提供できる可能性がある。

12.1.3 認知の回復

BCI は，多くの認知神経障害の治療に利用できる可能性がある。例えばいくつかのグループが，
発作を予測したり，発作の開始を検出したりする方法に取り組んでいる。成功した場合，そのよ
うな方法を BCI に組み込んで，発作の開始に備えて脳を監視し，発作が始まる可能性が検出さ
れたときに適切な薬物を送り込んだり，あるいは迷走神経を刺激して発作が他の部位に広がる前
に止めることができる可能性がある。

　同様に，脳深部刺激療法（deep brain stimulation：DBS）は，パーキンソン病の症状の治療（10.2.1
項参照）だけでなく，慢性疼痛やうつ病の緩和にも利用されている。最後に，脳の記憶を記録し，
脳の適切な記憶中枢を刺激できる BCI は，アルツハイマー病などの疾患による記憶障害に対処
するのに役立つ可能性がある。しかし，そのような BCI を開発するためには，脳内で記憶がど
のように作り出され，保存されるかということについて，我々が今日知っていることよりも，もっ
と深い理解が必要である。

12.1.4 リハビリテーション

BCI のもう 1 つの潜在的に重要な応用は，脳卒中，外科手術，またはその他の神経疾患から回
復中の患者のリハビリを行うことである。この BCI は，脳の信号をコンピュータ画面上の刺激

やリハビリ機器の運動に変換する，閉ループフィードバックシステムの一部となるであろう。このようなニューロフィードバックシステムによって，患者が自らのリハビリテーションを早めるために，適切なタイプの神経活動を生成することを学習できるようになる。興味をもった読者は，例として Birbaumer & Cohen, 2007，Dobkin, 2007，Scherer et al., 2007a[訳注1] を参照されたい。

12.1.5　メニュー，カーソル，およびスペラーを用いたコミュニケーションの回復

非侵襲型の脳波に基づいた BCI を開発する主な動機は，筋萎縮性側索硬化症（amyotrophic lateral sclerosis：ALS：ルー・ゲーリック病〔Lou Gehrig disease〕としても知られる）などの進行性運動疾患に苦しむ閉じ込め症候群患者のコミュニケーションを回復することである。患者が「はい」または「いいえ」の答えを示すために瞬きしたり，ストローを吸ったりすることさえできない場合，BCI が唯一可能なコミュニケーション方法になる。

コミュニケーションを回復する1つのアプローチは，メニューシステムのカーソルを制御するための BCI を構築して，患者が一連の選択肢から1つを選択できるようにすることである。入れ子になったメニューシステムにより，任意の長文または一連のコマンドを構成することが可能になる。このようなシステムのカーソルは，第9章で述べた自己ペース型 BCI の方法のどれか，例えば振動電位（9.1.1 項）あるいは緩徐皮質電位（9.1.2 項）による自発的制御，および第7章で述べた侵襲的な方法のいずれかによって制御することが可能であろう。

別のアプローチとして，P300 BCI スペラー（単語綴り機：9.1.4 項）などの刺激による誘発を用いる方法を利用して，文字を選択して単語を綴ることも可能である。スペラーとカーソルに基づくアプローチは共に非常に多くの時間を要するので，患者にとって飽き飽きする作業になることがあり得る。コミュニケーションのためのより自然な BCI には，脳の言語中枢を活用することが必要になるであろう。大脳皮質の言語領域（ブローカ野）で記録された神経活動からの音素の解読に関する初期の研究結果がいくつか発表されている（Blakely et al., 2008）が，言語的思考を翻訳する BCI を開発できるようになる前に，脳における音声処理をより深く理解することが必要である。

12.1.6　脳で制御する車椅子

麻痺患者は，まだ自発的な制御下にある体の部分を用いて車椅子を制御できることがある。他の麻痺患者には，音声を使用して半自律型の車椅子に命令を出すことができる人もいる。当然浮かぶ疑問は，究極的には脳の信号を用いて車椅子を直接制御できるかどうかということである。いくつかの研究グループがロボットの様々な程度の自律性を利用して，この問題の解決策を開発し

訳注1：参考文献中，2007 年発表の論文は2篇存在するが，*Int. J. Bioelectromagn.* の論文が該当すると思われる。

266　第 IV 部　応用と倫理

ている。

　最も単純なアプローチは，BCI を用いて高レベルの命令（キッチンに行け，寝室に行け，など）を選択して，これらの命令を自律的なやり方で実行できるのに十分な知識と自律性を車椅子に与えることである。高レベルの命令は，P300 に基づいた BCI などの同期型 BCI を用いて選択できる（Rebsamen et al., 2006, Bell et al., 2008, Iturrate et al., 2009）。このアプローチは，9.1.8 項で述べたように，**階層的 BCI（hierarchical BCI）**（Chung et al., 2011, Bryan et al., 2012）を利用することによって，個々のユーザの要求に柔軟かつ適応的に対応できる。

　Millán と共同研究者によって提案された別のアプローチは（Galán et al., 2008, Millán et al., 2009），**共有制御（シェアード・コントロール〔shared control〕）**という概念に依拠している（図 12.1 参照）。この方法では，ユーザは継続的にロボットへの命令を作り出し，次にそれを事前にプログラムされた動作と確率的に結合する。車椅子には，レーザ測域センサ（レーザスキャナ）などのセンサの搭載が仮定されている。ユーザの目標が環境の中をスムーズに前方移動することである場合，車椅子のセンサからの情報を利用して，頭の中で与える可能性がある一連の運転指示，例えば $C = \{$ 左，右，前方 $\}$ に対して，確率分布 $P_{\mathrm{Env}}(C)$ の形で「状況（コンテキスト）フィルタ」を構築することができる。脳波に基づいた BCI システムは，ユーザの脳信号から頭の中で与える様々な命令の確率 $P_{\mathrm{EEG}}(C)$ を推定する。車椅子は，ユーザの意思の「フィルタリングされた」推定値 $P(C) = P_{\mathrm{EEG}}(C) P_{\mathrm{Env}}(C)$ を用いて制御される。$P(C)$ の中で最も高い確率をもつ命令が，車椅子の制御に使用される。この BCI は 3 つの精神課題に基づいている：(1) 同じ文字で始まる単語を探す，(2) 画面の中央をじっと見ながらリラックスする，(3) 左手の運動をイメージする，である。被験者固有の一連の特徴量（周波数と電極の組み合わせ）をガウス分類器とあわせて用いて，脳波の特徴量を 3 つの命令の 1 つにマッピングする。このような手法を用いて，2 人の被験者が事前に指定された目標へのナビゲーションにおいて 80 〜 100％の精度を達成した。

　これらの初期の結果は有望なものであるが，日常的に使用するための実用的な BCI 制御の車椅子は依然として実現困難である。これは，信頼性，利便性，および持ち運びできる記録システム（脳波または他の信号を）がないだけでなく，人間環境で安全に機能するロバストで半自律のロボット車椅子も実現できていないためである。

12.2　非医療目的の応用

BCI 技術の非医療応用の数は着実に増加している。これら用途の多くは，ゲームやエンターテインメント向けの新しいインターフェースの可能性などの商業的要因によって推進されてきた。これらの応用の大部分はまだ緒に就いたばかりであり，研究室等での研究が進められている段階であるが，多量の画像の選別や嘘発見など，現実世界の問題に適用されているものもある。

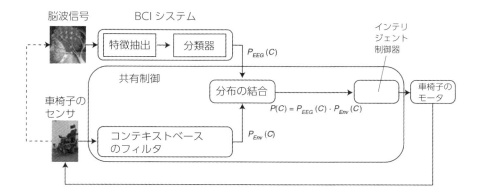

図 12.1　インテリジェント車椅子の BCI 制御　精神課題に基づいた自己ペース型の脳波 BCI からの命令を確率的に（すなわち乗法的に）環境制約と結合して，車椅子の共有制御を実現した。(Galán et al., 2008 より)

12.2.1　ウェブブラウジングと仮想世界のナビゲーション

これまでの章において，コンピュータ画面上のカーソルを制御するための BCI 構築を目的とした様々な試みについて考察した。このような試みの自然な延長線上に，インターネットを閲覧して仮想世界をナビゲートするための BCI の構築がある。

　BCI で制御するウェブブラウザの例に，ネッシ（Nessi〔Neural Signal Surfing Interface〕；Bensch et al., 2007）がある。Nessi によってユーザがウェブページ上の任意のリンクを選択して，ウェブベースのサービスにアクセスすることができる（**図 12.2**）。Nessi はプラットフォーム（システムを動かす基本的な環境）に依存しないオープンソース・ソフトウェアであり，様々なタイプの BCI で利用できる。あるデモンストレーション（Bensch et al., 2007）では，緩徐皮質電位（SCP；9.1.2 項参照）に基づいた 2 クラスの BCI が使用された。この BCI では，ウェブページ上のリンクの近くに赤または緑のフレームが配置されていた。赤のフレームは負方向の SCP の変化を作り出すことによって選択され，緑のフレームは正方向の SCP の変化によって選択された。フィードバックはカーソルの形で提供され，SCP に基づいた BCI を用いてカーソルを上に移動して赤色のゴール（ボックス）に入れるか，または下に移動して緑色のゴールに入れる。ユーザは，目的のリンクのフレームの色を見るだけで生成すべき脳の反応のタイプ（SCP を増やすか，減らすか）を知ることができるので，目的のリンクが選択されるまで，二者択一により一連の選択可能な項目（目的以外のリンク）を連続して取り除いていった。

　もう 1 つの例は，グラーツ（Graz）BCI グループによって開発された，仮想環境とグーグルアース（Google Earth）をナビゲートするためのイメージに基づく BCI である（Scherer et al., 2008）。ユーザは，左手，右手，および足（または舌）の運動をイメージすることによって，左，右，

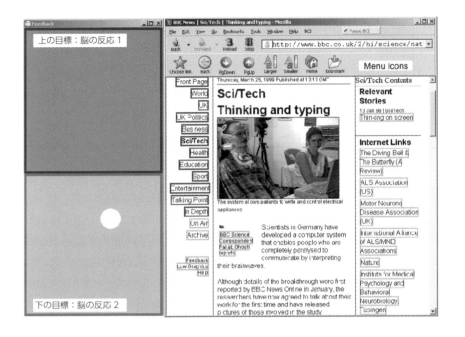

図 12.2　BCI 制御のウェブブラウザ，ネッシ（Nessi）　ウェブページ上のリンクは，赤または緑の色のフレームで四角囲みされている（ここでは，それぞれ濃い灰色と薄い灰色のボックスで示されている）。ユーザは，目的のリンクが選択されるまで，二項選択を用いて一連の選択可能な（しかし目的でない）リンクを取り除くべく，脳の反応（例えば緩徐皮質電位〔SCP〕）を連続して作り出すことによって，目的のリンクを選択する。それぞれの二項選択中，フィードバックはカーソル（黄色の丸，ここでは白い丸として示されている）の形で提供され，カーソルを移動して上方の赤色のゴール（濃い灰色のボックス）に入れるか，下方に移動して緑色のゴール（薄い灰色のボックス）に入れる。（Bensch et al., 2007 より）

および前方に移動するためのコマンドを生成する。9.1.1 項で見たように，そのような運動イメージは特定の周波数帯域のパワーの減少または増加を引き起こし，分類器によって検出することが可能である。被験者に固有の 6 つの電極から記録された 3 つの双極脳波チャネルのみが使用された（図 12.3A）。脳波の活動を定量化するために用いられた特徴量は，過去 1 秒間に収集されたデータをバンドパスフィルタ処理し，2 乗して平均値を計算することによって求められた。

　3 クラス分類を実現するために，3 つの LDA 二項分類器（5.1.1 項）出力の多数決（5.1.3 項）に基づく方法が用いられた。自己ペース型で操作を行う場合，BCI はユーザが BCI を利用したいか否かを任意の時刻で検出する必要がある。このために，追加の LDA 分類器を訓練して，運動イメージ（3 つのタスクをすべて運動イメージとして 1 つにまとめたもの）と他の脳活動を識別した。2 タイプの分類器を組み合わせることにより，自己ペースでの操作が実現した。すなわち，

第 12 章　BCI の応用　269

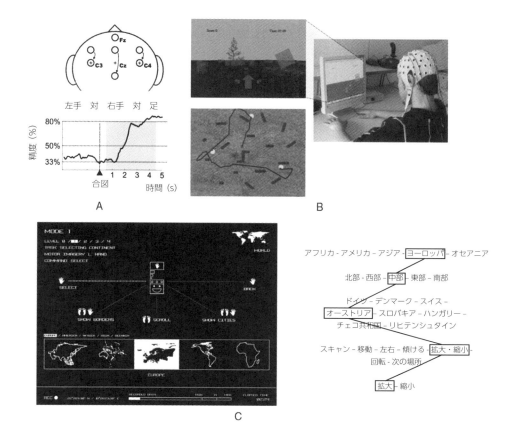

図 12.3 仮想環境とグーグルアース (Google Earth) をナビゲーションするためのイメージに基づく BCI　**(A)** 上：BCI で使用される 3 つの双極チャネル。下：開始合図のガイドによるフィードバック訓練中の 1 人の被験者についての分類性能。**(B)** 木と生垣を含む仮想環境（左上のパネル）における，3 クラスのイメージに基づく BCI を用いた 1 人の被験者（右のパネル）によるナビゲーションの例。被験者は環境中にばらまかれた硬貨 (明るい丸) を拾うことに成功した (左下のパネル)。**(C)**「スクロール」,「選択」,「戻る」のコマンドのうち 1 つを選択する，3 クラス BCI を用いた Google Earth とのやり取りの例。右側のパネルは，オーストリアの地図を選択して画面を拡大するために行われた一連の選択の様子を示している。(Scherer and Rao, 2011 より改変)

運動イメージ活動が先に追加された LDA によって検出されるとすぐに，3 つの分類器のグループの多数決の結果が BCI の出力信号として使用された。3 人の被験者について，計約 5 時間の訓練の後，3 クラス分類器の精度は 80％ より高い値を示した。被験者は，BCI を用いて木や生垣を含む仮想世界をナビゲートし，散らばった硬貨を見つけて拾うことができた（**図 12.3B** 参照）。

270　第 IV 部　応用と倫理

　グラーツ（Graz）BCI システムは，Google Earth 仮想地球儀プログラムとのやり取りにも用いられている（Scherer et al., 2007[訳注2]）。**図 12.3C** に示されているように，ユーザの現在の選択は画面の中央に配置されたアイコンにより表され，ユーザは 3 クラス BCI を利用して，「スクロール」，「選択」，「戻る」の命令を選択できる。利用可能なメニューの選択肢（「スクロール」）を用いて閲覧することによって，目的のメニュー項目を選択できる（「選択」）。その結果に応じて，Google Earth の仮想カメラの位置が再配置される。世界の国々は高速に順次選択できるように，大陸および陸域によって階層的にグループ化されており，その例がオーストリアを拡大した図 12.3C に示されている。約 10 時間の追加トレーニングの後，1 人の被験者が 3 クラスの自己ペース BCI の実験で，観客の前で Google Earth を操作することに成功した。目的の国を選択するための平均時間は約 20 秒であった。

　本項を結ぶ前に，脳波信号を用いて仮想環境を制御するためには，他の非イメージに基づくアプローチがあることにも言及しておくべきだろう――これらは通常，P300 などの誘発電位に依拠している（例えば Bayliss, 2003 参照）。

12.2.2　ロボットアバター

脳制御テレプレゼンス（brain-controlled telepresence），すなわちリモートのロボットアバターを人間の心で直接制御するというアイデアは，『アバター（*Avatar*）』や『サロゲート（*Surrogates*）』などのハリウッド映画の主題になっているが，ロボット工学と BCI 技術の進歩がこのアイデアを現実のものに近づけつつある。ロボットの車椅子を制御できる BCI を構築するための現在進行中の研究努力については，すでに説明した。並行して行われている研究は，脳信号を用いて遠隔制御可能な介助ロボットとアバターの開発を目的としている。テレプレゼンスに加えて，そのようなロボットは，麻痺した人や障碍のある人の日常生活における様々な作業，例えばキッチンからコップ一杯の水をくんできたり，薬箱から瓶を取ってきたりする作業を支援することができる。

　著者の研究室で研究したロボットアバターへの 1 つのアプローチは，人型ロボットを制御するために脳波に基づいた BCI システムに焦点を合わせている（Bell et al., 2008, Chung et al., 2011, Bryan et al., 2012）。脳で制御する「アバター」の最初のデモンストレーションの 1 つ（Bell et al., 2008）では，P300 に基づいた BCI（9.1.4 項）を用いて，人型ロボットに目的の場所に移動して目的のオブジェクトを取ってくるように命令した。ユーザは環境を，没入型体験（immersive experience）を提供するロボットの眼で見た。ロボットは，自律的にオブジェクトを移動したり，持ち上げたり，手放したりする能力をもっていた。このロボットは，テーブル上に見えたオブジェ

訳注 2：参考文献中，2007 年発表の論文は 2 篇存在するが，こちらは *Comput. Intell. Neurosci.* の論文が該当する。

クトを断片化し，映像を用いて目的の場所までナビゲートするなどのいくつかのコンピュータビジョン機能も備えていた．

脳波信号を用いてロボットに対する 2 つの主なタイプの命令が選択された．すなわち，ロボットによって送信された画像の中のオブジェクトからどのオブジェクトを持ち上げるのか，そして一連の既知の場所から目的地としてどの場所を選択するのか，という命令である．可能な選択肢（オブジェクトまたは目的地）の画像は拡大されて，ユーザのコンピュータ画面上のグリッドとして配列された．図 12.4 は，2 つのオブジェクト（1 つは赤，もう 1 つは緑のオブジェクト）と，2 つの場所（2 つの青テーブルで，1 つは中央に白い四角形がある）の場合を示している．P300 応答を誘発するためにはオドボール課題（9.1.4 項）が用いられた．ユーザは，ランダムに選択された画像の境界（画像の外枠）が 250 ms おきに閃く間，自らが選択した画像に注意を集中した．

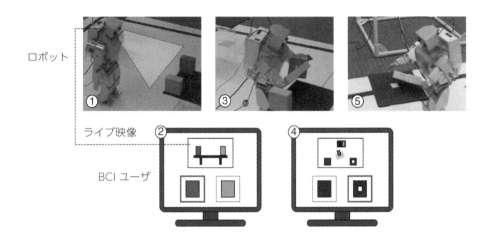

図 12.4　遠隔でやり取りするための脳制御ロボットアバター（同じ図のカラー版については，321 頁のカラー図版を参照）　上のパネルは，人型ロボットが動作している画像を示す．下のパネルは，ユーザのコンピュータ画面を示している．ユーザはロボットのカメラからライブ映像を受け取り，それによってユーザがロボットの環境に没入して，ロボットのカメラで見られるオブジェクトに基づいて行動を選択できるようになる（②と印された画面）．オブジェクトはコンピュータビジョン技術を使用して見つけられる．ロボットはオブジェクト（この場合は赤のオブジェクトと緑のオブジェクト）の断片化された画像を送信し，どちらを持ち上げるのかをユーザに尋ねる．その選択は，ユーザによって P300 BCI を用いて行われる．ユーザによって選択されたオブジェクトを持ち上げた（③と印された画像）後，ロボットはユーザに，選択したオブジェクトをどの場所に運ぶのかを尋ねる．頭上のカメラから，設置可能な場所の画像（左側と右側にある青いテーブル）がユーザに提示される（④と印された画面）．再度，目的地の選択が，ユーザにより P300 を用いて行われる．最後にロボットはユーザにより選択された目的地まで歩き，選択された場所（⑤と印された画像）のテーブルにオブジェクトを置く．(Rao and Scherer, 2010 より；Bell et al., 2008 に基づいている)

272　第 IV 部　応用と倫理

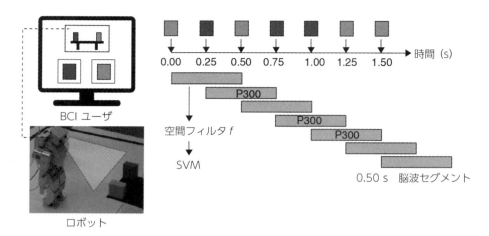

図 12.5　ロボットに命令を出すための P300 の利用（同じ図のカラー版については，322P のカラー図版を参照）**（左パネル）** ロボットが関心のあるオブジェクト（この実験では赤と緑の立方体）を見つけると，断片化された画像がユーザに送信され，BCI ユーザの画面下部にグリッド形式で配置される。**（右パネル）** P300 応答を誘発するためにはオドボール課題が用いられる。上部のカラーのオブジェクトは，ランダムな時間順序で閃く画像を示している。閃光開始から 0.5 秒間の脳波セグメント（データを断片化したもの）が空間的にフィルタリングされ，ソフトマージン SVM によって P300 を含むセグメントか P300 を含まないセグメントかに分類された。一定回数の閃光の後，P300 を含むセグメントとして分類された回数が最も多いオブジェクトが，ユーザの選択として選ばれた（この場合は赤いオブジェクト）。(Rao and Scherer, 2010 より改変；Bell et al., 2008 に基づく)

すると，注意を向けたオブジェクトが点滅したときに，P300 が誘発された（**図 12.5**）。次にこの応答が BCI によって検出され，ユーザの選択を推測するために使用された。注意を集中するために，ユーザは選択した画像の閃光回数を頭の中で数えるよう求められた。

32 チャネルの脳波が記録され，線形ソフトマージン・サポートベクターマシン（support vector machine：SVM）分類器（5.1.1 項参照）を訓練して，目的のオブジェクトの閃光によって生成された P300 応答と，他のオブジェクトの閃光による脳波応答が識別された。分類に使用された特徴ベクトルは，CSP フィルタ（4.5.4 項）に似た一連の空間フィルタに基づいていた。LDA（5.1.1 項）のように，これらの空間フィルタは，フィルタ処理されたデータのクラス内分散を最小化しつつ，各クラスでフィルタ処理されたデータの平均値のクラス間距離を最大化するように選択された。

所与のユーザについてフィルタを学習して分類器を訓練するために，BCI を操作する前に 10 分間のデータを収集するプロトコルが用いられた。ラベル付けされたデータで訓練した後，BCI を用いてオブジェクトまたは目的の場所に関するユーザの選択が推測された。選択肢（オブジェクトまたは場所）はグリッド形式（例：4 つのオブジェクトの画像の場合 2 × 2 グリッド）で表

示され，境界線はランダムな順序で光った。各画像の閃光後 500 ms 間の脳波データが，P300
応答または非 P300 応答として分類された。すべての閃光の後に P300 応答として分類された回
数が最も多い画像が，ユーザが選択した画像として選ばれた。健常被験者 9 人に基づいた結果
では，4 クラスの判別について 95％の精度が達成された（偶然の分類レベルは 25％）。1 秒あた
り 4 回の閃光頻度が実装された状況で，4 つの選択肢から 1 つを選択するのに 5 秒かかるため，
95％の精度は 24 ビット / 分のビットレートをもたらす。

　より最近の取り組みは，階層的 BCI（9.1.8 項）を用いてロボットへの新しい命令を学習する
ことにより，BCI をユーザのニーズにより適応させることに重点を置いている（Chung et al.,
2011，Bryan et al., 2012）。将来の脳制御ロボットアバターは，よりきめ細やかな制御を（おそ
らくは侵襲型の記録に基づいて）可能にするだけでなく，ロボットからの聴覚および触覚のフィー
ドバックを含む，より豊富なフィードバックを可能とし，最終的にはロボットのセンサ測定値に
基づいた脳の感覚領域の直接刺激も可能にすることが期待できる。

12.2.3　高速画像検索

人間の脳は，現在のコンピュータビジョンのシステムと比較して，視覚処理に非常に熟練してい
る。BCI の興味深い応用の 1 つは，脳の画像処理能力を利用して，大規模な画像データセット
を迅速に視覚的に検索することである。Sajda と共同研究者（2010 年）によって研究されたこの
アイデアは，単一試行の分析結果を用いて，視覚認識と相関のある神経的な特徴を迅速に検出す
ることである。

　目的を画像（例えば衛星画像）のソート（仕分け）とし，関心のあるオブジェクト（例えば
戦車）を含む可能性が最も高い画像を，さらに詳しく調べるために一連の画像の最初に置くこ
ととする。Sajda と共同研究者（Gerson et al., 2006，Sajda et al., 2010）は，高速逐次視覚提示
（rapid serial visual presentation：RSVP）のパラダイムを用いて，そのような画像を選別するた
めのリアルタイム脳波 BCI を開発した。**大脳皮質のはたらきを組み合わせたコンピュータによ
る画像認識システムあるいは大脳皮質と結合したコンピュータビジョン**（cortically coupled
computer vision：CCCV）と呼ばれる彼らの技術は，P300 を誘発するためのオドボールパラ
ダイム（9.1.4 項）に基づいている。すなわち，一連の非標的妨害画像のなかに現れる標的画像が，
P300 応答を引き起こす。

　各試行において，被験者には 100 枚の画像が連続して提示され，各画像の提示持続時間は 100
ms であった（**図 12.6**，上のパネル）。その一連の画像には，自然の背景の中に 1 人以上の人物
が写っている 2 枚の画像が含まれており，これらが標的画像として指定された。一連の画像内で
1 枚の標的画像が突然出現することによって，通常は P300 が誘発され，分類器によって検出さ
れた。分類器の出力を用いて画像の並びの優先順序を付け直して，検出された標的画像を画像列
の先頭に配置した（**図 12.6**，下のパネル）。

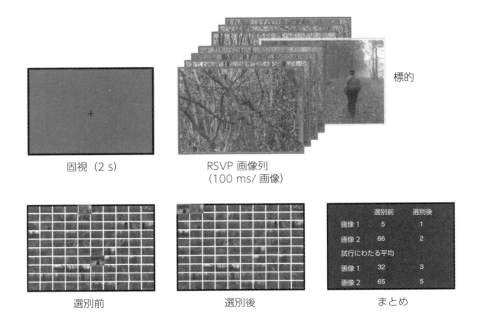

図 12.6　P300 に基づいた脳波 BCI を使用した迅速な画像探索と選別　パネルは，RSVP の実験パラダイムを示している．十字の固視が 2 秒間続いた後，100 枚の画像列が続き，そのなかに任意の位置に人物が出現する 2 枚の標的画像が含まれている．画像列提示後，被験者は 10 × 10 グリッドに配置された同じ 100 枚の画像を見るが，標的画像が縁どられている．ユーザがスペースバーを押した後，画像は脳波に従ってソートされ，理想的には標的画像が一番上に移動することになる．スペースバーをもう 1 度押すと，選別前後の標的画像の位置を示すまとめのスライドが表示される．被験者が再びスペースバーを押すと，次の試行が始まる．(Gerson et al., 2006 より)

線形判別分析（LDA, 5.1.1 項参照）を使用して空間フィルタ $\mathbf{w}$ を復元した．このフィルタの出力は，標的画像と非標的画像の間の 59 電極にわたる時刻 t における脳波信号 $\mathbf{x}_t$ の差を強調し，次式により与えられた[訳注3]：

$$y_t = \sum_i w_i x_{it}$$

そのような空間フィルタが，画像提示に続いて 100 ms の時間ウィンドウごとに別々に計算された．**図 12.7A** はこれらの異なる空間フィルタの出力を，各時間ウィンドウについての頭皮上の相関マップを用いて示している．

訳注 3：x_{it} は電極 i の時刻 t における脳波電位，w_i は電極 i の空間的重みを表す．

各フィルタの出力は，それぞれのウィンドウのなかで時間にわたって合計され，k 番目の時間ウィンドウでの値 y_k が得られた：

$$y_k = \sum_t \sum_i w_{ki} x_{it}$$

最後に，各画像の y_k の線形加重和が，その画像についての最終的な「関心スコア」（y_{IS}）として用いられた：

$$y_{IS} = \sum_k v_k y_k$$

重み v_k は回帰を用いて訓練データから計算された。図 12.7B は，1 人の被験者についてこれらの関心スコアの分布を示している。標的画像と非標的画像で，これらの脳波に基づくスコアは十分に分離しているように見える。図 12.7C は，この方法の ROC 曲線（5.1.4 項）を示す。このROC 曲線は，y_{IS} に基づいて，脳波信号を分類するために用いられる閾値を変化させたときの性能を示す。この研究において Gerson et al., 2006 は，5 人の被験者と 2,500 枚の画像列について，彼らの方法によって標的画像の 92％をランダムな位置から画像列の最初の 10％の位置まで移動できたことを明らかにした。

12.2.4　嘘発見と司法における応用

法曹界および刑事司法界でかなりの関心（と議論）を呼んだ BCI の応用は，嘘発見または犯罪の知識の所有の検出である。伝統的な手法は**ポリグラフ** (polygraph) である。ポリグラフは，被疑者が尋問中に一連の質問に答えている間，血圧，皮膚コンダクタンス（伝導），心拍数の変化などの身体反応を測定する。その前提は，虚偽の回答をすると，真実の回答に関連する生理的反応とは異なる反応を生み出すということである。ポリグラフィは多くの法執行機関で使用されているが，それは欺瞞というよりはむしろ不安を測定するものと考えられており，その精度レベルは偶然よりも少し良い程度と考えられているため，多くの科学者からは一般的に信頼できないものとみなされている。

　ポリグラフの欠点を克服するために BCI 研究者は，被疑者が以前に特定の人 / 場所 / 物と遭遇した経験があったか，あるいはそれらについての知識をもっているかどうかを検出するための方法として，脳の反応を利用することを研究した。その研究課題は，容疑者や目撃者の脳を直接尋問するために用いることができる**記憶検出** (memory detection) 用の BCI を設計することである。その目的は，それがもし存在するのであれば，犯罪現場とつながる人物，場所，または物の認識の神経的証拠を見つけることである。

　事象関連電位（ERP，6.2.4 項）P300 に基づく「嘘発見器」BCI の初期の例は，Farwell と

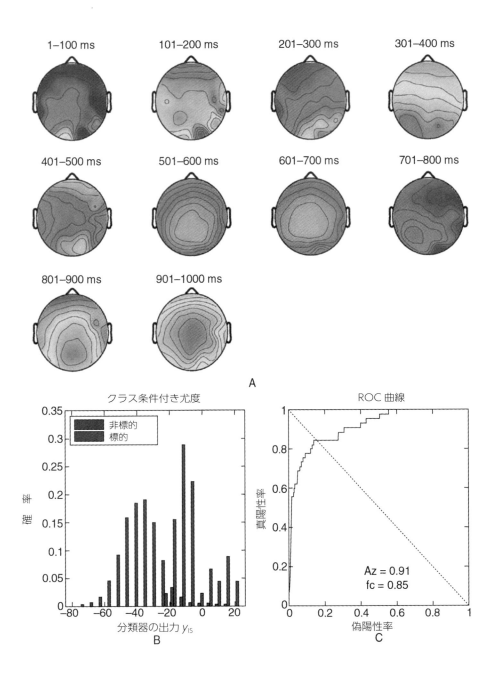

（◀左頁の図）**図 12.7　脳波に基づく BCI の画像検索の性能**（同じ図のカラー版については，322P のカラー図版を参照）　**(A)** 所与の時間ウィンドウでの空間フィルタの出力と，すべての電極にわたる脳波データとの間の，正規化された相関の頭皮上マップ（赤：正の値，青：負の値）。301 ～ 400 ms のマップは，「P3f」として知られるタイプの P300 に特徴的な空間分布をもっている。一方，501 ～ 700 ms の頭頂部の活動は，標的刺激に対する注意配分を示すと考えられている「P3b」電位と一致している。**(B)** 標的画像および非標的画像に対する，各画像についての総合的な関心スコア y_{IS} の分布を示す。2 つの分布が明確に分離している。**(C)** y_{IS} 軸に沿って分類閾値の位置を変化させることによって得られた ROC 曲線。（Sajda et al., 2010 より）

Donchin（1991 年）によって研究された（Rosenfeld et al., 1988 も参照）。このパラダイムでは，被疑者は事前に指定された標的と無関係な刺激とを区別するように依頼される。無関係な刺激のなかに「プローブ（精査）」と呼ばれる一連の診断項目が埋め込まれており，それらは被疑者に犯罪の知識がない場合には無関係な項目と見分けがつかない。犯罪の知識をもっている被疑者では，プローブは無関係な項目とは異なって認識されるため，P300 を誘発する可能性が高く，それを BCI によって検出することができる。

　このような P300 に基づいた嘘発見試験はどの程度信頼できるのだろうか？　Farwell と Donchin は，2 つの実験で自分たちのアイデアを試験した。最初に，20 人の被験者が，2 つの模擬スパイのシナリオのうちの 1 つに参加した。被験者はシナリオに関連する 6 つの重要な 2 単語の語句を学習した。次に，被験者を馴染みのあるシナリオと知らないシナリオの両方の知識について試験した。この P300 実験のための刺激は，1.55 秒の刺激間隔で 300 ms 提示される 2 単語の語句で構成されていた。一連の事前に指定された「標的」語句が 17％の確率で出現し，シナリオに関連するプローブも 17％の確率で出現した。残りの刺激は無関係な語句であった。被験者は，標的を見たときはすぐに 1 つのスイッチを押すように指示され，無関係な項目の後にはもう 1 つのスイッチを押すように指示された。ERP は，10-20 電極法の電極位置 Fz，Cz，Pz から記録された（図 3.7 参照）。

　予想どおり，標的はすべての被験者で大きな P300 を誘発した（**図 12.8**）。より興味深いことに，与えられたシナリオに関連したプローブも，そのシナリオに触れた被験者に P300 を誘発したが(図 12.8A)，そのシナリオに触れていない被験者はプローブに対して P300 応答を示さなかった（図 12.8B）。被験者を「有罪」，「無罪」，または「確定できない」に分類するためには，プローブに対する応答が標的に対する応答に近いか，それとも無関係な語句に対する応答に近いかを決定する必要がある。研究者はブートストラップ法（Farwell and Donchin, 1991 参照）を用いて，2 つの相関の分布を推定した。すなわち，平均プローブ応答と平均標的応答の間の相関，および平均プローブ応答と無関係な応答の間の相関である。分類には 2 つの基準が使用され，1 つは被験者に有罪と言い渡し，もう 1 つは被験者に無罪と言い渡すことであった。2 つの基準の間に入るケースでは確定できないと言い渡された。この方法では被験者の 12.5％を確定できないと分

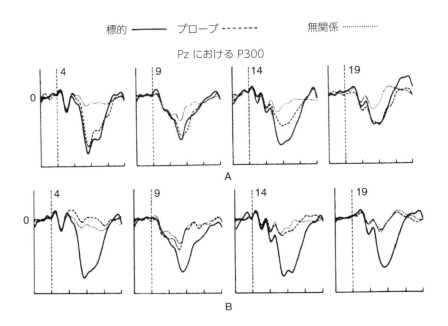

図 12.8　「犯罪の知識」検出用の脳波 BCI　(A)「有罪」の状況にある 4 人の被験者のデータ。それぞれの図は，標的刺激（実線），プローブ刺激（破線），および無関係な刺激（点線）に対する電極 Pz からの脳波応答の平均を比較している。プローブ応答は，無関係な刺激よりも標的刺激に対する応答に近く，プローブと関連している「犯罪の知識」をもっていることを示している。**(B)** 図は「無罪」の状況にある A と同じ種類のデータの比較結果を示しており，ここでは被験者はプローブ刺激に関連するシナリオに触れていなかった。(Farwell and Donchin, 1991 より改変)

類した。残りの被験者については，偽陽性（誤った有罪言い渡し）も偽陰性（誤った無罪言い渡し）もなく決定が下された。

　2 番目の実験では，研究者は軽い罪（例えば未成年者の飲酒の罪での逮捕）を犯した 4 人の被験者に対してこの方法を試験した。この場合の実験では，被験者が過去に犯した犯罪に関連するプローブ刺激に対して P300 応答を発生させるか否かを調査した。再び，87.5％のケースでシステムは有罪の被験者を有罪，無実の被験者を無罪として正しく分類し，残りは不確定として分類した。

　上記の研究は，**脳指紋法（brain fingerprinting）**（Farwell, 2012）用の脳波に基づいたシステムの商品化につながった。脳指紋法は，特定の犯罪，テロ行為，または専門的知識や訓練（例えば，スパイ，テロリスト，爆弾製造者などが有する知識）の取り調べへの応用が提案されている。脳指紋法用の P300 に基づいたシステムから得られた結果は，2001 年の米国アイオワ州における裁判で証拠として認められた（ハリントン〔Harrington〕対アイオワ州，事件番号 PCCV

073247)。この場合，脳波の結果は，本人が犯していないと述べていた殺人の罪で24年間服役していた1人の人物（ハリントン）の無罪を証明する証拠として提出された。この人物はその後，新たな裁判の後に別の理由で釈放された。Dalbey（1999年）により報告された別のケースでは，同じ手法を用いて被告人が1件の殺人事件に関する具体的で詳細な知識をもっていることを示し，それが被告人の自白と有罪を認める答弁につながった。インドでは殺人事件の裁判において，**脳電気振動サイン（brain electrical oscillation signature：BEOS）**分析として知られる別の脳波技術の結果が，容疑者の脳が殺人犯だけしかもち得ない知識を保有していることを立証する証拠として認められた（Giridharadas, 2008）。

　上記のような脳波に基づいた技術は批判にさらされてきた。これらの技術が現場での厳密な証拠に欠けていることから，例えば故意に秘密の行動（手足を決められた方法で動かすなど）を行って無関係と推定される刺激を関連あるものにするといった対策に影響を受けやすいことに至るまで（Rosenfeld et al., 2004），多くの弱点があるためである（Bles and Haynes, 2008）。これらの問題のいくつかを克服するために研究者は，隠された情報を検出するためにfMRIなどの他の脳記録技術を使うことを検討している。特にfMRIはより高い空間分解能（3.1.2項）をもつため，刺激や認知状態によって誘発される脳活動の空間分布パターンのより正確な特徴を提供できるのではないだろうか。嘘発見（より一般的には記憶検出）のためのfMRIに基づいたシステムの研究が現在進行中である。最近の結果は，fMRIが個々の出来事の「主観的（subjective）」記憶と神経との相関の検出に役立つ可能性があるが，真実の経験の記録を明らかにすることにはそれほど有用ではないことを示している（Rissman et al., 2010）。

12.2.5　注意力の監視

BCIの潜在的に重要な応用の1つに，運転や監視作業など，重要ではあるが単調になりがちな仕事をしている人間の注意力の監視がある。疲れている，うとうとしている，あるいはハンドルを握って居眠りしているドライバによって，毎年多くの大惨事が引き起こされている。そのような事故は，意識がはっきりしている状態から注意力不足を示す状態への移行についての脳信号を監視することによって防ぐことができる。眠気や睡眠状態は閉瞼（まぶたを閉じること）を監視することによって検出できるが，検出が遅すぎて事故を防ぐことができない可能性がある。脳に基づいた注意力低下の検出には教育や学習への応用（12.2.7項参照）もあり，そのような検出方法を用いて，授業中に学生がどの程度熱心に取り組んでいるのかを測定できるのではなかろうか。

　研究者は，脳信号（特に脳波）と注意力や覚醒度の低下との相関関係を見つけようとしてきた。脳波の特定の周波数帯域（例えばアルファ波，8〜13 Hz）におけるパワーの増加が，検出課題におけるより高い誤り率で測定されるように，集中力の低下と相関することは以前から知られていた。初期の研究（Jung et al., 1997）は，15人の被験者が実験室条件下で聴覚と視覚の二重標的検出課題を行っている間の注意力を監視するための脳波の活用について調査した。

280 第 IV 部　応用と倫理

聴覚課題は，連続的な白色ノイズの背景に埋め込まれた標的のノイズバースト（1分間平均10回）を検出することであった。視覚課題は，テレビのノイズ（「雪」）の背景に埋め込まれた白い正方形により成る縦線の検出を行うというものであった。標的が現れる頻度の平均は，1分あたり1個であった。視覚刺激と聴覚刺激は同時に提示され（互いに相関せずに），被験者は視覚または聴覚の標的を検出するたびに視覚または聴覚反応ボタンを押す必要があった。脳波信号は次の2か所から記録された。すなわち，右耳たぶを基準電位にして，中心（Cz）および，頭頂部と後頭部の中間（Pz/Oz）から導出された。課題実行中の脳波パワースペクトルは，50%重複する移動ウィンドウのデータごとに計算され，注意力の尺度である「局所誤り率」は，移動する33秒[訳注4]の指数時間ウィンドウの中で被験者が聞き逃した聴覚標的（10個/分）の割合として計算された。誤り率は聴覚標的のみに基づいており，視覚標的には基づいていなかった（視覚標的の目的は主にタスクの難易度を上げることにあった）。

　研究者らは，両方の電極について，誤り率の増加と4〜6 Hz付近（シータ帯域）の脳波対数パワーの増加の間に相関関係があることを明らかにした（図12.9A）。彼らは，誤り率のピーク期に，電極Czにおいて「睡眠紡錘」周波数に関連した14 Hz付近の脳波パワーが急激に増加することにも気付いた。

　研究者らは，わずか2つの電極からの脳波に基づいてリアルタイムで注意力を予測できるかどうかを確かめるために，PCA（4.5.2項）を各電極からの脳波の対数パワースペクトルに適用し，最初の4つ（第1〜第4主成分に対応する）の固有ベクトルを抽出した。入力の脳波対数スペクトルのベクトルは，これら4つの固有ベクトルに射影され，結果として得られた8次元の特徴ベクトル（各電極から4つのPCA特徴量）が，ニューラルネットワークおよび線形回帰アルゴリズム（第5章）への入力として利用された。これらは，1つのセッションからの訓練データに基づいて，任意の時点の脳波対数パワースペクトルを対応する誤り率にマッピングするように訓練された。次にそのアルゴリズムが，異なるセッションからのデータでテストされた（図12.9B）。研究者らは，テストセッションにおける予測誤り率と実際の誤り率の間の二乗平均平方根誤差（図12.9Bの「rms」）によって測定したところ，3つの隠れユニットを備えた3層ニューラルネットワーク（5.2.2項）が線形回帰よりも高い精度で誤り率を予測することを明らかにした。より最近のフォローアップ研究（Liang et al., 2005）においては，仮想現実に基づいた運転シミュレータを用いて，45分間の高速道路運転課題におけるドライバの注意力レベルを測定した。注意力レベルは，車の中央と巡航車線の中央の間の偏差として間接的に定量化された。すなわち，ドライバが眠くなったとき（ビデオと自己評価から確認された），偏差は増加し，その逆も同様であった。研究者らは，対数脳波パワー，PCA，および線形回帰を用いて，脳波からドライバの注意力レベルを推定できることを示した（Liang et al., 2005）。

訳注4：引用元の論文では93.4 sとの記載がある。

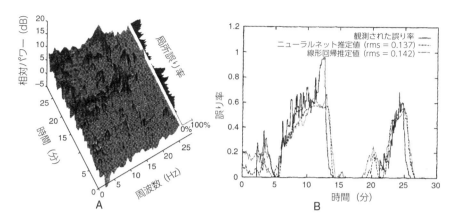

図 12.9 脳波からの注意力の予測 (A) テストセッション中の，時間の関数としての位置 Cz での脳波の対数パワースペクトルのグラフと誤り率。被験者の誤り率が増加するとき，特に 4 〜 6 Hz と 14 Hz 付近のパワーが増加し，注意力が低下する期間を示している。(B) (A) と同じ被験者のテストセッションにおける誤り率の連続推定値を示しており，推定値は PCA により低減された脳波の対数スペクトルから予測された（本文参照）。3 層ニューラルネットワークは，線形回帰と比較して，誤り率のより正確な予測をもたらした（rms ＝二乗平均平方根誤差）。(Jung et al., 1997 より改変)

ベルリン BCI グループ（9.1.1 項）も，課題への集中力および注意力の監視に BCI 技術を応用する研究を行った（Blankertz et al., 2010）。彼らの実験はセキュリティ監視システムをシミュレートしたもので，被験者が 2,000 枚の模擬的な荷物の X 線画像が危険か無害かを左右どちらかの人差し指でキーを押して評価するという，単調な課題で持続的な注意を要するものであった（画像の例については図 12.10A 参照）。「危険な」画像よりも「無害な」画像のほうがはるかに多く（オドボールパラダイム），各試行は約 0.5 秒続いた。その目的は，脳波を使用して，被験者の誤評価の数の多寡と相関する精神状態を認識および予測することであった。128 チャネルの脳波が記録され，これらのチャネルから得られた脳波データにラプラシアン空間フィルタ（4.5.1 項）が適用された。2 秒のウィンドウから 8 〜 13 Hz 帯域のパワーの値が計算され，すべてのチャネルから得られたこれらの特徴量を連結して LDA 分類器の入力ベクトルが得られた（5.1.1 項）。訓練データを取得するために，複数試行にわたって被験者が犯した誤りの数が時間的に平滑化されて「誤り指数」が得られた（図 12.10B）。誤り指数についての高閾値と低閾値を設定して，「高集中度」とそれに対する「低集中度」のクラスラベルが生成された。分類器の出力は**集中力不足指数**（concentration insufficiency index：CII）として解釈され，高い値はより多くの誤り，ひいては集中力と注意力が低下した状態に相当する。

研究者らは，集中力の低下が 8 〜 13 Hz（アルファ）帯域のパワーの増加と相関していること

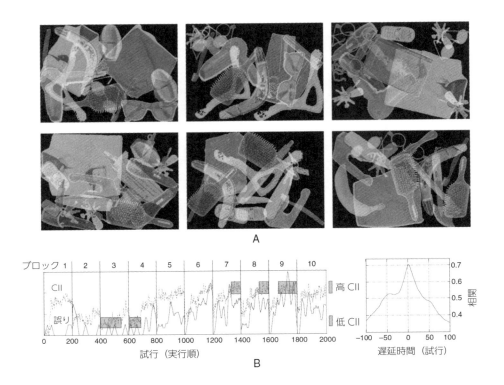

図 12.10 脳波を用いたセキュリティ（監視作業）課題における注意力の監視 （A）被験者は，模擬的なスーツケースの X 線画像が無害か危険か（武器が入っているかどうか）を示すように求められた。上段は武器を含まない画像の例，下段は武器（〔短〕機関銃，ナイフ，斧）を含む画像の例を示す。（B）左：1 人の被験者の試行ブロックにわたる分類器の出力（集中力不足指数〔CII〕，点線の曲線）および誤り指数（実線）のグラフ。誤り指数（時間的に平滑化された誤りの数）は，注意力の欠如を間接的に反映している。右：様々な時間シフトに対する CII と誤り指数の間の相関係数。誤りが発生する前でさえ相関が強くなっているように見えており，分類器が予測能力をもっている可能性を示唆している。(Blankertz et al., 2010 より改変)

を明らかにした。脳波データに基づいた分類器によって出力された CII 値は，被験者の真の誤り指数とかなり強い相関をもち，各試行ブロック内で時間の経過とともに誤りが増加する（注意力が低下する）ことを予測し，後のブロックではより多くの誤りを予測した（図 12.10B）。

これらの結果は，特定の周波数帯域における脳波のパワーの変化を追跡することにより，注意力を監視するための非侵襲型 BCI を開発できる可能性を示唆している。ただし，これらの研究のほとんどは実験室条件の下で行われている。注意力のレベルを予測するこれらの技術の能力が，現実の社会状況，例えばトラック運転手や警備員が勤務中に経験するような状況で再現できるか

どうかは，今後の課題である。

12.2.6 認知負荷の推定

人間によって操作されることを前提とする機器やシステムを設計するときには，ユーザにかかってくる認知負荷を対処可能なレベルに保ち，負荷が高くなりすぎた場合にはシステムが適応するようにすることが重要である。例えば，自動車メーカがドライバのコンソールを再設計したり，新しい機能を追加したりする場合，新しいコンソールがドライバの認知負荷を運転の妨げになるレベルまで増加させるか否かを知ることが重要である。さらにはドライバの認知負荷がリアルタイムで推定可能であれば，それを利用して，負荷が高くなったとき（例えば危険な道路状況になって），注意を散漫にする可能性を自動的に減らすことができるかもしれない（エンターテインメントシステムの電源を切るなど）。

　研究者らは，実験室条件下で課題実行中に認知負荷を監視するための非侵襲型 BCI の利用について研究している。Grimes, Tan および共同研究者（2008 年）は，被験者が n バック課題（*n-back task*）として知られている課題を実行したときの様々な認知（あるいはワーキングメモリ）負荷の量を，脳波を用いて分類する研究を行った。この課題では，被験者は一連の刺激（例えば文字）を一度に 1 つずつ見て（**図 12.11A**），その刺激が n 回前（$n = 1, 2, 3, ...$）に見た刺激と同じか異なるかを示すために，左または右の矢印キーを押した。

　図 12.11A は 3 バック課題の例を示している。各文字（現れる可能性のある 8 文字の組から）が 1 秒間表示され，その後 3 秒間何も表示されないブランク画面が続き，その間，被験者は次の文字が表示される前に判断を行った。各試行で被験者は，最新の n 回の刺激を思い出して照合課題を実行し，その後，新しい刺激で記憶のなかの順序を更新する必要があることに注意されたい。したがって，n の値を増やすとワーキングメモリにより多くの項目を保持する必要が出て，タスクの難易度が上がる。文字に加えて，画像や空間的な場所も刺激に用いて実験が行われた。

　データは，10-20 電極法（図 3.7）に従って配置された頭皮上の 32 個の脳波チャネルから記録された。脳波信号は重なりのあるウィンドウに分割され，各ウィンドウのパワースペクトルが計算された。**図 12.11B** および**図 12.11C** は，ワーキングメモリ負荷の増加が被験者 2 人のパワースペクトルに与える影響を示している。1 人の被験者は負荷の増加によりアルファ波（8 〜 13 Hz）パワーの減少を示したが（図 12.11B），もう 1 人の被験者は反対の結果を示した（図 12.11C）。後者はシータ（4 〜 8 Hz）帯域における変化も示したが，前者はシータ帯域では変化を示さなかった。

　脳波に基づいて記憶負荷を分類できるか否かを確認するために，4 〜 50 Hz の範囲の周波数帯域におけるパワーを 1 〜 4 Hz のサイズのビンで細分化した帯域ごとに合計することによって，多数の特徴量が作成された。この多数の特徴量は「情報ゲイン」基準を使用して一連の 30 個の特徴量に低減され，この 30 個の特徴量からなるベクトルが単純ベイズ分類器への入力として用

284　第Ⅳ部　応用と倫理

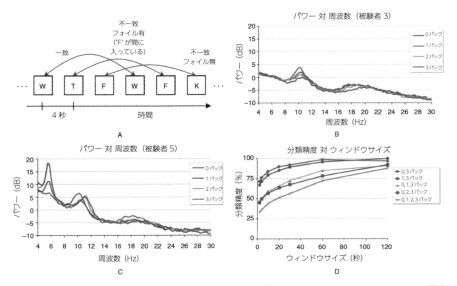

図 12.11　脳波を用いた認知負荷の測定（同じ図のカラー版については，323 頁のカラー図版を参照）
(A) 3 バック課題の概要図。被験者は現在の刺激と 3 回前に見た刺激を照合する必要がある。一致と 2 つの不一致の例を示す。フォイル（妨害刺激）は，2 回前までの刺激で，現在の刺激に一致するものである。被験者は，図示されている 3 つの場合のすべてを経験した。**(B)**，**(C)** ワーキングメモリ負荷の増加の関数としての被験者 2 人のパワースペクトル。3 バック課題は最近の 3 項目を記憶に保存しておく必要があったが，0 バック課題では一連の最初の項目だけを記憶して現在のものと比較するだけでよかった。記憶量を増やす（0 バックから 3 バックに）ことにより，1 人の被験者 (B) のアルファ（8〜12 Hz）波のパワーが減少し，もう 1 人の被験者 (C) では増加した（4〜8 Hz のシータ波のパワーの増加とともに）。**(D)** 脳波に基づいた記憶負荷の分類。異なる曲線は異なる負荷量（異なるバック数）の識別に対応している。分類に用いる脳波データのウィンドウサイズを大きくすると，最大 99％のレベルまで精度が向上する場合がある。（Grimes et al., 2008 より改変）

いられた（5.1.3 項）。**図 12.11D** に示されているように，2 つの記憶負荷レベルで最大 99％，4 つの負荷レベルで最大 88％の分類精度が達成された。

　ベルリン BCI グループによって行われた別の研究では，被験者がドイツ連邦道路（エスリンゲン・アム・ネッカー市とヴェントリンゲン市の間の B10 号線）を 100 km/h の速度で運転している間，脳波信号を用いて認知負荷の増加を予測できるか否かが調査された（Blankertz et al., 2010）。さらに，第 2 の課題が電子デバイスとの相互作用を模倣するために導入された。すなわち，第 2 の課題でドライバは，「左」または「右」の音声での指示に応答して，左右の人差し指に取り付けられた 2 つのボタンのうちの 1 つを押す必要があった。最後に，2 分間のブロックの 2 ブロックごと（ブロック 1 つおき）に，被験者に 2 つの第 3 の課題（**図 12.12A**）のうちの 1 つを実行するよう求めることにより，追加の認知負荷を導入した。すなわち，暗算（800 から 900 の

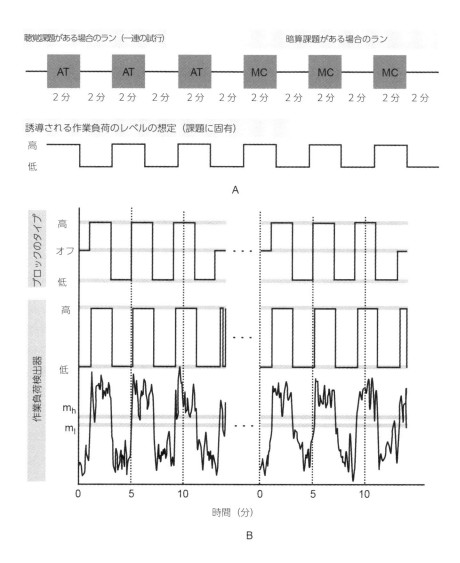

図 12.12　脳波を用いた運転課題中の認知負荷の検出　(**A**) 実験パラダイムの概要図。被験者は連邦道路を 100 km/h で運転することに加えて，ボタン押しにかかわる第 2 の課題を実行する必要があった。聴覚課題（AT）または暗算課題（MC）にかかわる第 3 の課題は 2 分間のブロック（高作業負荷条件）で用いられ，このブロックは第 3 の課題を行わないブロック（低作業負荷条件）で挟まれていた。(**B**) 一番下の波形は，運転しながら第 2 の課題と第 3 の聴覚課題（AT）を実行しているときに最高の成績を収めた被験者の分類器の出力を示す。この出力は，閾値処理されて作業負荷の高低の連続的な予測をもたらした（中央のパネル）。この予測結果は，真の作業負荷の高低のラベル（上のパネル）と比較しても遜色がない。(Blankertz et al., 2010)

間の乱数から定数〔27〕を連続引き算する），または聴解力課題（同時に提示されるニュース放送を無視しながらオーディオブックのストーリーを追い，その後にそのストーリーに関する質問に答える），である。

被験者に固有の周波数帯域，空間フィルタ，および脳波チャネルに基づいた LDA 分類器を使用して，運転中の認知負荷の高低（それぞれ追加タスクと追加タスクなし）が分類された。訓練後，これらの分類器は，平均精度約 70％および最高検出精度約 95.6％で，認知負荷の高い時間帯と低い時間帯を連続的に予測することができた（**図 12.12B** 参照）。この分類器の出力は，「軽減」戦略を実装するために用いられた。すなわち，精神作業負荷が高いと分類器が予測した場合はすぐに第 2 課題（音声案内により「左」や「右」のボタンを押す）が停止され，その結果，第 3 課題においてより速い反応時間が得られた（Kohlmorgen et al., 2007）。

これらの結果は，「精神作業負荷を検出する」BCI を開発できる可能性を示している。この BCI はユーザの認知負荷が高くなるとすぐに介入し，不要な作業選択肢（上記の実験では第 2 課題が該当する）を自動停止して，さらにはユーザの制御下にあるいくつかの任務を引き受ける可能性さえある。

12.2.7　教育と学習

非侵襲型の BCI 技術が課題実行中の注意力と認知負荷のレベルの測定においてどのように役立つかについては，すでに述べたところである。同様のアイデアを応用して，講義を聞いたり割り当てられた演習課題を解いたりしている学生の集中力や注意力，認知負荷の程度を評価することが可能である。例えばニューロスカイ社（Neurosky）は，数学演習中のユーザの注意力レベルの測定を試みる BCI アプリケーションを開発した。この BCI は，前頭部の乾式電極から脳波を測定するニューロスカイ社のマインドウェーブ（MindWave）ヘッドセットに基づいている。

最近の Szafir と Mutlu（2012 年）による研究でも，10-20 電極法（図 3.7）の部位 Fp1 における前頭部の電極を用いて，人型ロボットによって朗読されている日本の民話を聞いている学生の注意力レベルを監視した。ロボットが物語を話している 10 分の間，システムが（脳波信号から）学生の注意力レベルが低下したことを検出したときはすぐに，ロボットは声の大きさを上げたり腕を動かしたりして，生徒の注意を取り戻した。研究者らは，注意力レベルを検出する BCI と連動した行動をとるロボットから話を聞いた学生は，注意に連動した行動をとらないロボットから話を聞いた学生と比較して，民話に関する質問に対してはるかに正しく回答し，14 問中平均で 9 問正解したと明らかにした。

上述の初期の結果は，その後の詳細な研究で検証されれば，BCI が学生だけでなく教育者にも有用なフィードバックを提供できる可能性があることを示している。教育者は，それぞれの学生の現在の注意力の状態とニーズに照らして，教育戦略，意思疎通のパラダイム，および授業を調整するための適切な措置を講じることが可能になる。学生の集中力や注意力のレベルを検出で

きるということは，学生がオンラインビデオで提示された教材を見ている際に，学生の注意力や集中力を評価する人間の教師が存在しないオンライン教育の試み——例えば，カーンアカデミー（Khan Academy），コーセラ（Coursera），エデックス（EdX），およびユダシティ（Udacity）によって進められている——にとって特に有用である。

　学生はさらに BCI を支援機器として利用して，集中力と成績を向上させることができる。BCIは，注意散漫な状態をとらえて集中させ直すことにより，注意欠如・多動症をもつ学生の支援にも役立つ可能性がある。神経科学の進歩により学習と理解に関するメカニズムの理解が深まるにつれて，これらの進歩を活用して個々の学生の学習スタイルとペースに適応して学習を促進する，新しい BCI が開発されることが期待できる。教師と保護者は，学生が個別の概念をどの程度学習したかを脳信号の変化から直接見極めることができる可能性があり，これにより能力と知識を測定するための標準的なテストの代替手段を提供することができる。

12.2.8　セキュリティ，本人確認，認証

BCI はセキュリティにおける問題に応用され始めている。例えば，データベースから情報を検索するための生体情報による個人識別や，アクセス制御のための認証（空港のセキュリティ，アカウントへのログイン，電子バンキングなど）が挙げられる。

　一例として，個人の脳波信号からの際立ったアルファリズム活動が，個人識別のための生体的特徴として提案されている。ある研究（Poulos et al., 1999）では，被験者は 10-20 電極法の電極 O2 および Cz（図 3.7 参照）から脳波が記録されている間，リラックスして目を閉じるように求められた。O2 と Cz の間の差から得られた双極信号は，FFT と逆 FFT を用いて 7.5 〜 12.5 Hz の周波数帯域（アルファ帯域）でバンドパスフィルタ処理された。得られた信号について次数 $p = 8$ の AR モデル（4.4.3 項参照）が構築され，そして AR のパラメータは学習ベクトル量子化器（learning vector quantizer：LVQ）の分類器（5.1.3 項）への入力として使用された。4人の被験者の各人を，75 人の他の被験者のプールのなかから識別する際，72 〜 84％の分類精度が得られた。脳波アルファリズムからの AR パラメータの有用性が Paranjape et al., 2001 で検証され，40 人の被験者のプールから 1 人を識別する際に最大 85％の精度が報告された。

　個人識別は多数の人の集まりのなかから 1 人の人物を認識することであるが，個人認証の問題は，本人であることを主張する人物が本当にその人物であるのか，それともなりすましの偽者であるのかを確認することである。研究者らは，脳波に基づいた BCI を認証に利用する研究を始めている。Marcel と Millán による研究（2007 年）では，被験者は 3 つの精神課題（左手または右手の運動イメージと，単語生成）のうちの 1 つを実行するように依頼された。脳波信号はラプラシアンフィルタ（4.5.1 項）を用いて空間フィルタ処理され，FFT（4.2.3 項）を使用して 8 〜 32 Hz の範囲のパワースペクトルの特徴量が抽出された。これらの特徴量を用いて，データの確率モデルが構築された。具体的には，訓練データが収集され，脳波の特徴ベクトル X が顧客で

ある本人 C によって生成されたという尤度 $P(X|C)$ および，X が本人でない者（偽者）によって生成された可能性があるモデルの尤度 $P(X|NC)$ についての混合ガウスモデルを訓練した。訓練された確率モデルは，次のように認証に用いられた。すなわち，顧客 C の本人であるという主張と，その主張を支持するとされる一連の脳波特徴量 X が与えられると，システムは次式により対数尤度比を計算する：$L(X) = \log P(X|C) - \log P(X|NC)$。$t$ を事前に選択された閾値として，$L(X) \geqq t$ の場合にその主張は認められ，それ以外の場合は却下される。

上記の認証方法は，偽陽性率（FPR；他人を本人として承認する率）と偽陰性率（FNR；本人を他人として却下する率）（表 5.1 参照）の平均として定義される平均誤差率（half total error rate）HTER を用いて 9 人の被験者で評価された。左手の運動イメージ課題で平均 6.6％の HTER が得られ，他の 2 つの課題ではより高い誤差率になった（Marcel and Millán, 2007）。このような誤差率は実用的な認証システムにはまだ高すぎるものの，脳信号を記録する他の方法(例えば侵襲的または半侵襲的方法）や，脳信号と他のタイプの生体認証（音声，虹彩スキャン，指紋など）を組み合わせたものは将来，ロバストで実用的な認証システムを生み出す可能性がある。

12.2.9　パワードスーツを用いた身体の増幅

多くのコミックブックの悪役は，超人的な強さを得るために人体の力を増幅することに頼ってきた（『スパイダーマン』のドクター・オクトパスを参照）。パワードスーツ（動力で強化された外骨格）は，進化が私たちに与えたものを超えて，人体の能力の増幅を達成する手段をもたらしてくれる。研究者は，自らが作り出した運動または筋肉の信号（筋電図〔EMG〕）に基づいたパワードスーツの制御メカニズムを研究してきたが，最近 BCI の研究者は，脳信号を利用してパワードスーツを直接制御する研究を始めた。

一例として，ヨーロピアン・マインドウォーカー（European Mindwalker）プロジェクトは，特注設計された乾式電極から記録された脳波信号と再帰型ニューラルネットワークを用いて，被験者の脚に取り付けられたロボットのパワードスーツを制御しようとしている。このプロジェクトには二重の目的がある。すなわち，脊髄を損傷した人々が運動できるようになることと，宇宙飛行士の宇宙での長期にわたる任務の後の回復を助けることである。

サイバーダイン社（Cyberdyne），エッソ・バイオニクス社（Ekso Bionics），およびレイセオン社（Raytheon）などの多くの企業がユーザの力を増幅するパワードスーツを開発しており，ユーザがほとんどまたはまったく力をかけずに最大 200 ポンド（約 90.7 kg）の重量物を持ち上げて運ぶことができるようになっている。将来は，救助隊員，消防士，および兵士が全身のパワードスーツを利用して，より速く移動したり，より高く跳んだり，より重い荷物を運んだり，そして通常の人体では成し得ないその他の身体的偉業を成し遂げたりできる可能性がある。これらのパワードスーツは脳信号によって制御できる可能性があり，パワードスーツからのフィードバックを利用して脳の適切な体性感覚中枢を直接刺激して正確な制御ができるようになり，パワードスーツ

第 12 章　BCI の応用　*289*

がユーザの脳内の身体地図の一部として組み込まれるまでになる可能性がある。

12.2.10　記憶と認知の増幅

映画『*Johnny Mnemonic*』（邦題：『JM』）の筋書きは，脳に埋め込まれた機密データの運び屋として活動する主人公を中心に展開していく。他の SF のプロット（物語の筋）には，記憶を選択的に書き込んだり消去したりできる機械に依っているものもある。これらの能力は BCI ではまだ実証されていないが，研究者達は最近，神経の記録と刺激を用いて記憶を回復させ，認知機能を増幅させる可能性の研究を始めている。

　そのような一連の実験の 1 つとして，Berger，Deadwyler および共同研究者（2011 年）は，ラットの失われた記憶機能を回復し，新しい情報の想起を強化できる脳内埋め込み装置を実証した。ラットを訓練して，報酬としての水を受け取るためには 2 つの同じ形のレバーのどちらを押すべきかを記憶させた。この**遅延非見本合わせ**（delayed-nonmatch-to-sample：DNMS）課題の各試行では，2 つのレバーのうちの 1 つが（左または右の位置に）最初に現れ，ラットはこれを記憶する必要があった。1 〜 30 秒の遅延の後，両方のレバーが現れ，ラットは報酬をもらうためには「以前に表示されていない」レバーを押さなければならなかった。研究者らは，ラットがこの一般的なルールを学習し，一貫して正しいレバーを選ぶことができることを明らかにした。

　次に，2 つの電極アレイ（**図 12.13**）を各ラットの両半球に埋め込んで，かねてより新しい記憶の形成に関与しているとされる組織である海馬の隣接領域 CA1 と CA3 からそれぞれ記録した。ラットが課題を解決したときの CA3 から CA1 へのスパイク列からスパイク列への変換の基礎となっているダイナミクスを，一連の非線形フィルタの方程式を用いてモデル化した。これらの式を用いて，CA3 の神経活動の入力パターンから CA1 の出力発火パターンを予測した。その後の試行において，研究者らは薬物（グルタミン酸受容体拮抗薬 MK801）を使用して，CA3 および CA1 の活性を抑制した（**図 12.14A**）。ラットはまだ一般的なルール（最初に現れたレバーの反対側のレバーを押す）を覚えていたものの，ラットの成績は低下した。この原因は，CA3/CA1 の活動を欠くことで，ラットがおそらくどのレバーが最初に現れたかを思い出せなかったためだと思われる。

　次に研究者らは，以前成功した試行に基づく非線形フィルタモデルから算出された電気パルスのパターンで CA1 を刺激した。CA1 の刺激により，そのラットの成績は有意に向上し，通常の成績に近いレベルに達した（図 12.14A）。したがって，埋め込み装置は CA3-CA1 の変換を事実上肩代わりし，失われた記憶機能を回復させた。さらに研究者らは，活動を抑制する薬物を投与されなかったラットでさえ，最初のレバーの記憶を長期間（＞ 10 秒）維持する必要がある試行においては，成績が悪い場合があることを明らかにした。研究者らは，以前の高成績の試行から算出されたパターンで CA1 ニューロンを刺激することにより，ラットの記憶を「強化」し，これらのより長期間の試行についても成績を有意に改善することができた（**図 12.14B**）。

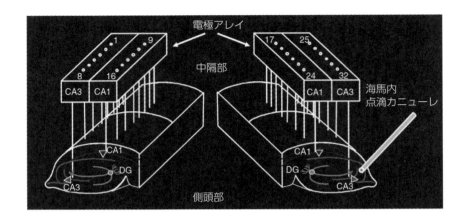

図 12.13　記憶の回復と強化用の BCI　2 つの同じ電極アレイは，それぞれが平行 2 列の 20 ミクロンの鋼線で構成されており，両半球の海馬 CA3 および CA1 領域に埋め込まれた。記憶の回復と強化（本文参照）のために，CA1 は以前の試行から算出されたパターンで刺激された。埋め込み装置を試験するために，実験では「カニューレ」を用いて薬物を送り込んで神経活動をブロックし，記憶形成を妨げた。(Berger et al., 2011 より改変)

(▶右頁の図) **図 12.14　海馬 CA1 領域の刺激による記憶の回復と増強**　**(A)** 上のパネルは，記憶回復のための実験パラダイムを示している。CA3/CA1 の活動は薬物（MK801）を使用してブロックされ，埋め込まれた電極アレイは，以前の高成績の試行から得られた電気パルスのパターン（「CA1 の強い SR コード」）（訳注：長期遅延試行での正しい応答に関連する電気パルスのパターンに由来する多入力多出力〔MIMO〕モデルのパターン。(A)(B) の左上のパネルにおける SP はサンプルレバーの表示タイミング，SR はレバーを押すサンプル応答のタイミングをそれぞれ表す）で CA1 ニューロンを刺激する。下のパネルは，埋め込み装置による刺激（「MK801 +刺激群」）を用いた成績（正しく実行した試行の割合〔%〕）の向上を，サンプルレバーを記憶保持する必要がある時間（「遅延」）の関数として示している。**(B)** 上のパネル：記憶強化のための実験パラダイム。「CA1 の弱い SR コード」（訳注：遅延時間に無関係に誤り試行で発生する MIMO モデルのパターン）のため成績不振が予測された試行において，CA1 が以前の高成績の試行（「CA1 の強い SR コード」）から得られた電気パルスのパターンで刺激した。下のパネルは，CA1 刺激が「刺激なし」条件と比較してラットの成績を有意に向上させたことを示している。刺激の効果により，ラットの，より長期間の試行について課題に関連した情報を記憶に格納する能力が強化されたことを示唆している。(Berger et al., 2011 より改変)

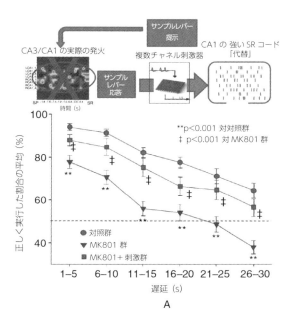

A

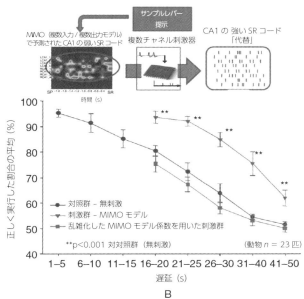

B

292　第IV部　応用と倫理

　まだ人間では試験されていないが，このような記憶用埋め込み装置は，アルツハイマー病，記憶喪失，その他の深刻な記憶障碍に苦しむ人々に希望の光を灯す。さらに，特定の記憶を保存および増幅する能力は，健常者にとっては新しい形の記憶強化および認知増幅への扉を開く。例えば，記憶はオフラインで（例えば「クラウド」上に）保存し，必要に応じてワイヤレスの埋め込み装置を用いて読み出しができるのではないだろうか。人類はこんにち，インターネット，書籍，スマートフォン，コンピュータおよびその他の機器を外部記憶保管庫として日常的に利用しているが，記憶埋め込み装置は，考えるだけで記憶の保管と読み出しを可能にすることにより，そのような情報に本質的に継ぎ目なくアクセスできるようにしてくれる。そのような技術によって生じる安全，セキュリティ，およびプライバシーの重要な問題については，次章で述べる。

12.2.11　宇宙空間における応用

宇宙飛行士は，飛行士の身体能力を増強するBCIから利益を得ることができるかもしれない（Rossini et al., 2009）。BCIは例えば，宇宙飛行士が宇宙遊泳して宇宙ステーションモジュールを修理している間，他の仕事で手がふさがっている場合に工具やロボット機器を操作するのに役立つかもしれない。BCIはまた，長期の宇宙ミッションの後にパワードスーツと併せて宇宙飛行士を回復させることに利用できるかもしれない。さらに，BCIで制御されたパワードスーツは，宇宙探査，例えばデコボコの土地を歩いたり，重力の影響に抵抗したりするために利用できるかもしれない。

　宇宙におけるBCIの利用可能性に関する重要な疑問は，無重力がBCIの操作能力があるユーザの脳信号を変えてしまい，それまで地球上では制御できていた機器を制御できなくなるか否かということである。Millánと共同研究者（2009年）は，地球上のジェット機での放物線飛行中に2人のBCI経験のあるユーザの脳波信号を記録することにより，この問題を調査した。被験者は各放物線飛行の間，次の順序で20秒間続く5つの様々な重力状態を経験した。すなわち，通常の重力（1 g），過重力（1.8 g），無重力（0 g），過重力（1.8 g），通常の重力（1 g）である。被験者は，左手の運動イメージと，ランダムに選択された文字で始まる単語を頭の中で探索する単語連想課題の2つの精神課題を実行した。研究者達は，これらの様々な重力条件は，以前に地上で実施された2課題に関連することが判明した周波数帯域と電極位置のどちらも変えないことを明らかにした（Millán et al., 2009[訳注5]）。

　これらの初期の結果は前途有望なものであるが，宇宙で，特に宇宙飛行士が他の活動や運動に同時に従事している場合にオンラインのBCI制御を達成できるか否かは，今後明らかにすべき課題である。取り組む必要があるもう1つの課題は，無重力に長期間曝露されることによって引

訳注5：参考文献中，同一筆頭著者の文献は2009年に2報発表されているが，ここで引用されているのは後者の方である。

き起こされる脳のニューロンの可塑性に適応できる BCI を設計することである。

12.2.12　ゲームとエンターテインメント

従来の BCI パラダイム（例えばカーソル制御）の多くには，ゲームのような趣がある。ニューロフィードバックに基づいたメニュー選択やリハビリテーションなどの医療応用については，ゲームのような相互にやりとりするパラダイムを利用することが，患者の興味を保つのに役立つ。これらの応用はエンターテインメントを念頭にして設計されたわけではないが，それでも健常者向けのゲームは BCI の非医療応用のなかで最も急速に成長している分野の1つである。この成長の理由の1つは，現在ビデオゲームには巨大な市場が存在するため，BCI の医療応用の市場を小さく見せていることにある。2つ目の理由は，例えば BCI で制御する車椅子や人工装具などの医療応用とは異なり，ゲームでの BCI の成績不良（意図通りに操作できないこと）はユーザを苛立たせるかもしれないが，通常はユーザやその近くの人たちに身体的危害や損害をもたらさないため，法的責任の懸念が軽減されることである。最後に，BCI はゲームにおいて，例えばジョイスティック，ゲームパッド，ジェスチャ認識システムなどの，他のより伝統的なインターフェースを拡張するインターフェースとして利用可能である。したがって，閉じ込め症候群患者のためのコミュニケーションシステムなどの医療用 BCI アプリケーションとは異なり，ゲーム用の BCI は，脳信号（例えば脳波），筋信号（筋電図〔EMG〕），および手や身体の運動を混合した信号に積極的に頼って，人間とコンピュータの新しい相互作用の様式を獲得する可能性がある。

　この方向性を模索する最初の研究の1つ（Cheung et al., 2012）では，被験者が脳波 BCI の手の運動イメージと共に同時にジョイスティックを用いて，カーソルの2次元運動を制御できることを明らかにした。被験者は，運動イメージを用いてカーソルの上下の運動を制御することを学び，同時にジョイスティックを使用してカーソルの左右の運動を制御することを学んだ。これらの結果は，BCI を用いて健常者の通常の運動能力を高める可能性を示唆している。

　過去10年程度の間に，脳で制御するゲームが多数発表された。ブレインボール（Brainball）（Hjelm and Browall, 2000）は初期の BCI ゲームであり，ユーザはアルファリズム（3.1.2項）を制御することによってリラックスレベルを制御することを学習した。マインドゲーム（MindGame）（Finke et al., 2009）はより最近のゲームであり，P300（9.1.4項）に基づいて3次元のゲームボード上でキャラクターを動かす。他にも SSVEP(Lalor et al., 2005)や運動イメージ（例えば BCI-パックマン〔PacMan〕, Krepki et al., 2007 を参照）に依存したゲームアプリケーションがあり，脳波に基づいた仮想ナビゲーション（Scherer et al., 2008）も運動イメージに頼っている。実体のあるゲーム機器のリアルタイム制御についての興味深いデモンストレーションも行われた。これは BCI で制御するピンボールマシン（Tangermann et al., 2009）で，イメージ（例：左手および右手の運動イメージ）に基づいた2クラスの BCI によってパドル（フリッパー；ボールを打ち返す装置）を制御するものであった。BCI のパラメータは，ユーザごとに個別に調整さ

 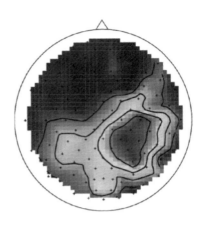

図 12.15　テトリス（Tetris）ゲーム用の脳波 BCI　左：BCI で制御するテトリスゲームをプレーしているユーザ。落下するブロックを，左手または右手の運動イメージを用いてそれぞれ左または右に移動し，心的回転で時計回りに回転させ，足の運動イメージを用いて落下させる。**右**：被験者がテトリスのブロック 1 個を回転させるために心的回転を行ったときの大脳皮質の活性化マップ。この活性化マップは，右頭頂皮質のベータ波帯域（ここでは 18〜24 Hz）における事象関連脱同期（ERD；9.1.1 項参照）を示しており，以前の心的回転課題から得られた知見と一致している。（Blankertz et al., 2010 より）

れた。研究者らは，ゲームがとても没入的で，やる気を起こさせるものであると認識されたことを報告した。

　人気のビデオゲームであるテトリス（Tetris）を BCI で制御するバージョンも存在する（Blankertz et al., 2010）。脳波に基づいた BCI ゲームは，一連の「自然な」制御に依存している。ゲームをする人は，左手または右手の運動イメージを用いて落下するテトリスのブロックをそれぞれ左または右に動かし，心的回転を用いてブロックを時計回りに回転させ，足の運動イメージを用いてブロックを落下させる（図 12.15）。4 クラス分類器（3 つの運動イメージによる命令と心的回転）はオフラインの較正段階で訓練され，ゲーム段階を通してオンラインで適用されて，落下するブロックの制御を実現した。

　最近，脳波のような信号を頭皮から測定しようとする複数の商用システムが市場に登場した。これらは通常，少数の乾式電極を使用する（頭皮との接触にゲルを必要とする従来の「湿式」脳波電極とは対照的に）。これらの乾式電極による測定値を用いて，コンピュータ画面上のオブジェクトや，スポンジボールなどの実際の物体が制御される。例として，エモーティブ社（Emotiv）（EPOC ヘッドセット）やニューロスカイ社（Neurosky）（マインドウェーブ〔MindWave〕ヘッ

ドセット）によって製造されたシステムや，マッテル社（Mattel）によるマインドフレックス（Mindflex）などのおもちゃが挙げられる。これらの新しいシステムは，研究や臨床現場で使用される従来のゲルベースの脳波システムよりもはるかに安価で，装着と操作も容易である。ただし，これらの新しいシステムにつきものの1つの問題は，真の脳波信号をとらえているという保証がないことである。動きが制御されていない状況においては，このようなシステムは脳波と，顔や首の筋肉の活動によって引き起こされる筋電活動，眼球運動，皮膚抵抗の変化，あるいは場合によっては電気的ノイズさえも含んだ混合物をとらえている可能性がある。一方で上述したように，脳波／筋電図，またはその他のタイプの自発的に生じた信号の混合物の利用は，それがゲームにおいて新しく，面白くなる可能性のある制御状態を構成するのであれば，ゲームアプリケーションにとっては問題ないかもしれない。

12.2.13 脳で制御する芸術

BCIには，人間の芸術の楽しみ方を増進するきわめて大きな可能性がある。例えば，BCIは芸術を創造するための手段として用いることが可能であり，その例は9.2.3項で述べたMappus, Jacksonおよび共同研究者（2009年）によって作り出されたfNIRに基づくスケッチ描画プログラムによって示されているとおりである。

　さらに興味深いことに，BCIを用いて，インスタレーション（体験型芸術）と，ユーザの同じアートの体験の間のループを閉じることができる。特に，ユーザが芸術を体験し始めると，彼または彼女の脳信号を用いてインスタレーションの適切な要素を変更することが可能なので，人間と芸術作品の間の新しい相互作用を開始することができる。こうして芸術作品を動的なものとすることによって，美術館やアートギャラリーの壁に掛かっている古典的で静的な芸術作品ではなく，芸術を体験することに方向転換する。芸術家の仕事は，鑑賞者が芸術作品にどのように反応するかを予測し，芸術作品に鑑賞者の脳信号に継続的に適応する能力を組み込むことである。芸術作品を同時に体験している複数の鑑賞者からの脳信号に，芸術作品が反応することも考えられる。

　脳で制御する芸術の初期の例に，『上昇（*The Ascent*）』と題された，Yehuda Duenyasによって創作された一般参加型の演劇がある。この作品は2011年5月12日に，ニューヨーク州のレンセラー工科大学のメディア＆パフォーミング・アーツ・センターでお披露目された。1名の参加者（演者）および，展望台から見ている観衆が，この双方向型のインスタレーションを体験する。参加者は，3次元の劇場飛行用ハーネス（安全ベルト）と乾式電極のヘッドセット（エモーティブ社製のEPOCヘッドセット）を着用する。ヘッドセットからの信号を用いてハーネスが制御され，演者は記録された信号を調節することによって「上昇」することができる（図12.16）。BCIは，脳波のアルファ帯域とシータ帯域の振動を検出することによって動作する（3.1.2項参照）。演者が目を閉じてリラックスすると，通常はアルファ帯域のパワーが増加して，シータ帯域のパワーが減少する。これらの事象はBCIによって検出され，動的に応答する音と光の表示

296　第IV部　応用と倫理

図 12.16　脳で制御するパフォーマンスアート『上昇 (*The Ascent*)』　演者は，脳信号によって制御されるハーネスによって空中浮揚し，脳信号は動的に変化する音と光の表示のトリガーとなる．（画像はhttp://news.rpi.edu/update.do?artcenterkey=2866 より）（訳注：現在は引用元の画像を閲覧できないが，http://news.rpi.edu/luwakkey/2866 にて画像を除く記事を閲覧できる）

の中を通って演者を空中に 30 フィート（9.1 m）以上持ち上げるトリガーとして使用される．したがってこのパフォーマンスは，演者の落ち着いた精神状態が光と音のスペクタクルを生み出すというパラドックスを組み込んでいる．インスタレーションのウェブサイト theascent.co[訳注6] に記されているように，「観衆が見守るなか，ライダー（演者）の集中力が自ら（彼女）を空中に持ち上げ始める．刺激の嵐が，彼女が目標（リラックスを継続して 30 フィート以上空中浮遊する）

訳注 6：現在，この URL にはアクセスできない．

を達成しないように気を散らそうと同時に襲いかかる。そしてクライマックスの光の大爆発を解き放つことによって,「超越」と「勝利」へと空中浮揚し,つかの間のまばゆいばかりの超人的な栄光の瞬間に,ライダーを永遠不滅のものにする。」

12.3　要約

本章で概説した BCI 応用の多様性からすると,BCI の力を活用する新しい方法の開発を制限しているのは我々の想像力のみであるように見える。この分野では医療応用によってもたらされる見込みに端を発する場合が多く,例えば聴覚障碍者のための埋め込み装置（人工内耳）,麻痺患者のための神経の人工装具（例えば 7.3.1 項で述べたブレインゲート〔BrainGate〕埋め込み装置）,パーキンソン病などの衰弱性運動疾患の症状を治療するための電気刺激装置（脳深部刺激療法〔DBS〕）などがある。より高速なコンピュータと,脳波や fNIR 用のより安価な非侵襲的記録システムは,健常者用の増加する非医療応用への扉を開いた。その例として,セキュリティ,教育,およびゲームから,ロボットアバター,嘘発見,および身体,感覚または認知の拡張に至るまでの応用が挙げられる。BCI 応用の急拡大により,これらの革新的な技術によって生じる多くの倫理的・道徳的問題に対処することも不可欠になっている。これらの問題のいくつかについては,次の章で考察する。

12.4　演習問題

1. 感覚と運動の回復のための BCI 技術の 4 つの応用例を列挙せよ。それぞれについて,これらの応用例が臨床的に利用可能か否かを明記し,利用できない場合はその理由を記述せよ。
2. 認知機能回復のために BCI が応用可能な例にはどのようなものがあるか？
3. （🐱）12.1.4 項で引用されている参考文献をいくつか読み,脳卒中や手術からのリハビリや回復を早めるための BCI 技術の様々な利用方法に関して短い小論文を書け。
4. 閉じ込め症候群患者のための BCI に基づいたコミュニケーションへの 2 つの主なアプローチの長所と短所を比較せよ。なお 2 つのアプローチとは,振動電位に基づいたカーソル制御によるメニューシステムと,P300 などの刺激誘発電位に基づいたスペラーである。
5. 脳で制御する車椅子のための次のアプローチを比較対照せよ。すなわち,階層的 BCI と共有制御（シェアード・コントロール）である。このような車椅子を現実の社会で日常的に利用できるようにするには,どのような障害があるか？
6. BCI で制御するウェブブラウザであるネッシ（Nessi）は,SCP による 2 値選択を用いて,ユーザの目的のリンクが選択されるまで他のリンクを取り除いていく。ブラウジングのためのこのアプローチの長所と短所について考察し,振動電位または誘発電位のいずれかに基づく代

298　第 IV 部　応用と倫理

替案を示せ。

7. グラーツ（Graz）BCI は，運動イメージを用いて Google Earth を自己ペースでナビゲーションすることを可能にしている。このシステムが複数の LDA 分類器を用いて自己ペースによる操作を実現する方法を説明せよ。

8. ソフトマージン SVM が，12.2.2 項に記されている P300 に基づいたロボットアバターへの応用においてどのように使用されたかを説明せよ。

9. ロボットアバターの制御に P300 などの誘発電位を用いる利点と欠点は何か？　振動電位と階層的 BCI の両方，またはいずれか一方を用いてこれらの欠点に対処する方法を記述せよ。

10. 「大脳皮質のはたらきを組み合わせたコンピュータによる画像認識システム」（cortically coupled computer vision：CCCV）とは何か，またその目的は？　CCCV において，以下の項目はどのような役割を果たすか？

   a. RSVP

   b. P300

   c. LDA

11. 誘発電位が「嘘発見」や「犯罪知識」の検出にどのように利用できるか記述せよ。この方法を従来のポリグラフィによる方法と比較せよ。

12. （🏃）最近発表された「脳指紋法」と記憶検出に関する論文を読まれたい（12.2.4 項参照）。提案された技術のどのような側面が論争を巻き起こしたのか，そしてその理由は何か，記せ。

13. 脳波パワーの変化を利用して運転中や監視業務中の注意力を監視できる可能性がある手法について記述せよ。この技術を現実の社会状況に実際に適用するうえでは，どのような障害があるか？

14. n バック課題とは何か？　それが記憶負荷の研究に有用なのはなぜか？　n バック課題における記憶負荷は，脳波を用いてどの程度予測することができるのか？　記憶負荷にあわせてパワーが変化するような脳波の単一の周波数帯域があるのか，あるいはこの現象は被験者固有のものなのか（パワーが変化する周波数帯は被験者によって異なるのか）？

15. ベルリン BCI グループによって，連邦道路の運転課題において認知負荷を予測するために使用された信号処理と機械学習の手法を記述せよ。使用されたシステムが商業用として十分に実用的かどうか，検討せよ。

16. BCI を教育と学習に活用する方法について，以下の側面に焦点を合わせて論ぜよ。

   a. 学生の集中力の測定

   b. 授業資料の提示方法のカスタマイズ

   c. 成績評価とテスト

17. セキュリティにおける本人確認と認証の問題の違いを説明せよ。これら 2 つの問題に対して BCI をどのように活用できるか？　用いられた課題のタイプや研究されてきた信号処理およ

び機械学習アルゴリズムについて詳述せよ。これらのシステムについて報告されている性能を示し，現実の社会で使える状態にあるか否かについて論評せよ。

18. (♟) パワードスーツ（例えばサイバーダイン社〔Cyberdyne〕，エッソ・バイオニクス社〔Ekso Bionics〕，レイセオン社〔Raytheon〕によって開発されているシステム）の現時点の最新技術についての記事や書物を読み，それらの能力，制御方式，および（もしあれば）ユーザに提供されるフィードバックを記したレポートを作成せよ。次に，これらのパワードスーツが，(i) 筋肉の信号（筋電図〔EMG〕），(ii) 脳波などの非侵襲的に記録された脳の信号，(iii) 神経の信号（例えば手足からの），(iv) 侵襲的に記録された脳の信号（例えば多電極アレイからのスパイク活動）を用いて制御できる可能性があるか否か，そして制御できる場合にはどのように制御するのかについて考察せよ。

19. Berger と共同研究者らによる，記憶機能の回復と強化のための埋め込み装置を実証するために行われた実験（12.2.10 項）について説明せよ。課題に関連する情報の記憶保存がどのように実験的に阻止され，埋め込み装置を用いることで成績がどのように回復したのか？　記憶回路が正常に機能している他のラットでは，記憶能力がどのように強化されたのか？

20. BCI が宇宙飛行士によって宇宙または地上で利用される可能性がある 3 つの方法について論ぜよ。無重力が BCI の性能に有害な影響を与える可能性があるという主張に対して，賛成または反対の証拠はあるか？

21. (♟) エモーティブ社（Emotiv）やニューロスカイ社（Neurosky）などによって製造されている現在入手可能な市販の乾式電極のシステムについて，電極数，電極位置，コスト，携帯性，およびソフトウェア開発のために提供されているインフラなどを比較対照せよ。次に，気に入ったビデオゲームを選び，どのようにすればそのゲームの制御の 1 つを市販の乾式電極システムからの入力に置き換えることができるのか，説明せよ。提案する制御パラダイムが，機器で利用可能な電極の位置および筋肉の活性化による干渉の可能性を考慮していることを確認しておかれたい。

22. 12.2.13 項で，BCI で制御するパフォーマンスアートの例である『上昇（*The Ascent*）』について述べた。芸術家と観衆の両方またはいずれか一方に向けて，次のタイプの芸術体験を高めるための BCI を提案せよ：

a. 絵画

b. 音楽

c. 演劇

d. 文学

第 13 章　BCI の倫理

ブレイン・コンピュータ・インターフェース（BCI）の最も重要な側面として，倫理的な問題，すなわち BCI の医療への利用，人間拡張やその他の応用のための BCI の利用，そしてそれらの誤用の可能性に関する諸問題がある。これらの問題のなかには**神経倫理学**（neuroethics）の範疇に入るものもあるが，他の問題は BCI の技術的側面に特有のものである。

　BCI の学会やワークショップで倫理に関するセッションが企画されることが時としてあり，BCI や神経インターフェースの倫理的側面を論じた論文もいくつか発表されている（例えば，Clausen, 2009, Haselager et al., 2009, Tamburrini, 2009, Salvini et al., 2008, Warwick, 2003）。しかし，BCI の利用に関する公的規制やガイドラインは，医療倫理や法倫理に関する従来の法律を除けば，現在のところ存在しない。過去の他の技術と同様に，BCI が社会に広く普及するにつれて，BCI の利用に関する法律や倫理が医療や政府の規制機関によって成文化される可能性が高いことが予想される。それまでの間，本章では BCI 研究と BCI の利用をめぐる様々な倫理的問題とジレンマについて概説する。

13.1　医療，健康，および安全上の問題

13.1.1　リスクとベネフィットのバランス

おそらく，個々のユーザの BCI 利用に関する最も重要な問題は，BCI に関連するリスクが BCI の利用によって得られる利益と比較して許容できるかどうかということであろう。この問題は，BCI が侵襲的なものであり，損傷や感染のリスクが無視できない場合，特に重要になる。生活の質を改善するために BCI の利用を検討している患者にとって，これらの問題は，臓器移植や心臓ペースメーカ植え込みなどの潜在的なリスクを伴う外科的介入を決断しようとする患者が直面する問題と似ている。実際，このようなリスクとベネフィットの分析は，すでに今日の病院では，例えば人工内耳や脳深部刺激装置（DBS）などの BCI を埋め込むべきかどうかを決定するためのプロトコルの一部となっている。他のタイプの BCI が開発され，商品化されるにつれて，人工内耳や DBS に使用されているプロトコルを変更してこれら新しいタイプの侵襲型 BCI に適

用できる可能性がある。

　一般に，BCIを立案する企業やそれを埋植する医師は，その機器に関連するリスクとベネフィットについて患者に助言することが期待されている。埋め込みの選択の決定は，今日の他の医療行為と同様に，最終的には患者と患者の家族に委ねられる。検討すべき問題として，BCI利用により生じる可能性のある副作用，患者の期待が満たされない可能性，そしてBCIの利用が家族や介護者に与える影響が挙げられる。

　リスクとベネフィットの分析で検討すべきもう1つの側面は，個々の被験者にとって，リスクを軽減するために侵襲型BCIの代わりとして非侵襲型BCIが十分であるか否かということである。これまでの章において，非侵襲型BCIは侵襲型BCIよりも性能と持続時間の点で劣る可能性があることを見てきた。そこで，関連する次の疑問が思い浮かぶ。この被験者にとって，侵襲型BCIによってもたらされる性能の向上は，侵襲型BCIに関連するリスクの増加を正当化するのだろうか？　各埋め込み型機器の有効性と安全性を徹底評価したうえで，侵襲型BCIの臨床利用に関するより広範なガイドラインが，最終的に政府の規制官庁によって設けられる必要がある。

13.1.2　インフォームドコンセント

医療と非医療の両方の目的でBCIを利用する際の重要な側面は，被験者からインフォームドコンセントが得られていること，すなわち被験者が次の事項を認識できていることを保証することである：
- 提案されているBCI技術と代替手段に関連するリスクとベネフィット
- 脳から抽出される情報
- この情報を抽出することによる結果。つまり困ったことになったり，もっと悪ければ有罪になるなどの法的な結果につながったりする可能性があるか？

　人を対象とする他の実験と同様に，被験者はいつでもBCIの利用を中止する自由をもっていることが必須である。しかし，以下のような厄介な問題が生じる場合がある。
(a) 子供の場合，両親から同意を得れば十分なのか？
(b) 意思疎通できない閉じ込め症候群患者の場合，誰がインフォームドコンセントを与えるべきか？（介護者からのインフォームドコンセントで十分なのか？）
(c) リスク対ベネフィットを十分に理解することを妨げる認知障碍を患っている患者から同意を得ることができるのか？

13.2　BCI テクノロジーの悪用

どんな新しい技術でもそうであるように，BCI は，犯罪，戦争，テロリズムから，法の転覆や利益のために脳の過程を操作することまで，様々な目的で悪用される可能性があり，おそらくそうなるだろう。身体の拡張（例えば神経で制御するパワードスーツ，乗り物，武器）は，犯罪あるいはテロを実行する方法，および戦争をする方法を変える可能性がある。マーケティング代理店は，BCI の利用中に潜在意識に訴える（サブリミナル）広告を用いて顧客を操作しようとする可能性がある（「ニューロマーケティング」）。

　さらに，そう遠くない将来，脳の記録と刺激の両方を行うことができる非常に高度なワイヤレス BCI が商品化される可能性があることを考慮する必要がある。このような BCI の出現により，いくつかの警戒すべきシナリオ，場合によっては SF を現実に変えるようなことが起こる可能性がある。特に，暗号化が用いられていない場合，あるいは用いられている暗号化手法が十分に強力ではない場合，脳からの，あるいは脳へのワイヤレス通信が傍受されることがあり得る。このような脳信号の傍受は，次のことにつながる可能性がある：

- **心の読み取りまたは「脳の盗聴」**：脳から送信される信号のタイプによっては，犯罪者，テロリスト，営利企業，スパイ機関，および法律家，警察，軍事団体などによって，人の思考，アイデア，信念が傍受 / 記録 / 利用される可能性がある。
- **支配または「マインドコントロール」**：BCI にはユーザの脳を刺激する能力があることから，BCI が乗っ取られて利用され，人を支配して好ましくない行為（例えば犯罪を行ったり，遺言書などの文書への署名をしたりすること）をさせるという危険な可能性を開く。
- **記憶操作**：脳を刺激できる BCI が乗っ取られて，記憶を選択的に消去したり，偽の記憶を書き込んだりする可能性もあり，「洗脳」の可能性につながる。
- **ウイルス**：悪意のある存在が，機械からの通信の一部として「ウイルス」を送信し，認知障害や認知操作をもたらす可能性がある。

これらの可能性があることから，BCI 通信用のきわめて安全性の高いチャネルおよび，侵害行為を検出して必要な予防措置を講じることができるセキュリティアルゴリズムの必要性が最重要視される。BCI のセキュリティとプライバシーの問題については，次節で詳細に検討する。

　BCI 技術が改ざんされて，結果に偏りが与えられることもあり得る。例えば，嘘発見用の「脳指紋」法を操作して，結果が被告に有利または不利な結果になるように操作される可能性がある。人間拡張用の BCI が改ざんされて，ユーザ本人や他人および財産に重大な損害を与える可能性がある。繰り返しになるが，十分に強力なセキュリティ対策が導入されれば，このようなシナリオは最小限に留めることができる。

13.3 BCI のセキュリティとプライバシー

密かに心を読むことや「脳のハッキング」は，SF 小説や映画でよく取り上げられるテーマである。しかしながら，今日の BCI 研究でも，セキュリティとプライバシーの問題を検討することは重要である。実験でどのような種類の神経データが記録されているのか？　そのデータは被験者が明らかにされることを望まない個人的な事柄を明かす可能性があるか？　データは保存されるのか，そうであればどの程度の期間，どんな目的で保存されるのか？　被験者のデータは他の研究者と共有されるのか？　そのような問いは通常，人を対象とする研究に対して研究機関の倫理審査委員会（Institutional Review Board：IRB）によって行われる審査プロセスの一部である。人を対象とした研究に関する国内（または国際的な）倫理ガイドラインを満たしている場合にのみ，実験が承認される。

　既に考察したとおり，洗練された方法で脳を記録・刺激することができる将来のワイヤレス BCI に対する前例のない悪用や悪意ある攻撃の可能性がある。そのため，このような BCI を展開する前に，強力な法的および技術的な安全対策を整備することが必要不可欠である。BCI のセキュリティやプライバシーを侵害する活動は違法とし，法律を破った場合には厳罰を課すべきである。攻撃が成功すると BCI ユーザにとってきわめて甚大な被害をもたらす可能性があることを考慮すると，暗号化技術やセキュリティ方法は現在の技術や方法よりも攻撃に対してはるかに強力であるという保証を備える必要がある。BCI 利用中の攻撃やプライバシー侵害に対する安全対策のために，神経メカニズムとコンピュータアルゴリズムの両方に依るハイブリッドなセキュリティ技術の可能性を探る，新たな研究を行うよい機会が生まれている。インスリンポンプや心臓ペースメーカなどの埋め込み型の生体医用機器におけるセキュリティへの取り組み（例えば Gollakota et al., 2011, Paul et al., 2011）も BCI に関連すると思われるが，しかしそれらの BCI セキュリティや「神経セキュリティ（neurosecurity）」（Denning et al., 2009）への適用可能性については，一般的にはまだ十分には研究されていない。

13.4 法的問題

BCI の利用が広まるにつれて，多くの新たな法的問題に取り組む必要が生じている。まず，前述のように，立法者である議員は，BCI に関連するどのような行為が合法で，どのような行為が違法であるかについて，十分に微妙な違いを規定した法律を制定する必要がある。裁判所は BCI が関与した違法行為について誰が責任を負うべきかを裁定する必要があるが，根本的な問題は，人間の部分がどこで終わり，機械の部分がどこから始まるのかということである。BCI は一定の自律性と学習能力をもっている可能性が高いがゆえに，BCI ユーザが自発的に出した命令が原因となって法律が破られたのか，あるいはユーザの潜在意識レベルで BCI が自律的に行動を起こ

したのかが明確にならない可能性がある。

　この問題を解決する1つの方法は，BCIを利用する前に，製造上の欠陥を除いた法的責任からBCIメーカを免責する権利放棄書に署名するようユーザに依頼することにより，ユーザにすべての責任を負わせることである。これは人間が自動車を運転する状況と似ている。その場合，自動車メーカは，ドライバによって引き起こされた損害に対して，損害が自動車の製造上の欠陥によるものでない限り，法的責任を負わない。ただし，BCI（または一般に適応システム）の場合は，ソフトウェアのバグだけでなく，自己学習・適応型BCIに由来する不測の事態に対してもメーカが責任を負う必要があるともいえるため，事はそれほど明確にはならないかもしれない。明らかに議論が必要であり，その後には法的責任および保険について規定する現在の一連の法律を，BCIを操作するユーザの場合にも適用できるように適切に変更する必要がある。

13.5　道徳と社会正義の問題

BCIを利用するか否かは，人工内耳の場合に見られるように，道徳的なジレンマに陥ることがあり得る。聴覚障碍者コミュニティの多くの人は，聴覚障碍を障碍とみなしていないため，人工内耳を受け入れていない。これらのコミュニティの人々にとって聴覚障碍は，自分自身と，自分たちの文化にとって，不可欠な部分なのである。したがって，道徳的な問題は，聴覚障碍を「治療」を要する「病気」とみなすべきか否かということになる。病気でないならば，聴覚障碍のある子供の親が，自分の子供のために人工内耳を入手する必要はない。これに対する反対意見は，子供から故意に人工内耳を取り上げることは倫理に反すると主張する。それは，このような決断が子供から話すこと，聞くこと，そして音楽などの人生の側面を楽しむことを学ぶ機会を奪うからというわけである。

　BCIを健常者の肉体的および精神的能力を拡張するために用いると，多くの道徳的問題が生じる。まず，BCIを脳に組み込むことは，人間であることの意味を根本的に再定義することになる。進化は5億年以上の時間をかけて，物理的環境と相互作用を行うために生物学的肉体を制御すべく，脳を作ってきた。BCIは今や，脳が肉体を仲介物として使うことなく，環境の物体に対して直接統制力を発揮することへの扉を開いた。我々の生物学的な肉体によって課せられた制限から逃れることによって，人間の進化はどのように形成されていくのだろうか？　サイボーグは長い間SFの定番であったが，心身の能力を拡張する利点を放棄し，BCIのない生き方を選ぶ人や，あるいは「BCI技術拒絶派（BCIラッダイト運動派）」になることを選択する人も出てくるのだろうか？

　将来のBCIによって記憶，感覚，肉体の拡張が可能になるであろうという事実は，社会が新しいタイプの「持つ者」と「持たざる者」の違いによって分断される可能性を引き起こす。例えば，富裕層は自分の子供に幼いころに埋め込み装置を装着させ，精神と肉体の両方または一方の能力

306　第 IV 部　応用と倫理

で他の子よりも優位に立たせようとするかもしれない。そのような埋め込み装置を購入する余裕のない人々は確実に取り残され，大きな社会的影響を受ける可能性がある。これにより，貧富の格差がさらに拡大する可能性がある。同様に，市民や兵士に BCI を支給することができる国は，できない国よりも明らかに優位に立つことになり，先進国と発展途上国の間の格差を拡大する可能性がある。

　これらの重大な社会正義の問題には，強力な拡張用 BCI が開発されて市場に出る前に，しっかりと対処する必要がある。可能な解決策の 1 つは，政府が一定の基本的なタイプの BCI について，そうしないと購入できない人々に対しては助成金を出して支援することである。これは今日多くの国で行われている，国民全員に無料で公教育と医療を提供する政府のプログラムに似ている。しかし，市場の力により，一部の高性能 BCI が多くの人々の手の届かないものになることはなお十分にあり得る。

　もう 1 つの道徳的ジレンマが，高機能の汎用 BCI の操作に習熟するには，若いころ，おそらくは幼いころに使い始める必要があるという見解から生じる。したがって親は，子供の将来の精神と肉体の両方または一方の能力を拡張するために，自分の子供に BCI を埋め込むか否かという難しい決断を迫られることになるだろう。親が自分の子供にどのタイプの拡張を身につけさせるべきかを決断することは倫理的なのだろうか？　親が自分の子供に BCI を埋め込むことから手を引き，BCI を埋め込んだ子供と比較して潜在的にはるかに不利な立場に立たせることは倫理的なのだろうか？

　最後に，様々なタイプの BCI が普及することにより，社会が様々な階層に分かれる可能性がある。BCI を持つ者と持たざる者のジレンマについては既に述べたところである。BCI の支援により記憶を拡張したり認知機能を強化したりした生徒とそうでない生徒の学校は，別々にすべきなのだろうか？　肉体能力を拡張したアスリートのために，特別なリーグや従来と異なる特別なオリンピックが必要になるのだろうか？

　これらに代表されるような，多様な BCI ユーザが共存する社会から生じる諸問題は，人間であることの意味についての現在の概念に挑戦状を突きつけるものである。そして，BCI の開発と利用を取り巻く道徳的ならびに倫理的な問題の包括的な議論が急務であることを指摘している。したがって BCI 研究のコミュニティは，議員，人文科学や他分野の研究者，および公的利害関係者とこの問題についての議論を交わし，BCI の利用と商業化を規定する一連の倫理ガイドラインについて合意に達する責務がある。

13.6　要約

人類のテクノロジーの大きな進歩には，大きな道徳的・倫理的責任が伴うと言われてきた。BCI も例外ではない。BCI はすでに人々の生活をよりよいものに変え始めている（例えば，パーキ

ンソン病患者のための DBS）。しかし，BCI が研究室から実社会に移行するにつれて，悪用の可能性もはるかに大きくなる。インフォームドコンセントやリスクとベネフィットの分析などの既存の医療行為は，短期的には BCI 利用の指針となるかもしれないが，人間拡張に使用される可能性のある将来のより高度なタイプの BCI を規制するための適切な倫理ガイドラインや法律は，まだ整備されていない。

　本章の目的は，BCI 技術が悪用される可能性のある様々な方法から，BCI セキュリティの必要性，および法律や社会正義の問題に関する議論に至るまで，BCI 研究に浸透している多様な倫理的ならびに道徳的な諸問題を読者に認識してもらうことであった。この話題に関してここで行った議論やその他の議論が，近い将来に国際的に承認される BCI 倫理規定の策定に役立つことを願いつつ，本章を結ぶこととする。

13.7　演習問題

1. 次の各々の場合について，リスクとベネフィットを分析せよ：
   a. 首から下が麻痺した人が，義手を制御するための侵襲型の埋め込み装置（例えばブレインゲート〔BrainGate〕；7.3.1 項参照）を検討する場合。
   b. 右腕を失った切断者が，ロボットの義手を制御するための半侵襲型 ECoG インターフェースを検討する場合。
   c. 右腕を失った切断者が，（b）と同じロボットシステムを制御するための半侵襲型の末梢神経に基づく BCI（8.2.1 項）を検討する場合。
   d. 閉じ込め症候群の患者が，コミュニケーションのために脳波 P300 スペラー（9.1.4 項）を検討する場合。

2. 問題 1 の（a）から（d）の各場合について，次の情報を含む患者用のインフォームドコンセントの様式を作成せよ：BCI の本質と目的，リスクとベネフィット，代替手段（費用にかかわらず），代替手段のリスクとベネフィット，BCI を受け入れないまたは利用しない場合のリスクとベネフィット。

3. 次の BCI 技術（現在利用可能なものもあれば，まだ利用できないものもある）のそれぞれについて，その技術が悪用または妨害される可能性がある方法を特定せよ：
   a. 記憶の保存と検索を回復または強化するための埋め込み装置
   b. 身体の増幅のための BCI
   c. 脳で制御する遠隔ロボットアバター
   d. 脳指紋法と嘘発見
   e. 認知状態の監視（注意力や認知負荷など）のための BCI
   f. CCCV（12.2.3 項）などの脳の働きを活用したコンピューティング

308 第 IV 部 応用と倫理

4. (♟) ウェアラブルな健康モニタリングセンサや，ペースメーカ，埋め込み型心臓除細動器 (ICD)，あるいはインスリンポンプといった医療機器などの個人用機器からのワイヤレス通信用に提案された，現在のセキュリティおよび暗号化技術のいくつかを概説せよ。これらの技術がワイヤレス BCI に直接適用できるか否か，もしそうでない場合は修正して BCI のセキュリティを獲得することができるか否かを議論せよ。

5. (♟) 自動車メーカが自動車のドライバに対して事故に関する法的責任を負う範囲について，自国の賠償責任法がどのように記載されているか調査せよ。次の場合について，そのような法律を修正して BCI メーカが人間の BCI ユーザに対して負う法的責任を説明できるか否かを考察せよ：

   a. パワードスーツ制御用の埋め込み型 BCI

   b. 遠隔ロボットアバター制御用の階層的 BCI

   c. 記憶の保存と検索の増幅用ワイヤレス記憶埋め込み装置

6. 人間拡張用 BCI の将来可能性のある利用方法を取り巻く道徳と社会正義の問題について，次の側面に焦点を当てて考察せよ：

   a. 社会の階層化（「サイボーグ」対「BCI 技術拒絶派」，「富める者」対「貧しい者」）

   b. 国境と貧富の差による階層化

   c. 子供の BCI 埋め込みに関する親の選択

カラー図版

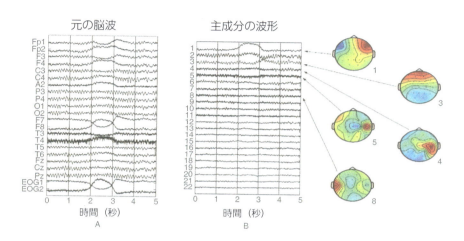

図 4.10　脳波データへの PCA の適用（本文 69 頁）

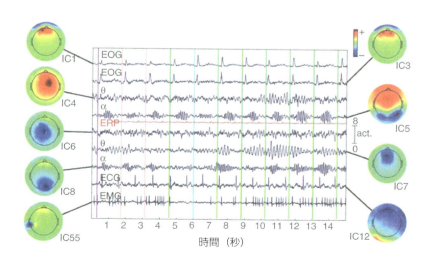

図 4.11　ICA を脳波データに適用した例（本文 71 頁）

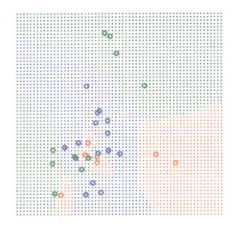

図 5.5　最近傍（NN）分類（本文 93 頁）

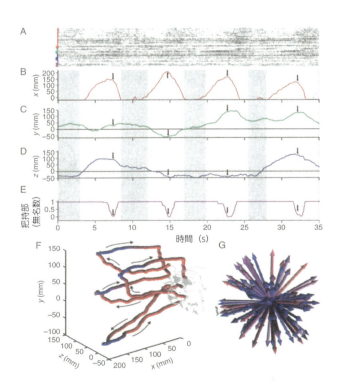

図 7.11　自己給餌課題におけるニューロンの反応と上腕義手／把持部の軌跡（本文 135 頁）

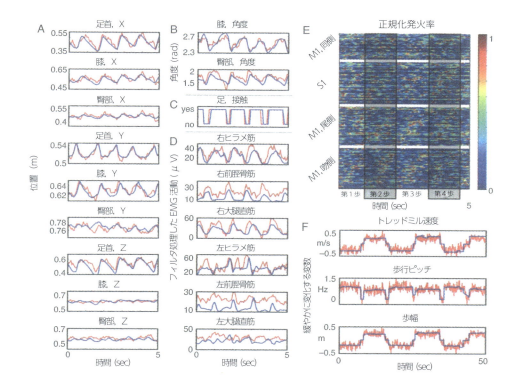

図 7.17 神経活動に基づく歩行運動学諸量の予測（本文 144 頁）

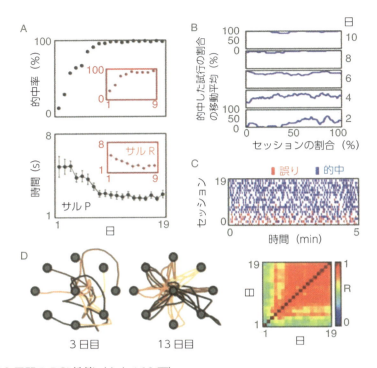

図 7.29　19 日間の BCI 性能（本文 162 頁）

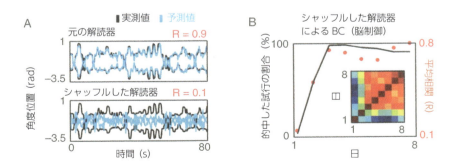

図 7.30　シャッフルした解読器による BCI 性能（本文 163 頁）

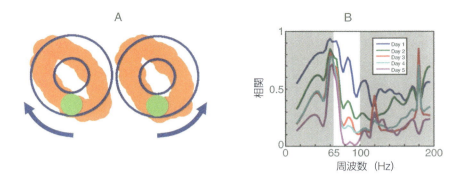

図 8.1 サルの ECoG BCI を使用したカーソル制御（本文 169 頁）

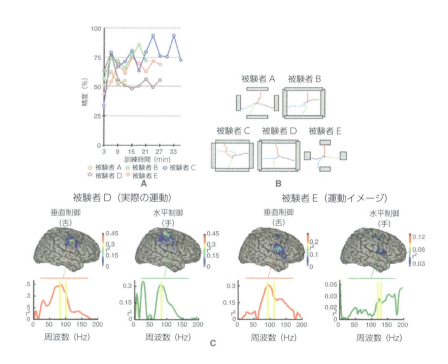

図 8.4 ECoG を用いた 2 次元カーソル制御（本文 173 頁）

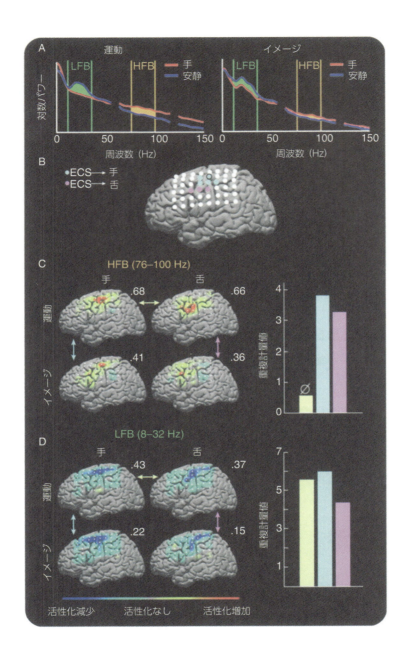

図 8.5 運動中とイメージ中の ECoG 活動の比較（本文 175 頁）

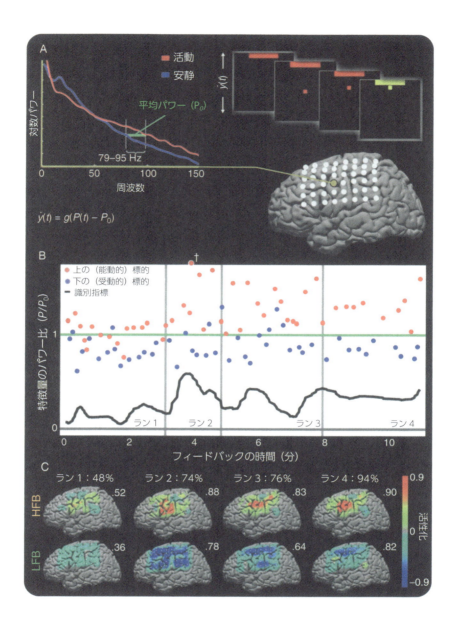

図 8.6 BCI カーソル課題学習中の皮質活動の増幅（本文 177 頁）

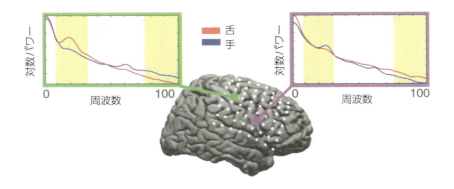

図 8.7 2種類の運動についてのECoG特徴量の比較（本文179頁）

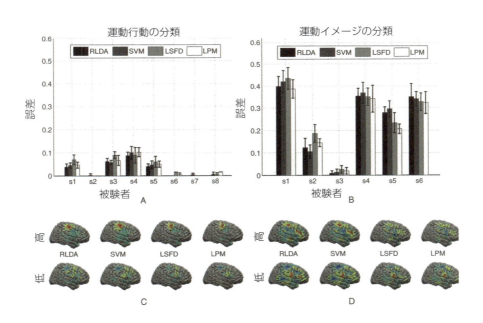

図 8.8 運動と運動イメージについてのECoG信号の分類（本文180頁）

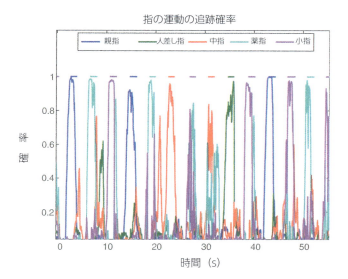

図 8.13 ECoG を使用した指の運動の追跡 （本文 185 頁）

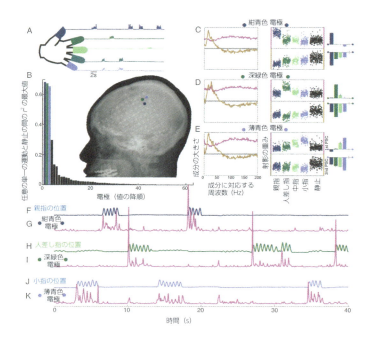

図 8.14 PCA によって明らかになった，ECoG における個々の指の運動表現 （本文 186 頁）

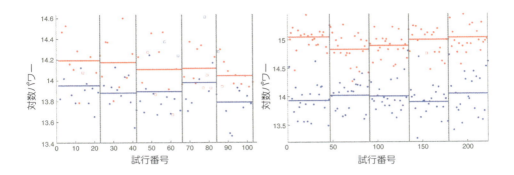

図 8.16　ECoG を用いた複数日にわたる安定した BCI 制御（本文 189 頁）

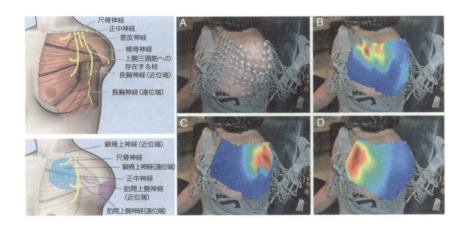

図 8.18　標的化筋肉および感覚の再神経分布（本文 193 頁）

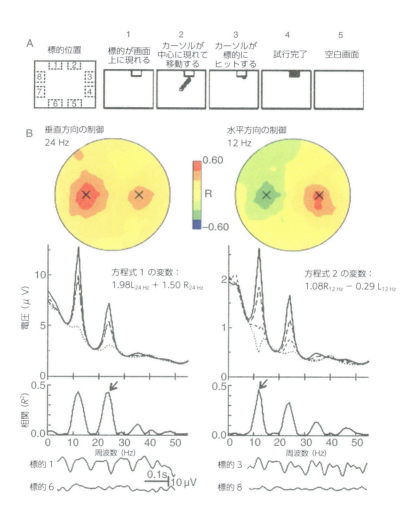

図 9.5 ミューリズムとベータリズムを用いた 2-D（2 次元）カーソル制御（本文 203 頁）

320

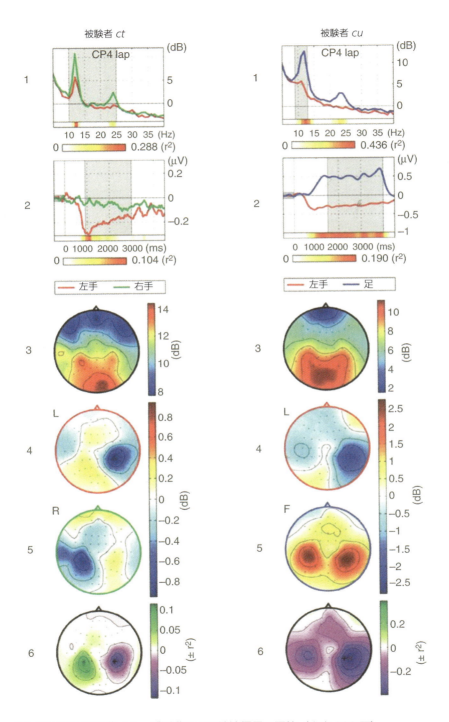

図 9.9 ベルリン BCI の運動イメージ活動による脳波信号の調節（本文 209 頁）

カラー図版　*321*

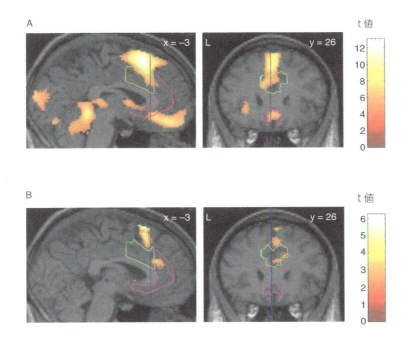

図 9.22　fMRI BCI における BOLD 信号の変化（本文 228 頁）

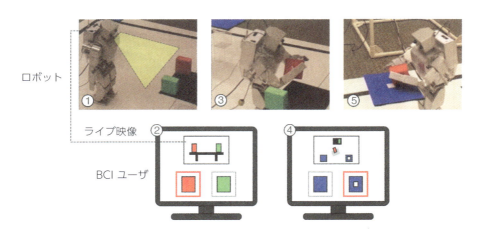

図 12.4　遠隔でやり取りするための脳制御ロボットアバター（本文 271 頁）

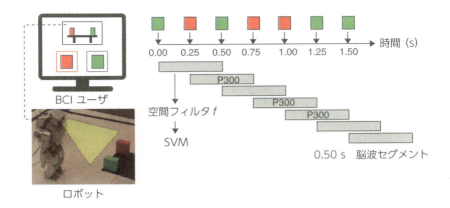

図 12.5 ロボットに指令を出すための P300 の利用（本文 272 頁）

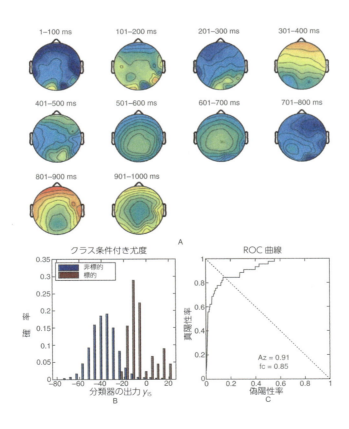

図 12.7 脳波に基づく BCI の画像検索の性能（本文 276 頁）

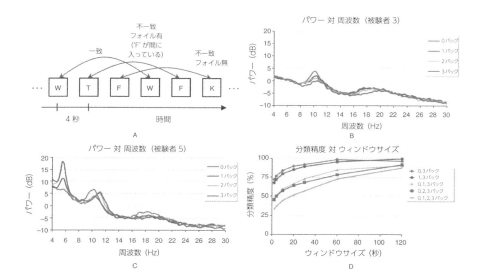

図 12.11 脳波を用いた認知負荷の測定（本文 284 頁）

第14章 終 章

　ブレイン・コンピュータ・インターフェース（BCI）の分野は，過去10年間で驚異的な成長を遂げた。多電極アレイに基づく侵襲型BCIにより，実験動物がロボットアームの運動を正確に制御できるようになった。埋め込み装置と半侵襲型BCIにより，人間の被験者がコンピュータのカーソルと簡単な機器の制御能力をすばやく獲得できるようになった。非侵襲型BCI，特に脳波に基づくものにより，人間が多次元でカーソルを制御し，半自律型ロボットに命令を出せるようになった。人工内耳や深部脳刺激装置などの商用のBCIは，何百人もの聴覚障碍者や衰弱性神経疾患に苦しむ患者の生活の質の向上に役立っている。

　この分野のこれまでの成果には目覚ましいものがあるが，しかしながら克服すべき多くの障害が残されている。Gilja，Shenoyおよび共同研究者（2011年）によって指摘されているように，侵襲型BCIは，健常者と同じレベルの性能，数十年にわたるロバスト性，自然な自己受容感覚および体性感覚を達成するには至っていない。さらに，侵襲型BCIは人間にとってリスクが残ったままであるため，重度の障碍をもつ患者の最終手段としてのみ，用いられている。非侵襲型BCIのなかで最もポピュラーな脳波に基づくBCIは，多くの課題を抱えている：

- 電極の配置が面倒であり，準備時間が長くなりやすい（電極の数によるが，最大30分程度）。
- 電極の位置のずれや，頭皮との接触不良によるノイズ混入などにより，ある日の訓練と学習の結果が翌日に転用できないことがある。
- 信号対ノイズ比が低いことから，被験者にオンライン（即座に）適応するには，強力な増幅器に加えて効率的な機械学習と信号処理アルゴリズムが利用できることが必要である。
- 脳と頭皮の間で信号が減衰し加算されることに加えて，脳活動のサンプリングが疎であることから，抽出できる有用な制御信号の範囲が制限される。

　リスクを最小限に抑えるために，理想的には数千ものニューロンの活動を高い信号対ノイズ比で非侵襲的に記録したいところである。そのためには，脳波やMRIよりも優れた脳イメージングの方法を発見するために，生物物理学と工学の両面での進歩が必要である。侵襲型BCIの場合は，数年さらには何十年でも拒絶反応なしに埋め込まれたまま，標的の脳領域から信頼性の高い信号

を提供し続けることができる，生体適合性のある（biocompatible）埋め込みチップが必要である。このようなチップは，理想的には増幅とワイヤレス遠隔測定用の回路を含むことになる。ソフトウェアの面ではこの分野は，フーリエ解析，ニューラルネットワーク，線形回帰などの従来の方法を超えて，脳の状態を推測，追跡，および予測するための確率モデルに基づくアルゴリズムなど，よりロバストで共適応的なアルゴリズムに進んでいく必要がある。

　ブレイン・コンピュータ・インターフェースの分野は，我々人類という種が物理的な世界と相互作用したり，人類同士で互いに関わり合ったりする方法を変革する，前例のない可能性を提供する。この分野は，麻痺や障碍のある人たちのためにコミュニケーションと制御能力を強化することを目的として始まった。この分野の急速な進歩により，脳が人体以外の物体を制御したり，物体が脳に直接フィードバックを提供したりといった，根本的に新しい方法への扉が開かれたのである。

　その結果として，そう遠くない将来，BCI 技術を用いて肉体的および精神的な能力を拡張することが日常的になり，進化と自身の遺伝子によって課せられた肉体的および精神的な能力の制約を乗り越えることが想像できる。思考によって特定の物体を操作したり移動したりする能力である「念力」や，思考を通じて他者とコミュニケーションをとる能力である「テレパシー」も十分にあり得ることである。

　我々人類という種は，自らの進化においてこのような根本的な飛躍をする準備ができているのだろうか？　世界各国の政府と規制機関は，そのような未来に向けて，すべての人々にとって安全，公正，かつ互いに有益な移行を保証するために協力しあおうとするだろうか？　人類は，過去に石器や火薬から蒸気機関や核分裂反応に至るまで，他の変革技術とうまく折り合いをつけて活用してきた。したがって，我々人類という種は，人間としての経験を高めて豊かなものにするように，BCI 技術を我々の生活にうまく取り入れるだろうと楽観視することができる。BCI は，我々の生物学的な肉体や脳の進化上の限界を打ち破る可能性を与えてくれる。したがって BCI が，脳，機械，およびコンピュータ技術の密接な融合によってもたらされる人間の創造性と達成の新しい時代を先導するという希望を育むことができる。

付　録　　数学的背景

本書で説明されている技術的なアイデアの多くを理解するためには，読者は大学の2年次または3年次に学んだいくつかの基本的な数学の概念，主に線形代数，確率論，および微積分についての実用的な知識を身につけておく必要がある。極限，積分，および微分の概念などの微積分の背景については，Riddle（1979年）などの標準的な微積分の教科書を参照されたい。ここでは，本書で使用されている数学的表記法と測定単位のいくつか，および線形代数と確率論の基本的な考え方を概説する。

A.1　基本的な数学表記と測定単位

ここでは，$s(t)$ を用いて，s が変数 t（例えば時間）の**関数**（function）であることを示す。変数 t が離散的な場合（例えば $t = 1, 2, 3,...$），添字表記を用いて関数を表すこともある。すなわち，$t = 1, 2, 3,...$ に対して s_t などと表す。

　一連の変数の和を表すためには，シグマ（Σ）表記を使用する：

$$s_1 + s_2 + s_3 + ... + s_N = \sum_{i=1}^{N} s_i$$

次に $|x|$ という表記を用いて**絶対値**（absolute value）関数を表す：

$$|x| = \begin{matrix} x & x \geq 0 \text{ の場合} \\ -x & x < 0 \text{ の場合} \end{matrix} \tag{A.1}$$

様々な測定単位を表すために，一般に以下の略語が使われる（次頁の表）：

単位	測定対象量	数値
mV（ミリボルト）	電圧または電位差	10^{-3} ボルト
μV（マイクロボルト）	電圧または電位差	10^{-6} ボルト
mW（ミリワット）	電力	10^{-3} ワット
ms（ミリ秒）	時間	10^{-3} 秒
mm（ミリメートル）	長さ	10^{-3} メートル
cm（センチメートル）	長さ	10^{-2} メートル
Hz（ヘルツ）	周波数（周期の数 / 秒）	1/ 秒
kHz（キロヘルツ）	周波数（周期の数 / 秒）	10^{3}/ 秒
MHz（メガヘルツ）	周波数（周期の数 / 秒）	10^{6}/ 秒

A.2　ベクトル，行列，および線形代数

A.2.1　ベクトル

ベクトル（vector）は複数の値を順序付けて並べた列として定義される。例えば，4 次元ベクトルは次のように書ける：

$$\begin{bmatrix} a \\ b \\ c \\ d \end{bmatrix}$$

ここで，a，b，c，d はベクトルの**成分**（element）と呼ばれている。本書では，成分が実数であるようなベクトル（例えば，$a = 17.6$，$b = -120.5$，$c = 150$，$d = -0.917$）を主に関心の対象とする。

　ベクトルはそれを用いて，任意の一連の測定値または属性（値，符号など）を同時に表すことができるので，便利である。例えば，a，b，c，d は，脳波計を用いて頭皮上の 4 つの異なる部位から測定した脳波電位を表すことができるだろう（第 3 章参照）。以下の説明を通して，上記の 4 次元ベクトルを例として用いる。ただし，ここで説明する概念は任意の次元のベクトルに適用できることに留意されたい。

　ベクトル名は通常，太字で表される。例えば，$\mathbf{x}$ を用いて上記の 4 次元ベクトルを次のように表すことができる：

$$\mathbf{x} = \begin{bmatrix} a \\ b \\ c \\ d \end{bmatrix}$$

ベクトル $\mathbf{x}$ の成分は添字を用いて識別される。すなわち，$x_1 = a$，$x_2 = b$ などである。1 次元ベクトルは単一の値であり，**スカラー**（scalar）と呼ばれる。例えば，値 $a = 17.6$ である。同じサイズの 2 つのベクトルは対応する成分を足すことによって和が求められる。例えば，

$$\mathbf{x} = \begin{bmatrix} x_1 \\ x_2 \\ x_3 \\ x_4 \end{bmatrix}, \quad \mathbf{y} = \begin{bmatrix} y_1 \\ y_2 \\ y_3 \\ y_4 \end{bmatrix}$$

が与えられると，それらの和 $\mathbf{x} + \mathbf{y}$ は次式で与えられる：

$$\mathbf{x} + \mathbf{y} = \begin{bmatrix} x_1 + y_1 \\ x_2 + y_2 \\ x_3 + y_3 \\ x_4 + y_4 \end{bmatrix}$$

ベクトルに適用できるもう 1 つの簡単な演算は，**スカラー乗法**（scalar multiplication）である。つまり，ベクトルにスカラーを掛ける——これは，ベクトルの各成分にスカラーを掛けることである。例えば，c をスカラー値，$\mathbf{x}$ を上記のベクトルとしたとき，次のような演算で表される：

$$c\mathbf{x} = \begin{bmatrix} cx_1 \\ cx_2 \\ cx_3 \\ cx_4 \end{bmatrix}$$

2 つのベクトルに関わる有用な乗算は，**内積**（dot product）である。これは例えば上記のベクトル $\mathbf{x}$ と $\mathbf{y}$ のような同じサイズの 2 つのベクトルを用いて，それらの成分ごとに掛けて，その積を足し合わせて 1 つのスカラー値を得るというものである：

$$\mathbf{x} \cdot \mathbf{y} = \sum_i x_i y_i = x_1 y_1 + x_2 y_2 + x_3 y_3 + x_4 y_4$$

具体例として，

$$\mathbf{a} = \begin{bmatrix} 3 \\ -1 \\ 0.5 \\ 2 \end{bmatrix}, \quad \mathbf{b} = \begin{bmatrix} -2 \\ -4 \\ 2 \\ 0.5 \end{bmatrix}$$

のとき，それらの内積は次式で与えられる。

$$\mathbf{a} \cdot \mathbf{b} = 3(-2) + (-1)(-4) + (0.5)2 + 2(0.5) = -6 + 4 + 1 + 1 = 0$$

ベクトル $\mathbf{x}$ の**長さ** (length)（または**大きさ** 〔maginitude〕）はベクトル $\mathbf{x}$ の **L2 ノルム** (L2 norm) としても知られており，$\|\mathbf{x}\|$ によって表され，ベクトルのすべての成分の平方和の平方根として定義される。例えば，4 次元ベクトル $\mathbf{x}$ の場合，

$$\|\mathbf{x}\| = \sqrt{x_1^2 + x_2^2 + x_3^2 + x_4^2}$$

である。ベクトルの長さは，そのベクトルとそれ自身の内積の平方根に等しいことに注意されたい（$\|\mathbf{x}\| = \sqrt{\mathbf{x} \cdot \mathbf{x}}$）。

　幾何学的には，n 次元ベクトルを n 次元の「ユークリッド」空間における矢印（あるいは長さと方向をもつ線分）として視覚化すると便利である。例えば，ベクトル

$$\begin{bmatrix} 4 \\ 3 \end{bmatrix}$$

は，2 次元空間の原点 $(0,0)$ に始まり座標 $(4,3)$ に終わる線分と考えることができる。ここで，$(0,0)$ はベクトルの**始点** (tail)，$(4,3)$ はベクトルの**終点** (head) と呼ばれている。すべてのベクトルと同様に，このベクトルは方向と長さの両方をもっており，その長さは $\sqrt{4^2 + 3^2} = \sqrt{25} = 5$ で与えられることに注意されたい。2 つのベクトル $\mathbf{x}$ と $\mathbf{y}$ の和は，$\mathbf{y}$ の始点を $\mathbf{x}$ の終点に置き，$\mathbf{x}$ の始点から $\mathbf{y}$ の終点へ矢印を引くことで可視化できる。さらに，そのような設定では，内積 $\mathbf{x} \cdot \mathbf{y}$ は（余弦定理を用いて）次式と等しいことを示すことができる：

$$\mathbf{x} \cdot \mathbf{y} = \|\mathbf{x}\| \|\mathbf{y}\| \cos \theta \tag{A.2}$$

ここで，θ は $\mathbf{x}$ と $\mathbf{y}$ の間の角度である。

　2 つのベクトルが互いに垂直になっている場合，**直交している** (orthogonal) と言う。これは，それらのベクトル間の角度 θ が $90°$ の場合，すなわち次の場合に起こる：

$$\mathbf{x} \cdot \mathbf{y} = \|\mathbf{x}\| \|\mathbf{y}\| \cos 90° = 0 \tag{A.3}$$

言い換えれば，ベクトル間の内積がゼロの場合である。

　ベクトル $\mathbf{x}$ は，その長さが $\|\mathbf{x}\| = 1$ の場合，**正規化ベクトル** (normalized vector)（または

単位ベクトル〔unit vector〕）であると言う。任意のベクトル $\mathbf{y}$ は，そのベクトルをその長さで割ることによって正規化できる。すなわち，$\mathbf{y}/\|\mathbf{y}\|$ は正規化された（または単位）ベクトルである。

すべて単位ベクトルで，互いに直交しているベクトルの集合を，**正規直交系**（orthonormal system）と言う。すなわち，この集合内の任意の2つのベクトル $\mathbf{x}_i$ と $\mathbf{x}_j$ に対して，

$$\mathbf{x}_i \cdot \mathbf{x}_j = \begin{array}{ll} 0 & i \neq j \text{ の場合} \\ 1 & i = j \text{ の場合} \end{array} \tag{A.4}$$

である。

A.2.2 行列

ベクトルの概念は，**行列**（matrix）と呼ばれる値の長方形の配列に一般化できる。行列は，同じサイズのベクトルが列ごとに隣り合わせて並べられたもの，または値の行（「行ベクトル」）が1つずつ下に配列されたものと考えることができる。行列は通常，大文字で表される。例えば，次の行列を考える：

$$M = \begin{bmatrix} M_{11} & M_{12} & M_{13} \\ M_{21} & M_{22} & M_{23} \\ M_{31} & M_{32} & M_{33} \\ M_{41} & M_{42} & M_{43} \end{bmatrix}$$

行列 M は4行と3列を含むため，サイズは 4×3 である。値 M_{ij} は行列の成分であり，ここで i は成分の行，j は成分の列を明示している。行と列の数が同じ場合，その行列は**正方行列**（square matrix）と言われる。

行列は，例えばフィルタリング（第4章参照），分類（第5章参照），確率論（例えば，多変量ガウス分布；A.3 節参照）の演算で繰り返し登場するので，BCI の研究に役立つ。

ベクトルは列の数が1の特別なタイプの行列であることに注意されたい。すなわち，ベクトルは $n \times 1$ 行列であり，ここで n はベクトルの要素の数である。

行列 M の**転置**（transpose）M^T は，行列の行を取り出して列に変えることによって得られるものである。すなわち $M_{ij}{}^T = M_{ji}$ である。例えば，A が行列

$$A = \begin{bmatrix} a & b & c \\ d & e & f \end{bmatrix}$$ であるとすると，その転置は次式によって与えられる：

$$
A^T = \begin{bmatrix} a & d \\ b & e \\ c & f \end{bmatrix}
$$

ベクトルの和を求めたときと同じように，同じサイズの 2 つの行列の対応する要素を足すことによって行列を足すことができる。すなわち，$(A + B)_{ij} = A_{ij} + B_{ij}$ である。例えば，

$$
\begin{bmatrix} 2 & -5 \\ -1 & 3 \\ 4 & 2 \end{bmatrix} + \begin{bmatrix} 3 & 5 \\ -2 & -1 \\ 1 & 2 \end{bmatrix} = \begin{bmatrix} 5 & 0 \\ -3 & 2 \\ 5 & 4 \end{bmatrix}
$$

同様に，行列 A とスカラー c のスカラー乗法は，行列の各成分にそのスカラーを掛けることである。すなわち，$(cA)_{ij} = cA_{ij}$。

　行列と別の行列の掛け算も可能であり，**行列乗法**（matrix multiplication）として知られている演算である。ただし，これは最初の行列が 2 番目の行列の行の数と同じ数の列をもつという条件で可能である。具体的には，A と B が行列で，A のサイズが $a \times b$ で B のサイズが $b \times c$ である場合に限り，それらを掛けて新しい行列 $C = AB$ を得ることができる。結果として得られる積の行列 C のサイズは $a \times c$ となり，次式で定義される：

$$
C_{ij} = (AB)_{ij} = \sum_{k=1}^{b} A_{ik} B_{kj} \tag{A.5}
$$

言い換えれば，新しい行列 C の各成分は，最初の行列の行と 2 番目の行列の列を取り出して内積を計算することによって得られる（これは，なぜ最初の行列の行と 2 番目の行列の列が同じサイズでなければならないのかということも説明している）。このことをより具体的にするために，次の例を考える：

$$
A = \begin{bmatrix} 2 & -5 \\ -1 & 3 \\ 4 & 2 \end{bmatrix}, B = \begin{bmatrix} 3 & -2 & 1 \\ 5 & -1 & 2 \end{bmatrix}
$$

A はサイズが 3×2，B はサイズが 2×3 なので掛けることが可能で，その結果，3×3 の行列が得られる：

$$C = AB = \begin{bmatrix} 2(3) + (-5)5 & 2(-2) + (-5)(-1) & 2(1) + (-5)2 \\ (-1)3 + 3(5) & (-1)(-2) + 3(-1) & (-1)1 + 3(2) \\ 4(3) + 2(5) & 4(-2) + 2(-1) & 4(1) + 2(2) \end{bmatrix} = \begin{bmatrix} -19 & 1 & -8 \\ 12 & -1 & 5 \\ 22 & -10 & 8 \end{bmatrix}$$

実数の乗法とは異なり,行列の乗法は**可換でない**(not commutative)ことに注意されたい。すなわち,A と B が正方行列で,AB と BA の両方が存在しても,AB は一般には BA と等しくない(いくつかの例を自分で確認されたい!)。

行列乗法により,行列とベクトルを掛け合わせることも可能になり,これは PCA および ICA(第4章),ならびに LDA(第5章)の節など,本書のいくつかの箇所で役立つことがわかる。行列とベクトルの掛け算は,行列乗法の特殊な場合である——行列の列の数がベクトルのサイズと等しいことを確認するだけでよく,掛け算の結果はベクトルになる。具体的には,$a \times b$ 行列 A に $b \times 1$ ベクトル $\mathbf{x}$ を掛けると $a \times 1$ ベクトル $\mathbf{y}$ が得られ,その成分は A の各行とベクトル $\mathbf{x}$ の内積である。例として,前出の 2×3 行列 B と次の 3×1 ベクトル $\mathbf{c}$ を考える:

$$\mathbf{c} = \begin{bmatrix} 3 \\ -1 \\ 0.5 \end{bmatrix}$$

B と $\mathbf{c}$ を掛けて,2×1 ベクトル $\mathbf{d}$ が得られる:

$$\mathbf{d} = B\mathbf{c} = \begin{bmatrix} 3 & -2 & 1 \\ 5 & -1 & 2 \end{bmatrix} \begin{bmatrix} 3 \\ -1 \\ 0.5 \end{bmatrix} = \begin{bmatrix} 3(3) + (-2)(-1) + 1(0.5) \\ 5(3) + (-1)(-1) + 2(0.5) \end{bmatrix} = \begin{bmatrix} 11.5 \\ 17 \end{bmatrix}$$

正方行列 B(サイズ $b \times b$ の)とベクトル $\mathbf{x}$(サイズ $b \times 1$ の)を掛けると,その結果は別の $b \times 1$ ベクトル $\mathbf{y} = B\mathbf{x}$ になることに注意されたい。したがって,この場合の乗法の効果は,$\mathbf{y}$ の方向を指すように(そして場合によってはその大きさも変えるように),元のベクトル $\mathbf{x}$ の**回転**(rotation)を効率的に実行することである。

興味深い知見は,転置演算を用いた行列乗法の観点から,同じサイズの2つのベクトルの内積を定義できるということである:

$$\mathbf{x} \cdot \mathbf{y} = \sum_i x_i y_i = \mathbf{x}^T \mathbf{y}$$

この内積の形式は,行列とベクトルの乗法の導出において役に立つ。

正方行列 A は $A^T = A$ の場合，**対称である**（symmetric）と言われる。$n \times n$ の対称行列 A は，すべての非ゼロ $n \times 1$ ベクトル $\mathbf{x}$ に対して $\mathbf{x}^T A \mathbf{x} > 0$ の場合，**正定値**（positive definite）であると言われる。行列 A がすべての $n \times 1$ ベクトル $\mathbf{x}$ に対して $\mathbf{x}^T A \mathbf{x} \geqq 0$ の場合，A は**半正定値**（positive semidefinite）である。

対角行列（diagonal matrix）D は，対角成分以外は成分がすべてゼロである行列，すなわちすべての $i \neq j$ に対して $D_{ij} = 0$ である。

対角行列の一例が**単位行列**（identity matrix）I であり，これは次のような正方行列である：

$$I_{ij} = \begin{array}{ll} 1 & i = j \text{のとき} \\ 0 & \text{それ以外} \end{array}$$

単位行列 I は，それと同じサイズのすべての行列 A に対して $AI = A$ であるため，そのように呼ばれている。

正方行列 A の**逆行列**（inverse）は，$AA^{-1} = I$ となるような別の正方行列 A^{-1} である。すべての正方行列が逆行列をもつわけではない。特に，逆行列をもつためには，行列が「正則」でなければならない（詳細については Strang, 2009 参照）。

A.2.3　固有ベクトルと固有値

正方行列にベクトルを掛けることによる効果は，基本的にベクトルを回転させ，その大きさを変えることであることはすでに上述したとおりである。ただし，「特別な」非ゼロベクトルがいくつかあり，これらにその行列を掛けたときの効果は，単にそのベクトルを拡大・縮小する（ベクトルにスカラーを掛ける）だけになる。そのようなベクトルはその行列の**固有ベクトル**（eigenvector）と呼ばれ，その際のスカラー値は**固有値**（eigenvalue）と呼ばれている。この関係は，次式によりとらえられる：

$$M\mathbf{e} = \lambda\mathbf{e} \tag{A.6}$$

ここで，$\mathbf{e}$ は正方行列 M の固有ベクトルと呼ばれ，λ は対応する固有値である。（A.6）式は，行列 M についての**固有ベクトル - 固有値方程式**（eigenvector-eigenvalue equation）と呼ばれている。

固有ベクトルと固有値は，次の多項式（**固有方程式**（〔characteristic equation〕とも呼ばれる）を λ について解くことによって得られる：

$$\det(M - \lambda I) = 0 \tag{A.7}$$

ここで，$\det(A)$ は行列 A の行列式である（さらなる詳細については Strang, 2009 を参照されたい）。M が $n \times n$ 行列の場合，最大で n 個の相異なる固有値と固有ベクトルがあり得る。固有値は，固有ベクトルがそうであるように，固有方程式により実数または複素数になり得る。M が対称行列（例えば共分散行列；A.3 節参照）の場合，固有値は実数であることが保証されており，固有ベクトルは実数でかつ互いに直交する。さらに固有ベクトルを長さ 1 になるように正規化すると正規直交系を形成し，PCA などの応用において有用である（第 4 章参照）。

A.2.4　直線，平面，および超平面

ベクトルと直線，平面，および超平面についての方程式の間の接続を強調することによって，線形代数の復習を締めくくる。これは，あるクラスに属する点を別のクラスに属する点から分離できる直線，平面，あるいは超平面を見つけようとする場合，パーセプトロン，LDA，および SVM（第 5 章）などの二項分類法を理解するうえで必須になる。

p 次元超平面上の点 P_0 を考え，原点からその点までのベクトルを $\mathbf{x}_0$ とする。$\mathbf{w}$ を超平面に垂直なベクトル，すなわち超平面の「法線ベクトル」，$\mathbf{x}$ を原点から超平面上の「任意の」点 $(x_1, ..., x_p)$ までのベクトルとする。その場合，上述したように，法線ベクトル $\mathbf{w}$ とベクトル $(\mathbf{x} - \mathbf{x}_0)$（これは超平面上にある）は直交するため，これらのベクトルの内積はゼロになる：

$$\mathbf{w} \cdot (\mathbf{x} - \mathbf{x}_0) = \mathbf{w}^T(\mathbf{x} - \mathbf{x}_0) = 0$$

これを簡略化して，**超平面の一般方程式**（general equation for a hyperplane）を得ることができる：

$$\mathbf{w}^T\mathbf{x} + w_0 = 0 \tag{A.8}$$

ここで w_0 は定数のスカラー値（$= - \mathbf{w}^T\mathbf{x}_0$）である。ベクトル $\mathbf{x}$ が座標 (x, y) によって決定される 2 次元の場合，（A.8）式がどのような式に帰着するのかを調べることは有益である：

$$\mathbf{w}^T\mathbf{x} + w_0 = \begin{bmatrix} w_1 & w_2 \end{bmatrix} \begin{bmatrix} x \\ y \end{bmatrix} + w_0 = w_1 x + w_2 y + w_0 = 0$$

この方程式は，並べ替えて見慣れた形式にすることができる：

$$y = mx + b \ \ \text{ここで} \ m = -\frac{w_1}{w_2} \ \ \text{かつ} \ b = -\frac{w_0}{w_2} \tag{A.9}$$

これは，2次元空間における直線の古典的な**傾き - 切片の方程式**（slope-intercept equation）であり，ここで m は傾き，b は直線の y 切片である。

A.3　確率論

確率の概念は，今日のデータ豊富な世界における機械学習，人工知能，および多くの情報処理法の核心である。人間をパートナーとして現実世界と相互作用するどんなシステムも，確率を用いて不確かさを定量化して推論する方法が必要である。したがって，ブレイン・コンピュータ・インターフェースにおいて確率論がますます重要な役割を果たすようになっているのは驚くべきことではない。

A.3.1　確率変数と確率の公理

確率論は，次の2つの概念に依拠している。すなわち，互いに排反な起こり得る事象からなる**標本空間**（sample space）S と，これらの事象に対して定義される「**測度**（measure）」である。最初に，有限の標本空間 S を考える。この例としては，硬貨投げに関する事象が挙げられる。起こり得る事象としては，表（h）または裏（t）の2つがある。別の例として，明日の天気を考える。起こり得る結果は，晴れ，雨，または曇りであり，これらの結果のすべての部分集合が事象になり得る（例：雨および曇り）。

　事象を表すには，**確率変数**（random variable）を用いる。例えば，確率変数 X を用いて硬貨投げの結果を表すことができる。X について次の2つの起こり得る値がある：$X = h$ または $X = t$ である。慣例として，X や Y といった大文字を用いて確率変数を表し，h や t といった小文字を用いて確率変数の値を表す。

　確率は，標本空間 S の各事象に割り当てられた測度（数値）で，次の3つの公理（**確率の公理**〔axiom of probability〕）を満たすものとして正式に定義される。

1. 測度は0と1の間の値，すなわち，すべての事象 x に対して $0 \leqq P(X = x) \leqq 1$ である。例えば硬貨投げの例では，$P(X = h) = 0.5$ かつ $P(X = t) = 0.5$ の可能性があり，どちらも0から1の間の値である。

2. 全事象の測度は1，すなわち $\sum_x P(X = x) = 1$ である。上記の硬貨投げの例では，$P(X = h) + P(X = t) = 0.5 + 0.5 = 1$ となる。

3. 互いに排反な事象の和集合の確率は，個々の事象の確率の総和，すなわち $P(X = x_1 \cup X = x_2 \ldots \cup X = x_n) = \sum_{i=1}^{n} P(X = x_i)$ であり，ここで x_i は互いに排反な事象である。硬貨投げの例では，表または裏が出る確率は1（これらの2つの事象のみが起こり得る），すなわち，$P(X = h \cup X = t) = 1$ であり，これは $P(X = h) + P(X = t)$ と等しい。

表記を簡略化するために，一般には $P(X = x)$ の省略形として $P(x)$ を使用する。

A.3.2　同時確率と条件付き確率

2つの事象 x と y の**同時確率**（joint probability）は $P(x, y)$ と記述され，x と y の両方が起こる確率である。例えば，ある日の天気を X を用いて表し，その前日の天気を Y を用いて表すと，P（$X =$ 雨，$Y =$ 曇り）は，ある日に雨が降り，その前日が曇りであるという同時確率である。

前日が曇りで「あったとして（given that）」，今日，雨が降る確率を計算したいと仮定する。このような問いに答えるためには，条件付き確率の概念が必要である。**条件付き確率**（conditional probability）$P(x \mid y)$（「y が与えられたときの x の確率」）は，事象 y が既に起こった（「前日が曇り」）として，別の事象 x（「雨が降る」）が起こる確率である。この条件付き確率は次式のように定義される：

$$P(x \mid y) = P(x, y)/P(y) \tag{A.10}$$

2つ以上の確率変数の同時確率が個々の確率の積に等しい場合，それらは**独立である**（independent）。例えば，次の場合，X と Y は独立である：すべての x と y について，

$$P(X = x, Y = y) = P(X = x)P(Y = y) \tag{A.11}$$

言い換えれば，X と Y は次の場合に独立である：X および Y のすべての値について，

$$P(X \mid Y) = P(X, Y)/P(Y) = P(X)P(Y)/P(Y) = P(X) \tag{A.12}$$

A.3.3　平均，分散，および共分散

多くの場合，X などの確率変数を用いて数値を表現する。例えば，硬貨を5回投げたときに得られる表の回数である（この場合，X は 0，1，2，3，4，5 の値をとる可能性がある）。そのような場合，確率変数の平均（あるいは平均値）とその分散を計算することに興味をもつのではないだろうか。

離散確率変数 X の**平均**（mean）（または**期待値**〔expectation〕）は，次式で定義される：

$$E(X) = \sum_x P(X = x)x \tag{A.13}$$

平均 $E(X)$ を表すのに μ_x を用いることもある。

X の**分散**（variance）は次式のように定義される：

$$\mathrm{var}(X) = E\big((X - \mu_x)^2\big) = E(X^2) - {\mu_x}^2 = \sum_x P(X = x)x^2 - {\mu_x}^2 \tag{A.14}$$

X の**標準偏差**（standard deviation）は次式のように定義される：

$$\sigma_x = \sqrt{\mathrm{var}(X)} \tag{A.15}$$

この関係を考慮して，分散を表すために ${\sigma_x}^2$ を用いるのが一般的である。

上記の平均と分散の定義は，ベクトルである確率変数にも適用できる。次の n 次元の確率変数を仮定する：

$$\mathbf{x} = \begin{bmatrix} x_1 \\ x_2 \\ \vdots \\ x_n \end{bmatrix}$$

$\mathbf{x}$ の**平均ベクトル**（mean vector）は次式のベクトルで与えられる：

$$\boldsymbol{\mu}_{\mathbf{x}} = E(\mathbf{x}) = \begin{bmatrix} E(x_1) \\ E(x_2) \\ \vdots \\ E(x_n) \end{bmatrix} = \begin{bmatrix} \mu_1 \\ \mu_2 \\ \vdots \\ \mu_n \end{bmatrix} \tag{A.16}$$

ベクトルの確率変数の分散の類似量は**共分散行列**（covariance matrix）である：

$$
\begin{aligned}
\mathrm{cov}(\mathbf{x}) &= E\big((\mathbf{x} - \boldsymbol{\mu}_{\mathbf{x}})(\mathbf{x} - \boldsymbol{\mu}_{\mathbf{x}})^T\big) \\
&= \begin{bmatrix}
E\big((x_1-\mu_1)(x_1-\mu_1)\big) & E\big((x_1-\mu_1)(x_2-\mu_2)\big) & \cdots & E\big((x_1-\mu_1)(x_n-\mu_n)\big) \\
E\big((x_2-\mu_2)(x_1-\mu_1)\big) & E\big((x_2-\mu_2)(x_2-\mu_2)\big) & \cdots & E\big((x_2-\mu_2)(x_n-\mu_n)\big) \\
\vdots & \vdots & \vdots & \vdots \\
E\big((x_n-\mu_n)(x_1-\mu_1)\big) & E\big((x_n-\mu_n)(x_2-\mu_2)\big) & \cdots & E\big((x_n-\mu_n)(x_n-\mu_n)\big)
\end{bmatrix}
\end{aligned} \tag{A.17}
$$

共分散行列の対角成分が，ベクトル $\mathbf{x}$ の成分の分散 $\mathrm{var}(x_i) = E\big((x_i - \mu_i)^2\big)$ を含んでいることに注意されたい。

A.3.4　確率密度関数

これまで離散的な，すなわち有限個の値のどれかを取り得る確率変数について述べてきた。適切な条件の下では，確率変数 X は実数などの連続値を取ることも可能である。この場合，**確率密度関数**（probability density function）を次のように定義することができる：

$$P(X = x) = \lim_{\Delta x \to 0} \frac{P(x \leq X \leq x + \Delta x)}{\Delta x}$$

次に，確率の和を確率密度の積分に置き換えることを除き，上と同じ定義を用いて，平均，分散，共分散を定義することができる。

　一般的に使用されるいくつかの確率分布を取り上げて，確率論の概説を締めくくることにする。最初に離散分布を，引き続いて連続分布を考える。

A.3.5　一様分布

最も単純な離散分布は**一様分布**（uniform distribution）である。一様分布は，すべての事象が等しく起こり得ると仮定している。したがって，N 個の起こり得る事象がある場合，一様分布は各事象 x に次の確率を割り当てる：

$$P(X = x) = \frac{1}{N} \tag{A.18}$$

硬貨投げの例では，一様分布では 2 つの起こり得る結果について確率 $P(X = h) = 1/2$ と $P(X = t) = 1/2$ を割り当てる。6 面サイコロを振る場合，一様分布の下では各結果の確率は 1/6 になる。

A.3.6　ベルヌーイ分布

ベルヌーイ分布は，2 値の確率変数に関わる状況，すなわち起こり得る結果が $X = 0$ あるいは $X = 1$ の 2 つだけしかない場合をモデル化するために用いられる。例えば，硬貨投げ実験において，硬貨の表を 1 で，裏を 0 で表し，ここで 2 つの結果が必ずしも等しく起こるわけではない（おそらく硬貨に傷がついている）こともあり得る。

　パラメータ μ を用いて，$X = 1$ の確率を表すことができる：

$$P(X = 1 \,|\, \mu) = \mu$$

ここで，$0 \leq \mu \leq 1$ である。そして，$P(X = 0 \,|\, \mu) = 1 - \mu$ である。したがって，2 値の確率変数 X の確率分布は次のように書ける：

$$P(X \mid \mu) = \text{Bern}(X \mid \mu) = \mu^X (1 - \mu)^{1-X} \tag{A.19}$$

この分布は**ベルヌーイ分布**（Bernoulli distribution）として知られている。読者は，この分布が正規化されている（総和が1になる）ことを確認することができる。（A.13）式と（A.14）式に示されている平均と分散の定義を用いると，ベルヌーイ分布の平均と分散について，次の結果を得る：

$$\begin{aligned}
E(X) &= P(X = 1 \mid \mu) \cdot 1 + P(X = 0 \mid \mu) \cdot 0 \\
&= \mu
\end{aligned}$$

$$\begin{aligned}
\text{var}(X) &= P(X = 1 \mid \mu) \cdot (1 - \mu)^2 + P(X = 0 \mid \mu) \cdot (0 - \mu)^2 = \mu(1 - \mu)^2 + (1 - \mu)\mu^2 \\
&= \mu(1 - \mu)((1 - \mu) + \mu) \\
&= \mu(1 - \mu)
\end{aligned}$$

A.3.7　二項分布

上記と密接に関連する分布が**二項分布**（binomial distribution）である。二項分布は合計 N 回の観測（例えば，N 回の硬貨投げ）のうち，事象 $X = 1$ を m 回観測する確率を記述するもので，ここで $m = 0, 1, 2, ..., N$ である：

$$P(m \mid N, \mu) = \text{Binom}(m \mid N, \mu) = \binom{N}{m} \mu^m (1 - \mu)^{N-m} \tag{A.20}$$

ここで，$\binom{N}{m}$ は N 個の同一の項目の中から m 個の項目を選択する際に起こり得る場合の数である。

A.3.8　ポアソン分布

ポアソン分布は二項分布の特殊な場合である。ここでは観測回数あるいは試行回数 N が与えられておらず，「成功」の（すなわち，事象 $X = 1$ を観測する）確率 μ も与えられていない。その代わり，次式で表される成功回数の期待値が与えられている：

$$\lambda = N\mu \tag{A.21}$$

上式は，N 回の試行を実施して各試行の成功確率が μ の場合，平均で $N\mu$ 回の成功試行が観測されるという事実に由来する。

（A.21）式を $\mu = \lambda/N$ と書き換えて，この値を上記の二項分布の（A.20）式に代入し，N が

大きくなって無限大に近づいたときの極限を取ると，次式を得る：

$$\lim_{N \to \infty} \text{Binom}(m \mid N, \mu) = \lim_{N \to \infty} \binom{N}{m} \left(\frac{\lambda}{N}\right)^m \left(1 - \frac{\lambda}{N}\right)^{N-m}$$

数学的単純化を行った後，次の**ポアソン分布**（Poisson distribution）の式を得る：

$$P(m \mid \lambda) = \text{Poisson}(m \mid \lambda) = \frac{\lambda^m}{m!} \exp(-\lambda) \tag{A.22}$$

ここで，$m = 0, 1, 2, \ldots$ である。ポアソン分布の平均と分散は共にλに等しいことが示されている。

ポアソン分布は，BCI（および神経科学一般）でニューロンのスパイク活動をモデル化するために用いることができるため，便利である。ニューロンの平均発火率rがわかっている場合，時間区間Tにおけるスパイク（「成功」）の数の期待値は$\lambda = rT$である。多くの生物のニューロンに対して，ポアソン分布が時間間隔Tにおいてm個のスパイクを観測する確率のよい近似値を与えることがわかっている。

A.3.9　ガウス分布

これまで述べてきた分布は，離散的な確率変数に関連するものであった。これに対して，連続的な（continuous）確率変数に関連する最も重要な分布はおそらく，**ガウス分布**（Gaussian distribution）——**正規分布**（normal distribution）とも呼ばれる——であろう。

まず，任意の実数値をとることができるスカラーの確率変数Xの場合を考える。この場合のガウス分布は平均μと分散σ^2の2つのパラメータによって決定され，次の形式をとる：

$$P(X = x \mid \mu, \sigma^2) = \frac{1}{\sqrt{2\pi}\sigma} \exp\left(-\frac{1}{2}\left(\frac{x-\mu}{\sigma}\right)^2\right) \tag{A.23}$$

ガウス分布は平均μで最大値をとると仮定しており，標準偏差σが平均値の周りの広がりを決定する（値が大きいほど広がりが大きくなる）ことに注意されたい。

A.3.10　多変量ガウス分布

ガウス分布は，連続的なベクトル（vector）の確率変数についても定義することができる。実数値のベクトル$\mathbf{x}$を値として取り得るn次元ベクトルの確率変数$\mathbf{X}$を考える。ここで，$\mathbf{X}$についての**多変量ガウス分布**(multivariate Gaussian distribution)を定義することができる。これは，次の2つのパラメータによって選択される。すなわち，n次元の**平均ベクトル**(mean vector)$\boldsymbol{\mu}$と，$n \times n$の**共分散行列**（covariance matrix）Σである（平均ベクトルと共分散行列の定義については，（A.16）式と（A.17）式を参照されたい）。$\mathbf{X}$の多変量ガウス分布は次式で定義される：

$$P(\mathbf{X} = \mathbf{x} \mid \boldsymbol{\mu}, \Sigma) = \frac{1}{(2\pi)^{\frac{n}{2}}\sqrt{\det(\Sigma)}} \exp\left(-\frac{1}{2}(\mathbf{x}-\boldsymbol{\mu})^{T}\Sigma^{-1}(\mathbf{x}-\boldsymbol{\mu})\right) \tag{A.24}$$

ここで，$\det(\Sigma)$ は共分散行列 Σ の行列式を表す。スカラー変数に対するガウス分布についての (A.23) 式は，上記の多変量ガウス方程式の $n = 1$ に対する特殊な場合であることに注意されたい。また，指数 $(\mathbf{x}-\boldsymbol{\mu})^{T}\Sigma^{-1}(\mathbf{x}-\boldsymbol{\mu})$ は，入力ベクトル $\mathbf{x}$ と平均ベクトル $\boldsymbol{\mu}$ の間の距離の 2 乗の測度であることにも注意されたい。この距離は，**マハラノビス距離 (Mahalanobis distance)** と呼ばれている（その使用例については第 5 章参照）。

訳者あとがき

「心を読むデバイスが脳の秘密を暴き出す」*Nature ダイジェスト Vol. 21 No. 5 2024 年 5 月号*
「マスク氏のニューラリンク，人間脳にチップ埋め込み ALS 患者念頭」*朝日新聞デジタル*
    2024.1.30
「"念"で機械を動かす 最先端の脳科学がもたらす未来」*NHK NEWS WEB 特集 2023.10.27*
「脳とコンピュータの接続で「超人的な記憶力」が可能に？　進む臨床試験の準備」*Forbes*
    JAPAN 2023.9.30
「特別番組：脳インターフェースの世界」*CNNj 2024.7.20*

これらは，この 1 年以内に Web 上で公開された BCI に関する特集記事やニュースの見出しのごく一部に過ぎない。本書の原著である『*BRAIN-COMPUTER INTERFACING: An Introduction*』の序文で紹介された 2012 年 5 〜 7 月のニュース記事の見出しと比べても，BCI が依然として多くの人々の興味を引きつけており，その発展と未来に対する期待は現在でも大きいことがわかる。特に，最近では E. Musk（テスラの共同創業者兼 CEO, X の執行会長兼 CTO など，多数の企業を経営）らにより設立された Neuralink が開発した侵襲型 BCI について，人間の被験者を対象とした臨床試験が開始されたことが各種メディアで大きく取り上げられている。

　一方で，上記の見出しは，原著の序文に紹介された見出しと比べても大きな違いはなく，いまだ BCI が広く認知されるまでには至っていないことを示唆している。実際に，脳信号を用いて本格的なコミュニケーションを行う BCI に限っていえば，まだ研究室を旅立ったばかりの段階であり，音声信号処理システムを介して聴覚障碍者をサポートする人工内耳ほどの市民権は得ていない。人工内耳を装着した人は 2022 年で 100 万人に達し [1]，装着率はまだ聴覚障碍者の 10% 以下であるものの，原書の執筆時点からは大幅に装着者が増加しており，人工内耳は最も普及が進んだ BCI といえよう。

　同様に，脳信号を利用した BCI が広く認知され，利用者が大幅に増加するとともに，倫理面を含めた BCI の功罪が広く議論されるためには，まずは入門として「BCI とは何か」ということを，その歴史的経緯から構成要素，応用事例および倫理的な側面に至るまでを一通り理解してもらうことが重要であることはいうまでもない。その点では，原書のような，表面的な話題に頼らず技

術面の記述が充実した BCI の入門書が果たす役割は大きいのではないかと思われる。

　本書は BCI に関する他の書籍と比較して，次のような特徴を持っている。

1. 単著である。

2. 神経生理学の基礎から BCI の応用までを含んでおり，包括的である。

3. 初学者にとって軽すぎず重すぎず，適度な分量である。

4. 引用されている文献の内容を平易に紹介している。

　BCI に関する書籍は，多数の BCI 研究者により分担執筆されているものが多い。全体のバランスなどは編者によって調整されているものの，章や節によって著者が異なることから，読んでいて若干なりとも細部の記述や表現に違和感を受けることがある。特に，執筆者自らの研究に関連する項目については，研究者の性ゆえか，技術面で微に入り細を穿った説明をすることが多く，BCI 初心者には理解が難しくなることがありがちである。これに対して，原著は第一線の BCI 研究者である Prof. Rao による単著であり，BCI の入門書として，各項目の詳細には深く立ち入らず，終始一貫してわかりやすい表現で読者に BCI の基本を理解してもらおうという執筆姿勢が感じられる。和訳にあたっては，その点には十分留意したつもりであるが，表現がばらばらであったり，日本語の拙さや内容が理解しにくい点があれば，それらは訳者の不手際によるものである。

　BCI は，その基本的な構成要素である信号検出，特徴抽出および意思の解読をとってみても，脳活動に関する神経生理学，脳活動を計測する電気生理学および計測工学，信号処理および AI・機械学習に関連する電気通信工学と，きわめて学際的な研究対象である。そのため，BCI を理解するうえでは，最低限，これらの多分野への関心と各分野についての基礎的な知識をもつことが必要である。

　上記のことから，BCI 初学者を対象とした BCI 書籍では，BCI を構築するうえで必要な神経生理学から脳信号の記録技術および信号処理・意思解読技術に至るまでを概観する構成になっているものが少なくない。ただし，書籍によっては，特定のトピックスが詳しく記述される一方で，他の項目の扱いが軽いなど，項目によって内容の質と量に濃淡が感じられる場合がある。その点で，本書は上記の内容がバランスよく配分されており，BCI の入門書として適しているのではないかと思われる。

　例えば，原書と同時期に出版された代表的な BCI 書籍として，J. R. Wolpaw と E. W. Wolpaw による編著 [2] があり，本書と同様に BCI の構築に関する基礎的な知識からさまざまな BCI および倫理的問題に至るまで幅広い内容が取り上げられている。ただ，この書籍は分量が多いため，BCI の入門書として読むには少し敷居が高い感じを受ける（英語であるということも含めて）。一方，原著は（邦訳すると 400 ページ近くになってはいるものの）入門書としてはちょうどよい分量といえる。本書で BCI について最低限知っておきたい基礎知識を得たうえで，本書でカバーしきれていない項目，例えばニューロンの活動に伴って発生する電気磁気学的現象や電気回路に

関する知識などは上記の Wolpaw & Wolpaw の編著や他の書籍で補うとよいであろう。

「本書の後」について

　BCI の技術は日進月歩である。本書出版時点で原著の出版から 10 年余りを経過していることから，BCI の技術的な面では，本書の内容からさまざまな点で大きく技術が発展している。例えば，BCI の最も重要な要素の 1 つである意思の解読には，AI の進化に伴って deep learning を始めとする最近の機械学習の技術が積極的に導入されるようになっている。したがって，本書を足掛かりにして BCI の研究に携わる際には，より高度な知識や最新の情報を得るために関連の書籍や論文を検索する必要がある。ほんの一部だが，このあとがきの最後に，原著出版後の BCI の動向に関して，レビュー論文を中心としていくつかの参考文献を示すので，参考にしていただければ幸いである。必要に応じてこれらの論文に引用されている原著論文を読んだり，Google Scholar などの検索エンジンや PubMed をはじめとする各種データベースを利用したりして，興味のある BCI 論文を検索することをお勧めしたい。最近出版された日本語での BCI 書籍[3] にも，近年の BCI の動向や信号処理が掲載されている。

　上述したように，BCI に関しては，Musk の他にも，M. Zuckerberg（Facebook の創業者，Meta Platforms の共同創業者で会長兼 CEO）は非侵襲型 BCI の開発を推進していたこともあり（現在は筋電図を用いた神経インターフェースにシフトしているようであるが），これら IT 関連の巨大企業のトップも，BCI が次の時代をリードするキーテクノロジーであることを強く意識しているように思われる。BCI が多くの人々に利用されて社会に普及するためには，非侵襲型 BCI の性能（脳信号検出能力，意思解読能力，ロバスト性，安全性など）の飛躍的な向上が必須である。そのためには，著者が 9.3 節で述べているように，「脳活動を記録する新しい高分解能の非侵襲的方法」が開発または発見されることが待望される。技術面での発展と並行して，BCI の倫理面に関する法整備も進めることによって，初めて BCI が家電製品と同じような身近なデバイスとして市民権を得ることができるのではなかろうか。

　読者が本書を通して「BCI とは何か」を理解し，BCI にさらなる興味をもち，BCI の今後に期待と（懸念も）抱いていただくことになれば，翻訳者としてこれに勝る喜びはない。

　最後になったが，九夏社の伊藤武芳氏には，本書の翻訳のお話をいただき，何かと遅れがちな翻訳作業を辛抱強く見守ると共に，拙い翻訳に適切な修正コメントを頂戴した。深く感謝申し上げたい。

（文中で引用した参考文献）

1) ［人工内耳の近況］Zeng FG. Celebrating the one millionth cochlear implant. *JASA Express Letters.* 2022; **2**(7): 077201.

2) ［BCI の基礎と応用事例］Wolpaw JR, Wolpaw EW（編著）. *Brain-Computer Interfaces:*

Principles and Practice, Oxford University Press, 2012.

3）［日本語での BCI 書籍］東　広志，中西正樹，田中聡久．脳波処理とブレイン・コンピュータ・インタフェース －計測・処理・実装・評価の基礎－（次世代信号情報処理シリーズ 4），コロナ社，2022．

（BCI に関するレビュー論文）

4）［包括的なレビュー（本書に記されているような基本的な内容も含む）］Abiri R, Borhani S, Sellers EW, Jiang Y, Zhao XA. A comprehensive review of EEG-based brain-computer interface paradigms, *Journal of Neural Engineering*. 2019; **16**(1): 011001.

5）［文献 3 と同様だが，倫理に関する記述がある］Saha S, Mamun KA, Ahmed K, Mostafa R, Naik GR, Darvishi S, Khandoker AH, Baumert M. Progress in brain computer interface: challenges and opportunities, *Frontiers in Systems Neuroscience*. 2021; **15**: 578875.

6）［2007 年〜2017 年の 10 年間の解読技術（非侵襲型 BCI）の動向］Lotte F, Bougrain L, Cichocki A, Clerc M, Congedo M, Rakotomamonjy A, Yger F. A review of classification algorithms for EEG-based brain-computer interfaces: A 10 year update, *Journal of Neural Engineering*. 2018; **15**(3): 031005.

7）［deep learning の脳波分類（非侵襲型 BCI）への応用］Craik A. Deep learning for electroencephalogram (EEG) classification tasks: a review, *Journal of Neural Engineering*. 2019; **16**(3): 031001.

（最近の論文から）

8）［ECoG から音声への変換（半侵襲型 BCI）］Anumanchipalli GA, Chartier J, Chang EF. Speech synthesis from neural decoding of spoken sentences, *Nature*. 2019; **568**(7753): 493-498.

9）［マイクロ電極アレイにより得た脳記録を用いた手書き運動の解読とテキストへの翻訳］Willett FR., Avansino DT., Hochberg LR, Henderson JM., Shenoy KV. High-performance brain-to-text communication via handwriting, *Nature*. 2021; **593**(7858): 249-254.

10）［ECoG 信号による頭の中で話そうとした内容の解読］Metzger SL, Littlejohn KT, Silva AB, Moses DA, Seaton MP, Wang R, Dougherty ME, Liu JR, Wu P, Berger MA, Zhuravleva I, Tu-Chan A, Ganguly K, Anumanchipalli GK, Chang EF. A high-performance neuroprosthesis for speech decoding and avatar control, *Nature*. 2023; **620**(7976): 1037-1046.

11）［fMRI により取得した脳信号より聞いたりイメージしたりした単語や文章を解読］Tang J , LeBel A, Jain S, Huth AG. Semantic reconstruction of continuous language from non-invasive brain recordings, *Nature Neuroscience*. 2023; **26**(5):858-866.
　　［日本語による上記論文の解説記事］山下裕毅．脳活動から聞いている音声を文章で抜き

出す非侵襲的技術　米テキサス大が開発【研究紹介】，レバテック LAB. 2024, https://levtech.jp/media/article/column/detail_237（2024 年 7 月 29 日閲覧）.

12）［自然言語処理に用いられる deep learning モデル Transformer の運動イメージに基づく BCI への適用］Xie J, Zhang J, Sun J, Ma Z, Qin L, Li G, Zhou H, Zhan Y. A Transformer-based approach combining deep learning network and spatial-temporal information for raw EEG classification, *IEEE Transactions on Neural Systems and Rehabilitation Engineering.* 2022; **30**: 2126-2136.

13）［Transformer と Convolutional Neural Network の組み合わせ］Song Y, Zheng Q, Liu B, Gao X. EEG Conformer: Convolutional Transformer for EEG decoding and visualization, *IEEE Transactions on Neural Systems and Rehabilitation Engineering.* 2023; **31**: 710-719.

（BCI 関連のネットニュース）

14）［（文献 10 に関連して）話そうとした内容の解読に関する最新研究の紹介］Naddaf M. Brain-reading device is best yet at decoding 'internal speech, *Nature.* 2024, May 13, https://www.nature.com/articles/d41586-024-01424-7（2024 年 7 月 29 日閲覧）.

15）［Neuralink に関しての期待と懸念］Drew L. Elon Musk's Neuralink brain chip: what scientists think of first human trial, *Nature.* 2024, Feb 02, https://www.nature.com/articles/d41586-024-00304-4（2024 年 7 月 29 日閲覧）.
　　　［日本語による上記 BCI に関する最新記事（翻訳）］Mullin E. (translated by Takimoto D). 人間への脳インプラントは新たな段階へ。ニューラリンクが明かした「2 人目以降」の手術計画が目指していること，WIRED. 2024, July 07, https://wired.jp/article/elon-musk-neuralink-implant-second-volunteer（2024 年 7 月 29 日閲覧）.

参考文献

Acharya S, Fifer MS, Benz HL, Crone NE, Thakor NV. Electrocorticographic amplitude predicts finger positions during slow grasping motions of the hand. *J Neural Eng.* 2010 Aug; **7**(4):046002.

Andersen RA, Hwang EJ, Mulliken GH. Cognitive neural prosthetics. *Annu Rev Psychol.* 2010; **61**: 169–90, C1–3.

Anderson C, Sijercic Z. Classification of EEG signals from four subjects during five mental tasks. In *Solving Engineering Problems with Neural Networks: Proceedings of the Conference on Engineering Applications in Neural Networks (EANN'96)*, 1996, Bulsari, AB, Kallio, S, and Tsaptsinos, D (eds.), pp. 407–14.

Ayaz H, Shewokis PA, Bunce S, Schultheis M, Onaral B. Assessment of cognitive neural correlates for a functional near infrared-based brain computer interface system. *Augmented Cognition*, HCII, 2009; LNAI 5638, pp. 699–708.

Babiloni C, Carducci F, Cincotti F, Rossini PM, Neuper C, Pfurtscheller G, Babiloni F. Human movement-related potentials vs desynchronization of EEG alpha rhythm: a high-resolution EEG study. *Neuroimage.* 1999 Dec; **10**(6): 658–65.

Barber D. *Bayesian Reasoning and Machine Learning*. Cambridge University Press, 2012.

Bayliss JD. Use of the evoked potential P3 component for control in a virtual apartment. *IEEE Trans Neural Syst Rehabil Eng.* 2003; **11**(2): 113–16.

Bear MF, Connors BW, Paradiso MA. *Neuroscience: Exploring the Brain.*, 3rd ed., Lippincott Williams & Wilkins, Baltimore, MD, 2007.

Bell AJ, Sejnowski TJ. An information-maximization approach to blind separation and blind deconvolution. *Neural Computation.* 1995; **7**: 1129–59.

Bell CJ, Shenoy P, Chalodhorn R, Rao RPN. Control of a humanoid robot by a noninvasive brain-computer interface in humans. *J Neural Eng.* 2008 Jun; **5**(2): 214–20.

Bellavista P, Corradi A, Giannelli C. *Evaluating filtering strategies for decentralized handover prediction in the wireless internet. Proc.* 11th IEEE Symposium Computers Commun., 2006.

Bensch M, Karim A, Mellinger J, Hinterberger T, Tangermann M, Bogdan M, Rosenstiel W, Birbaumer N. Nessi: an EEG controlled web browser for severely paralyzed patients. *Comput. Intell. Neurosci.* 2007; Article ID 71863.

Berger H. Über das Elektroenkephalogram des Menschen. *Arch. f. Psychiat.* 1929; **87**: 527–70.

Berger T, Hampson R, Song D, Goonawardena A, Marmarelis V, Deadwyler S. A cortical neural prosthesis for restoring and enhancing memory. *Journal of Neural Engineering.* 2011; **8**(4): 046017.

Birbaumer N, Cohen LG. Brain-computer interfaces: communication and restoration of movement in paralysis. *J Physiol.* 2007; **579**(Pt 3): 621–36.

Bishop CM. *Pattern Recognition and Machine Learning*. Springer, New York, 2006.

Blakely T, Miller KJ, Rao RPN, Holmes MD, Ojemann JG. Localization and classification of phonemes using high spatial resolution electrocorticography (ECoG) grids. *Conf Proc IEEE Eng Med Biol Soc.* 2008; 4964–67.

Blakely T, Miller KJ, Zanos SP, Rao RPN, Ojemann JG. Robust, long-term control of an electrocorticographic brain-computer interface with fixed parameters. *Neurosurg Focus.* 2009 Jul; **27**(1): E13.

Blankertz B, Losch F, Krauledat M, Dornhege G, Curio G, Müller KR. The Berlin braincomputer interface: accurate performance from first-session in BCI-naïve subjects. *IEEE Trans Biomed Eng.* 2008 Oct; **55**(10): 2452–62.

Blankertz B, Tangermann M, Vidaurre C, Fazli S, Sannelli C, Haufe S, Maeder C, Ramsey L, Sturm I, Curio G, Müller KR. The Berlin brain-computer interface: non-medical uses of BCI technology. *Front Neurosci.* 2010; **4**: 198.

Blankertz B, Tomioka R, Lemm S, Kawanabe M, Müller KR. Optimizing spatial filters for robust EEG single-trial analysis. *IEEE Signal Processing Magazine.* 2008; **25**(1): 41–56.

Bles M, Haynes JD. Detecting concealed information using brain-imaging technology. *Neurocase.* 2008; **14**: 82–92.

Blumhardt LD, Barrett G, Halliday AM, Kriss A. The asymmetrical visual evoked potential to pattern reversal in one half field and its significance for the analysis of visual field effects. *Br. J. Ophthalmol.* 1977; **61**: 454–61.

Boser BE, Guyon IM, Vapnik VN. A training algorithm for optimal margin classifiers. *Proceedings of the fifth annual workshop on computational learning theory, ACM*, New York, 1992, 144–52.

Braitenberg V. *Vehicles: Experiments in synthetic psychology*. MIT Press, Cambridge, MA, 1984.

Breiman L. Random Forests. *Machine Learning.* 2001; **45**(1): 5–32.

Brindley GS, Lewin WS. The sensations produced by electrical stimulation of the visual cortex. *J Physiol.* 1968; **196**(2): 479–93.

Bryan M, Nicoll G, Thomas V, Chung M, Smith JR, Rao RPN. Automatic extraction of command hierarchies for adaptive brain-robot interfacing. *Proceedings of ICRA 2012*, 2012 May 5–12.

Bryan MJ, Martin SA, Cheung W, Rao RPN. Probabilistic co-adaptive brain-computer interfacing. *Proceedings of Fifth International Brain-Computer Interface Meeting, Asilomar, CA, 2013 June 3–7.*

Bryson AE, Ho YC. *Applied optimal control*. New York: Wiley, 1975.

Burges CJC. A tutorial on support vector machines for pattern recognition. *Data Mining and Knowledge Discovery.* 1998; **2**: 121–67.

Buttfield A, Ferrez PW, Millán J del R. Towards a robust BCI: error potentials and online learning. *IEEE Trans Neural Syst Rehabil Eng.* 2006; **14**(2): 164–68.

Calhoun GL, McMillan, GR. EEG-based control for human computer interaction. *Proc. Annu. Symp. Human Interaction with Complex Systems.* 1996, pp. 4–9.

Chapin JK, Moxon KA, Markowitz RS, Nicolelis MA. Real-time control of a robot arm using simultaneously recorded neurons in the motor cortex. *Nat Neurosci.* 1999 Jul; **2**(7): 664–70.

Cheng M, Gao X, Gao S, Xu D. Design and implementation of a brain-computer interface with high transfer rates. *IEEE Trans Biomed Eng.* 2002 Oct; **49**(10): 1181–86.

Cheung W, Sarma D, Scherer R, Rao RPN. Simultaneous brain-computer interfacing and motor control: expanding the reach of non-invasive BCIs. *Conf Proc IEEE Eng Med Biol Soc.* 2012; **2012**: 6715–8.

Chung M, Cheung W, Scherer R, Rao RPN. A hierarchical architecture for adaptive brain-computer interfacing. *Proceedings of IJCAI.* 2011, pp. 1647–52.

Citri A, Malenka RC. Synaptic plasticity: multiple forms, functions, and mechanisms. *Neuropsychopharmacology.* 2008; **33**: 18–41.

Clausen J. Man, machine and in between. *Nature.* 2009; **457**(7233): 1080–81.

Collinger JL, Wodlinger B, Downey JE, Wang W, Tyler-Kabara EC, Weber DJ, McMorland AJ, Velliste M, Boninger ML, Schwartz AB. High-performance neuroprosthetic control by an individual with tetraplegia. *The Lancet.* 2013 Feb 16; **381**(9866): 557–64.

Cooper R, Osselton JW, Shaw JC. *EEG Technology*, 2nd ed., London: Butterworths, 1969.

Cortes C, Vapnik V. Support-Vector Networks. *Machine Learning.* 1995; **20**: 273–297.

Coyle S, Ward T, Markham C, McDarby G. On the suitability of near-infrared (NIR) systems for next-generation brain computer interfaces. *Physiol Meas.* 2004; **25**: 815–22.

Croft RJ, Chandler JS, Barry RJ, Cooper NR, Clarke AR. EOG correction: a comparison of four methods. *Psychophysiology.* 2005; **42**: 16–24.

Dalbey B. *Brain fingerprinting testing traps serial killer in Missouri.* The Fairfield Ledger. Fairfield, IA, 1999 August, p. 1.

Delgado J. *Physical Control of the Mind: Toward a Psychocivilized Society.* Harper and Row, New York, 1969.

Denk W, Strickler JH, Webb WW. Two-photon laser scanning fluorescence microscopy. *Science.* 1990; **248**, 73–76.

Denning T, Matsuoka Y, Kohno T. Neurosecurity: security and privacy for neural devices. *Neurosurg Focus.* 2009; **27**(1): E7.

Dhillon GS and Horch KW. Direct neural sensory feedback and control of a prosthetic arm. *IEEE Trans Neural Syst Rehabil Eng.* 2005; **13**: 468–72.

Diester I, Kaufman MT, Goo W, O'Shea DJ, Kalanithi PS, Deisseroth K, Shenoy KV. *Optogenetics and brain-machine interfaces. Proc. of the 33rd Annual International Conference IEEE EMBS.* 2011, Boston, MA.

DiGiovanna J, Mahmoudi B, Fortes J, Principe JC, Sanchez JC. Coadaptive brain-machine interface via reinforcement learning. *IEEE Trans Biomed Eng.* 2009; **56**(1): 54–64.

Dobelle WH. Artificial vision for the blind by connecting a television camera to the visual cortex. *American Society for Artificial Internal Organs Journal.* 2000; **46**: 3–9.

Dobkin BH. Brain-computer interface technology as a tool to augment plasticity and outcomes for neurological rehabilitation. *J Physiol.* 2007; **579**(Pt 3): 637–42.

Donoghue JP, Nurmikko A, Black M, Hochberg LR. Assistive technology and robotic control using motor cortex ensemble-based neural interface systems in humans with tetraplegia. *J Physiol.* 2007 Mar 15; **579**(Pt 3): 603–11.

Dornhege G, Millán JR, Hinterberger T, McFarland DJ, Müller KR. (eds.) *Towards Brain-Computer*

Interfacing. MIT Press, Cambridge, MA, 2007.

Duda R, Hart P, Stork D. *Pattern Classification (2nd ed.).* Wiley Interscience, New York, 2000.

Fagg AH, Ojakangas GW, Miller LE, Hatsopoulos NG. Kinetic trajectory decoding using motor cortical ensembles. *IEEE Trans Neural Syst Rehabil Eng.* 2009 Oct; **17**(5): 487–96.

Farwell LA, Donchin E. Talking off the top of your head: toward a mental prosthesis utilizing event-related brain potentials. *Electroencephalogr Clin Neurophysiol.* 1988 Dec; **70**(6): 510–23.

Farwell LA, Donchin E. The truth will out: interrogative polygraphy ("lie detection") with event-related brain potentials. *Psychophysiology.* 1991; **28**(5): 531–47.

Farwell LA. Brain fingerprinting: a comprehensive tutorial review of detection of concealed information with event-related brain potentials. *Cognitive Neurodynamics.* 2012; **6**: 115–54.

Fatourechi M, Bashashati A, Ward RK, Birch GE. EMG and EOG artifacts in brain computer interface systems: A survey. *Clin Neurophysiol.* 2007 Mar; **118**(3): 480–94.

Fetz EE. Operant conditioning of cortical unit activity. *Science.* 1969 Feb 28; **163**(870): 955–58.

Fetz EE. Volitional control of neural activity: implications for brain-computer interfaces. *J Physiol.* 2007 Mar 15; **579**(Pt 3): 571–9. Epub 2007 Jan 18.

Finke A, Lenhardt A, Ritter H. The mindgame: a P300-based brain-computer interface game. *Neural Networks* 2009; **22**: 1329–33.

Fitzsimmons NA, Lebedev MA, Peikon ID, Nicolelis MA. Extracting kinematic parameters for monkey bipedal walking from cortical neuronal ensemble activity. *Front Integr Neurosci.* 2009; **3**: 3.

Foerster O. Beitrage zur pathophysiologie der sehbahn und der spehsphare. *J Psychol Neurol.* 1929; **39**: 435–63.

Fork RL. Laser stimulation of nerve cells in Aplysia. *Nature.* 1971; **171**, 907–08.

Freund, Yoav, Schapire, Robert E. A decision-theoretic generalization of on-line learning and an application to boosting. *Journal of Computer and System Sciences*, **55**(1): 119–139, 1997.

Friedman JH. Regularized discriminant analysis. *J Amer Statist Assoc.* 1989; **84**(405): 165–75.

Furdea A, Halder S, Krusienski DJ, Bross D, Nijboer F, Birbaumer N, Kübler A. An auditory oddball (P300) spelling system for brain-computer interfaces. *Psychophysiology.* 2009; **46**(3): 617–25.

Galán F, Nuttin M, Lew E, Ferrez PW, Vanacker G, Philips J, Millán J del R. A brainactuated wheelchair: asynchronous and non-invasive brain-computer interfaces for continuous control of robots. *Clin Neurophysiol.* 2008; **119**(9): 2159–69.

Ganguly K, Carmena JM. Emergence of a stable cortical map for neuroprosthetic control *PLoS Biol.* 2009 Jul; **7**(7): e1000153.

Gao X, Xu D, Cheng M, Gao S. A BCI-based environmental controller for the motiondisabled. *IEEE Trans Neural Syst Rehabil Eng.* 2003 Jun; **11**(2): 137–40.

Garrett D, Peterson DA, Anderson CW, Thaut MH. Comparison of linear, nonlinear, and feature selection methods for EEG signal classification. *IEEE Trans Neural Syst Rehabil Eng.* 2003 Jun; **11**(2): 141–44.

Georgopoulos AP, Kettner RE, Schwartz AB. Primate motor cortex and free arm movements to visual targets in three-dimensional space. II. Coding of the direction of movement by a neuronal population. *J of Neurosci.* 1988; **8**(8): 2928–37.

Gerson AD, Parra LC, Sajda P. Cortically coupled computer vision for rapid image search. *IEEE Trans Neural Syst Rehabil Eng.* 2006; **14**(2): 174–79.

Gilja V, Chestek CA, Diester I, Henderson JM, Deisseroth K, Shenoy KV. Challenges and opportunities for next-generation intra-cortically based neural prostheses. *IEEE Transactions on Biomedical Engineering.* 2011; **58**: 1891–99.

Gilmore RL. American Electroencephalographic Society guidelines in electroencephalography, evoked potentials, and polysomnography. *J. Clin. Neurophysiol.* 1994; **11**.

Giridharadas A. India's novel use of brain scans in courts is debated. *New York Times.* 2008 Sept. 15. Section A, p10.

Gollakota S, Hassanieh H, Ransford B, Katabi D, Fu K. They can hear your heartbeats: non-invasive security for implantable medical devices. In *Proceedings of the ACM SIGCOMM 2011 conference (SIGCOMM '11).* 2011. ACM, New York, NY, pages 2–13.

Graimann B, Allison B, Pfurtscheller G. (eds.) *Brain-Computer Interfaces: Revolutionizing Human-Computer Interaction.* Springer, Berlin, 2011.

Grimes D, Tan DS, Hudson S, Shenoy P, Rao RPN. Feasibility and pragmatics of classifying working memory load with an electroencephalograph. In *Proceedings of ACM SIGCHI Conference on Human Factors in Computing Systems (CHI 2008).* 2008; 835–44.

Halder S, Rea M, Andreoni R, Nijboer F, Hammer EM, Kleih SC, Birbaumer N, Kübler A. An auditory oddball brain-computer interface for binary choices. *Clin Neurophysiol.* 2010; **121**(4): 516–23.

Hanks TD, Ditterich J, Shadlen MN. Microstimulation of macaque area LIP affects decision-making in a motion discrimination task. *Nat Neurosci.* 2006; **9**: 682–89.

Haselager P, Vlek R, Hill J, Nijboer F. A note on ethical aspects of BCI. *Neural Networks.* 2009 ; **22**: 1352–57.

Hill NJ, Lal TN, Bierig K, Birbaumer N, Schölkopf B. An auditory paradigm for braincomputer interfaces. In *Advances in Neural Information Processing Systems* **17**, 569–76. (Eds.) Saul, L.K., Y. Weiss and L. Bottou, MIT Press, Cambridge, MA, USA (2005).

Hinterberger T, Kübler A, Kaiser J, Neumann N, Birbaumer N. A brain-computer interface (BCI) for the locked-in: comparison of different EEG classifications for the thought translation device. *Clin Neurophysiol.* 2003; **114**(3): 416–25.

Hiraiwa A, Shimohara K, Tokunaga Y. EEG topography recognition by neural networks. *Engineering in Medicine and Biology.* 1990; **9**(3): 39–42.

Hjelm S, Browall C. Brainball–Using brain activity for cool competition. In *Proceedings of NordiCHI, Stockholm.* 2000.

Hochberg LR, Bacher D, Jarosiewicz B, Masse NY, Simeral JD, Vogel J, Haddadin S, Liu J, Cash SS, van der Smagt P, Donoghue JP. Reach and grasp by people with tetraplegia using a neurally controlled robotic arm. *Nature.* 2012; **485**(7398): 372–75.

Hochberg LR, Serruya MD, Friehs GM, Mukand JA, Saleh M, Caplan AH, Branner A, Chen D, Penn RD, Donoghue JP. Neuronal ensemble control of prosthetic devices by a human with tetraplegia. *Nature.* 2006 Jul 13; 442(7099): 164–71.

Hwang EJ, Andersen RA. Cognitively driven brain machine control using neural signals in the parietal reach region. *Conf Proc IEEE Eng Med Biol Soc.* 2010; 3329–32.

Hyvärinen A, Oja E. Independent component analysis: algorithms and applications. *Neural Networks.* 2000; **13**(4–5): 411–430.

Hyvärinen A. Fast and robust fixed-point algorithms for independent component analysis. *IEEE Transactions on Neural Networks.* 1999; **10**(3): 626–34.

Iturrate I, Antelis J, Minguez J. Synchronous EEG brain actuated wheelchair with automated avigation. In *Proc. 2009 IEEE Int. Conf. Robotics Automation, Kobe, Japan.* 2009.

Jackson A, Mavoori J, Fetz EE. Long-term motor cortex plasticity induced by an electronic neural implant. *Nature.* 2006; **444**(7115): 56–60.

Jahanshahi M, Hallet M. *The Bereitschaft spotential: movement related cortical potentials.* Kluwer Academic. 2002. New York.

Jasper HH. Report of the Committee on Methods of Clinical Examination in Electroencephalography. Electroenceph. *Clin. Neurophysiol.* 1958; **10**: 370 –71.

Javaheri M, Hahn DS, Lakhanpal RR, Weiland JD, Humayun MS. Retinal prostheses for the blind. *Ann Acad Med Singapore.* 2006; **35**(3): 137–44.

Jung TP, Humphries C, Lee TW, Makeig S, McKeown MJ, Iragui V, Sejnowski TJ. Extended ICA removes artifacts from electroencephalographic recordings. *Adv Neural Inf Process Syst.* 1998; **10**: 894–900.

Jung TP, Makeig S, Stensmo M, Sejnowski TJ. Estimating alertness from the EEG power spectrum. *IEEE Transactions on Biomedical Engineering.* 1997; **44**: 60–69.

Kandel ER, Schwartz JH, Jessell TM. *Principles of Neural Science. Third edition.* Elsevier, New York, 1991.

Kandel ER, Schwartz JH, Jessell TM, Siegelbaum SA, Hudspeth AJ. *Principles of Neural Science. Fifth Edition.* McGraw Hill, New York, 2012.

Kern DS, Kumar R. Deep brain stimulation. *The Neurologist.* 2007; **13**: 237–52.

Kherlopian AR, Song T, Duan Q, Neimark MA, Po MJ, Gohagan JK, Laine AF. A review of imaging techniques for systems biology. *BMC Syst Biol.* 2008; **2**: 74.

Kim SP, Simeral JD, Hochberg LR, Donoghue JP, Black MJ. Neural control of computer cursor velocity by decoding motor cortical spiking activity in humans with tetraplegia. *J Neural Eng.* 2008 Dec; **5**(4): 455–76.

Kohlmorgen J, Dornhege G, Braun M, Blankertz B, Müller K-R, Curio G, Hagemann K, Bruns A, Schrauf M, Kincses W. Improving human performance in a real operating environment through realtime mental workload detection. In *Toward Brain–Computer Interfacing* (eds. G. Dornhege, J. del R. Millán, T. Hinterberger, D. J. McFarland, and K.-R. Müller). MIT Press, Cambridge, MA. 2007; 409–22.

Koller, D., Friedman, N. *Probabilistic Graphical Models: Principles and Techniques,* MIT Press, 2009.

Krepki R, Blankertz B, Curio G, Müller KR. The Berlin brain–computer interface (BBCI): towards a new communication channel for online control in gaming applications. *J Multimed. Tool Appl.* 2007; **33**: 73–90.

Kringelbach ML, Jenkinson N, Owen SLF, Aziz TZ. Translational principles of deep brain stimulation. *Nature Reviews Neuroscience.* 2007; **8**: 623–35.

Kübler A, Kotchoubey B, Hinterberger T, Ghanayim N, Perelmouter J, Schauer M, Fritsch C, Taub E, Birbaumer N. The thought translation device: a neurophysiological approach to communication in total motor paralysis. *Exp Brain Res.* 1999 Jan; **124**(2): 223–32.

Kuiken TA, Miller LA, Lipschutz RD, Lock BA, Stubblefield K, Marasco PD, Zhou P, Dumanian GA. Targeted reinnervation for enhanced prosthetic arm function in a woman with a proximal amputation: a case study. *Lancet.* 2007; **369**: 371–80.

Lalor EC, Kelly SP, Finucane C, Burke R, Smith R, Reilly R, McDarby G. Steady-state VEP-based brain-computer interface: Control in an immersive 3D gaming environment. *EURASIP Journal on Applied Signal Processing.* 2005; **19**: 3156–64.

Leuthardt EC, Miller KJ, Schalk G, Rao RPN, Ojemann JG. Electrocorticography-based brain computer interface – the Seattle experience. *IEEE Trans Neural Syst Rehabil Eng.* 2006 Jun; **14**(2): 194–98.

Leuthardt EC, Schalk G, Wolpaw JR, Ojemann JG, Moran DW. A brain-computer interface using electrocorticographic signals in humans. *J Neural Eng.* 2004 Jun; **1**(2): 63–71.

Li Z, O'Doherty JE, Hanson TL, Lebedev MA, Henriquez CS, Nicolelis MA. Unscented Kalman filter for brain-machine interfaces. *PLoS One.* 2009 Jul 15; 4(7): e6243.

Liang SF, Lin CT, Wu RC, Chen YC, Huang TY, Jung TP. Monitoring driver's alertness based on the driving performance estimation and the EEG power spectrum analysis. *Conf Proc IEEE Eng Med Biol Soc.* 2005; **6**: 5738–41.

Lins OG, Picton TW, Berg P, Scherg M. Ocular artifacts in recording EEGs and event-related potentials. II: source dipoles and source components. *Brain Topogr.* 1993; **6**: 65–78.

Loeb GE, Peck RA. Cuff electrodes for chronic stimulation and recording of peripheral nerve activity. *J Neurosci Methods.* 1996 Jan; **64**: 95–103.

Makeig S, Enghoff S, Jung TP, Sejnowski TJ. Moving-window ICA decomposition of EEG data reveals event-related changes in oscillatory brain activity. In P*roc. Second International Workshop on Independent Component Analysis and Signal Separation.* 2000; 627–32.

Malmivuo J, Plonsey R. *Bioelectromagnetism – Principles and Applications of Bioelectric and Biomagnetic Fields,* Oxford University Press, New York, 1995.

Mappus RL, Venkatesh GR, Shastry C, Israeli A, Jackson MM. An fNIR based BMI for letter construction using continuous control. *ACM CHI 2009 Human Factors in Computing Systems Conference Work in Progress Paper.* 2009; **2**: 3571–76.

Marcel S, Millán J del R. Person authentication using brainwaves (EEG) and maximum a posteriori model adaptation. *IEEE Trans Pattern Anal Mach Intell.* 2007; **29**(4): 743–52.

Mason SG, Birch GE. A brain-controlled switch for asynchronous control applications. *IEEE Trans Biomed Eng.* 2000 Oct; **47**(10): 1297–307.

Mavoori J, Jackson A, Diorio C, Fetz E. An autonomous implantable computer for neural recording and stimulation in unrestrained primates. *J Neurosci Methods.* 2005; **148**(1): 71–77.

Mellinger J, Schalk G, Braun C, Preissl H, Rosenstiel W, Birbaumer N, Kübler A. An MEG-based brain-computer interface (BCI). *Neuroimage.* 2007; **36**(3): 581–93.

Middendorf M, McMillan G, Calhoun G, Jones KS. Brain computer interfaces based on the steady-state visual-evoked response. IEEE Trans. *Rehab. Eng.* 2000; **8**: 211–14.

Millán JJ del R, Galán F, Vanhooydonck D, Lew E, Philips J, Nuttin M. Asynchronous non-invasive brain-actuated control of an intelligent wheelchair. *Conf. Proc. IEEE Eng. Med. Biol Soc.* 2009; 3361–64.

Millán JR, Ferrez PW, Seidl T. Validation of brain-machine interfaces during parabolic flight. In L. Rossini, D. Izzo, L. Summerer (eds.), " Brain-machine interfaces for space applications: enhancing astronauts' capabilities." *International Review of Neurobiology.* 2009; **86**.

Miller KJ, Leuthardt EC, Schalk G, Rao RPN, Anderson NR, Moran DW, Miller JW, Ojemann JG. Spectral changes in cortical surface potentials during motor movement. *J Neurosci.* 2007; **27**(9): 2424–32.

Miller KJ, Schalk G, Fetz EE, den Nijs M, Ojemann JG, Rao RPN. Cortical activity during motor execution, motor imagery, and imagery-based online feedback. *Proc. Natl. Acad. Sci. USA.* 2010 Mar 2; **107**(9): 4430–35.

Miller KJ, Zanos S, Fetz EE, den Nijs M, Ojemann JG. Decoupling the cortical power spectrum reveals real-time representation of individual finger movements in humans. *J Neurosci.* 2009 Mar 11; **29**(10): 3132–37.

Moritz CT, Fetz EE. Volitional control of single cortical neurons in a brain-machine interface. *J Neural Eng.* 2011; **8**(2).

Moritz CT, Perlmutter SI, Fetz EE. Direct control of paralysed muscles by cortical neurons. *Nature.* 2008; **456**, 639–42.

Müller KR, Anderson CW, Birch GE. Linear and nonlinear methods for brain-computer interfaces. *IEEE Trans Neural Syst Rehabil Eng.* 2003 ; **11**(2): 165–69.

Müller KR, Tangermann M, Dornhege G, Krauledat M, Curio G, Blankertz B. Machine learning for real-time single-trial EEG-analysis: From brain-computer interfacing to mental state monitoring. *J Neurosci Methods.* 2008; **167**(1): 82–90.

Musallam S, Corneil BD, Greger B, Scherberger H, Andersen RA. Cognitive control signals for neural prosthetics. *Science.* 2004 Jul 9; **305**(5681): 258–62.

Mussa-Ivaldi FA, Alford ST, Chiappalone M, Fadiga L, Karniel A, Kositsky M, Maggiolini E, Panzeri S, Sanguineti V, Semprini M, Vato A. New perspectives on the dialogue between brains and machines. *Front Neurosci.* 2010; **4**: 44.

Nunez PL. *Electric Fields of the Brain: The Neurophysics of EEG,* Oxford University Press, New York, 1981.

O'Doherty JE, Lebedev MA, Hanson TL, Fitzsimmons NA, Nicolelis MA. A brainmachine interface instructed by direct intracortical microstimulation. *Front Integr Neurosci.* 2009; **3**: 20.

O'Doherty JE, Lebedev MA, Ifft PJ, Zhuang KZ, Shokur S, Bleuler H, Nicolelis MA. Active tactile exploration using a brain-machine-brain interface. *Nature.* 2011; **479**(7372): 228–31.

Ohki K, Chung S, Ch'ng YH, Kara P and Reid RC. Functional imaging with cellular resolution reveals precise microarchitecture in visual cortex. *Nature.* 2005; **433**: 597–603.

Ojakangas CL, Shaikhouni A, Friehs GM, Caplan AH, Serruya MD, Saleh M, Morris DS, Donoghue JP. Decoding movement intent from human premotor cortex neurons for neural prosthetic applications. *J Clin Neurophysiol.* 2006 Dec; **23**(6): 577–84.

Onton J, Makeig S. Information-based modeling of event-related brain dynamics. In C. Neuper and W. Klimesch, (eds.) *Progress in Brain Research*. 2006; **159**. Elsevier, Amsterdam.

Orbach HS, Cohen LB, Grinvald A. Optical mapping of electrical activity in rat somatosensory and visual cortex. *J Neurosci*. 1985; **5**: 1886.

Paranjape RB, Mahovsky J, Benedicenti L, Koles Z. The electroencephalogram as a biometric. In *Proceedings of the Canadian Conference on Electrical and Computer Engineering*. 2001; **2**: 1363–66.

Paul N, Kohno T, Klonoff DC. A review of the security of insulin pump infusion systems. *J Diabetes Sci Technol*. 2011; **5**(6): 1557–62.

Pfurtscheller G, Guger C, Müller G, Krausz G, Neuper C. Brain oscillations control hand orthosis in a tetraplegic. *Neurosci Lett*. 2000 Oct 13; **292**(3): 211–14.

Pfurtscheller G, Neuper C, Guger C, Harkam W, Ramoser H, Schlögl A, Obermaier B, Pregenzer M. Current trends in Graz brain-computer interface (BCI) research. *IEEE Trans Rehabil Eng*. 2000 Jun; **8**(2): 216–19.

Pfurtscheller G, Neuper C, Müller GR, Obermaier B, Krausz G, Schlögl A, Scherer R, Graimann B, Keinrath C, Skliris D, Wörtz M, Supp G, Schrank C. Graz-BCI: state of the art and clinical applications. *IEEE Trans Neural Syst Rehabil Eng*. 2003 Jun; **11**(2): 177–80.

Pierce JR. *An Introduction to Information Theory*. Dover, New York, 1980.

Pistohl T, Ball T, Schulze-Bonhage A, Aertsen A, Mehring C. Prediction of arm movement trajectories from ECoG-recordings in humans. *J Neurosci Methods*. 2008 Jan 15; **167**(1): 105–14.

Poulos M, Rangoussi M, Chrissicopoulos V, Evangelou A. Person identification based on parametric processing on the EEG. In *Proceedings of the Sixth International Conference on Electronics, Circuits and Systems (ICECS99), Pafos, Cyprus*. 1999; **1**: 283–86.

Pregenzer M. *DSLVQ*. PhD thesis, Graz University of Technology, 1997.

Puikkonen J, Malmivuo JA. Theoretical investigation of the sensitivity distribution of point EEG-electrodes on the three concentric spheres model of a human head – An application of the reciprocity theorem. Tampere Univ. *Techn., Inst. Biomed. Eng., Reports*. 1987; **1**(5): 71.

Ramoser H, Muller-Gerking J, Pfurtscheller G. Optimal spatial filtering of single trial EEG during imagined hand movement. *IEEE Trans. on Rehab*. 2000; **8**(4): 441–46.

Ranganatha S, Hoshi Y, Guan C. Near infrared spectroscopy based brain-computer interface. *Proceedings of SPIE Exp. Mech*. 2005; **5852**: 434–42.

Rao RPN, Scherer R. Brain-computer interfacing. *IEEE Signal Processing Magazine*. 2010; **27**(4).

Rao RPN, Scherer R. Statistical pattern recognition and machine learning in braincomputer interfaces. In K. Oweiss (ed.), *Statistical Signal Processing for Neuroscience and Neurotechnology*. Academic Press, Burlington, MA, 2010.

Rao RPN. An optimal estimation approach to visual perception and learning. *Vision Research*. 1999; **39**(11): 1963–89.

Rebsamen B, Burdet E, Teo CL, Zeng Q, Guan C, Ang M, Laugier C. A brain control wheelchair with a P300-based BCI and a path following controller. In *Proc. 1st IEEE/RAS-EMBS Int. Conf. Biomedical Robotics and Biomechatronics, Pisa, Italy*, 2006.

Riddle DF. *Calculus and Analytic Geometry, 3rd ed.*, Wadsworth Publishing, Belmont, CA, 1979.

Rissman J, Greely HT, Wagner AD. Detecting individual memories through the neural decoding of memory states and past experience. *Proc. Natl. Acad. Sci. USA.* 2010; **107**(21): 9849–54.

Rosenfeld JP, Cantwell G, Nasman VT, Wojdac V, Ivanov S, Mazzeri L. A modified, ventrelated potential-based guilty knowledge test. *International Journal of Neuroscience.* 1988; **24**: 157–61.

Rosenfeld JP, Soskins M, Bosh G, Ryan A. Simple, effective countermeasures to P300-based tests of detection of concealed information. *Psychophysiology.* 2004; **41**(2): 205–19.

Rossini L, Izzo D, Summerer L (eds.). *Brain-machine interfaces for space applications: enhancing astronauts' capabilities. International Review of Neurobiology.* 2009; **86**, Elsevier, Amsterdam.

Rouse AG, Moran DW. Neural adaptation of epidural electrocorticographic (EECoG) signals during closed-loop brain computer interface (BCI) tasks. *Conf Proc IEEE Eng Med Biol Soc.* 2009; 5514–17.

Rush S, Driscoll DA. EEG-electrode sensitivity – An application of reciprocity. *IEEE Trans. Biomed. Eng.* 1969; BME-**16**:(1) 15–22.

Russell S, Norvig P. *Artificial Intelligence: A Modern Approach, 3rd ed.*, Prentice Hall, Upper Saddle River, NJ, 2009.

Sajda P, Pohlmeyer E, Wang J, Parra LC, Christoforou C, Dmochowski J, Hanna B, Bahlmann C, Singh MK, and Chang SF. In a blink of an eye and a switch of a transistor: cortically coupled computer vision. *Proc. IEEE.* 2010; **98**: 462–78.

Salvini P, Datteri E, Laschi C, Dario P. Scientific models and ethical issues in hybrid bionic systems research. *AI & Society.* 2008; **22**: 431–48.

Santhanam G, Ryu SI, Yu BM, Afshar A, Shenoy KV. A high-performance brain-computer interface. *Nature.* 2006 Jul 13; **442**(7099): 195–98.

Schalk G, Kubánek J, Miller KJ, Anderson NR, Leuthardt EC, Ojemann JG, Limbrick D, Moran D, Gerhardt LA, Wolpaw JR. Decoding two-dimensional movement trajectories using electrocorticographic signals in humans. *J Neural Eng.* 2007 Sep; **4**(3): 264–75.

Schalk G, Miller KJ, Anderson NR, Wilson JA, Smyth MD, Ojemann JG, Moran DW, Wolpaw JR, Leuthardt EC. Two-dimensional movement control using electrocorticographic signals in humans. *J Neural Eng.* 2008; **5**(1): 75–84.

Scherer R, Lee F, Schlögl A, Leeb R, Bischof H, Pfurtscheller G. Towards self-paced brain-computer communication: Navigation through virtual worlds. *IEEE Trans Biomed Eng.* 2008; **55**(2): 675–82.

Scherer R, Mohapp A, Grieshofer P, Pfurtscheller G, Neuper C. Sensorimotor EEG patterns during motor imagery in hemiparetic stroke patients. *International Journal of Bioelectromagnetism.* 2007; **9**(3): 155–62.

Scherer R, Schlögl A, Lee F, Bischof H, Janša J, Pfurtscheller G. The self-paced Graz brain-computer interface: Methods and applications. *Computational Intelligence and Neuroscience.* 2007; Article ID 79826: 9 pages.

Scherer R, Zanos SP, Miller KJ, Rao RPN, Ojemann JG. Classification of contralateral and ipsilateral finger movements for electrocorticographic brain-computer interfaces. *Neurosurg Focus.* 2009; **27**(1): E12.

Scherer R, Rao RPN. Non-manual control devices: Direct brain-computer interaction. In J. Pereira (ed.), *Handbook of Research on Personal Autonomy Technologies and Disability Informatics.* IGI Global,

Hershey, PA, 2011.

Sellers EW, Kübler A, Donchin E. Brain-computer interface research at the University of South Florida Cognitive Psychophysiology Laboratory: the P300 Speller. *IEEE Trans Neural Syst Rehabil Eng.* 2006 Jun; **14**(2): 221–24.

Serruya MD, Hatsopoulos NG, Paninski L, Fellows MR, Donoghue JP. Instant neural control of a movement signal. *Nature.* 2002 Mar 14; **416**(6877): 141–42.

Shannon CE, Weaver W. *The Mathematical Theory of Communication.* Univ. Illinois Press, Urbana, IL, 1964.

Sharbrough F, Chatrian G-E, Lesser RP, Lüders H, Nuwer M, Picton TW. American Electroencephalographic Society guidelines for standard electrode position nomenclature. *J. Clin. Neurophysiol.* 1991; **8**: 200–202.

Shenoy P. *Brain-computer interfaces for control and computation.* PhD thesis, Department of Computer Science and Engineering, University of Washington, 2008.

Shenoy P, Miller KJ, Ojemann JG, Rao RPN. Generalized features for electrocorticographic BCIs. *IEEE Trans Biomed Eng.* 2008 Jan; **55**(1): 273–80.

Shenoy P, Miller KJ, Ojemann J, Rao RPN. Finger movement classification for an electrocorticographic BCI. In *Proc. of 3rd International IEEE EMBS Conf. Neur Eng* 2007; 192–195.

Shenoy P, Rao RPN. Dynamic Bayesian networks for brain-computer interfaces. In L.K. Saul, Y. Weiss, and L. Bottou (eds.), *Advances in Neural Information Processing System (NIPS).* 2005; **17**: 1265–1272, MIT Press, Cambridge, MA.

Simeral JD, Kim SP, Black MJ, Donoghue JP, Hochberg LR. Neural control of cursor trajectory and click by a human with tetraplegia 1000 days after implant of an intracortical microelectrode array. *J Neural Eng.* 2011 Apr; **8**(2): 025027.

Skidmore TA, Hill Jr., HW. The evoked potential human-computer interface. *Proc. Annu. Conf. Engineering in Medicine and Biology.* 1991: 407–408.

Stosiek C, Garaschuk O, Holthoff K, Konnerth A. In vivo two-photon calcium imaging of neuronal networks. *Proc. Natl Acad. Sci. USA.* 2003; **100**, 7319–24.

Strang G. *Introduction to Linear Algebra, 4th ed.,* Wellesley-Cambridge Press, Wellesley, MA, 2009.

Suihko V, Malmivuo JA, Eskola H. Distribution of sensitivity of electric leads in an inhomogeneous spherical head model. *Tampere Univ. Techn., Ragnar Granit Inst.* 1993; Rep. 7:(2).

Suminski AJ, Tkach DC, Fagg AH, Hatsopoulos NG. Incorporating feedback from multiple sensory modalities enhances brain-machine interface control. *J Neurosci.* 2010 Dec 15; 30(50): 16777–87.

Szafir D, Mutlu B. Pay attention! Designing adaptive agents that monitor and improve user engagement. In *Proceedings of ACM SIGCHI Conference on Human Factors in Computing Systems* (CHI 2012). 2012; 11–20.

Tamburrini G. Brain to computer communication: Ethical perspectives on interaction models. *Neuroethics* 2009; **2**: 137–49.

Tan DS, Nijholt A. (eds.) *Brain-Computer Interfaces: Applying our Minds to Human-Computer Interaction.* Springer, London, UK, 2010.

Tangermann M, Krauledat M, Grzeska K, Sagebaum M, Blankertz B, Vidaurre C, Müller KR. Playing pinball with non-invasive BCI. In *Advances in Neural Information Processing Systems*. 2009; **21**: 1641–8. MIT Press, Cambridge, MA.

Thomson EE, Carra R, Nicolelis MA. Perceiving invisible light through a somatosensory cortical prosthesis. *Nature Commun.* 2013; **4**: 1482.

Tufail Y, Matyushov A, Baldwin N, Tauchmann ML, Georges J, Yoshihiro A, Tillery SI, Tyler WJ. Transcranial pulsed ultrasound stimulates intact brain circuits. *Neuron.* 2010 Jun 10; **66**(5): 681–94.

Van den Brand R, Heutschi J, Barraud Q, DiGiovanna J, Bartholdi K, Huerlimann M, Friedli L, Vollenweider I, Moraud EM, Duis S, Dominici N, Micera S, Musienko P, Courtine G. Restoring voluntary control of locomotion after paralyzing spinal cord injury. *Science.* 2012; **336**: 1182–85.

Vapnik, V. *The Nature of Statistical Learning Theory.* Springer-Verlag, New York, 1995.

Vargas-Irwin CE, Shakhnarovich G, Yadollahpour P, Mislow JM, Black MJ, Donoghue JP. Decoding complete reach and grasp actions from local primary motor cortex populations. *J Neurosci.* 2010 Jul 21; **30**(29): 9659–69.

Velliste M, Perel S, Spalding MC, Whitford AS and Schwartz AB. Cortical control of a prosthetic arm for self-feeding. *Nature.* 2008; **453**: 1098–1101.

Vidal JJ. Toward direct brain-computer communication. *Annu. Rev. Biophys. Bioeng.* 1973; **2**: 157–80.

Vidaurre C, Scherer R, Cabeza R, Schlögl A, Pfurtscheller G. Study of discriminant analysis applied to motor imagery bipolar data. *Med Biol Eng Comput.* 2007; **45**(1): 61–68.

Vidaurre C, Sannelli C, Müller KR, Blankertz B. Machine-learning-based coadaptive calibration for brain-computer interfaces. *Neural Comput.* 2011; **23**(3): 791–816.

Von Melchner L, Pallas SL, Sur M. Visual behaviour mediated by retinal projections directed to the auditory pathway. *Nature.* 2000; **404**(6780): 871–76.

Warwick K, Gasson M, Hutt B, Goodhew I, Kyberd P, Andrews B, Teddy P, Shad A. The application of implant technology for cybernetic systems. *Arch Neurol* 2003; **60**: 1369–73.

Warwick K. Cyborg morals, cyborg values, cyborg ethics. *Ethics and Information Technology.* 2003; **5**: 131–37.

Weiland JD, Liu W, Humayun MS. Retinal prosthesis. *Annu Rev Biomed Eng.* 2005; **7**: 361–401.

Weiskopf N, Veit R, Erb M, Mathiak K, Grodd W, Goebel R, Birbaumer N. Physiological self-regulation of regional brain activity using real-time functional magnetic resonance imaging (fMRI): methodology and exemplary data. *Neuroimage.* 2003; **19**(3): 577–86.

Wessberg J, Stambaugh CR, Kralik JD, Beck PD, Laubach M, Chapin JK, Kim J, Biggs SJ, Srinivasan MA, Nicolelis MA. Real-time prediction of hand trajectory by ensembles of cortical neurons in primates. *Nature.* 2000 Nov 16; **408**(6810): 361–65.

Wodlinger B, Durand DM. Peripheral nerve signal recording and processing for artificial limb control. *Conf Proc IEEE Eng Med Biol Soc.* 2010: 6206–09.

Wolpaw JR, Wolpaw EW. (eds.) *Brain-Computer Interfaces: Principles and Practice.* Oxford University Press, 2012.

Wolpaw JR, Birbaumer N, Heetderks WJ, McFarland DJ, Peckham PH, Schalk G, Donchin E, Quatrano LA , Robinson CJ, Vaughan TM. Brain-computer interface technology: a review of the first international meeting. *IEEE Trans Rehabil Eng.* 2000; **8**(2): 164–73.

Wolpaw JR, McFarland DJ, Neat GW, Forneris CA. An EEG-based brain-computer interface for cursor control. *Electroencephalogr Clin Neurophysiol.* 1991 Mar; **78**(3): 252–59.

Wolpaw JR, McFarland DJ. Control of a two-dimensional movement signal by a noninvasive brain-computer interface in humans. *Proc Natl Acad Sci USA.* 2004 Dec 21; **101**(51): 17849–54.

Wolpaw JR, McFarland DJ. Multichannel EEG-based brain-computer communication. *Electroencephalogr Clin Neurophysiol.* 1994 Jun; **90**(6): 444–49.

Wolpaw JR, Birbaumer N, McFarland D, Pfurtscheller G, Vaughan T. Braincomputer interfaces for communication and control. *Clinical Neurophysiology.* 2002; **113**: 767–91.

Wu W, Gao Y, Bienenstock E, Donoghue JP, Black MJ. Bayesian population decoding of motor cortical activity using a Kalman filter. *Neural Comput.* 2006 Jan; **18**(1): 80–118.

Zhuang J, Truccolo W, Vargas-Irwin C, Donoghue JP. Decoding 3-D reach and grasp kinematics from high-frequency local field potentials in primate primary motor cortex. *IEEE Trans Biomed Eng.* 2010; **57**(7): 1774–84.

欧文索引

数字・ギリシャ文字

1 個抜き交差検証　99
1 次元カーソル制御
　—, ECoG 信号による　169-171, 176
　—, 脳波による　206, 210
2 光子カルシウムイメージング　29-31
2 光子蛍光顕微鏡　29
2 光子顕微鏡　30-31
2 光子レーザ照射　39
2 次元カーソル制御
　—, ECoG 信号による　172-173
　—, 脳波による　200-202, 210
2 点間移動課題　204
10 分割交差検証　222-223
μ V（マイクロボルト）　328

A

absolute value　327
accuracy　52
action potential　12
activity　55
AdaBoost　90
adaptive autoregressive（AAR）　56, 205
age-related macular degeneration　237
alpha rhythm　33
alpha wave　33
amplitude　48
　— spectrum　51
amygdala　20
amyotrophic lateral sclerosis（ALS）　265
Andersen, Richard（アンダーセン，リチャード）　150
Anderson, Charles（アンダーソン，チャールズ）　221
anterior cingulate cortex（ACC）　227

Argus II　239
artifact removal　74
artificial neural network（ANN）　85
artificial silicon retina（ASR）　237
asynchronous BCI　197
auditory evoked potential（AEP）　214
autoregressive（AR）　56
Avatar　270
axiom of probability　336
axon　13
Ayaz, Hasan（アヤズ，ハッサン）　229

B

backpropagation　87
bagging　89
basal ganglia　20
basilar membrane　233
Bayes' rule　57
Bayes' theorem　57
Bayesian filter　57
BCI illiteracy　224, 230
BCI- パックマン　293
Bell-Sejnowski "infomax" algorithm　70
Bereitschaftspotential（BP）　212
Berger, Theodore（バーガー，セオドア）　289
Berlin brain-computer interface（BBCI）　206
Bernoulli distribution　340
beta wave　34
bidirectional BCI　245
binary classification　82
binomial distribution　340
biocompatible　326
bipolar　64

Birbaumer, Niels（ビルバウマー，ニールス）210, 221, 226, 228

Birch, Gary（バーチ，ゲイリー）213

bit rate 98

Blakely, Timothy（ブレイクリー，ティモシー）188

Blankertz, Benjamin（ブランカーツ，ベンジャミン）206

blood oxygenation level dependent（BOLD）36, 226

boosting 89

bootstrap 89

brain-computer interface（BCI）1, 5

brain-controlled telepresence 270

brain electrical oscillation signature（BEOS）279

brain fingerprinting 278

brain stem 18

Brainball 293

BrainGate 156, 161, 297

brain-machine interface（BMI）1

Braitenberg's vehicle 260

Brindley, G. S.（ブリンドリー，G. S.）237

Brodmann, Korbinian（ブロードマン，コビニアン）21

Buttfield, Anna（バトフィールド，アンナ）223, 225

C

C3 電極 33, 198, 202, 206, 210-211, 215-216, 222, 225

C4 電極 33, 202, 206, 210-211, 215-216, 222, 225

CA1 289-291

CA3 289-291

Calhoun, Gloria（カルホーン，グロリア）218

Carmena, Jose（カルメナ，ホセ）161

central nervous system（CNS）18

cerebellum 18

cerebral hemisphere 20

Chapin, John（チェーピン，ジョン）127

characteristic equation 334

Cheng, Ming（チェン，ミン）219

classical conditioning 115

classification 81

classification accuracy 96

cleft 14

cm（センチメートル）328

coadaptive BCI 224

codebook vector 93

coefficient 48

coefficient of determination 170

cognitive BCI 150

Cohen's κ 96

cohlea 233

common average referencing（CAR）32, 64, 180

common spatial pattern（CSP）70, 205

complexity 55

concentration insufficiency index（CII）281

conditional probability 337

Cooley-Tukey algorithm 52

correlation coefficient 136

cortically coupled computer vision（CCCV）273

cosine directional tuning 182

Coursera 287

Courtine, Grégoire（クールティン，グレゴワール）142

covariance matrix 338, 341

Coyle, Shirley（コイル，シャーリー）229

CP3 電極 200, 202

CP4 電極 200, 202, 208

credit assignment 104

Cyberdyne 288

CyberGlove 187

Cz 電極 33, 207, 210-211, 216, 223, 225, 277, 280-281, 287

D

Deadwyler, Sam（デッドワイラー，サム）289

decorrelate 68

deep brain stimulation（DBS）6, 38, 233, 239, 264

delayed-nonmatch-to-sample（DNMS）289

Delgado, José（デルガード，ホセ）5, 245

delta wave 34

dendrite 13

desynchronization 198

Dhillon, Gurpreet Singh（ディロン，グルプリート・シン）190

diagonal matrix 334

diencephalon 19

Diester, Ilka（ダイエスター，イルカ） 39

DiGiovanna, Jack（ディジョヴァンナ，ジャック） 225

direct cortical electrical stimulation（DCES） 39

discrete Fourier transform（DFT） 51

distinction sensitive LVQ（DSLVQ） 94

Dobelle, William（ドーベル，ウィリアム） 237

Doheny Eye Inatitute 238

Donchin, Emanuel（ドンキン，エマニュエル） 215-218, 220, 277

Donoghue, John（ドノヒュー，ジョン） 137, 141, 145, 160

dot product 329

Duenyas, Yehuda（デュイニャス，イェフーダ） 295

dynamic Bayesian network（DBN） 59, 213

E

EdX 287

eigenvalue 334

eigenvector 334

　—-eigenvalue equation 334

Ekso Bionics 288

electrocorticography（ECoG） 28

electroencephalography（EEG） 31

electromagnetic induction 40

element 328

Emotiv 294

epidural ECoG 167

epiretinal 237

EPOC ヘッドセット 294-295

error potential（ErrP） 118, 223

error rate 96

Euclidean distance 92

European Mindwalker 288

event-related desynchronization（ERD） 186, 198

event-related potential（ERP） 118

event-related synchronization（ERS） 204

evoked potential（EP） 118, 214

excitatory postsynaptic potential（EPSP） 15

expectation 337

extracellular recording 25

F

Fagg, Andrew（ファッグ，アンドリュー） 139

false negative（FN） 95

false positive（FP） 96

Faraday cage 73

Farwell, Lawrence（ファーウェル，ローレンス） 215-218, 275, 277

fast Fourier transform（FFT） 52, 219

FastICA 70

FC3 電極 200, 202

FC4 電極 200, 202

feature 105

　— selection 179

Fetz, Eberhard（フェッツ，エバーハルト） 5, 116, 123-125, 161, 168, 252, 255

firing rate 12

Fisher's linear discriminant 82

Fitzsimmons, Nathan（フィッツシモンズ，ネイサン） 142

Foerster, Otfrid（フォースター，オトフリート） 237

Fourier analysis 47

Fourier expansion 48

Fourier series 48

Fourier transform（FT） 51

Fp1 電極 33, 76, 286

fractal dimension 55

function 327

　— approximation 81

functional electrical stimulation（FES） 254

functional magnetic resonance imaging（fMRI） 36

　— BCI 226-228

functional near infrared spectroscopy（fNIRS） 36

functional near infrared（fNIR） 画像法 36

　— BCI 229

Furdea, Adrian（ファーディア，エイドリアン） 221

Fz 電極 223, 277

G

Galvani, Luigi（ガルバーニ，ルイジ） 38

gamma wave 34

Ganguly, Karunesh（ガングリー，カルネッシュ） 161

Gao, Shangkai（ガオ，シャンカイ） 219

Gaussian distribution 341

Gaussian process 107

— regression 105

general Bayesian filtering 59

general equation for a hyperplane 335

Georgopoulos, Apostolos（ジョージャポーリス，アポストロス） 116

Gilja, Vikash（ギルジャ，ビカシュ） 325

Google Earth 267, 269-270

gradient descent 104

Gram matrix 107

graphical model 59

Graz BCI 204, 267, 270

grey matter 13

Grimes, David（グライムス，デイヴィッド） 283

gyrus 20

H

Haar wavelet 150

hair cell 233

half total error rate 288

Harrington 278

Hatsopoulos, Nicholas（ハッツォポラス，ニコラス） 139

head 330

Hebb, Donald（ヘッブ，ドナルド） 16

Hebbian learning 16

Hebbian plasticity 16, 255

Hebbian STDP 16

hierarchical BCI 225, 266

high-frequency band（HFB） 174

high gamma 34

Hill, Herman（ヒル，ハーマン） 218

Hill, Jeremy（ヒル，ジェレミー） 221

hippocampus 20

Hiraiwa, Akira（平岩明） 213

Hjorth parameter 54

Hochberg, Leigh（ホッホバーグ，リー） 161

hold out method 98

Horch, Kenneth（ホーシュ，ケネス） 190

Hotelling transform 64

Humayun, Mark（フマユン，マーク） 238-239

hypothalamus 19

Hz（ヘルツ） 328

I

identity matrix 334

Immersion 社 188

immersive experience 270

incus 233

independent 337

independent component analysis（ICA） 70

inferior colliculus 18

information transfer rate（ITR） 98, 153, 205

inhibitory postsynaptic potential（IPSP） 15

inion 32

Institutional Review Board（IRB） 304

instrumental conditioning 116

international 10–20 system 32

intracellular recording 24

intracortical microstimulation（ICMS） 255

intraocular retinal prosthesis（IRP） 238

inverse 334

inverse discrete Fourier transform（IDFT） 51

inverse Fourier transform（IFT） 51

ionic channel 11

J

Jackson, Andrew（ジャクソン，アンドリュー） 255

Jackson, Melody（ジャクソン，メロディー） 229, 295

Javaheri, Michael（ジャヴァエリ，マイケル） 237

Johnny Mnemonic 289

joint probability 337

K

K-fold cross-validation 98

k-nearest neighbor（*k*-NN）

Kalman filter　60

Kalman gain　61

kappa coefficient　96

Karhunen-Loève transform　64

kernel function　107

kernel trick　89

Khan Academy　287

kHz（キロヘルツ）　328

kinematic　139

kinesthetic feedback　149

kinetic　139

Kübler, Andrea（キューブラー，アンドレア）　218, 221, 228

Kuiken, Todd（クイケン，トッド）　191

*k*近傍法　92, 94

K-分割交差検証　98-99

L

L1ノルム　88, 178

L2 norm　330

L2ノルム　66, 88, 178, 330

Lagrange multiplier method　67

Laplacian filter　64

laser illumination　39

learning vector quantization（LVQ）　93, 287

least mean-square（LMS）　204

leave-one-out cross-validation　99

length　330

Leuthardt, Eric（ルサート，エリック）　169

Lewin, W. S.（ルーウィン，W. S.）　237

Li, Zheng（リー，ジョン）　145

likelihood　57

linear discriminant analysis（LDA）　82, 205

linear filter　100, 128

linear programming machine（LPM）　178

linear regression　100

linear sparse Fisher's discriminant（LSFD）　178

local field potential（LFP）　141, 151

local motor potential（LMP）　181

logistic　102

long-term depression（LTD）　15-16

long-term potentiation（LTP）　15-16

Lou Gehrig disease　265

low-frequency asynchronous switch design（LF-ASD）　213

lower-frequency band（LFB）　174

M

maginitude　330

magnetoencephalography（MEG）　34

Mahalanobis distance　342

malleus　233

Mappus, Rudolph（マパス，ルドルフ）　229, 295

Marcel, Sébastien（マルセル，セバスティアン）　287

Mason, Steven（メイソン，スティーブン）　213

mastoid　32

matrix　331

　—multiplication　332

Mattel　295

maximum a posteriori（MAP）　95

maximum likelihood method　153

McFarland, Dennis（マクファーランド，デニス）　200-201

McMillan, Grant（マクミラン，グラント）　218

mean　337

　—squared error（MSE）　136

　—vector　338, 341

measure　336

medial geniculate nucleus（MGN）　241

medulla　18

Mellinger, Jürgen（メリンジャー，ユルゲン）　228

memory detection　275

MHz（メガヘルツ）　328

microECoG　28

microelectrode　24

midbrain　18

Middendorf, Matthew（ミッデンドルフ，マシュー）　218

Millán, José del（ミラン，ホセ・デル）　223, 225, 266, 287, 292

Miller, Kai（ミラー，カイ）174
Mindflex 295
MindGame 293
MindWave 286, 294
mixing matrix 69
MK801 289-290
mm（ミリメートル）328
mobility 55
Moore-Penrose psudoinverse 101
Moran, Daniel（モーラン，ダニエル）168
Moritz, Chet（モリッツ，チェット）124-125, 252
mother wavelet 53
motor imagery 117
movement-related potential（MRP）212
ms（ミリ秒）328
mu rhythm 33
Müller, Klaus-Robert（ミュラー，クラウス - ロバート）206
multielectrode array 26
multiunit hash 45
multivariate Gaussian distribution 341
Musallam, Sam（ムサラム，サム）150
Mussa-Ivaldi, Sandro（ムサーイヴァルディ，サンドロ）252
Mutlu, Bilge（マトリュー，ビルジ）286
mV（ミリボルト）328
mW（ミリワット）328
myelin 13

N

N1 118
N100 118
N100-P200 複合 118
N400 118
n-back task 283
naïve Bayes classifier 94
nasion 32
nearest neighbor（NN）classification 92
neocortex 20
Nessi 267-268

neural engineering 2
neural hash 45
neural interfacing 2
neural network 85
neural population function（NPF）127
neural prosthetics 2
Neurochip 41, 255
neuroethics 301
neuron 11
neurosecurity 304
Neurosky 286, 294
Nicolelis, Miguel（ニコレリス，ミゲル）127, 142, 145, 245, 249
non-linear basis function 105
non-stationary learning task 224
normal distribution 341
normalized slope descriptor 55
normalized vector 330
not commutative 333
n バック課題 283

O

O1 電極 33, 219, 222
O2 電極 33, 219, 222, 287
obsessive compulsive disorder（OCD）239
octavomotor nucleus 253
oddball paradigm 215
O'Doherty, Joseph（オドハティー，ジョセフ）245, 249
Ojakangas, Catherine（オジャカンガス，キャサリン）160
Ojemann, Jeffrey（オジェマン，ジェフリー）172, 188
operant conditioning 116, 164
Optobionics 237
optode 37
optogenetic stimulation 39
optogenetics 39
order 56
orthogonal 330
orthonormal system 331
Oz 電極 280

P

P3　118, 214-215

P3 電極　33, 222, 225

P4 電極　33, 222, 225

P200　118

P300　118, 214-218, 220, 230, 266, 270-274, 275-278
　　― BCI スペラー　265

parietal reach region（PRR）　150

particle filtering　61

patch clamp recording　24

Pavlov, Ivan（パブロフ，イワン）　115

Pavlovian conditioning　115

peak amplitude　45

perceptron　85

peripheral nervous system（PNS）　18

Perlmutter, Steve（パールムッター，スティーブ）　252

Pfurtscheller, Gert（プフルトシェラー，ゲルト）　204

phase spectrum　51

Poisson distribution　341

polygraph　275

pons　18

population decoding　164

population vector　117, 126, 133

positive definite　334

positive semidefinite　334

positron emission tomography（PET）　37

posterior probability　57

posterior rhombencephalic reticular nuclei（PRRN）　252

power spectrum　51

principal component analysis（PCA）　64, 127

principal component vector　67

principal spectral component（PSC）　186

Principe, Jose（プリンシペ，ホセ）　225

prior probability　57

probability density function　339

proprioceptive feedback　149

pulse　41

pyramidal neuron　20

Pz 電極　33, 218, 225, 277-278, 280

Q

quadratic discriminant analysis（QDA）　85

R

radial basis function（RBF）　105

radio frequency（RF）　235

radiotracer　38

random forests　89

random variable　336

Rao, Rajesh（ラオ，ラジェッシュ）　174, 178, 183, 213-214

rapid serial visual presentation（RSVP）　273

Raytheon　288

readiness potential（RP）　212

receiver operating characteristic　96

recurrent BCI　245

regression　81, 100

regularized linear discriminant analysis（RLDA/RDA）　85, 178

reinforcement learning（RL）　225

reticular formation　18

retinitis pigmentosa　237

ROC curve　96

ROC 曲線　95-97, 213-214, 275-277

rotation　333

Rouse, Adam（ラウス，アダム）　168

S

Sajda, Paul（サージャ，ポール）　273

sample space　336

Sanchez, Justin（サンチェス，ジャスティン）　225

Santhanam, Gopal（サンタナム，ゴパール）　153, 220

scalar　329
　　― multiplication　329

scar tissue　27

Schalk, Gerwin（シャーク，ゲルウィン）　172, 180

Schölkopf, Bernhard（ショーコフ，ベルンハルト）　221

Schwartz, Andrew（シュワルツ，アンドリュー）　132

self-paced BCI　197

Sellers, Eric（セラーズ，エリック）　218

semi-invasive BCI 167

Serruya, Mijail（セルヤ，ミハイル） 145

shared control 266

Shenoy, Krishna（シェノイ，クリシュナ） 39, 153, 325

Shenoy, Pradeep（シェノイ，プラディープ） 178, 183, 213-214

short-term depression（STD） 15, 17

short-term facilitation（STF） 15, 18

short-time/short-term Fourier transform（STFT） 53

sigmoid 102

Simeral, John（シメラル，ジョン） 161

Skidmore, Trent（スキッドモア，トレント） 218

slope-intercept equation 336

slow cortical potential（SCP） 208

soft margin SVM 88

soma 13

somatosensory evoked potential（SSEP） 215

spatial filtering 63

spectral feature 52

spike 12

　— sorting 45

　— timing dependent plasticity（STDP） 15-16

　— train 17

spinal cord 18

square matrix 331

standard deviation 338

stapes 233

steady state visually evoked potential（SSVEP） 118, 214, 218

stimoceiver 5

stimulus-based BCI 197

subdural ECoG 167

subretinal 237

sulcus 20

superconducting quantum interference device（SQUID） 34

superior colliculus 18

supervised learning 81

support vector machine（SVM） 87, 178, 221

Sur, Mriganka（スー，ムリガンカ） 240

Surrogates 270

symmetric 334

synapse 14

synchronous BCI 197

Szafir, Dan（サファー，ダン） 286

T

tail 330

Tan, Desney（タン，デズニー） 283

targeted muscle reinnervation（TMR） 191

tectum 18

tegmentum 18

Tetris 294

tetrode 25

thalamus 19

The Ascent 295-296

theta wave 34

thought translation device（TTD） 210

thresholding 74

Tourette's syndrome 239

transcranial magnetic stimulation（TMS） 40

transpose 331

true negative（TN） 96

true positive（TP） 95

two-photon calcium imaging 30

two-photon fluorescence microscopy 29

two-photon laser illumination 39

two-photon microscopy 30

tympanic membrane 233

U

Udacity 287

uniform distribution 339

unit vector 331

unmixing matrix 70

unscented Kalman filter（UKF） 145

unsupervised learning 81

V

van den Brand, Rubia（ヴァンデンブラント，ルビア）

142

Vargas-Irwin, Carlos（ヴァルガス - アーヴィン，カルロス）　137

variance　338

vector　328

Velliste, Meel（ヴェリスタ，ミール）　132

Vidal, Jacques（ビダル，ジャック）　5, 197

visually evoked potential（VEP）　214

voltage-sensitive dye　29

von Neumann architecture　11

W

Wadsworth BCI　198

Warwick, Kevin（ワーウィック，ケビン）　190

wavelet　53

　— transform（WT）　53

Weiskopf, Nikolaus（ワイスコフ，ニコラウス）　226

Wessberg, Johan（ウェスバーグ，ヨハン）　127

white matter　13

Wiener filter　128

window discriminator　46

Wolpaw, Jonathan（ウォルパウ，ジョナサン）　198, 200-201, 204

Z

Zhuang, Jun（チュワン，ジュン）　141

和文索引

あ

アダブースト　90-91
アーチファクト　72-76, 78
　― 除去　74
圧覚　190
『アバター』　270
アブミ骨　233-234
誤り関連電位　118, 223-224
誤り率　279-281
アルツハイマー病　264, 292
アルファ波（リズム）　33-34, 212, 219, 279, 283-284, 287, 293
アルファ帯域　206, 281, 287, 295
暗号化　303-304
暗算　221, 284
アンサンブル分類法　89-91
アンセンテッドカルマンフィルタ　145-149

い

イオンチャネル　11-12
閾値処理　74
位相スペクトル　51
一次運動野　21, 116, 125, 127-128, 130, 133-134, 137-139, 141-145, 149, 156-157, 160, 168, 212-213, 245-250, 255
一次視覚野　20
一次体性感覚野　143-145, 245-250
一様分布　339
医療応用　263
インスタレーション　295
インターリーブ方式　249
インテリジェント車椅子　267
インパルス信号　49-50

う

インフォームドコンセント　302, 307

ウィナーフィルタ　128, 147-149, 164, 247
ウィンドウ識別法　46
ウェブブラウジング　267-268
ウェーブレット解析　52-54, 78, 213
嘘発見　275, 277, 279, 303
嘘発見器 BCI　275
宇宙飛行士　288, 292
うつ病　239, 264
埋め込み型アレイ　26-27
埋め込み型マルチ電極アレイ　156-157
埋め込み装置の長期使用　161
運動意図　212-213
運動イメージ　117, 156, 158, 268-269, 287, 293-294
　―, ECoG　169, 172-180, 189
　―, 脳波　204-208
　―, 末梢神経　191-192
運動回復用 BCI　233
運動学　134-144
　― 的パラメータ　142, 180, 182
運動課題　179-180
運動感覚フィードバック　149
運動関連電位　212-215
運動障害　239
運動神経線維　190
運動前野　21
運動（能力）の回復　239, 252, 255, 264
運動皮質（野）ニューロン　41, 116-117, 123-124, 134, 139, 150, 158, 160-161, 168, 252-254
運動方向調整　182
運動野　21

運動力学　139

え

エッソ・バイオニクス社　288
エデックス　287
エモーティブ社　294-295
遠位橈骨神経　191
延髄　18-19
エンターテインメント　293

お

オドボール課題　272
オドボールパラダイム　215, 220, 273, 281
オプトード　37
オプトバイオニクス社　237
オペラント条件づけ　116, 123-125, 161, 164, 168, 176, 253
オルンシュタイン - ウーレンベック事前確率分布　108

か

蓋　18-19
回帰　81, 99-100, 109
外耳道　234
階層的 BCI　225-226, 230, 264, 266, 273
外側膝状体　20, 241
回転（ベクトルの）　333
海馬　16-17, 19-20, 39, 118, 215, 227, 289-291
灰白質　13
ガウス過程　105-109, 226
ガウスカーネル　105, 107-108
ガウス分布　60-62, 106-108, 341
ガウス分類器　222
過学習　222
可換でない　333
下丘　18
蝸牛　233-234
　— 神経　234
角周波数　48
学習ベクトル量子化　93-94, 213, 287

覚醒度　279
拡張用 BCI　306
確率的多クラス分類器　185
確率の公理　336
確率変数　336
確率密度関数　339
確率論　336
下肢制御　142, 264
下肢用人工装具　264
仮想世界のナビゲーション　267, 269
カーソル課題　161, 190, 194, 245-248
カーソル制御　117, 144-148, 153-163, 168-176, 189-190, 199-202, 206, 245-247, 253, 265
傾き - 切片の方程式　336
活動電位　12-13
活動度（ヨルトパラメータ）　55
カッパ係数　96-97, 109
可動度（ヨルトパラメータ）　55
カーネル関数　107
カーネルトリック　89
下部側頭葉皮質　21
カフ電極　191
ガラス微小ピペット電極　24
カルーネン・レーベ変換　64
カルマンゲイン　61
カルマンフィルタ　59-62, 134-138, 141, 164, 249
　—, ECoG 信号を用いた運動学的パラメータの解読　183
　—, カーソル制御　145
　—, カーソル速度の解読　162
加齢黄斑変性　237
カーンアカデミー　287
感覚運動野　172, 174, 180-181, 204-206, 212
感覚回復用 BCI　233
感覚性能　191
感覚の回復　263
感覚の拡張　240-242
感覚野　21
眼球内人工網膜　238
間隙　14

乾式電極　294
緩徐皮質電位　208, 210-212, 265, 267-268
関心スコア　275-277
関数　327
　　— 近似　81
関節位置覚　191
関節角度　138-139
眼電図（EOG）アーチファクト　74-75
感度　97
眼内閃光　237, 239
間脳　19
ガンマ波　34, 47

き
偽陰性　95-96
　　— 率　288
記憶検出　275, 279
記憶障害　264
記憶操作　303
記憶喪失　292
記憶の回復　289-290
記憶の強化　289-292
記憶用埋め込み装置　292
機械学習　81
義肢　6, 117, 127, 139, 141, 150
義手　6, 133, 150, 180, 189-194, 225, 264
　　— 制御用の侵襲型 BCI　127
義足　6, 142-143
期待値　337
基底関数　48, 53
基底膜　233-234
砧骨　233-234
機能再編成　255, 259
機能的近赤外画像法　36-37, 43
機能的近赤外分光分析法（fNIR）　36
　　— を用いた BCI　229
機能的磁気共鳴画像法（fMRI）　36-37, 43, 226-228, 279
機能的電気刺激　252, 254
逆行列　334

逆フーリエ変換　51
逆離散フーリエ変換　51
嗅覚味覚用 BCI　263
橋（脳）　18-19
教育と学習　286
強化学習　225
教師あり学習　81
教師なし学習　81
偽陽性　96-97, 211
　　— 率　288
共通空間パターン　70-73, 78, 205, 208
共通平均基準法　32, 64-65, 180
共適応的 BCI　124, 224-225, 230
共適応的学習　224
強迫性障害　239
共分散行列　338, 341
共有制御　266-267
行列　331
　　— 乗法　332
局所誤り率　280
局所運動電位　181-182, 187
局所場電位　141, 151
筋萎縮性側索硬化症　6, 210-212, 220, 265
筋電図（EMG）　142, 144, 191-194, 213
　　— アーチファクト　74-75
筋肉を制御する BCI　252, 254
筋皮神経　191

く
空間フィルタ　63-65, 71-73
グーグルアース　267, 269
グラーツ BCI　204, 267, 270
グラフィカルモデル　59
グラム行列　107
グリオーシス　160
クーリー - テューキー・アルゴリズム　52
グルタミン酸受容体拮抗薬　289
車椅子　6, 109, 190, 214, 222, 230, 265-266, 270

け

芸術　295
係数（フーリエ解析）　48-49
経頭蓋磁気刺激　40
経頭蓋超音波　40-41
血液脳関門　28, 167, 194
血中酸素化濃度依存反応　36, 226-228
決定木　89-90
決定境界　83-85, 92
決定係数　170, 172
血流変化　23, 36
ゲーム　293-294
言語中枢　265

こ

溝　20
高域ガンマ　34
後外側核　241
光学式記録　29
光学的 BCI　229
高ガンマ周波数　174
貢献度分配　104
交差検証　98, 109
格子課題　157
高周波帯域　174, 176, 178-180
高速画像検索　273, 276-277
高速逐次視覚提示　273-274
高速フーリエ変換　52, 219, 234, 287
後頭結節　32
後頭頂皮質　21, 127, 130, 145
勾配降下法　104, 225
興奮性シナプス後電位　15, 17
興奮性ニューロン　15
硬膜下 ECoG　167
硬膜外 ECoG　167
後菱脳網様核　252-253
コーエンの κ　96
国際 10-20 電極法　32-33, 69, 198, 200, 219, 222, 277, 283, 286-287, 219, 222
誤差逆伝播ニューラルネットワーク　213, 222
誤差逆伝播法（バックプロパゲーション）　87, 101-104

誤差率　96, 98-99
個人識別　287
個人認証　287-288
コーセラ　287
古典的条件づけ　115
コードブックベクトル　93-94
鼓膜　233-234
コミュニケーションの回復　265
固有（自己）受容感覚フィードバック　148-149
固有値　67-68, 72, 186, 334
　― 問題　72
固有ベクトル　67-68, 72, 75, 186, 334
　― 固有値方程式　334
固有方程式　334
混合ガウス分類器　223, 225
混合行列　69
混同行列　95-96

さ

再帰型 BCI　245
再帰型ニューラルネットワーク　288
最近傍分類器　213
最近傍分類法　92-93
再現率　97
差異高感受性 LVQ　94
最小二乗平均アルゴリズム　204
最大事後確率　95
サイバーグローブ　187-188
サイバーダイン社　288
細胞外記録　25-26
細胞体　13-14
細胞内記録　24-26
サイボーグ　305
最尤法　153
サブリミナル　303
サポートベクターマシン　87-89, 109, 178, 183-184
　―, 聴覚誘発電位の分類　221
　―, 脳波の分類　222
『サロゲート』　270

し

シェアード・コントロール　266
視覚 BCI　221
視覚障碍　236-237, 242, 263-264
視覚的計数課題　222
視覚フィードバック　148
視覚野　21, 237
視覚誘発電位　214
耳管　234
軸索　13
シグモイド関数　86, 102-104
刺激する BCI　233
刺激に基づいた BCI　197
刺激誘発電位　214
思考翻訳装置　210
自己回帰モデル　56, 170, 222, 252, 287
事後確率　57
自己給餌課題　133, 135
自己ペース型 BCI　197, 265, 267-268
四肢の切断　190
四肢麻痺　6, 156, 160, 162, 206-207
視床　19, 208, 239
　― 下部　19, 239
事象関連脱同期　186, 198, 204, 206, 212, 294
事象関連電位　54, 71, 118, 275, 277
事象関連同期　204, 206
視神経　237
次数　56
事前確率　57
シータ波（帯域）　34, 280, 283, 295
湿式脳波電極　294
始点　330
シナプス　14-15
　― 可塑性　15-17
社会正義　305
弱電気魚　16
尺骨神経　191
集中力　279, 281, 286-287
　― 不足指数　281-282
終点　330

周波数再現　234
周波数領域の解析　46-54
重力　292
主観確率　58
手関節装具　206-207
主観的記憶　279
樹状突起　13-14
受信者動作特性曲線　96
主スペクトル成分　186
主成分分析　64-69, 75, 78, 127
　―, ECoG パワースペクトルの　185-187
　―, 注意力の予測　280
主成分ベクトル　67, 69
手部運動学　134, 136-137
手話　236
準備電位　212
ジョイスティック課題　213
障害物回避課題　158
松果体　19
上丘　18
条件刺激　116
条件付き確率　337
条件反応　115-116
上肢の切断　189-190
『上昇』　295-296
情動障害　239
小脳　18-19
情報ゲイン基準　283
情報転送速度　98-99, 109, 153-155, 205, 218, 220, 230
上腕義手　133, 135, 164
触知覚　190, 192
触覚情報の利用　249
シリコンベースアレイ　26-27
自律神経系　18
視力の回復　236
真陰性　96
神経
　― インターフェース　2, 161, 163
　― 可塑性の誘導　255-258
　― 工学　2

― 膠症　160
― セキュリティ　304
― 線維に基づいた BCI　190, 194
― 補綴　2
― 倫理学　301
人工眼　236-237
人工触覚　249-250
― テクスチャ　249-251
信号処理　45
人工シリコン網膜　237
人工装具制御　6, 27, 109, 127, 132, 141-142, 167, 190-191, 194, 204, 225-226, 245, 263-264, 297
信号対ノイズ比　147, 194, 225, 228, 308 , 325
人工内耳　6, 233-236, 238-239, 242, 263, 297, 301, 305, 325
人工ニューラルネットワーク　130-132
人工鼻　263
人工網膜　237-239
侵襲型 BCI　115, 123, 325
―, 動物の　127
―, 人間の　155
― の長期使用　160, 164
― のリスクとベネフィット　301-302
侵襲的記録　23
身体の増幅　288
心的回転課題　294
心電図（ECG）アーチファクト　74
振動電位　198, 265
信念　58
振幅　48
― スペクトル　51
深部脳刺激（装置）　160, 325
真陽性　95-97

す

衰弱性神経疾患　325
髄鞘　13
錐体ニューロン　20, 35
睡眠紡錘周波数　280
数学課題　222

数学表記　327
スカラー　329
― 乗法　329
スティモシーバー　5, 245
ステップ関数　47, 86
スパイク　12-13
― ソーティング　45-46, 78
― タイミング依存可塑性　15-16
― 発生　15
『スパイダーマン』　288
スパース線形分類器　178-180
スパースなフィッシャーの線形判別　178, 180
スペクトル特徴量　52
スペラー（単語綴り機）　6, 215, 217, 265

せ

正円窓　234
正規化勾配記述子　55
正規化ベクトル　330
正規直交系　331
正規分布　341
精神課題　222, 267, 287, 292
精神作業負荷を検出する BCI　286
正則化線形判別分析　84-85, 178
生体適合性　326
正中神経線維　190-191
正中神経に基づく BCI　190
正定値　334
成分　328
正方行列　331
脊髄　18
― 回路の再開　255
― 損傷　6, 142, 156, 206, 252, 288
セキュリティ　287, 304, 307
― 監視システム　281
セキュリティ（監視作業）課題　282
絶対値　327
線形回帰　100-101, 109, 128, 280
線形解読器　161-163
線形計画マシン　178-180, 183-184

線形最小二乗回帰　100

線形二項分類器　178

線形判別分析　82-87, 268-269

　　—, P300　216

　　—, 高速画像検索　274

　　—, 脳波　205, 208, 222

　　— 分類器　162, 281, 222, 286

線形フィルタ　100, 128, 137-139, 145, 161, 164, 187

線形モデル　75

全身運動麻痺　210

センターアウト課題　145, 147, 161-163, 168, 247

前帯状皮質　227-228

前庭神経　234

先天性聴覚障碍児　236

前頭前皮質　160

前頭前野　21

前頭 - 頭頂 - 側頭領域　169, 172, 180

前頭皮質　160

前頭葉　215

そ

相関係数　136

双極　64

双方向型 BCI　245, 248-259, 263

測定単位　327-328

測度　336

側頭葉　215

ソフトマージン SVM　88, 272

た

帯域パワー　205-207

第一種の過誤　96

対角行列　334

体験型芸術　295

対称（ベクトルの）　334

帯状回　215

体性感覚刺激　249, 263

体性感覚野　21

体性感覚誘発電位　215

体性感覚用 BCI　263

体性神経系　18

第二種の過誤　95-96

大脳基底核　20

大脳新皮質　19-21

大脳半球　20

大脳皮質　19, 179, 245, 252

　　— と結合したコンピュータビジョン　273

　　— のはたらきを組み合わせたコンピュータによ
　　　　る画像認識システム　273

大脳辺縁系　215

多クラス分類　91-92

多数決　91, 183, 268

多層パーセプトロン　86

脱同期化　198

多変量ガウス分布　341

単位行列　334

単位ベクトル　331

短期可塑性　16

短期促通　15-16, 18

短期抑圧　15-17

短時間（短期間）フーリエ変換　53

単純ベイズ分類器　94, 283

単純ベイズモデル　95

ち

遅延非見本合わせ課題　289

知覚線維　190

注意欠如・多動症　287

注意力　279-282, 286

　　— の監視　279, 281-282

注意力レベル　280

　　— の測定を試みる BCI アプリケーション　286

中枢神経系　18

中途失聴者　236

中脳　18-19

聴解力課題　286

聴覚 BCI　221

聴覚障碍　233-234, 236, 242, 263-264, 297, 305, 325

聴覚野　21

　　— の再配線　241-242

聴覚誘発電位　214, 220-221
長期可塑性　16
長期増強　15-17
長期抑圧　15-17
超伝導量子干渉デバイス　34
超平面　83, 87, 335
　― の一般方程式　335
聴力の回復　233
直接皮質電気刺激　38-39
直線　335
直交　330

つ
追随追跡課題　134, 138
追跡課題　147, 247
槌骨　233-234
綴り課題　211

て
低周波帯域　174, 176, 178-180
低周波非同期スイッチ設計　213
定常状態視覚誘発電位　118, 214, 218-220, 226, 230
手紙文作成課題　222
適応型自己回帰　56, 205
手義手　6, 160, 183, 190-191
テトリス　294
テトロード　25
デルタ波　34
てんかん　23, 28, 56, 167, 169, 194, 239
電極アレイ　235
電磁誘導　40, 235, 238
転置（行列）　331
電力線ノイズ　33, 74

と
同期型 BCI　197, 266
道具的条件づけ　116
同時確率　337
到達課題　132, 140-141, 150-151, 153-155
頭頂到達領域　150-153

頭頂皮質　215, 218
頭頂葉　215
動的ベイジアンネットワーク　59, 213-214, 216
道徳的問題　305
トゥレット症候群　239
特異度　97
特徴量（RBF ネットワーク）　105-106
　― 選択　179
独立（確率の）　337
独立成分分析　68-71, 76-78, 221
独立特徴量モデル　94
閉じ込め症候群　6, 144, 218, 265, 293, 302
トノトピー　233-234
ドヒニー眼科研究所　238

な
内積　329
内側膝状体　241
長さ（ベクトルの）　330

に
二項分布　340
二項分類　82-84, 91-92
二次判別分析　85
二重標的検出課題　279
二足歩行　142
乳様突起　32
入力スパイク列　17
ニューラルネットワーク　85, 101-106, 109, 280-281
　―, 脳波の分類　222
ニューラル・ハッシュ　45
ニューラルポピュレーション関数　127-129
ニューロスカイ社　286, 294
ニューロチップ　41-43, 255-258
ニューロフィードバック　265, 293
ニューロマーケティング　303
ニューロン　11-12
人間拡張　iii, 301, 307
認知課題　221-222
　―に基づく BCI　221

認知神経障害　264
認知的 BCI　150
　—, 人間の　160
認知の回復　264
認知の増幅　289, 292
認知負荷の推定　283-286

ね
ネッシ　267-268

の
脳回　20
脳幹　18-19
脳刺激型人工眼　236-237, 242
脳磁図（MEG）　34-35, 43
　— に基づく BCI　228-229
脳指紋法　278, 303
脳深部刺激療法　6, 38, 233, 239-240, 242, 264, 297, 301
脳制御課題　151
脳制御テレプレゼンス　270
脳卒中　6, 142, 255, 264
脳電気振動サイン　279
能動的触覚探索　249-250
脳の盗聴　303
脳のハッキング　304
脳の領域　18-21
脳波（EEG）　31-34, 43
　— BCI　197, 325
　— 対数パワースペクトル　280-281
脳ペースメーカ　239
脳領域間の新しい結合　255
ノッチフィルタ　74

は
背側運動前野　127, 130, 145, 151, 153, 245-248
背側皮質視覚路　20
バイポーラ　64-65
　— 空間フィルタ　198
バギング　89, 109

パーキンソン病　239, 242, 264, 297, 306
白質　13
把持課題　137-141
パーセプトロン　85-87, 102
発火率　12
バックプロパゲーション　87
パッチクランプ法　24
発話課題　213
パブロフ型条件づけ　115
ハリントン　278-279
ハールウェーブレット　150
パルス　41
パワースペクトル　51-52, 55
パワードスーツ　288, 292
半規管　234
瘢痕組織　27, 160
犯罪の知識の検出　275, 278
半侵襲型 BCI　115, 166, 325
半正定値　334
バンドストップフィルタ　74
バンドパスフィルタ　6, 215, 268, 287
反ヘッブ型 STDP　16

ひ
非医療目的の BCI　266
被蓋　18-19
光遺伝学　39, 259
　— 的刺激　39
光刺激　39
光受容体　236
ピーク振幅　45
樋口のフラクタル次元推定法　55
鼻根　32
皮質内刺激　248
皮質内微小刺激　255-258
皮質脳波（ECoG）　28-29, 38, 43
　— 活性の増幅　174
　— 特徴量　170, 172-174, 176, 178-182, 185-186
　— パワー　174, 185
皮質脳波（ECoG）BCI　167, 194

—, 腕の運動制御用の　180

—, 手義手の制御用の　183

—, 動物の　168

—, 人間の　169-170

— の長期安定性　188-189

微小電極　24, 38

非侵襲型 BCI　115, 197, 325

非侵襲的手法　31

非線形回帰　101-103

非線形カルマンフィルタ　145

非線形基底関数　105

非線形分類器　222

左手 / 右手運動課題　214-215

ビットレート　98

非定常学習課題　224

非同期型 BCI　197

非同期スイッチ　213

標準偏差　338

標的化筋肉再神経分布　191-194

標的獲得課題　158

標的追跡課題　181

ビリーフ　58

ピンボール課題　134, 136-138

ふ

ファラデーケージ　73

フィッシャーの線形判別　82

フォトダイオードアレイ　237-238

フォン・ノイマン・アーキテクチャ　11

複雑度（ヨルトパラメータ）　55

腹側皮質視覚路　20

ブースティング　89-91, 109

ブートストラップ　89, 277

ブライテンベルクのビークル　260

プライバシー　304

フラクタル次元　55-56

フーリエ解析　47-52

フーリエ級数　48-49

フーリエ（級数）展開　48

フーリエ変換　50-53, 168

ブレインゲート　156-157, 161, 297

ブレイン・コンピュータ・インターフェース（BCI）
　1, 5

—, fMRI に基づく　226

—, fNIR を用いた　229

— ウイルス　303

—, 階層的　225

— 技術拒絶派　305

—, 共適応的　224

—, 再帰型　245

—, 刺激する　233

—, 侵襲型　123

—, 双方向型　245

— による下肢の制御　142

— によるカーソルの制御　144, 156

— による義手の制御　127

— による二足歩行の制御　142

— によるロボットの制御　156

— の悪用　303, 306

— の医療応用　263

—, 脳磁図に基づく　228

—, 脳波（EEG）に基づく　197

— の基本構成要素　6-7

— の非医療応用　266

—, 半侵襲型　167

—, 皮質脳波（ECoG）に基づく　167

—, 非侵襲型　197

— ラッダイト運動派　305

ブレインボール　293

ブレイン・マシン・インターフェース　1

フレキシブルアレイ　26-27

ブローカ野　265

分散　338

分離行列　70

分類　81, 109

分類器　82-84, 87, 89-99, 109

—, ECoG 信号の解読　178-180, 183

—, P300　216

—, SSVEP　220

—, 脳波の　204, 208

―, 非定常性と適応　224-225
分類精度 ACC　96
分類性能の評価　95

へ

平均　337
　―二乗誤差　136
　―ベクトル　338, 341
　―誤差率　288
ベイジアンネットワーク　59, 213, 216
ベイジアンフィルタ　57-61
　―, 一般的な　59
ベイズの定理（法則）　57-59, 94-95, 150
ベイズ法, 標的位置の解読　150, 153
平面　335
閉ループ BCI 制御　148-149, 160
閉ループ視覚フィードバック課題　145
ベクトル　328
ベータ波（リズム）　34, 46, 202, 204, 212, 228
ベータ帯域　198, 202, 207, 294
ヘップ型 STDP　16
ヘップの学習則　16
ヘップの可塑性　16, 255
ベル - セノフスキーの「インフォマックス」アルゴ
　リズム　70
ベルヌーイ分布　339-340
ベルリン BCI　206, 208-210, 224
　―グループ　224, 281, 284
　―プロジェクト　206
扁桃体　20, 118, 215

ほ

ポアソン分布　340-341
放射基底関数ネットワーク　105-106, 226
放射性トレーサ　38
法的問題　304
法律における応用　275
ポジトロン断層（撮影）法　37
補足運動野　21, 145, 212-213, 228
ボックスカー信号　49-50

没入型体験　270
ホテリング変換　64
ポピュレーションコード　116
ポピュレーションデコーディング　125, 164
ポピュレーションベクトル　117, 126, 133, 137-138,
　164
ポリグラフ　275
ホールドアウト法　98
本人確認　287

ま

マイクロ皮質脳波（ECoG）　28
マイクロワイヤアレイ　26-27, 249-250
マインドウェーブヘッドセット　286, 294
マインドゲーム　293
マインドコントロール　303
マインドフレックス　295
膜電位感受性色素　29-30
マザーウェーブレット　53
末梢神経系　18
末梢神経信号に基づく BCI　189
マッテル社　295
マハラノビス距離　85, 342
麻痺患者　265
マルチ電極アレイ　26-28, 41
マルチユニット・ハッシュ　45-46
慢性疼痛　239, 264

み

ミエリン　13
味覚野　21
ミシガンアレイ　26
ミューリズム（帯域）　33, 46, 52, 198-204, 206, 213,
　228-229

む

ムーア - ペンローズの疑似逆行列法　101, 142
無線周波数　235
無相関化　68

も

網膜インプラント　6
網膜下アプローチ　237-238
網膜色素変性症　237
網膜刺激型人工眼　236-237, 242, 263
網膜上アプローチ　237-238
網様体　18

や・ゆ

ヤツメウナギ　252-253
尤度　57
誘発電位　118
有毛細胞　233-234, 236
ユークリッド距離　92
ユタアレイ　26-27
ユダシティ　287
指の運動　183-188

よ

陽電子放出断層撮影法　37-38
抑制性シナプス後電位　15
抑制性ニューロン　15
ヨルトパラメータ　54-55
ヨーロピアン・マインドウォーカー・プロジェクト　288
四極管　25

ら

ラグランジュの未定乗数法　67
ラプラシアン空間フィルタ　281
ラプラシアンフィルタ　64-65, 202, 287
卵円窓　234
ランダム標的課題　163
ランダムフォレスト　89-90, 109

り

離散フーリエ変換　51
リスクとベネフィットのバランス　301-302, 307
リハビリテーション　264-265
粒子フィルタ　61-63

倫理

倫理ガイドライン　306-307
倫理規定　307
倫理審査委員　304
倫理的な問題　301

る・れ

ルー・ゲーリック病　265
レイセオン社　288
レーザ照射　39
連合野　21

ろ

ロジスティック関数　102
ローパスフィルタ　75, 187
ロボットアーム　5, 100, 127-131, 133, 139, 160, 193, 230, 309
ロボットアバター　270-273
ロボットの双方向型 BCI 制御　252-253

わ

ワイヤレス BCI　303-304
ワズワース BCI　198, 204

【著　者】

ラジェッシュ・P・N・ラオ（Rajesh P. N. Rao）

ワシントン大学コンピュータ理工学科准教授（情報は出版時点）。NSF（国立科学財団）キャリア賞，ONR（海軍研究室）若手研究者賞，スローン・ファカルティ・フェローーシップ，デビッド・アンド・ルシール理工学フェローシップを受賞している。*Science，Nature，PNAS*（米国科学アカデミー紀要）などの主要な科学雑誌および国際会議で 150 以上の論文を発表しており，*Probabilistic Models of the Brain，Bayesian Brain* の共同編集者である。計算神経科学，人工知能，ブレイン・コンピュータ・インターフェースが交差する諸問題を研究対象としている。少ない余暇の時間をインド美術史とインダス文明の未解読の古代文字の理解に注ぎ込んでおり，このトピックに関して TED トークも行っている。

【訳　者】

西藤聖二（にしふじ　せいじ）

2024 年現在，山口大学大学院創成科学研究科電気電子情報系専攻准教授。

基礎からの
ブレイン・コンピュータ・インターフェース

2024 年 9 月 20 日　第 1 刷発行

著　者　ラジェッシュ・P・N・ラオ

訳　者　西藤　聖二

発行者　伊藤　武芳

発行所　株式会社　九夏社

　　　　〒 104-0041　東京都中央区新富 1-4-5　東銀座ビル 403

　　　　TEL　03-5981-8144

　　　　FAX　03-5981-8204

印刷・製本：中央精版印刷株式会社

装　丁：ニシハラ　ヤスヒロ（ユナイテッドグラフィックス）

カバー画像 © MEHAU KULYK/SCIENCE PHOTO LIBRARY/ ゲッティイメージズ

Japanese translation copyright ©2024 Kyukasha

ISBN 978-4-909240-05-7　Printed in Japan